21世纪全国高职高专土建立体化系列规划教材

# 生态建筑材料

主　编　陈剑峰　杨红玉
副主编　吴志强　贾汇松
主　审　汤金华　周　平

## 内容简介

本书主要介绍天然和人造的各种建筑材料的性能、制造和使用方法。本书主要是为学习专业课，如房屋建筑学、建筑结构、建筑施工等提供材料方面的基本知识；使学生掌握主要材料的试验方法与基本操作技能，掌握主要材料节能减排（生态）的指标；使学生初步获得合理选择、正确使用及节约材料的基础理论知识，并为在工程实践中解决材料问题打下必要的基础。本书的具体内容包括绪论、生态建筑材料的基本性质、气硬性胶凝材料、建筑水泥、混凝土及建筑砂浆、砌体材料和层面材料、建筑钢材、木材、防水材料、高分子材料、保温材料和吸声材料、建筑装饰材料和生态建筑材料试验。

本书可作为高职高专院校土建类各专业教材，也可供土建类一般工程技术人员参考使用。

**图书在版编目(CIP)数据**

生态建筑材料/陈剑峰，杨红玉主编．—北京：北京大学出版社，2011.10

（21世纪全国高职高专土建立体化系列规划教材）

ISBN 978-7-301-19588-8

Ⅰ.①生… Ⅱ.①陈…②杨… Ⅲ.①建筑材料—高等职业教育—教材 Ⅳ.①TU5

中国版本图书馆CIP数据核字(2011)第200229号

**书　　名：生态建筑材料**
**著作责任者：**陈剑峰　杨红玉　主编
**策划编辑：**赖　青　杨星璐
**责任编辑：**杨星璐
**标准书号：**ISBN 978-7-301-19588-8/TU・0187
**出　版　者：**北京大学出版社
**地　　址：**北京市海淀区成府路205号　100871
**网　　址：**http://www.pup.cn　http://www.pup6.com
**电　　话：**邮购部62752015　发行部62750672　编辑部62750667　出版部62754962
**电子邮箱：**pup_6@163.com
**印　刷　者：**三河市博文印刷有限公司
**发　行　者：**北京大学出版社
**经　销　者：**新华书店
787mm×1092mm　16开本　20印张　453千字
2011年10月第1版　2019年1月第3次印刷
**定　　价：**38.00元

---

# 北大版·高职高专土建系列规划教材
# 专家编审指导委员会

# 北大版·高职高专土建系列规划教材
# 专家编审指导委员会专业分委会

# 前　言

随着我国国民经济的高速发展，房屋建筑工程规模也越来越大，从而使得建材材料的需求量急剧上升。21世纪是绿色的世纪，环境保护、节约资源已成为全球的共识。

自2009年哥本哈根联合国气候变化会议召开以来，“低碳经济”一词更是被提上日程。所谓“低碳”就是减少二氧化碳的排放量，而在世界上除了煤电和钢铁行业之外，生产、使用过程中二氧化碳排放量最大的就属水泥行业。“低碳”的环保意义是人尽皆知，然而作为工程建设中不可或缺的建筑材料——预拌混凝土，“低碳水泥”的出现将对其未来的发展之路可谓是“一片春天”，因为用“低碳水泥”所生产出的“低碳混凝土”将给企业以及社会带来无法估计的效益。

历经20多年的发展，我国新型建材产业的发展已奠下坚实的基础，“十一五”规划期间，国家政策大力推进产业的发展，已使相关产业的技术水平列入国际先进水平，规模化产量和建筑面积大幅度提升。在当前着力推进资源节约型建筑、智能建筑、绿色建筑的大环境下，新型建材业的发展具备良好的氛围，市场需求的逐步增加对产业的发展无疑将成为最大的支撑，而随着后期技术的进步和政策扶持力度的加大以及相关节能减排政策的出台，新型节能环保建材产业将步入高速增长阶段。希望本书的编写有利于开拓读者的思路，使读者能够在建筑材料的使用中合理地选用材料。在材料选择时，不仅要考虑到材料的性能是否满足工程需要，更需要考虑是否对生态环境带来不利影响。

本书建议学时为60学时，各项目参考授课学时和实验学时见下表。

**各项目学时建议分配表**

| 项　目 | 内　容 | 授课学时 | 实验学时 |
|---|---|---|---|
| 1 | 绪论 | 2 | — |
| 2 | 生态建筑材料的基本性质 | 2 | — |
| 3 | 气硬性胶凝材料 | 2 | — |
| 4 | 建筑水泥 | 6 | 4 |
| 5 | 混凝土及建筑砂浆 | 14 | 8 |
| 6 | 砌体材料和屋面材料 | 2 | — |
| 7 | 建筑钢材 | 4 | 2 |
| 8 | 木材 | 2 | — |
| 9 | 防水材料 | 4 | 2 |
| 10 | 高分子材料 | 2 | — |
| 11 | 保温材料和吸声材料 | 2 | — |
| 12 | 建筑装饰材料 | 2 | — |
| 13 | 生态建筑材料试验 | — | 16 |
| 合计 | 60 | 44 | 16 |

本书由南通职业大学陈剑峰和杨红玉担任主编，南通职业大学吴志强和临沂职业学院贾汇松担任副主编。其中，吴志强编写项目1、项目2和项目8，杨红玉编写项目3、项目6、项目7和项目9，陈剑峰编写项目4、项目5和项目13，贾汇松编写项目10、项目11和项目12。全书由陈剑峰统稿，南通职业大学汤金华和周平对本书进行了审读并提出了许多宝贵的意见。

由于编者水平及时间有限，书中如有不妥之处，敬请广大读者批评指正。

编　者

2011年7月

# 目　录

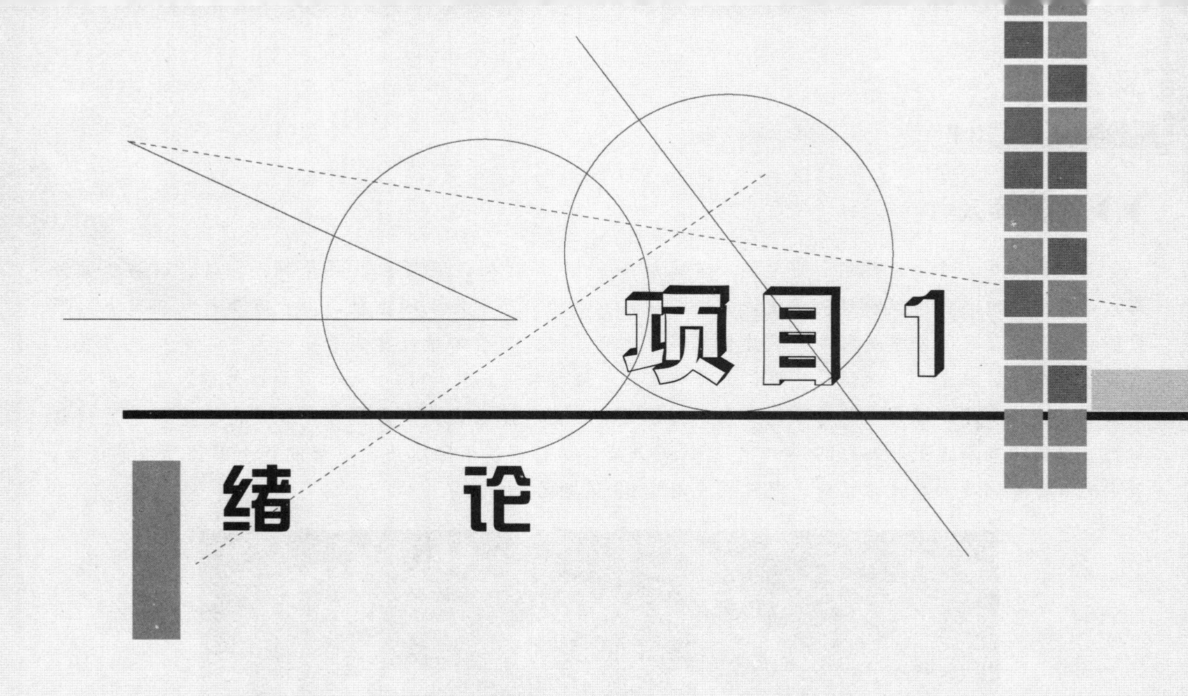

# 项目1

# 绪　论

## 教学目标

掌握建筑材料的定义、分类，了解建筑材料与建筑、结构、施工、预算的关系及其在国民经济建设中的地位和生态建筑材料的现状和发展趋势，熟悉生态建筑材料的评价体系，明确本课程的任务和基本要求。

## 教学要求

| 知识要点 | 能力要求 | 相关知识 |
|---|---|---|
| 建筑材料分类 | 掌握建筑材料常用分类方法 | 建筑结构材料、砌体材料和建筑功能材料 |
| 建筑材料的地位 | 掌握建筑材料在建筑工程中所占的投资比例 | 工程造价、工程质量和建筑材料的发展趋势 |
| 生态建筑材料的评价指标体系 | 掌握生态建筑材料的概念和基本特征，了解生态建筑材料的评价体系 | 自然资源；再生循环资源；不可再生循环资源利用比率，生态建筑材料是否达到应具备的物理力学性能、热工性能、耐久性能 |
| 生态建筑材料的技术标准 | 掌握生态建筑材料的各种技术标准 | 国家标准、行业标准、地方标准和企业标准 |

## ▶▶案例导入

日本海沿岸许多港湾建筑、桥梁等，建成后不到10年时间，混凝土表面开裂、剥落、钢筋锈蚀外露，这是由于材料的碱集料反应所致，其中鸟取县境内的一座钢筋混凝土桥，由于碱集料反应造成的严重破坏，达到了不可修复的程度，被炸掉重建。北京三元立交桥桥墩，建成后不到两年，个别地方发生人字形的裂纹，如图1.1所示，也被认为是碱集料反应所致。1987年，山西大同的钢筋混凝土大水塔突然毁坏，水流像山洪暴发一样冲下，造成很大的人员伤亡和建筑设施严重毁坏，这是由于渗透造成钢筋腐蚀、混凝土断裂而毁坏。1980年，美国有56万座公路桥因使用除冰盐而引起混凝土剥蚀和钢筋锈蚀，其中有9万座需要大修或者重建，经济损失超过63亿美元。

图1.1　北京三元桥桥梁底面出现裂纹

从这些工程事故和惊人的维修费用可见，在工程建设中，对材料的选择和使用也是非常重要的，也是需要花以心思细致考虑的。

## 1.1　建筑材料的概念与分类

建筑材料是指在建筑工程建设中使用的各种材料及其制品的总称，是构成建筑结构物的最基本元素，是现代信息社会基础设施建设的物质基础。随着生产力水平的不断发展，人们对物质文化的需求也不断提高，保护地球、保护环境的意识也越来越强。20世纪60年代，美籍意大利建筑师保罗·索勒瑞(Paola Soleri)把生态学(Ecology)和建筑学(Architecture)两词合并为“Arology”，提出了著名的“生态建筑”(绿色建筑)的新理念。20世纪70年代，石油危机的爆发，使人们清醒地意识到，以牺牲生态环境为代价的高速文明发展史是难以为继的。耗用自然资源最多的建筑产业必须改变发展模式，走可持续发展之路。太阳能、地热、风能、节能围护结构等各种建筑节能技术应运而生，节能建筑成为建筑发展的先导。

因此，建筑材料质量的提高以及生态建筑材料的开发利用，直接影响到现代社会基础设施建设的质量、规模和效益，进而影响到国民经济的发展和人类社会文明的进步。

建筑材料最常用的分类方法有两种，一是按材料的化学成分分类，二是按材料的使用功能分类。

1. 按化学成分分类

根据材料的化学成分，建筑材料可以分为有机材料、无机材料和复合材料三大类，见表1－1。

表1－1　建筑材料按化学成分的分类

<table>
<tr><td rowspan="5">无机材料</td><td rowspan="2">金属材料</td><td>黑色金属</td><td>钢、铁及其合金、不锈钢</td></tr>
<tr><td>有色金属</td><td>铝、铜等及其合金</td></tr>
<tr><td rowspan="3">非金属材料</td><td>天然石材</td><td>砂、石及石材制品</td></tr>
<tr><td>烧土制品</td><td>砖、瓦、陶瓷制品等</td></tr>
<tr><td>胶凝材料</td><td>石灰、石膏、水泥及混凝土制品</td></tr>
<tr><td rowspan="3">有机材料</td><td colspan="2">植物材料</td><td>木材、竹材及制品</td></tr>
<tr><td colspan="2">沥青材料</td><td>石油沥青、煤沥青及其制品</td></tr>
<tr><td colspan="2">合成高分子材料</td><td>塑料、涂料、合成橡胶等</td></tr>
<tr><td rowspan="4">复合材料</td><td colspan="2">非金属材料与非金属材料复合</td><td>水泥混凝土、砂浆等</td></tr>
<tr><td colspan="2">无机非金属材料与有机材料复合</td><td>玻璃纤维增强塑料、聚合物水泥混凝土、沥青混合料等</td></tr>
<tr><td colspan="2">金属与无机非金属材料复合</td><td>钢筋混凝土等</td></tr>
<tr><td colspan="2">金属与有机材料复合</td><td>PVC钢板、有机涂层铝合金板等</td></tr>
</table>

2. 按使用功能分类

根据在建筑物中的部位或使用性能，建筑材料可以分为三大类：建筑结构材料、墙体材料和建筑功能材料。

（1）建筑结构材料是指构成建筑物受力构件和结构所用的材料，如梁、板、柱、基础、框架及其他受力构件等所用的材料。这类材料主要技术性能的要求是强度和耐久性。在相当长的时期内，钢筋混凝土和预应力钢筋混凝土将是我国建筑工程的主要结构材料，随着工业的发展，轻钢结构和铝合金结构作为承重材料也发挥着越来越大的作用。

（2）墙体材料是指在建筑物内、外及分隔墙体所用的材料，有承重和非承重两类。这类材料一是要有必要的强度，二是要有较好的绝热性能和隔音吸声效果。我国目前大量采用的墙体材料为砌墙砖、混凝土及其加气混凝土砌块。生态建筑材料中，对于墙体材料大力提倡开发和使用混凝土大墙板、复合墙板、空心砖、炉渣砖、长江淤泥砖、粉煤灰砖等新型墙体材料，因为这些材料具有工业化生产水平高、绝热保温性能好、节能环保的特点。

（3）建筑功能材料是指担负某些建筑功能的非承重材料，如防水材料、绝热材料、吸声材料、装饰材料等。这类材料的品种繁多、功能各异，随着国民经济的发展，这类材料将会越来越多地应用到建筑物上。

一般来讲，建筑物的安全性与可靠度主要取决于结构承重材料，而建筑物的使用功能与建筑质量水平决定于建筑功能材料。随着国民经济的发展和人民生活水平的提高，人们将更加重视建筑物的使用功能。此外，对某一种具体材料来说，它可能兼有多种功能。

## 1.2 建筑材料在建筑工程中的地位

建筑材料在建筑工程中，无论对工程造价还是对工程质量、工程技术，都有着非常重要的意义和影响。

### 1. 建筑材料对工程造价的影响

建筑材料是各项工程建设的重要物质基础，目前在我国的建筑工程总造价中，建筑材料所占的比例高达50％～60％。在建筑工程建设中，如果在满足相同技术指标和质量要求的前提下，选择不同的材料，对工程的成本构成就会产生不同影响。建造师为了降低造价、节约投资，在基本建设中，首先要考虑的是节约和合理地使用建筑材料；承包商决不能靠以次充好的做法来降低材料费用；监理工程师也不容许承包商或者业主盲目地使用建筑材料，以免降低工程质量。总之，从事建筑工程的技术人员都必须了解和掌握建筑材料的有关技术知识。

### 2. 建筑材料对工程质量的影响

“百年大计，质量第一”，在工程建设中建造质量优秀的建筑物，是业主、承包商和监理工程师共同追求的目标。多年的工程实践表明，要想保证工程质量，就要从材料的选择、生产、运输、保管到材料的出库、检测和使用，每个环节都应严格按照国家相关标准，尤其是强制性标准进行科学管理。否则，任何环节的失误，都有可能造成工程质量缺陷，甚至引起重大质量事故和安全事故。因此，从事建筑工程的技术员就必须准确熟练地掌握材料知识，正确地选择和使用建筑材料。

### ▶▶案例

“五·一二”汶川大地震中倒塌的房屋中，都江堰聚源中学1994年(一说1996年)新建教学楼的倒塌，引起了极大的民愤。这不只是因为死难者是一群稚幼的中小学生，而主要是因为这是一座典型的豆腐渣工程。这座建筑物倒塌的形态，如图1.2所示，实在令人惊奇。但只要有一点点抗地震的结构构造，也不至于瞬间垮塌得如此粉碎。房屋建筑的产生，除前期的规划、立项等环节外，还有建造阶段，设计、施工和监理诸环节。设计依据的抗震烈度等级是由原建设部规定的，原建设部主编和批准的现行国家法规《建筑抗震设计规范》，把四川省汶川、北川、都江堰地区的抗震设防烈度等级定为7度，而这次这一地区的地震烈度达11度以上(地震级别为8级)，这是住房和城乡建设部应首先检讨、被问责的一个课题。但即使是按7度设防，国家的各种设计规范和标准图，也都规定了严格的结构构造要求。例如，地震烈度为7度的地区，允许使用砖混结构，也允许使用空心预制楼板，但是在使用这些结构物的时候，要同时增加构造柱、圈梁、墙体内各应力集中部位拉结钢筋等措施。这些措施将使建筑物从开裂到倒塌，至少延缓5分钟以上。而这座教学楼如果从晃动到倒塌，哪怕只延时两三分钟，就足够300名学生全部逃生。

不仅如此，本应放置足够的预应力钢筋的楼板，也明显配筋不足；从倒塌废墟的砖块看，砂浆的强度等于零，偷工减料到胆大无边的程度。

图 1.2　都江堰聚源中学地震现场

3. 建筑材料对工程技术的影响

建筑工程中许多技术问题的突破，往往依赖于建筑材料问题的解决。而新的建筑材料的出现，又将促进结构设计及施工技术的革新。例如，混凝土外加剂的出现，使混凝土科学及其以混凝土为基础的结构设计和施工技术有了快速发展。混凝土减水剂、尤其是高效减水剂的问世与使用，使混凝土强度等级由 C20 左右迅速提高到 C60～C80，甚至 C100 以上。混凝土的高强度化，使混凝土建筑的高度由 6 层猛增到 60 层，促进了结构设计的进步。同时，高效减水剂的推广应用，可使混凝土流动度大大提高，以此为基础发展起来的喷射混凝土、泵送混凝土，近年来在隧道工程和高层建筑施工中发挥着越来越大的作用，带动了施工技术的革新。因此，建筑材料生产及其科学技术的迅速发展，对于工程技术的进步，具有非常重要的推动作用。

## 1.3　建筑工程材料的发展现状与未来

1. 建筑材料的历史

建筑材料的发展，经历了从天然材料到人工材料、从手工业生产到工业化生产的发展历程。

在原始社会，原始人只能利用天然的洞穴，以应付风寒雨雪和猛兽虫蛇的侵害。这一时期的“穴居”，只是一种非常简单的利用天然条件借以栖身的办法。进入新石器时代，人类学会了使用木、竹、草、泥等天然材料，建造一些半地穴式房屋。到公元前16世纪的青铜器时代，我国开始使用夯土成墙的“版筑技术”来修建房屋。

进入封建社会，随着“秦砖汉瓦”和石灰、石膏的烧制，建筑工程材料由天然材料进入人工生产材料的阶段，为较大规模的房屋建造创造了基本条件，但是这个时期建筑工程材料发展缓慢。进入18、19世纪，工业革命兴起，促进了工商业和交通运输业的蓬勃发展，原有的建筑工程材料已经不能满足社会的需要，在其他科学技术的推动下，建筑工程材料进入了一个新的发展时期，钢铁、水泥和混凝土这些具有优良性能的无机材料相继问世，为现代的大规模工程建设奠定了基础。

2. 建筑材料的现状

如果说19世纪钢材和混凝土作为结构材料的出现，使建筑物的规模产生了飞跃性的发展的话，那么20世纪出现的高分子有机材料、新型金属材料和各种复合材料的出现，使建筑物的功能和外观发生了根本性的变革。进入20世纪，随着生产力水平的提高和科学技术的进步，尤其是材料科学与工程学的形成与发展，使无机材料的性能和质量不断改善，品种不断增加。特别是以有机材料为主的化学建材的异军突起，使高性能和多功能的新型材料有了长足的发展。铝合金、不锈钢等新型金属材料，成为现代建筑理想的门窗以及住宅设备材料，其应用极大地改善了建筑物的密封性、美观性与清洁性，提高了人们的居住质量。

20世纪材料科学的另一个明显的进步，就是各种复合材料的出现和使用，大大地改善了建筑材料的性能。例如纤维增强混凝土，提高了混凝土的抗拉强度和抗冲击韧性，改善了混凝土材料脆性大、容易开裂的缺点，使混凝土材料的适用范围得到扩大；聚合物混凝土制造的仿大理石台面，既有天然石材的质地和纹理，又具有良好的加工性；利用含水钙硅酸盐、玻璃纤维和高分子材料制造的硅钙板，不仅可以替代天然木材，解决木材资源不足的问题，而且这种材料耐高温、尺寸稳定、加工性好。

3. 建筑材料的发展趋势

今后我国建筑材料的发展趋势有以下几个方面。在原材料方面，要充分利用再生资源及工农业废渣废料，生产再生混凝土、炉渣砖、长江淤泥砖、灰砂砖，保护土地资源。在生产工艺方面，要大力引进现代技术，改造和淘汰陈旧设备，降低原材料及能源消耗，减轻地球与生态系统的负荷，减少二氧化碳的排放量，保护环境，维护社会的可持续发展。在性能方面，要力求产品轻质、高强、耐久、美观和高性能化、多功能化，以适应高层建筑和大跨度构筑物的建设需要，降低维修费用，给人们创造一个舒适、美观、洁净的居住环境。在产品形式方面，要积极发展预制装配技术，逐步提高构件尺寸和单元化水平。在研究方向方面，要积极研究和开发化学建材、复合材料、路面材料、环保型材料、防火材料和智能化材料。

# 1.4　生态建筑材料

1. 生态建筑材料的基本概念

1）生态建筑材料的定义

生态建筑材料是指有利于保护生态环境、提高建筑质量、性能优异的建筑材料，是对人体、周边环境无害的健康型、安全型、环保型的建筑材料，如图 1.3 所示。

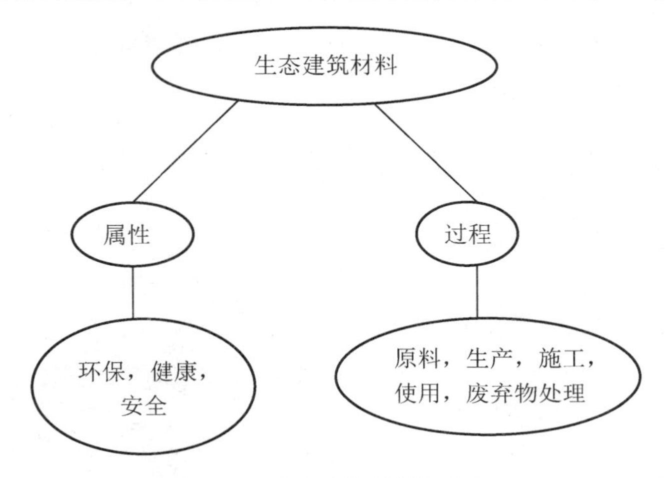


图 1.3　生态建筑材料概念图

2）生态建筑材料的特征

与传统建筑材料相比，生态建筑材料有如下基本特征。

(1) 其生产所用原料尽可能少用天然资源，大量使用废渣、垃圾、废液等废弃物。

(2) 采用低能耗制造工艺和无污染环境的生产技术。

(3) 在生产配制或生产过程中，不得使用甲醛、卤化物溶剂或芳香族碳氢化合物，产品中不得含有汞及其化合物的原料和添加剂。

(4) 产品的设计是以改善生产环境、提高生活质量为宗旨，产品不仅不能损害人的身体健康，而且产品应具有多功能化，如抗菌、灭菌、防霉、除臭、隔热、阻燃、调温、调湿、消磁、防辐射、抗静电等。

(5) 产品可循环或可回收利用，可为不污染环境的废弃物，在可能的情况下使用废弃的土木工程材料，如卸下来的木材、五金等，减轻垃圾填埋的压力。

(6) 避免使用含有能够破坏臭气层化学物质的机械设备和绝缘材料。

(7) 购买本地生产的土木工程材料，体现建筑的乡土观念。

(8) 避免使用会释放污染物的材料。

(9) 大量限度地减少加压处理木材的使用，在可能的情况下，采用天然木材的替代品—塑料材料，当人工对加压处理木材进行锯、切等操作时，应采取一定的措施。

(10) 将包装减到最少。

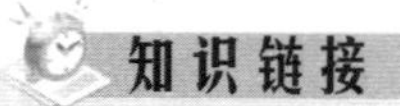

据不完全统计，我国每年回收的废旧塑料超过250万吨，城市每年产生的建筑、装潢等木材废料在800万吨以上，林木采伐和木材加工产生的枝杈、碎片等废物超过1 000万吨，农村每年产生的秸秆约两亿吨、稻壳约3 500万吨，因此废物回收和资源化利用的任务相当艰巨。随着人们对环境资源重视程度的不断提高，以废旧物资回收和资源综合利用为核心的循环型经济发展模式已日渐成为世界经济发展的主要趋势。而利用废旧塑料和木制纤维生产的木塑复合材料制品正是顺应了这一潮流，近年来逐渐引起政府和公众的重视。

北京奥运会就选用了木塑材料作为部分场馆和设施建设的专用材料，而在2010年的上海世博会和广州亚运会的场馆建设中，也越来越多地使用了木塑材料。

以上海世博园的芬兰馆为例(图1.4)，从外形上看，白色的芬兰馆外形轻盈圆润，展馆周身包覆的2.5万块白色“冰块”，赋予了整栋建筑物大理石般的光泽。可是谁也不会想到，“冰壶”芬兰馆用的建筑材料，竟是源自废纸和塑料制成的木塑复合材料。

图1.4　上海世博园芬兰馆

“如果不是做成建筑材料，这里起码会有20万吨废料被直接掩埋，或者用于发电。”为芬兰馆提供建筑材料的芬欧汇川公司相关负责人介绍说，这些白色“冰块”正是其公司用垃圾制成的木塑复合板。复合板中有60%的成分来自一种不干胶标签材料生产过程中的废弃物。并且，这种环保材料十分坚硬，移动或者拆卸也很方便，而且全部材料都可以被回收。“垃圾冰砖”于是出现在了冰清玉洁的“冰壶”外墙。这种新型环保建筑材料也是通过芬兰馆首次向世界展示。

### 2. 生态建筑材料评价指标体系

环境意识是一个抽象的治学概念，要真正地将环境意识引入土木工程材料，其关键在于环境符合的具体化、指标化、定量化。生态土木工程材料的环境协调性与使用性能之间并不是总能协调发展、相互促进。因此，生态土木工程材料的发展不能以过分牺牲使用为代价。性能低的土木工程材料势必会影响耐久性和使用功能。因此，如何在建筑材料的使用性能和环境协调性上寻找最佳的平衡点，这也需要一个定量化的测评体系。而且生态建筑材料与传统建筑材料的最大的区别在于，它不仅注重建筑材料自身技术性能的改进，而且以环境保护为目的，将建筑材料对资源、能源、生态以及健康、舒适等要求纳入到可持续发展的整体脉络中考虑。由此可见，真正意义上的生态建筑材料，其评价指标体系是庞大的、复杂的，涉及建筑、建筑材料、环保、化工、能源等领域，用定量方法建立评价体系非常重要。有人试图用生命周期评价(LCA)法作为生态建筑材料的量化工具，但目前尚未见到有关生态建筑材料评价体系的研究报道。表1-2为使用LCA法对生态建筑材料指标体系进行评价的一个采用定性化的描述方法。

表1-2　生态建筑材料指标体系

| 指　　标 | 评价内容 | 评价方法 |
| --- | --- | --- |
| 能源利用指标 | 所用原材料的属性 | 自然资源、再生循环资源、不可再生循环资源利用比率 |
| 资源利用指标 | 生产过程中对能源的消耗程度，$CO_2$、$SO_2$、粉尘、废渣排放 | 单位产品能耗量(包括煤、电、汽、油)；能否清洁生产；再生的开发利用 |
| 环境污染指标 | 固体废弃物处理 | 排放量和处理率比值；噪声源的控制 |
| 有害物质含量 | 室内装饰材料物质含量，石材、废渣放射性 | 有机物挥发，甲醛、苯等是否超标；放射性比活度值是否超标 |
| 质量性能指标 | 根据材料使用部位、功能要求的性能 | 是否达到应具备的物理力学性能、热工性能、耐久性能 |
| 经济指标 | 整个过程中的成本费用 | 以产品性能价格比为依据评价 |

3. 生态建筑材料的内涵

人们习惯于把一些有长期生产和使用历史的基础建筑材料作为传统建材，而且想当然地认为，这些传统建材因为不是新型建材，当然就不会是生态建材。这种望文生义，简单地用"新"、"传统"、"健康"、"绿色"等词汇去联想材料的环境性能，可能被误导。实际上，按生态建材的要求，现在一些所谓的新型建材不一定能达到生态建材的标准，而一些所谓的传统建材在很多方面的生态度却很高，如木材、钢材、玻璃和混凝土等传统材料。

提到某种建筑材料是绿色或生态环境材料，是指材料整个生命周期全过程达到绿色和环境协调性能要求。而生态建材产品，特别是装饰装修材料，则主要指在使用和服役过程中满足建材产品的生态性能要求的材料产品和工程建设材料产品。简而言之，它们之间的差别在于一个是对全程的评价，一个是局部的特点。由于看问题的角度不同、材料在不同过程中的生态含义和要求不同，生态评价标准必然出现差异。但是，如果简单地把生态建材等同于生态建材产品，只管在使用阶段的材料产品性能，不管材料生命周期的其他过程情况，那不仅仅是认识上的片面性，而且最终会有害于社会和消费者。原因是，即使是满足产品性能国家标准的同一建材产品，或满足同样建筑功能的不同建材产品，由于采用的生产工艺、装备的先进程度不同，其生产过程对环境污染、资源能源消耗的影响可能有天壤之别。更不用说那些性能低劣、粗制滥造的伪劣产品。例如，新型干法水泥和普通立窑水泥，新型墙体材料和实心粘土砖，前者得到国家政策鼓励发展，后者则被明令要求关闭和限制生产使用。即使在使用过程中满足环保性能要求的建材产品，例如一些内外墙涂料、塑料建材制品以及纤维增强塑料制品等，其生产过程也未必节能利废和健康环保。生态建材应该从原料采集、生产制造、包装运输、市场销售等所有相关环节都符合对环境无害化要求。在我国，生态建材的范围还很少扩充到生产销售环节，目前主要集中在消费领域。一般把那些耗能少的节能型建材、无毒无害的建筑材料、防火和阻燃的安全型建材以及代木代钢和节水型的功能建材都看成是生态建材。

4. 生态建材与传统建材的区别

生态建材区别于传统建材的基本特征可以归纳为以下两个方面。

(1) 从资源和能源的选用上看，生态建材生产所用原料尽可能少用天然资源，大量使用尾矿、废渣、垃圾、废液等废弃物。

(2) 从生产技术上看，生态建材生产采用低能耗制造工艺和不污染环境的生产技术。

## 1.5 生态建筑材料与环境

1. 生态平衡

(1) 生态平衡的概念及特征。自然界中的每一个生态系统，总是不断地进行着能量的流动和物质的循环，在一定时间和条件下，能量和物质的输入和输出处于暂时的、相对的稳定状态，称为生态平衡。

生态平衡的特征主要体现在结构平衡、功能平衡、输入和输出物质在数量上平衡 3 个方面。只有三者同时具备，生态系统才是一个互相适应和相互协调的平衡系统。因此，生态平衡是有条件的，同时它也是动态的、相对的平衡。因为生态系统是一个开放系统，系统内不断进行物质的输入和输出，各因素都处于不停的运动之中，但物质与能量的输入输出只是大致相等，完全相等的平衡是不存在的。

(2) 影响生态平衡的因素。生态系统具有一定的自我调节和自我修复能力，但是这种能力是有一定限度的。当外来干扰因素超过一定限度时，就可造成其结构破坏、功能衰退、自我调节能力下降等，从而引起生态失调，甚至导致生态危机，直接威胁到人类的生存和发展。

影响生态平衡的因素有自然因素和人为因素。自然因素是指自然界所发生的异常变化。例如火山爆发、地震、台风、山崩、海啸和洪水等。人为因素是指人类对自然资源不合理的开发和利用以及工、农业生产造成的环境污染。

自然因素对生态系统造成的破坏是严重的，甚至是毁灭性，并具有突发性的特点，但这类因素常常是局部的、暂时的，出现的频率并不高。而人类对资源不合理的开发和利用，以及“三废”排放对环境所造成的污染则是大面积的、持久的，因而人为因素使得生态破坏的问题更严重，人为因素使生态平衡遭到破坏的事例屡见不鲜。

(3) 生态平衡的保持。保持生态平衡，促进人类与自然的协调发展，已成为当代亟待解决的重要课题。人类与自然及生态系统的关系是一种平衡和协调发展的关系。人类是受自然约束的生物种，他们生存和繁衍也必须受自然资源和生物量的限制，受环境的约束。要使人类与自然协调发展，保持生态平衡，人类的一切活动，首先是生产活动，都必须遵守自然规律，按生态规律办事。否则，人类就会遭受自然的无情惩罚。事实证明，人类只有在保持生态平衡的条件下，才能求得生存与发展。

保持和改善生态环境，提高人类生存物质的质量涉及的范围广泛，其主要对策有以下几种。①加大普及、宣传生态环境知识的力度，提高人们的环境保护意识。②科学、合理地开发和使用土地资源、水资源和森林资源，并注意资源的综合利用。③保护生物资源的多样性，提高生态系统抗干扰能力。④严格控制工业“三废”污染，坚持贯彻“预防为主，防治结合，综合治理”的政策。⑤改变能源结构，大力开发和使用对环境无影响或影响小的环保能源。⑥控制人口增长，减小环境压力。⑦加强管理，充分发挥法制和规划的作用。⑧研究、开发、推广有利于生态环境的新技术。

在维护生态平衡的过程中，一要注意不能用单纯的经济观点对待自然资源，只顾生产和开发，不顾生态环境；二要注意不能片面强调保护状态。人类应当在遵循生态规律的基础上，科学地开发和利用自然资源，使生态系统逐渐向人类所希望的方向发展。

在自然生态系统中，输入系统的物质可以通过物质循环反复利用。在经济建设中运用这个规律，可以综合开发利用自然资源，将生产过程中排放出的“三废”物质资源化、能源化和无害化，减少对环境的冲击。

总之，人类在改造自然的活动中，只有尊重自然、爱护自然、按自然规律办事，才能够保持或恢复生态平衡，实现人与自然的协调发展，图1.5所示为绿色生态建筑的模型。

图1.5　绿色生态建筑

2. 生态建筑材料与环境的关系

1）建筑材料对环境的影响

建筑材料是应用最广、用量最大的材料，主要包括水泥、混凝土、建筑玻璃、建筑装饰装修材料等。土木工程材料与经济建设、人民生活水平密切相关。长期以来，建筑材料主要是依据建筑物及其应用部位对材料提出的力学性能与功能方面的要求进行开发。具体说，结构材料追求高强度、高耐腐蚀性等方面的先进性，而装饰材料则追求其功能性和设计图案的美观等方面的舒适性。传统土木工程材料在生产过程中不仅消耗大量的天然资源和能源，还向大气中排放大量的有害气体（$CO_2$、$SO_2$、$NO_x$等），向地面排放大量固体废弃物，向水域排放大量汗水。某些土木装饰装修材料在使用过程中释放对人体有害的挥发物，如甲醛等。废旧的建筑物补拆除后，被废弃的土木工程材料通常不再被利用，而成为又一种环境污染源。

2）环境对建筑材料的影响

目前地球大气的环境问题主要是大气中的二氧化碳浓度的增长。大气中的二氧化碳浓度的增长会造成气温上升、加速混凝土的碳化过程，从而影响混凝土的耐久性，减少了建筑物的使用年限。因此在深入认识破坏机理的基础上，对建筑材料机器构件制定新的寿命预测法和切实的防护措施是非常重要的。

## 1.6 生态建筑材料性能检测与技术标准

1. 生态建筑材料性能检测的重要性

质量责任重于泰山。建筑材料的质量，直接影响到建筑物的质量和安全。因此，建筑材料性能试验与质量检测，是从源头抓好建设工程质量管理工作，确保建设工程质量和安全的重要保证。

为了确保建设工程质量，就要设立各级工程质量检测，尤其是工程材料质量的检测机构，培养从事工程材料性能和质量检验的专门人才。对高等职业院校来说，就是加强学生试验技能的培养，使大家毕业后能够从事材料质量的检测与控制工作，为推进建筑业的发展、提高工程建设质量发挥积极作用。

随着建筑业的改革与发展，新材料、新技术层出不穷，尤其是我国加入 WTO 以后，技术标准逐渐与国际标准接轨。国家工程材料检测技术规程、标准、规范进入大范围修订和更新阶段，新方法、新仪器的采用和检测标准的变更，更要求同学们不断学习，更新知识。所以，同学们要在学好理论课的基础上，重视试验理论，了解试验原理，学会试验方法，加强动手能力的培养。

2. 生态建筑材料的技术标准

生态建筑材料的技术标准是生产、流通和使用单位检验、确定产品质量是否合格的技术文件。为了保证材料的质量，进行现代化生产和科学管理，必须对材料产品的技术要求制定统一的执行标准。其主要内容包括产品规格、分类、技术要求、检验方法、验收规则、包装及标志、运输和储存注意事项等方面。

目前，我国常用的标准主要有 GB——中华人民共和国国家标准，GBJ——国家工程建设标准，GB/T——中华人民共和国推荐性国家标准，ZB——中华人民共和国专业标准，ZB/T——中华人民共和国推荐性专业标准，JC——中华人民共和国建筑材料工业局行业标准，JG/T——中华人民共和国住房和城乡建设部建筑工程行业推荐性标准，JGJ——中华人民共和国住房和城乡建设部建筑工程行业标准，YB——中华人民共和国冶金工业部行业标准，SL——中华人民共和国水利部行业标准，JTJ——中华人民共和国交通部行业标准，CECS——工程建设标准化协会标准，JJG——国家计量局计量检定规程，

DB——地方标准，Q/xxx－xxx——企业标准。国家质量监督检验检疫总局是我国标准化管理的最高机构。

各个国家均有自己的国家标准代号，例如ASTM——美国材料试验标准，JIS——日本工业标准，BS——英国标准，DIN——德国工业标准。另外，在世界范围内统一执行的标准为国际标准，其代号为ISO。我国是国际标准化协会成员国，各项技术标准都正在向国际标准靠拢，以便于科学技术的交流与提高。例如，我国制定的《水泥胶砂强度检验方法(ISO法)》(GB/T 17671—1999)，其主要内容与ISO 679完全一致，其抗压强度检验结果与ISO 679：1989等同。

标准的表示方法由标准名称、部门代号、编号和批准年份等组成。例如，常用的国家标准《通用硅酸盐水泥》(GB 175—2007)。标准名称为通用硅酸盐水泥，部门代码为GB，编号为175，批准年份为2007年。

由于技术标准是根据一个时间的技术水平制定的，因此它只能反应该时期的技术水平，具有暂时相对稳定性。我国约5年左右修订一次。为了适应改革开发的需要，当前我国各种技术标准都在向国际标准靠拢，以便于科学技术的交流与提高。

## 1.7　本课程的基本要求和学习方法

生态建筑材料是土木建筑类各专业教学计划中的一门专业基础课。通过学习本课程，使学生具有建筑材料的基础知识，并具有在实践中合理选择与使用建筑材料的能力。另外，通过动手做材料试验，培养学生的基本测试技能，为他们日后从事科学研究和试验检测工作打下良好的基础。

由于材料的质量直接影响着建筑工程的质量，因此在选择和使用材料时，必须了解土木工程材料的技术性能和使用要求，并能根据国家规范标准对工程所用材料的质量进行检验。同时，对材料的储运和保管方法也应有所了解，以期在今后的工作岗位上做好本职工作，为祖国的现代化建设服务。

在学习生态建筑材料的过程中，学员应以材料的技术性质、质量检验及其在工程中的应用为重点，并注意材料的成分、构造、生产过程等对其性能的影响，掌握各项性能之间的有机联系。对于现场配制的材料(如水泥混凝土)，应掌握其配合比设计的原理及方法。同时，必须贯彻理论联系实际的原则，重视试验课和习题作业。试验课是本课程的重要教学环节，通过试验操作及对试验结果的分析，一方面可以丰富感性认识，加深对课本知识的了解；另一方面对于培养科学试验技能以及提高分析问题、解决问题的能力，具有重要作用。

**复习思考题**

1. 了解建筑材料的分类方法。
2. 简述建筑材料在工程建设中的作用。
3. 综述建筑材料的应用现状与发展趋势。
4. 学习建筑材料质量检测方法与标准有什么重要意义？

# 项目 2

# 生态建筑材料的基本性质

## 教学目标

本项目主要介绍生态建筑材料的各种基本性质。掌握材料的物理性质包括材料的质量和体积、材料与水有关的性质和与热有关的性质。掌握材料的力学性质包括强度、比强度、弹性、塑性、脆性和韧性。了解节能减排的要求和指标。

## 教学要求

| 知识要点 | 能力要求 | 相关知识 |
| --- | --- | --- |
| 材料的物理性质 | 掌握材料物理性质的基本概念、表达式、单位和计算方法 | 密度、表观密度、堆积密度、亲水性、憎水性、吸水性、耐水性、抗渗性和抗冻性等 |
| 材料的力学性质 | 掌握材料的力学性质的基本概念、计算方法，能够根据材料的力学性质正确选用材料 | 强度、脆性、硬度和耐磨性 |
| 材料的耐久性 | 了解材料与耐久性有关的因素 | 物理作用、化学作用、机械作用和生物作用 |
| 材料的节能减排指标 | 了解节能减排的指标 | 生产过程中对能源的消耗程度，$CO_2$、$SO_2$、粉尘、废渣排放 |

## ▶▶案例导入

图 2.1 是花岗岩石材，图 2.2 是普通红砖，图 2.3 是加气混凝土块。这 3 种材料在外观形状上只是尺寸大小的差异以及颜色上的不同。但在房屋建筑工程中却有不同的使用要求。花岗岩主要用在地面、墙面的装饰工程中；红砖主要用在砌体结构工程中；加气混凝土块主要用在框架结构中。其中的原因主要是这 3 种材料的基本性质存在着差异。石材的强度等级、耐风化性比较高；普通红砖的生产原材料来源比较广泛，强度等级比较高，耐久性比较好；加气混凝土块的孔隙率比较大、自重小、保温、隔热性能比较好。

图 2.1 花岗岩石材

图 2.2 普通红砖

图 2.3 加气混凝土块

材料是构成建筑物的物质基础，直接关系建筑物的安全性、功能性、耐久性和经济性。用于建筑工程的材料要承受各种不同的力的作用。例如结构中的梁、板、柱应具有承受荷载作用的力学性能；墙体的材料应具有抗冻、绝热、隔声等性能；地面的材料应具有耐磨性能等。一般来说，材料的性质可以分为 4 个方面：物理性质、力学性质、化学性质和耐久性。本项目主要介绍建筑材料以上 4 个方面的内容。

## 2.1 生态建筑材料的物理性质

自然界中的材料，由于其单位体积中所含空隙形状及数量不同，因而其基本的物理性质参数——单位体积的质量也有差别，图 2.4 示意了材料体积的组成状态。材料在不同状态时，其单位体积的值是不同的，因而其单位体积的质量也不同，现分述如下。

### 1. 密度

密度是指材料在绝对密实状态下，单位体积的质量。按式(2-1)计算：

$$\rho=\frac{m}{V} \tag{2-1}$$

式中：$\rho$——密度，$g/cm^3$ 或 $kg/m^3$；

$m$——材料的质量，g 或 kg；

$V$——材料在绝对密实状态下的体积，即固体物质体积，$cm^3$ 或 $m^3$。

材料在绝对密实状态下的体积，是指不包括材料孔隙在内的体积。建筑材料中，除钢材、玻璃等少数材料接近于绝对密实外，绝大多数材料都含有一定的孔隙，如砖、石材等。而孔隙又可分为开口孔隙和闭口孔隙，如图 2.4 所示。

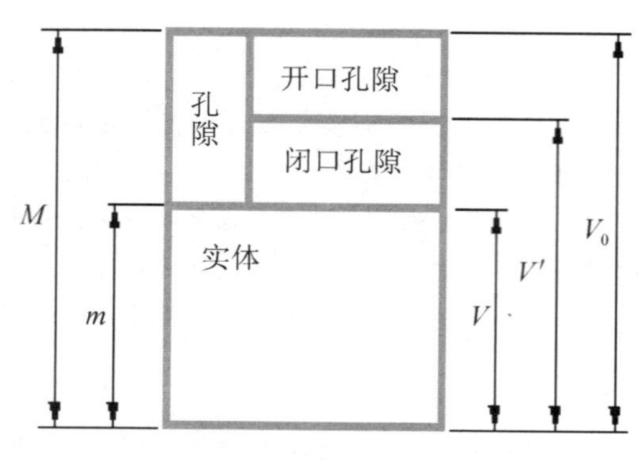


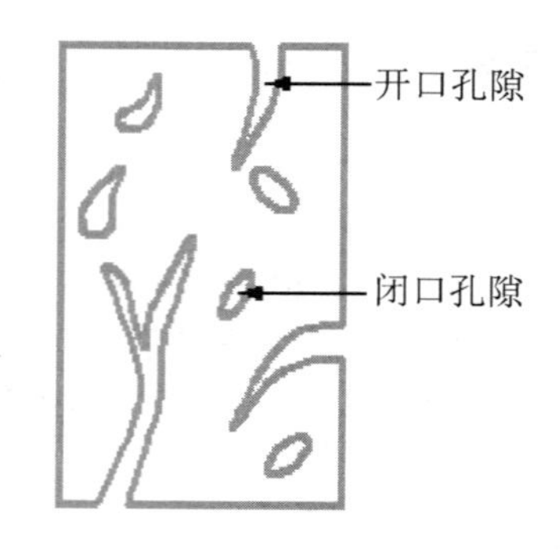


图 2.4　块状材料组成结构示意图

在测定有孔隙材料的密度时，为了排除其内部孔隙，应将材料磨成细粉(粒径小于0.2mm)，经干燥后用密度瓶测定其体积。材料磨得越细，测得的密度就越准确。

2. 表观密度

表观密度是指材料在自然状态下，单位体积的质量。按式(2-2)计算：

$$\rho_0=\frac{m}{V_0} \tag{2-2}$$

式中：$\rho_0$——表观密度，$g/cm^3$或$kg/m^3$；

$m$——材料的质量，g或kg；

$V_0$——材料在自然状态下的体积，或称表观体积，$cm^3$或$m^3$。

材料的表观体积是指包含材料内部孔隙在内的体积。对外形规则的材料，其几何体积即为表观体积，对外形不规则的材料，可用排水法求得，但要在材料表面预先涂上蜡，以防水分渗入材料内部而使测值不准。当材料的孔隙内含有水分时，其质量和体积均有所变化，表观密度一般变大。所以测定材料的表观密度有气干状态下测得的值和绝对干燥状态下测得的值(干表观密度)。在进行材料对比试验时，以干表观密度为准。

## ▶▶案例 2-1

某石子绝干时的质量为$m$，将此石子表面涂一层已知密度的石蜡($\rho_{蜡}$)后，称得总质量为$m_1$。将此涂蜡的石子放入水中，称得在水中的质量为$m_2$。问此方法可测得材料的哪项参数？试推导出计算公式。

**【案例分析】**

因在石子表面涂有石蜡，故当其浸入到水中时，石子的开口孔隙中不能进入水，即测得的体积包括石子内的开口孔隙的体积，故此法测得的石子的体积为$V_0$，由此可计算出石子表观密度。

石子表面所涂石蜡的质量　$m_{蜡}=m_1-m$

故石蜡的体积为　$V_{蜡}=(m_1-m)\frac{1}{\rho_{蜡}}$

由浮力原理可知：

$m_1-m_2=V_{总}\cdot\rho_W$，而$V_{总}=V_{0石}+V_{蜡}$

$\therefore V_{0石}=V_{总}-V_{蜡}=\frac{m_1-m_2}{\rho_W}-\frac{m_1-m}{\rho_{蜡}}$

因而石子的表观密度为 $\rho_0=\cfrac{m}{\cfrac{m_1-m_2}{\rho_W}-\cfrac{m_1-m}{\rho_{蜡}}}$

### 3. 堆积密度

堆积密度是指散粒或粉状材料，在自然堆积状态下单位体积的质量。按式(2－3)计算：

$$\rho_0'=\frac{m}{V_0'} \tag{2-3}$$

式中：$\rho_0'$——堆积密度，$kg/m^3$；

$m$——材料的质量，kg；

$V_0'$——材料的堆积体积，$m^3$。

材料的堆积体积既包含了颗粒内部的孔隙，又包含了颗粒之间的空隙。堆积密度的大小不但取决于材料颗粒的表观密度，而且还与堆积的密实程度、材料的含水状态有关。

常用建筑材料的密度、表观密度、堆积密度见表2－1。

表2－1 常用建筑材料的密度、表观密度、堆积密度

| 材料名称 | 密度/（$g/cm^3$） | 表观密度/（$kg/m^3$） | 堆积密度/（$kg/m^3$） |
|---|---|---|---|
| 钢材 | 7.85 | 7 800～7 850 | — |
| 花岗岩 | 2.70～3.00 | 2 500～2 900 | — |
| 石灰石(碎石) | 2.48～2.76 | 2 300～2 700 | 1 400～1 700 |
| 砂 | 2.50～2.60 | — | 1 500～1 700 |
| 水泥 | 2.80～3.10 | — | 1 600～1 800 |
| 粉煤灰(气干) | 1.95～2.40 | 1 600～1 900 | 550～800 |
| 烧结普通砖 | 2.60～2.70 | 2 000～2 800 | — |
| 烧结多孔砖 | 2.60～2.70 | 900～1450 | — |
| 粘土 | 2.50～2.70 | — | 1 600～1 800 |
| 普通水泥混凝土 | — | 1 950～2 500 | — |
| 红松木 | 1.55～1.60 | 400～600 | — |
| 普通玻璃 | 2.45～2.55 | 2 450～2 550 | — |
| 铝合金 | 2.70～2.90 | 2 700～2 900 | — |
| 泡沫塑料 | — | 20～50 | — |

### 4. 密实度

密实度是指材料体积内被固体物质所充实的程度。以$D$表示，按式(2－4)计算：

$$D=\frac{V}{V_0}\times100\%=\frac{\rho_0}{\rho}\times100\% \tag{2-4}$$

式中：$D$——材料的密实度，%；

$V$——材料在绝对密实状态下的体积，$m^3$；

$\rho$——材料的密度，$kg/m^3$；

$\rho_0$——材料的表观密度，$kg/m^3$。

密实度反映了材料的密实程度，含有孔隙材料的密实度均小于1。

5. 孔隙率

孔隙率是指材料内部孔隙体积占材料总体积的百分率。以 $P$ 表示，按式(2-5)计算：

$$P=\left(\frac{V_0-V}{V_0}\right)\times 100\%=\left(1-\frac{V}{V_0}\right)\times 100\%=\left(1-\frac{\rho_0}{\rho}\right)\times 100\% \tag{2-5}$$

材料的密实度和孔隙率是从不同角度反映材料的致密程度。密实度和孔隙率的关系为

$$D+P=1$$

生态建筑材料的强度、吸水性、抗渗性、抗冻性、导热性等都与材料的孔隙率有关，这些性质还与空隙的孔径大小、形状、分布、连通与否等构造特征密切相关。

6. 填充率

填充率是指散粒材料在某堆积体积内，被其颗粒填充的程度。以 $D'$表示，按式(2-6)计算：

$$D'=\frac{V_0}{V_0'}\times 100\%=\frac{\rho_0'}{\rho_0}\times 100\% \tag{2-6}$$

7. 空隙率

空隙率是指散粒材料在某堆积体积内，颗粒之间的空隙体积占堆积体积的百分率。以 $P'$表示，按式(2-7)计算：

$$P'=\left(\frac{V_0'-V_0}{V_0'}\right)\times 100\%=\left(1-\frac{V_0}{V_0'}\right)\times 100\%=\left(1-\frac{\rho_0'}{\rho_0}\right)\times 100\% \tag{2-7}$$

散粒材料的填充率和空隙率之和等于1，即 $D'+P'=1$。空隙率的大小反映了散粒材料的颗粒之间相互填充的致密程度。

## 2.2 生态建筑材料与水有关的性质

1. 亲水性和憎水性

根据材料与水接触时能否被水润湿的程度，可将材料分为亲水材料和憎水材料两大类。

材料的亲水性与憎水性可用湿润角 $\theta$ 来说明。如图2.5所示，在材料、水和空气三相的交点处，沿水滴表面的切线($\gamma_L$)与水和固体接触面($\gamma_{SL}$)所成的夹角 $\theta$ 称为润湿角。润湿角 $\theta$ 越小，水分越容易被材料表面吸收，说明材料能被水润湿的程度越高。

通常认为，润湿角 $\theta \leqslant 90°$时，如图2.5(a)所示，该材料称为亲水性材料。如木材、混凝土、砖等。当 $\theta > 90°$时，如图2.5(b)所示，该材料称为憎水性材料。如石蜡、沥青、塑料等。对于其他液体对固体材料表面的润湿情况，也可相应地称为亲液材料或憎液材料。

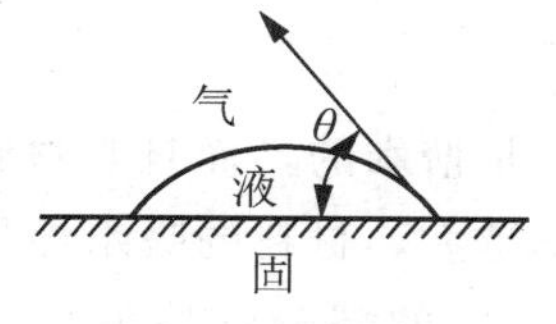

(a) 亲水性材料

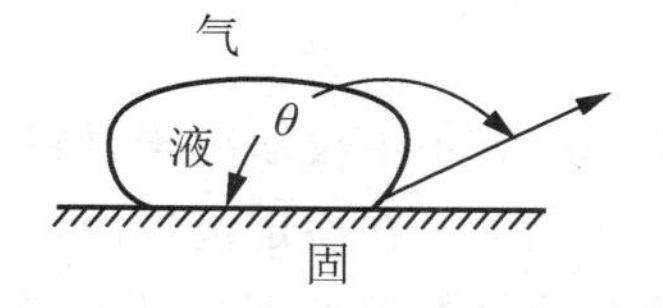

(b) 憎水性材料

**图 2.5 材料的润湿示意图**

木材是亲水材料，主要用于装饰材料和建筑模板工程，沥青是防水材料，主要用于建筑物的屋面防水工程，如图 2.6、图 2.7 所示。

**图 2.6 亲水材料——木材**

**图 2.7 憎水材料——沥青**

### 2. 吸水性

材料在水中吸收水分的能力称为吸水性。吸水性的大小用吸水率表示。吸水率有质量吸水率和体积吸水率两种表示方法。

1）质量吸水率($W_m$)

材料吸水饱和时，其吸收水分的质量占材料干燥状态下质量的百分率。按式(2-8)计算：

$$W_m=\frac{m_1-m}{m}\times100\% \tag{2-8}$$

式中：$W_m$——材料的质量吸水率，%；

$m_1$——材料吸水饱和后的质量，g；

$m$——材料干燥至恒重的质量，g。

2）体积吸水率($W_m$)

材料吸水饱和时，其吸收水分的体积占干燥材料自然体积的百分率。可按式(2-9)计算：

$$W_V=\frac{V_W}{V_0}\times100\%=\frac{m_1-m}{V_0}\frac{1}{\rho_W}\times100\% \tag{2-9}$$

式中：$W_V$——材料的体积吸水率，%；

$V_W$——材料在吸水饱和时，水的体积，$cm^3$；

$V_0$——干燥材料在自然状态下的体积，$cm^3$；

$\rho_W$——水的密度，$g/cm^3$。

质量吸水率和体积吸水率存在如下关系：

$$W_V = W_m \cdot \rho_0 \cdot \frac{1}{\rho_W} \tag{2-10}$$

材料的吸水率的大小不仅取决于材料是亲水的还是憎水的，而且与材料的孔隙率的大小及孔隙特征密切相关。在一定范围内，一般孔隙率越大，材料的吸水性越强。

水分的吸收会给材料带来不良的影响，因而使材料的部分性质发生改变，如体积膨胀、强度降低、保温性能下降、抗冻性变差等。

### ▶▶案例 2-2

将粘土砖与加气混凝土砌块分别在水中浸泡 2min 后，再分别敲开，观察新断面中孔的大小、形状分布及水渗入的程度(图 2.8、图 2.9)，请分析其吸水率不同的原因。

图 2.8　粘土砖吸水

图 2.9　加气混凝土砌块吸水

【案例分析】

从新断面可见，水已渗入实心粘土砖内部，而仅渗入加气混凝土砌块表面。之所以有这样的差异，是其孔结构不同造成的。加气混凝土砌块为多孔结构，其孔是封闭的、不连通的小孔，故水难以渗入其内部。实心粘土砖虽也是多孔结构，但其孔径大，且有大量连通孔存在。封闭不连通的小孔可以有效地阻止水的渗透；孔径大且存在连通孔则为水的渗透提供了条件。

3. 吸湿性

材料在潮湿的空气中吸收水分的能力，称为吸湿性。吸湿性的大小用含水率表示。可按式(2-11)计算：

$$W_{含} = \frac{m_{含} - m}{m} \times 100\% \tag{2-11}$$

式中：$W_{含}$——材料的含水率，%；

$m_{含}$——材料含水时的质量，g；

$m$——材料干燥至恒重的质量，g。

材料含水率的大小不仅取决于材料的自身特点(亲水性、空隙率等)，还与材料周围环境温度和湿度有关。一般情况温度，相对湿度越大，材料的含水率也越大。当材料的含水率达到与环境湿度保持相对平衡状态时的含水率时，称为平衡含水率。

4. 耐水性

材料长期在饱和水作用下而不破坏，强度也不显著降低的性质称为耐水性。材料的耐水性用软化系数表示，可按式(2－12)计算：

$$k_s=\frac{f_W}{f} \tag{2-12}$$

式中：$k_s$——软化系数；

$f_W$——材料在水饱和状态下的抗压强度，MPa；

$f$——材料在干燥状态下的抗压强度，MPa。

软化系数一般在0～1之间，其值越小，说明材料吸水饱和后的强度降低越多，其耐水性越差。不同的材料，$k_s$值相差很大，如粘土$k_s=0$，金属$k_s=1$。通常将软化系数大于0.80的材料称为耐水性材料。对于经常位于水中或处于潮湿环境的重要建筑物，材料的软化系数不得低于0.85。对于受潮湿较轻或次要结构所用材料，软化系数不宜小于0.75。

5. 抗渗性

材料抵抗压力水或其他液体渗透的性质称为抗渗性(不透水性)。材料的抗渗性用渗透系数$K$表示：

$$K=\frac{Qd}{AtH} \quad 或 \quad Q=K\frac{H}{d}At \tag{2-13}$$

式中：$K$——渗透系数，cm/h；

$Q$——透过材料试件的水量，$cm^3$；

$d$——试件厚度，cm；

$A$——透水面积，$cm^2$；

$t$——透水时间，h；

$H$——水头差，cm。

材料的渗透系数越小，表示其抗渗性越好。对于混凝土和砂浆材料，其抗渗性常用抗渗等级表示。用字母P及可承受的水压力值(以0.1MPa为单位)来表示。例如，混凝土的抗渗等级为P6、P12，表示其分别能承受0.6MPa、1.2MPa的水压而不渗水。P越大，材料的抗渗性越好。

材料的抗渗性是防水工程、地下建筑物及水工建筑物所必须考虑的重要性质之一。

6. 抗冻性

材料在吸水饱和状态下经受多次冻融循环而不破坏，同时也不显著降低强度的性质称为抗冻性。

材料的抗冻性用抗冻等级F表示，混凝土的抗冻等级为F15、F25、F50、F100。如F10表示经过10次冻融循环，质量损失不超过5%，强度损失不超过25%。通常采用材料吸水饱和后，在－15℃冻结，再在20℃的水中融化，这样的一个过程称为一次冻融循环。

材料的抗冻性主要与其强度、孔隙率、吸水性及抵抗胀裂等因素有关。因此，抗冻性常作为评价材料耐久性的一个重要指标。材料的变形能力大、强度高时，其抗冻性较高。一般认为软化系数小于0.8的材料，其抗冻性较差。对于室外温度低于－15℃的地区，建筑材料必须进行抗冻性试验。对于温暖地区的建筑物，为了抗风化，材料也必须有抗冻性要求，以确保建筑物的耐久性。

## ▶▶案例 2－3

某墙体材料的密度为 2.7g/cm³，干燥状态下体积为 1 600kg/m³，其质量吸水率 23%。试求其孔隙率并估计该材料的抗冻性。

**【案例分析】**

$$W_0 = W\rho_0 = 0.23 \times 1.6 \times 100\% = 36.8\%$$

$$P = (1 - \rho_0/\rho) \times 100\% = 40.74\%$$

$$K_B = W_0/P = 0.9 > 0.8 \quad \text{抗冻性差}$$

## ▶▶案例 2－4

(1) 某石材(图 2.1)在气干、绝干、水饱和情况下测得的抗压强度分别为 174MPa、178MPa、165MPa，判断该石材可否用于水下工程。

(2) 有一块烧结普通砖(图 2.2)，在吸水饱和状态下重 2 900g，其绝干质量为 2 550g。砖的尺寸为 240mm×115mm×53mm，经干燥并磨成细粉后取 50g，用排水法测得绝对密实体积为 18.62cm³。试计算该砖的吸水率、密度、孔隙率。

(3) 加气混凝土块(图 2.3)体积密度为 500kg/m³，抗压强度为 2.8MPa。此加气混凝土块是否可以作为保温材料?

(4) 根据以上 3 种不同的建筑材料特征，试问在建筑工程上，材料的使用应主要注意哪些事项?

**【案例分析】**

(1) **解**：该石材的软化系数为 $k_S = \frac{f_b}{f_g} = \frac{165}{178} = 0.93$

由于该石材的软化系数为 0.93，大于 0.85，故该石材可用于水下工程。

**【评注】**软化系数为材料吸水饱和状态下的抗压强度与材料在绝对干燥状态下的抗压强度之比，与材料在气干状态下的抗压强度无关。

(2) **解**：

$$W_m = \frac{m_b - m_g}{m_g} \times 100\% = \frac{2\,900 - 2\,550}{2\,550} \times 100\%$$

该砖的吸水率为

$$\rho = \frac{m}{V} = \frac{50}{18.62} = 2.69 \text{g/cm}^3$$

该砖的密度为

$$\rho_0 = \frac{m}{V_0} = \frac{2\,550}{25 \times 11.5 \times 5.3} = 1.74 \text{g/cm}^3$$

表观密度为

**【评注】**质量吸水率是指材料在吸水饱和时，所吸水量占材料在干燥状态下的质量百分比。

(3) **解**：该加气混凝土块可以作为保温材料。

(4) **解**：建筑材料在使用过程中要着重了解该种材料的孔隙率。孔隙率的大小及空隙本身的特征与材料的许多性质如强度、吸水性、抗渗性、导热性等都有密切关系。以上 3 种材料的孔隙率有很大的差别，故在建筑工程中有不同的使用部位。石材可作为承重构件及装饰材料，砖可作为墙体材料，加气块可作为轻质隔墙和保温材料。

## 2.3 生态建筑材料的热工性质

### 1. 导热性

材料传导热量的性质称为导热性。即当材料两侧表面存在温差时，热量会由温度较高的一面传向温度较低的一面，材料的导热性可用导热系数表示。

以单层平板为例，若 $t_1>t_2$，经过时间 $z$，由温度为 $t_1$ 的一侧传至温度为 $t_2$ 的一侧的热量为

$$Q=\lambda\frac{A(t_1-t_2)z}{d} \tag{2-14}$$

则导热系数的计算公式为 $\lambda=\frac{Qd}{Az(t_1-t_2)}$

式中：$A$——导热系数，W/(m·K)；

$Q$——传导的热量，J；

$d$——材料的厚度，m；

$A$——传热面积，$m^2$；

$z$——传热时间，s；

$t_1-t_2$——材料两侧的温度差，K。

材料的导热系数 $\lambda$ 越小，材料的保温隔热性能越好。建筑材料的导热系数一般为0.02～3.00W/(m·K)。通常 $\lambda\leqslant0.15$W/(m·K)的材料称为绝热材料。

材料的导热性与材料的孔隙率、孔隙特征有关。一般来讲，孔隙率越大，导热系数越小。具有互不连通封闭微孔构造材料的导热系数，要比粗大连通孔隙构造材料的导热系数小。当材料的含水率增大时，导热系数也随之增大。

材料的导热系数对建筑物的保温隔热有重要意义。在大体积混凝土温度及温度控制计算中，混凝土的导热系数是一个重要的指标。

几种常用材料的导热系数见表2-2。

表2-2 几种材料的导热系数

| 材料名称 | 导热系数 W/(m·K) | 材料名称 | 导热系数 W/(m·K) |
|---|---|---|---|
| 建筑钢材 | 58 | 松木 | 0.17～0.35 |
| 花岗岩 | 3.49 | 塑料泡沫 | 0.03 |
| 普通混凝土 | 1.28 | 石膏板 | 0.25 |
| 普通粘土砖 | 0.80 | 水 | 0.58 |
| 水泥砂浆 | 0.93 | 静止空气 | 0.025 |

### 2. 热容量

材料加热时吸收热量、冷却时放出热量的能力称为热容量。热容量的大小用比热容表示。比热容在数值上等于1g材料，温度升高1K或温度降低1K时所吸收或放出的能量 $Q$。用下式表示：

$$Q=cm(T_2-T_1) \tag{2-15}$$

$$c=\frac{Q}{m(T_2-T_1)} \tag{2-16}$$

式中：$Q$——材料吸收或放出的热量，J；

$c$——材料的比热容，J/(g·K)；

$m$——材料的质量，g；

$T_2-T_1$——材料受热或冷却前后的温差，K。

材料的导热性和比热容是设计建筑物维护结构，进行热工计算时的重要参数。也是生态建筑材料节能减排的主要指标。我国建设主管部门明确规定，建筑物必须使用保温隔热材料。不同材料的比热容不同，常用建筑材料的比热容见表2-3。

**表2-3 常用建筑材料的比热容** 单位：J/(g·K)

| 材料名称 | 混凝土 | 普通粘土砖 | 花岗石 | 建筑钢材 | 松木 | 静止空气 | 水 |
|---|---|---|---|---|---|---|---|
| 比热容 | 0.88 | 0.84 | 0.92 | 0.48 | 2.51 | 1.00 | 4.19 |

## 2.4 生态建筑材料的力学性质

### 1. 强度与比强度

材料抵抗因应力作用而引起破坏的能力称为强度。当材料承受外力作用时，内部产生应力，随着外力的不断增大，内部应力也相应增大，当应力增加到材料无法承受时，材料宣告破坏。此时材料所承受的极限应力值即为材料的强度。

材料的强度按所受外力的作用方式不同，分为抗拉强度、抗压强度、抗弯(折)强度和抗剪强度等，表2-4为各种强度测定时，试件的受力情况和各种强度的计算公式。

**表2-4 静力强度的分类**

| 强度类别 | 受力情况 | 计算式 | 备注 |
|---|---|---|---|
| 抗拉强度 | F ← → F | $f_t=\frac{F}{A}$ | $F$——破坏荷载，N；<br>$A$——受荷面积，$mm^2$；<br>$l$——跨度，mm；<br>$b$——断面宽度，mm；<br>$h$——断面高度，mm。 |
| 抗压强度 | F ↓ ↑ F | $f_t=\frac{F}{A}$ | |
| 抗弯强度 | F, b, h, l | $f_b=\frac{3FL}{2bh^2}$ | |
| 抗剪强度 | F ↓ ↑ F | $f_t=\frac{F}{A}$ | |

同种类的材料，一般材料的孔隙率越大，其强度越低。不同种类的材料，强度值相差很大。如混凝土、石材、砖等材料的抗压强度较高，而抗拉强度却较低，因此适用于结构的承受压力的部位。钢材的抗拉强度、抗压强度都很高，适用于承受各种外力的结构。常用建筑材料的强度值见表2-5。

表2-5 常用建筑材料的强度

| 材料 | 抗压强度/MPa | 抗拉强度/MPa | 抗剪强度/MPa |
| --- | --- | --- | --- |
| 混凝土 | 10～100 | 1～8 | 3.0～10.0 |
| 普通粘土砖 | 10～30 | — | 2.6～5.0 |
| 花岗岩 | 100～250 | 5～8 | 10～14 |
| 建筑钢材 | 240～1 500 | 240～1 500 | — |
| 松木(顺纹) | 30～50 | 80～120 | 60～100 |

比强度是按单位体积质量计算的材料强度，其值等于材料的强度与其表观密度之比，比强度越大，则材料的轻质高强性能越好。优质的结构材料，必须具有较高的比强度。轻质高强的材料在高层建筑及大跨度结构工程中广泛采用，它也是生态建筑材料今后主要的发展趋势。例如，Q235钢、C30混凝土其比强度分别为0.53、0.012，而MU10粘土砖的比强度只有0.006。因此，比强度是衡量材料轻质高强性能的一项重要指标。

2. 弹性与塑性

材料在应力作用下产生变形，外力取消后，材料变形即可消失并能完全恢复原来形状的性质称为弹性。这种可完全恢复的变形称为弹性变形。明显具有弹性变形特征的材料称为弹性材料。

塑性是指材料在应力作用下产生变形，当外力取消后，仍保持变形后的形状尺寸，且不产生裂纹的性质。这种不随外力取消而消失的变形称为塑性变形。明显具有塑性变形特征的材料称为塑性材料。

实际工程中，纯弹性材料或纯塑性材料是不存在的，多数材料的变形既有弹性变形，也有塑性变形。例如建筑钢材材料在受力不大时，仅产生弹性变形，受力超过一定限度后，就会产生塑性变形。混凝土在受力时，弹性变形和塑性变形同时产生，当取消外力后，弹性变形可以恢复，而塑性变形则不能恢复。

3. 脆性与韧性

脆性就是材料在外力作用下直到破坏前无明显塑性变形的性质。脆性材料的特点是抗压强度远大于抗拉强度，主要只适用于承受静压力的构件，如混凝土、生铁、陶瓷、粘土砖、玻璃、石材等。

韧性是指材料在冲击或振动荷载作用下，能吸收较大的能量，产生一定的变形而不发生破坏的性质。具有这种性质的材料称为韧性材料。建筑钢材、木材、沥青等均属于韧性材料。建筑工程中用作桥梁、吊车梁等承受冲击荷载和有抗震要求的结构，用建筑材料均应具有较高的韧性。

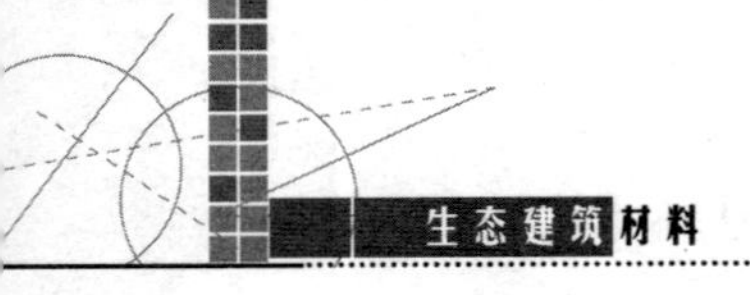


## 2.5 材料的耐久性

材料的耐久性是指材料在使用过程中，受各种自然因数及其他有害物质长期作用能长久保持其原有性能的性质。

耐久性是材料的一项综合性质，它包括抗冻性、抗渗性、抗风化性、耐磨性、抗老化性、耐化学腐蚀性等。

材料在使用过程中，除受到各种外力的作用外，还会受到周围环境及各种自然因素的作用。这些作用一般有物理、化学及生物作用等。

物理作用包括干湿变化、温度变化和冻融循环。干湿变化及温度变化引起材料胀缩，并导致内部裂缝扩展，引起材料破坏。在寒冷地区，冻融循环对材料的破坏作用更为明显。

化学作用主要是酸、碱、盐等物质的水溶液及有害气体对材料的侵蚀作用，使材料变质而破坏。如钢筋的锈蚀、水泥石的腐蚀等。

生物作用是指菌类、昆虫对材料的侵害作用。如白蚁对建筑物的破坏、木材的腐蚀等。

对材料耐久性的判断，是在使用条件下进行长期的观察和测定，这样做需要很长的时间。通常是根据材料的使用要求，在实验室进行快速试验，并据此对材料的耐久性做出判定。

为保证建筑物的正常使用和延长建筑物的使用寿命，在选用生态建筑工程材料时，必须考虑材料的耐久性，并根据工程的重要性、所处的环境，合理选用建筑工程材料，或根据使用情况和材料特点，采取相应的措施提高材料的耐久性。如提高材料的密实度或采取表面保护措施等。

### 项目小结

本项目是学习建筑材料课程应首先具备的基础知识和理论。材料的材质不同，其性质也必有差异。通过本项目的学习可以了解、明辨建筑材料所具有的所具有的各种基本性质的定义、内涵、参数及计算表征方法；了解材料性质对其性能的影响，如材料的空隙率对材料强度、吸水性、耐久性等的影响；了解材料性能对建筑结构质量的影响，为下一步学习材料个论打下基础。

### 复习思考题

一、 简答题

1. 材料的质量吸水率和体积吸水率有何不同？什么情况下采用体积吸水率来反映材料的吸水性？

2. 什么是材料的导热性？材料导热系数的大小与哪些因素有关？

3. 材料的抗渗性好坏主要与哪些因素有关？怎样提高材料的抗渗性？

4. 材料的强度通常按所受外力作用不同分为哪几个(画出示意图)？分别如何计算？单位如何？

二、 计算题

1. 某一块材料的全干质量为100g，自然状态下的体积为$40cm^3$，绝对密实状态下的体积为$33cm^3$，计算该材料的表观密度、体积密度、密实度和孔隙率。

2. 已知一块烧结普通砖的外观尺寸为240mm×115mm×53mm，其孔隙率为37%，干燥时质量为2 487g，浸水饱和后质量为2 984g，试求该烧结普通砖的表观密度、绝对密度以及质量吸水率。

3. 工地上抽取卵石试样，烘干后称量482g试样，将其放入装有水的量筒中吸水至饱和，水面由原来的$452cm^3$上升至$630cm^3$，取出石子，擦干石子表面水分，称量其质量为487g，试求该卵石的表观密度及质量吸水率。

# 项目3

# 气硬性胶凝材料

## 教学目标

本项目主要介绍生态建筑材料中常用的气硬性胶凝材料——石灰、石膏和水玻璃。掌握气硬性胶凝材料和水硬性胶凝材料的区别，了解石灰、石膏的生产及技术指标，了解水玻璃的性能及应用，掌握石灰、石膏的凝结硬化过程、性能特点、储存及应用。

## 教学要求

| 知识要点 | 能力要求 | 相关知识 |
| --- | --- | --- |
| 石灰 | 根据石灰的熟化硬化机理，对石灰进行陈伏处理，掌握三合土的含意，并会拌制三合土 | 石灰的生产、种类、性能和应用 |
| 石膏 | 石膏制品在建筑工程中的使用注意事项 | 石膏的生产、种类、性能和应用 |
| 水玻璃 | 水玻璃的特点和应用 | 水玻璃的模数 |

## ▶▶案例导入

早在古希腊时期人们已经懂得利用石灰改良筑路用土，到20世纪40年代初，土壤稳定和固化技术迅速发展。有多种土壤固化剂广泛应用于固化公路、机场跑道的底基层，还可固化多种废弃物等。可用水泥掺入石膏、硫酸钠等作固化剂，还有离子交换型固化剂。应用固化剂可加快施工速度，降低成本。

新疆引额济乌是由国家投资的从额尔济斯河到乌鲁木齐的一条引水工程，其间要穿过古尔班通古特沙漠腹地，沙漠渠全长168.4km，按一般处理地基的方法费用太高，后采用固化剂将当地特细砂固化，就地取材，加固渠床，节省了工程造价，如图3.1所示。

图3.1 土壤固化剂应用于引额济乌水利工程

凡是在一定条件下，经过自身的物理、化学作用后，能由液体或半固体(泥膏状)变为坚硬的固体，并能把块状或散粒状材料胶结成整体的材料称为胶凝材料。胶凝材料根据化学组成分为无机胶凝材料和有机胶凝材料两大类。无机胶凝材料根据硬化条件又可分为气硬性与水硬性胶凝材料两类。

气硬性胶凝材料只能在空气中凝结硬化，并保持或继续增长强度，如石灰、石膏、水玻璃及镁质胶凝材料(如菱苦土)等。水硬性胶凝材料不仅能在空气中，而且能更好地在水中凝结硬化，并保持或继续增长强度，如水泥。气硬性胶凝材料宜用于地面上干燥环境的建筑物，不宜用于潮湿环境，更不可用于水中。水硬性胶凝材料可用于地上、地下、水下的建筑物。

# 3.1 石　　灰

石灰是一种传统的建筑材料。石灰其材料来源广泛，生产工艺简单，成本低，使用方便，在建筑工程中得到了广泛应用。

## 3.1.1 石灰的生产

### 1. 原材料

煅烧石灰的原料是以碳酸钙($CaCO_3$)(图3.2)为主要成分的矿物、岩石(如方解石、石灰岩、大理石)，经煅烧而得生石灰 CaO；也可采用化工副产品，如用碳化钙(电石)制取乙炔时产生的电石渣，其主要成分是 $Ca(OH)_2$，即熟石灰。

2. 生产

碳酸钙煅烧的化学反应为

$$CaCO_3 \xrightarrow{900\sim1100℃} CaO + CO_2\uparrow$$

煅烧温度一般以 1 000℃为宜。煅烧温度过低时，则产生有效成分少，核心成分为不能熟化的欠火石灰。欠火石灰中 CaO 含量低，降低石灰利用率。煅烧温度过高时，CaO 与原料所带杂质(粘土)中的某些成分反应，生成熟化速度很慢的过火石灰。过火石灰如用于建筑上，会在已经硬化的砂浆中吸收水分而继续熟化，产生体积膨胀，引起局部爆裂或脱落，影响工程质量。所以，石灰在生产过程中，要严格控制煅烧温度。

按照《建筑生石灰》(JC/T 497—1992)的规定，当 MgO 含量小于等于 5%时，称为钙质石灰；当 MgO 含量大于 5%时，称为镁质石灰。镁质石灰熟化较慢，但硬化后强度稍高。

### 3.1.2 石灰的熟化与硬化

1. 熟化

工地上使用石灰时，通常将生石灰加水，使之消解为消石灰—氢氧化钙，这个过程称为石灰的消化，又称为熟化或消解，其反应式为

$$CaO + H_2O = Ca(OH)_2 + 64.9KJ$$

石灰熟化过程中，放出大量的热，且体积膨胀 1～2.5 倍。煅烧良好、CaO 含量高的石灰熟化较快，放热量与体积增大也较多，如图 3.3 所示。

图 3.2　碳酸钙

图 3.3　石灰的熟化

石灰熟化的方法一般有以下两种。

1) 制石灰膏

在化灰池中加入过量的水(2.5～3 倍生石灰质量的水)，生石灰熟化成的 $Ca(OH)_2$ 经筛网流入储灰池，在储灰池中沉淀成石灰膏。石灰膏在储灰池中储存(陈伏)两周以上，使熟化慢的颗粒得到充分熟化，然后才能使用。陈伏期间，石灰膏上应保留一层水，使石灰膏与空气隔绝，避免与空气接触发生碳化反应。

石灰膏是建筑工程中砌筑砂浆和抹面砂浆常用的材料之一，它可用来拌制砌筑砂浆或抹面砂浆。石灰膏的表观密度为 1 300～1 400kg/m³，1kg 生石灰可熟化成 1.5～3L 石灰膏。

2）制消石灰粉

这种方法是将生石灰加适量水熟化成消石灰粉。生石灰熟化成消石灰粉的理论需水量为生石灰质量的32.1%，由于熟化时放热，一部分水分蒸发，所以实际加水量常为生石灰质量的60%～80%。加水量以既能充分熟化、又不过湿成团为度。工地上常用喷壶分层法进行消化。

**特别提示**

消石灰粉也需放置一段时间，使其进一步熟化后再使用。消石灰粉可用于拌制灰土及三合土，一般不宜用于拌制砂浆、灰浆。

建筑消石灰粉其质量应符合《建筑消石灰粉》(JC/T 481—1992)的要求。

2. 硬化

石灰浆在空气中渐渐硬化，其硬化过程是同时进行的物理及化学变化过程。

1）结晶过程

石灰浆中因游离水分蒸发或被砌体吸收，引起溶液某种程度的过饱和，使$Ca(OH)_2$逐渐结晶析出，促进石灰浆体的硬化。

2）碳化过程

$Ca(OH)_2$与空气中的$CO_2$反应生成不溶于水的$CaCO_3$晶体，析出的水分则逐渐被蒸发，其反应式为

$$Ca(OH)_2+CO_2+nH_2O=CaCO_3+(n+1)H_2O$$

这个反应的首要条件必须是在有水的条件下进行，而且反应从石灰膏表面层开始，反应速度逐趋缓慢。当表层生成$CaCO_3$结晶的薄层后，阻碍了$CO_2$的进一步深入，同时也阻碍内部水分向外蒸发，在相当长的时间内，仍然表面层为$CaCO_3$，内部为$Ca(OH)_2$。

**特别提示**

过火石灰可以使用，但应陈伏半个月。

### 3.1.3 石灰的质量标准与应用

1. 建筑石灰的特性

(1) 消石灰具有良好的可塑性。

生石灰熟化成石灰浆时，能形成颗粒极细(粒径约为1 μm)的呈胶体状态的氢氧化钙，表面吸附一层厚的水膜，流动性强、保水性好，因而具有良好的可塑性。在水泥浆中掺入石灰膏，可使其可塑性显著提高。

(2) 生石灰吸湿性强，保水性好。

生石灰具有多孔结构，吸湿能力很强，因此，是传统的干燥剂。但由于其易吸湿和变质，故运输和储存时应注意防潮。

(3) 凝结硬化慢，强度低。

石灰浆在空气中的碳化过程很慢，导致其硬化速度也很慢，而且硬化后的最终强度也不高。

(4) 硬化时体积收缩大。

石灰浆在硬化时，大量的水分蒸发和碳化作用使其体积收缩变化大，易引起开裂。因此，除调制成石灰乳作薄层涂刷外，不宜单独使用。用于室内抹面时，常在石灰中掺入麻刀或纸筋灰等，以抵抗石灰收缩引起的开裂和增加表面抗拉强度。

(5) 耐水性差。

石灰制品中的氢氧化钙晶体易溶于水，若长期受潮或被水浸泡，会使已硬化的石灰溃散。所以，石灰不宜在潮湿的环境中使用。

2. 石灰的质量标准

根据建筑材料行业标准《建筑生石灰》(JC/T 479—1992)规定，按有效氧化钙、氧化镁含量及杂质的相对含量，钙质石灰与镁质石灰均可分为优等品、一等品及合格品。相应的技术标准见表 3-1 和表 3-2。

表 3-1 建筑生石灰技术指标(JC/T 479—1992)

| 项目 | 钙质生石灰 | | | 镁质生石灰 | | |
|---|---|---|---|---|---|---|
| | 优等品 | 一等品 | 合格品 | 优等品 | 一等品 | 合格品 |
| CaO+MgO 含量不小于/% | 90 | 85 | 80 | 85 | 80 | 75 |
| $CO_2$ 含量不大于/% | 5 | 7 | 9 | 6 | 8 | 10 |
| 未消化残渣含量(5mm 圆孔筛余)不大于/% | 5 | 10 | 15 | 5 | 10 | 15 |
| 产浆量不小于/(L/kg) | 2.8 | 2.3 | 2.0 | 2.8 | 2.3 | 2.0 |

表 3-2 建筑生石灰粉技术指标(JC/T 480—1992)

| 项目 | | 钙质生石灰粉 | | | 镁质生石灰粉 | | |
|---|---|---|---|---|---|---|---|
| | | 优等品 | 一等品 | 合格品 | 优等品 | 一等品 | 合格品 |
| CaO+MgO 含量不小于/% | | 85 | 80 | 75 | 80 | 75 | 70 |
| $CO_2$ 含量不大于/% | | 7 | 9 | 11 | 8 | 10 | 12 |
| 细度 | 0.90mm 筛的筛余不大于/% | 0.2 | 0.5 | 1.5 | 0.2 | 0.5 | 1.5 |
| | 0.125mm 筛的筛余不大于/% | 7.0 | 12.0 | 18.0 | 7.0 | 12.0 | 18.0 |

3. 石灰的用途

1) 制作石灰乳涂料

用石灰膏和沙子(或麻刀、纸筋等)配制成石灰砂浆(或麻刀灰、纸筋灰)用于内墙、顶棚的抹面；将石灰膏、水泥和沙子配制成混合砂浆用于砌筑和抹面；将消石灰粉或熟化好的石灰膏加入大量水稀释成石灰乳用于内墙和顶棚的粉刷。

2) 配制灰土和三合土

将生石灰熟化成消石灰粉，再与粘土拌和(比例为 2∶8)即为灰土；若再加入一定的砂石或炉渣等填料一起拌和(比例为 1∶2∶3)即成为三合土。灰土和三合土经夯实后广泛用作基础、地面或路面的垫层，其强度和耐水性比石灰或粘土都高得多。

3）生产硅酸盐制品

将磨细生石灰与砂或粒化高炉矿渣、炉渣、粉煤灰等硅质材料混合成型，在一定条件下养护，可制得各种硅酸盐制品(如灰砂砖、粉煤灰砖、砌块等)而用作墙体材料。

4）配制无熟料水泥

将具有一定活性的硅质材料(如粒化高炉矿渣、粉煤灰、火山灰等)与石灰按适当比例混合磨细即可制得具有水硬性的胶凝材料，如石灰矿渣水泥、石灰粉煤灰水泥、石灰火山灰水泥等。

### ▶▶案例 3－1

某工地要使用一种生石灰粉，现取试样，应如何判断该石灰的品质？

【原因分析】

(1) 检测石灰中 CaO 和 MgO 的含量、二氧化碳的含量、细度。

(2) 根据 MgO 含量，判定该石灰的类别(钙质/镁质石灰)。

(3) 根据表 3－2 判定该石灰的等级。

### ▶▶案例 3－2

某单位宿舍楼的内墙使用石灰砂浆抹面。数月后，墙面上出现了许多不规则的网状裂纹。同时在个别部位还发现了部分凸出的放射状裂纹。试分析上述现象产生的原因。

【原因分析】

石灰砂浆抹面的墙面上出现不规则的网状裂纹，引发的原因很多，但最主要的原因在于石灰在硬化过程中，蒸发大量的游离水而引起体积收缩。

墙面上个别部位出现凸出的呈放射状的裂纹，是由于配制石灰砂浆时所用的石灰中混入了过火石灰。这部分过火石灰在消解、陈伏阶段中未完全熟化，以至于在砂浆硬化后，过火石灰吸收空气中的水蒸气继续熟化，造成体积膨胀。从而出现上述现象。

【点评】

透过现象看本质，过火石灰表面常被粘土杂质融化形成的玻璃釉状物包覆，熟化很慢。如未经过充分的陈伏，当石灰已经硬化后，过火石灰才开始熟化，并产生体积膨胀，容易引起鼓包隆起和开裂。

#### 4. 石灰的储存

(1) 生石灰储存和运输是要注意防潮防水，以免吸水自然熟化后硬化，同时注意周围不要堆放易燃、易爆物，以防止生石灰熟化时放热导致易燃、易爆品燃烧和爆炸。

(2) 生石灰不宜长期储存，一般储存期不超过一个月。如要存放，可熟化成石灰膏，上覆砂土或水与空气隔绝，以免硬化。

(3) 生石灰粉、建筑消石灰粉一般采用袋装，袋上应标明厂名、产品名称、商标、净重、批量编号。

## 3.2 石　　膏

石膏是以硫酸钙为主要成分的气硬性胶凝材料。由于石膏胶凝材料及其制品具有许多良好的性能，如质轻、绝热、耐火、隔声等，加之原料来源丰富，生产工艺简单，能耗较低，因而是一种理想的高效节能环保生态建筑材料。

## 3.2.1 石膏的生产及品种

生产石膏的主要原料是含硫酸钙的二水天然石膏，又称软石膏或生石膏。将二水天然石膏经煅烧、脱水，再经磨细可得石膏胶凝材料。随着加热的条件和程度不同，可生产不同性质的石膏产品。

### 1. 建筑石膏（熟石膏）

将二水天然石膏煅烧至107～170℃，生成$\beta$型半水石膏($\beta-CaSO_4 \cdot 0.5H_2O$)，再经磨细的白色粉状物，称为建筑石膏。

建筑石膏为白色粉末，密度为2.6～2.75g/$cm^3$，堆积密度为800～1 000kg/$m^3$。因其制品的孔隙率较大，强度较低，故多用于建筑装饰及各种石膏制品。

### 2. 高强石膏

将二水石膏置于蒸压釜中，在压力为0.13MPa、温度为125℃中脱水，得到的是$\alpha$型半水石膏($\alpha-CaSO_4 \cdot 0.5H_2O$)，即高强石膏。$\alpha$型半水石膏晶体粗大、密实强度高、用水量小。其制品硬化后密实度大，强度较高。

### 3. 可溶性石膏

当加热温度为170～360℃时，石膏脱水成为可溶性硬石膏，与水调和后仍能很快凝结硬化；当加热温度升高到200～360℃时，石膏中残留很少的水，其凝结硬化就非常缓慢。

### 4. 不溶性石膏

当加热温度高于400℃(通常为400～750℃)时，石膏完全失去水分，成为不溶性硬石膏，失去凝结硬化能力，成为死烧石膏。但是如果掺入适量激发剂(如5%硫酸钠或硫酸氢钠与1%铁矾或铜矾的混合物，1%～5%石灰或石灰与少量半水石膏的混合物等)混合磨细，即可制成无水石膏水泥，硬化后强度可达5～30MPa，可用于制造石膏板或其他制品，也可用作室内抹灰。

### 5. 高温煅烧石膏

当加热温度高于800℃时，部分石膏分解出的氧化钙起催化作用，所得产品又重新具有凝结硬化性能，而且硬化后有较高的强度和耐磨性，抗水性较好。该产品称为高温煅烧石膏，也称为地板石膏，可用于制作地板材料。

## 3.2.2 建筑石膏的凝结与硬化

建筑石膏加水拌和后将重新水化成二水石膏，反应式为

$$CaSO_4 \cdot 0.5H_2O + 1.5H_2O \longrightarrow CaSO_4 \cdot 2H_2O$$

二水石膏在水中的溶解度仅为半水石膏在水中的溶解度的1/5左右，所以二水石膏不断从饱和溶液中析出胶体微粒。由于二水石膏析出，化学平衡被打破，半水石膏会进一步溶解、水化，直到完全水化为二水石膏为止。随着水化反应的深入，二水石膏生成晶体量不断增加，水分逐渐减少，浆体开始失去可塑性，这称为初凝。而后浆体继续变稠，颗粒

之间的摩擦力、粘结力增加，并开始产生强度，表现为终凝。其间二水石膏晶粒逐渐长大，彼此互生和互长，形成结晶结构网，使浆体强度不断增长，这个过程称为硬化。

## 3.2.3 建筑石膏的技术要求

根据国家标准《建筑石膏》(GB/T 9776—2008)，建筑石膏根据2小时抗折强度分为3.0、2.0、1.6三个等级，详见表3-3。

表3-3 建筑石膏物理力学性质(GB/T 9776—2008)

| 等级 | 细度(0.2mm方空筛筛余)% | 凝结时间/min | | 2h强度/MPa | |
|---|---|---|---|---|---|
| | | 初凝 | 终凝 | 抗折 | 抗压 |
| 3.0 | ≤10 | ≥3 | ≤30 | ≥3.0 | ≥6.0 |
| 2.0 | | | | ≥2.0 | ≥4.0 |
| 1.6 | | | | ≥1.6 | ≥3.0 |

注：强度试件尺寸为40mm×40mm×160mm，石膏与水接触2h后测定。

## 3.2.4 建筑石膏的特点

### 1. 凝结硬化快

建筑石膏凝结硬化较快，一般在3～5min内可初凝，0.5h终凝。规范规定建筑石膏的初凝时间不小于6min，终凝时间不大于30min。

### 2. 硬化后体积微膨胀

建筑石膏硬化后，体积略有膨胀，膨胀率约1%。这一特点使得硬化体表面饱满，尺寸精确，轮廓清晰，不会产生裂缝，具有良好的装饰性。

### 3. 孔隙率大、强度较低

建筑石膏水化的理论用水量为18.6%，为了满足施工要求的可塑性，实际加水量约为60%～80%，石膏凝结硬化后多余水分的蒸发，导致孔隙率变大，因而强度降低、导热性低、吸声性好。

### 4. 具有一定的调温、调湿性

由于石膏热容量大，且大量毛细孔隙对空气中的水蒸气具有较强的吸附能力，所以对室内的空气湿度具有一定的调节作用，再加上石膏制品表面细腻、平整、色白，是理想的环保型室内装饰材料。

### 5. 防火性能好，耐火性差

建筑石膏硬化后的主要成分是含有两个结晶水分子的二水石膏，当遇火时，结晶水蒸发，吸收热量并在表面生成具有良好绝热性的“水幕”，起到防火作用。但二水石膏脱水后强度下降，故耐火性差。

### 6. 耐水性、抗渗性、抗冻性差

石膏硬化后孔隙率较高，吸水性、吸湿性强，在潮湿环境中，晶体粒子间的结合力削弱，强度显著降低。因此不耐水，不抗冻。所以在使用时，应注意所处环境的影响。

### 3.2.5 建筑石膏的应用

1. 用于室内抹灰和粉刷

以石膏为胶凝材料，加入水、沙子拌和成石膏砂浆，用于室内抹灰，因其热容量大，吸湿性好，能够调节室内温湿度，给人以舒适的感觉，而且经石膏砂浆抹灰后的墙面、顶棚还可直接涂刷涂料、粘贴壁纸，因而是一种较好的环保室内抹灰材料。

2. 制作石膏制品

由于石膏制品具有绿色环保，质量轻，易加工性，同时石膏凝结硬化快，制品可连续生产，工艺简单，能耗低，生产效率高，施工时制品拼装快，可加快施工进度等，所以石膏制品有着广泛的发展前途，是当前着重发展的新型环保轻质材料之一。目前，我国生产的石膏制品主要有各类石膏板、石膏砌块、石膏角线、角花、线板以及雕塑艺术装饰制品等。此外，建筑石膏还可用于一些建筑材料的原材料，如用于生产水泥及人造大理石等，如图 3.4～图 3.7 所示。

图 3.4　石膏装饰

图 3.5　石膏雕塑(上海世博会意大利馆)

图 3.6　石膏罗马柱

图 3.7　石膏浮雕板

## ▶▶案例 3－3

某住户喜爱石膏制品，全宅均用普通石膏浮雕板作装饰。使用一段时间后，客厅、卧室效果相当好，但厨房、厕所、浴室的石膏制品出现发霉变形。请分析原因。

【原因分析】

厨房、厕所、浴室等处一般较潮湿，普通石膏制品具有强的吸湿性和吸水性，在潮湿的环境中，晶体间的粘结力削弱，强度下降、变形，且还会发霉。

建筑石膏一般不宜在潮湿和温度过高的环境中使用。欲提高其耐水性，可于建筑石膏中掺入一定量的水泥或其他含活性 $SiO_2$、$Al_2O_3$ 及 CaO 的材料，如粉煤灰、石灰。掺入有机防水剂亦可改善石膏制品的耐水性。

## ▶▶案例 3－4

某工人用建筑石膏粉拌水使之成为一桶石膏浆，用以在光滑的天花板上直接粘贴，石膏饰条前后半小时完工。几天后最后粘贴的两条石膏饰条突然坠落，请分析原因。

【原因分析】

(1) 建筑石膏拌水后一般于数分钟至半小时左右凝结，后来粘贴石膏饰条的石膏浆已初凝，粘结性能差。可掺入缓凝剂，延长凝结时间；或者分多次配制石膏浆，即配即用。

(2) 在光滑的天花板上直接贴石膏条，粘贴难以牢固，宜对表面予以打刮，以利粘贴。或者，在粘结的石膏浆中掺入部分粘结性强的粘结剂。

**知识链接**

石膏线条选用的注意以下事项。

(1) 用手轻轻敲打石膏线，感觉其是否结实。一般情况下，每米5元以下的，其质量很难保证。

(2) 石膏线背面是否整齐，如果毛毛糙糙，则说明加工质量不好。

(3) 石膏线正面花纹应分布均匀，表面光洁，无缺陷。

(4) 选用时用手掰一下石膏线，看其强度是否符合要求。

# 3.3 水 玻 璃

### 1. 水玻璃的生产及性质

建筑工程中常用的水玻璃是硅酸钠 $Na_2O \cdot nSiO_2$ 的水溶液，俗称泡花碱。

将石英砂或石英岩粉加入 $Na_2CO_2$ 或 $Na_2SO_4$ 在玻璃熔炉内熔化，在1300～1400℃温度下，得固态水玻璃。

$$Na_2CO_3 + nSiO_2 \rightarrow Na_2O \cdot nSiO_2 + CO_2 \uparrow$$

硅酸钠水玻璃的模数一般在1.5～3.5之间。固体水玻璃的模数越大，则越难溶于水；$n$ 为1时能溶解于常温的水中；$n$ 加大，则须在热水中溶解；当 $n$ 大于3时，要在4个大气压以上的蒸汽中才能溶解。因为水玻璃的模数是其中氧化硅与氧化钠的摩尔比，该值越大，则胶体组分氧化硅含量越高，胶体组分越多，粘结能力越强，耐热性与耐酸性也越高。建筑工程中常用水玻璃的 $n$ 值，一般为2.5～2.8之间。

液体水玻璃因含杂质而常呈青灰色、绿色或微黄色，以无色透明的液体水玻璃为最好。液体水玻璃可以与水按任意比例混合成不同浓度(或比重)的溶液，同一模数的水玻璃，其浓度越稠，则比重越大，粘结力越强。当水玻璃的浓度太大或太小时，可用加热浓缩或加水稀释的办法来调整。在液体水玻璃中加入尿素，在不改变其粘度下可以提高粘结力。

2. 水玻璃的应用

(1) 加固地基。将水玻璃溶液与氯化钙溶液轮流交替压入地基，填充地基土空隙并将其胶结成整体，可提高地基承载能力及地基土的抗渗性。

(2) 涂刷或浸渍混凝土构件和硅酸盐制品，可提高混凝土的抗风化及抗渗能力。但不能用以涂刷石膏制品。

(3) 配制快凝防水剂，掺入水泥浆、砂浆或混凝土中，使水泥速凝，一般不超过一分钟，可用于堵漏。因为凝结快，不宜配制水泥防水砂浆，用于屋面或地面的刚性防水层。

(4) 可以水玻璃为胶凝材料配制耐酸或耐热砂浆和混凝土。

## 3.4 气硬性胶凝材料与生态环境

三大胶凝材料中水泥的烧成温度最高，石灰次之，建筑石膏最低。从节能的角度考虑，石灰和建筑石膏的生产对生态环境造成的负担较小。

国内外石膏业的迅猛发展已体现出石膏的重要意义。随着我国国民经济的发展，高层建筑也将越来越多，对房屋的结构、功能的要求也越高，建筑节能工作摆在首要位置，而石膏胶凝材料及建筑制品是重要的节能材料。我国石膏资源丰富，因此要大力发展节能、隔热、隔音、防火等具有调节功能的绿色建筑材料——生态石膏建筑材料制品。

### 项目小结

本项目所讨论的三种材料，除水玻璃外，其特点是不能在水中或长期潮湿的环境中使用。因为建筑石膏的水化产物二水石膏、石灰的水化产物氢氧化钙、镁质胶凝材料的水化产物氯氧镁水化物均溶解于水，由它们组成的结构长期在水作用下会溶解、溃散而破坏。因此，这些材料的软化系数小，抗冻性差。要掌握这些胶凝材料的特性，在使用时应注意环境材料的影响，它们宜用在室内及不与水长期接触的工程部位。而且，在储运过程中应注意防潮储存期也不宜太长。

建筑石膏是由二水化膏 ($CaSO_4 \cdot 2H_2O$) 在干燥状态下加热脱水后的β型半水石膏组成。在水化过程中凝结硬化较快、需水量较大，因此其硬化体（石膏制品）的孔隙率大（多孔结构特点）、体积密度小。具有良好的保温隔热、隔音吸声效果，有较好的防火性及一定范围内的温度、湿度调节能力。石膏制品是一种具有节能意义和发展前途的新型轻质墙体材料和室内装饰装修材料。

以碳酸钙为主的岩石（石灰石、白石等）经适当温度煅烧后得到块状生石灰，精加工后可得到磨细的生石灰粉、消石灰粉、石灰膏、石灰乳等产品。工程中所用生石灰必须经过充分消化（熟化），以消除过烧石灰的危害，石灰浆体具有良好的可塑性和保水性，硬化慢、强度低，硬化时体积收缩大。主要用于配置砂浆，制作石灰乳涂料拌制灰土和三合土及配制硅酸盐制品。

## 复习思考题

一、 填空题

1. 建筑石膏的化学成分是____________，高强石膏的化学成分为____________，生石膏的化学成分为____________。

2. 生石灰的熟化是指____________。熟化过程的特点：一是____________，二是____________。

3. 生石灰按照煅烧程度不同可分为____________、____________和____________；按照 MgO 含量不同分为____________和____________。

4. 石灰浆体的硬化过程，包含了____________、____________和____________3 个交错进行的过程。

5. 建筑生石灰、建筑生石灰粉和建筑消石灰粉按照其主要活性指标____________的含量划分为____________、____________和____________三个质量等级。

6. 水玻璃的凝结硬化较慢，为了加速硬化，需要加入____________作为促硬剂，适宜掺量为____________。

二、 简答题

1. 简述气硬性胶凝材料和水硬性胶凝材料的区别。

2. 建筑石膏与高强石膏的性能有何不同?

3. 建筑石膏的特性如何? 用途如何?

4. 生石灰在熟化时为什么需要陈伏两周以上? 为什么在陈伏时需在熟石灰表面保留一层水?

5. 石灰在储存和保管时需要注意哪些方面?

6. 水玻璃在建筑工程中的用途如何?

# 项目4

# 建筑水泥

## 教学目标

通过本项目学习，熟悉生态水泥的技术指标，熟悉现行水泥的检测方法，掌握水泥的特征，掌握环保水泥的理念，了解其他品种水泥的基本要求。

## 教学要求

| 能力目标 | 知识要点 | 相关知识 |
| --- | --- | --- |
| 熟悉硅酸盐水泥的技术指标 | 细度、凝结时间、安定性、强度、水化热 | 生态水泥的生产、水化和水泥石的结构 |
| 熟悉硅酸盐水泥的检测方法 | 负压筛析、雷氏夹、软练法、 | 硅酸盐水泥的特点及应用 |
| 掌握五大水泥的特征(通用水泥) | 各种水泥的适用范围、不适用范围和施工条件 | 活性与非活性材料的概念 |
| 了解其他品种的水泥 | 能根据不同的工程及使用环境，合理选用水泥品种 | 道路水泥、白水泥、铝酸盐水泥 |
| 掌握生态水泥 | 生态水泥的生产环保的意义 | 低碳水泥的生产 |

## ▶▶案例导入

江苏南通某车间单层砖房屋盖采用12m预制空心板跨现浇钢筋混凝土大梁，2010年10月开工，材料使用进场已3个多月并存放潮湿地方的水泥。2011年拆完大梁底模板和支撑，1月8日下午房屋全部倒塌。

**【原因分析】**

经调查发现，该事故的主因是使用受潮水泥，且采用人工搅拌，无严格配合比。致使大梁混凝土在倒塌后用回弹仪测定平均抗压强度仅5MPa左右，有些地方竟测不出回弹值。此外，也存在振捣不实、配筋不足等问题。

**【防治措施】**

(1) 施工现场入库水泥应按品种、强度等级、出厂日期分别堆放，并建立标志。先到先用，防止混乱。

(2) 防止水泥受潮。水泥不慎受潮，可分情况处理使用。

① 有粉状，可用手捏成粉末，尚无硬块。可压碎粉块，通过实验，按实际强度使用。

② 部分水泥结成硬块。可筛去硬块，压碎粉块。通过实验，按实际强度使用，可用于不重要的、受力小的部位，也可用于砌筑砂浆。

③ 大部分水泥结成硬块。粉碎、磨细，不能作为水泥使用，但仍可作水泥混合材或混凝土掺合剂。

水硬性胶凝材料是无机胶凝材料之一，应用于建筑工程中的水硬性胶凝材料是各种水泥。水泥在建筑工程中应用十分广泛，是三大主要建筑材料(钢材、木材、水泥)之一。

水泥是一种粉末状材料，与水拌和后，在常温下通过一定的物理化学变化，由浆体变成坚硬的固体，并能将散粒状的材料胶结成为整体，而且其浆体不仅能在空气中硬化，还能在水中硬化，保持其强度增长，因此水泥是一种良好的水硬性胶凝材料。水泥品种繁多，根据规范规定，按其主要水硬性物质的名称分为硅酸盐水泥(即波特兰水泥)、铝酸盐水泥、硫铝酸盐水泥、铁铝酸盐水泥、氟铝酸盐水泥及以火山灰性或潜在水硬性材料以及其他活性材料为主要组成成分的水泥。水泥按其用途及性能分为通用水泥；专用水泥、特种水泥三类。通用水泥有硅酸盐水泥，普通硅酸盐水泥、矿渣硅酸盐水泥、火山灰质硅酸盐水泥、粉煤灰硅酸盐水泥、复合硅酸盐水泥；专用水泥有道路水泥、大坝水泥、油井水泥、砌筑水泥等；特种水泥具有一些特殊性能，如快硬硅酸盐水泥、抗硫酸盐硅酸盐水泥、膨胀水泥等。各品种水泥又根据其胶结强度的大小，分为若干强度等级。使用水泥时，必须根据具体情况合理选择品种及强度等级，以保证工程质量、节约水泥。本节将对工程中常用的硅酸盐水泥作详细阐述，其他水泥仅做一般介绍。

# 4.1 硅酸盐水泥

## 4.1.1 硅酸盐水泥生产简述

凡由硅酸盐水泥熟料、0～5%石灰石或粒化高炉矿渣、适量石膏磨细制成的水硬性胶凝材料，称为硅酸盐水泥。硅酸盐水泥分为两种类型，不掺加混合材料的称Ⅰ型硅酸盐水泥，其代号为P.Ⅰ；掺加不超过水泥质量5%的石灰石或粒化高炉矿渣混合材料的称Ⅱ型硅酸盐水泥，其代号为P.Ⅱ。

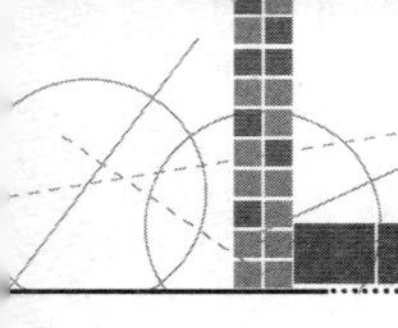

1. 硅酸盐水泥的生产

生产硅酸盐水泥的原料主要有石灰质原料(石灰石)和粘土质原料(粘土、页岩)两类，一般配以辅助原料(铁矿石、砂岩等)。

硅酸盐水泥的生产就是将上述原料按适当的比例配合、磨细成生料，然后将生料送入窑中煅烧成熟料。熟料与适量石膏共同磨细，即可得到Ⅰ型硅酸盐水泥。若将熟料、石膏、适量石灰石或粒化高炉矿渣共同磨细，即可得到Ⅱ型硅酸盐水泥。其生成工艺流程如图4.1所示。图4.2和图4.3为硅酸盐水泥常用的生产设备。

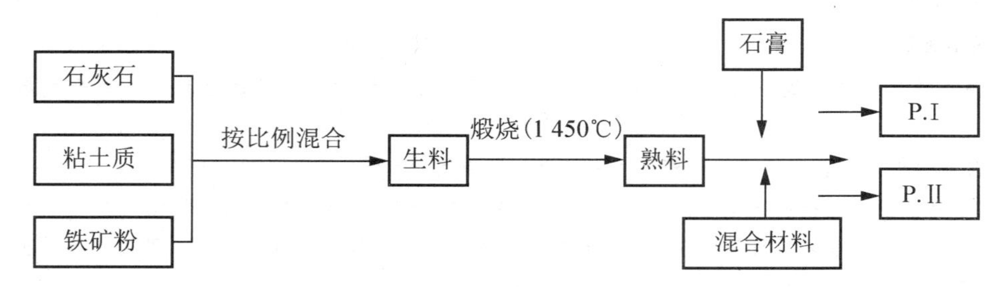


图4.1　硅酸盐水泥生产流程图

图4.2　硅酸盐水泥的生产设备1

图4.3　硅酸盐水泥的生产设备2

**知识链接**

cement一词由拉丁文caementum发展而来，是碎石及片石的意思。水泥的历史可追溯到古罗马人在建筑工程中使用的石灰和火山灰的混合物。1796年英国人J·帕克用泥灰岩烧制一种棕色水泥，称罗马水泥或天然水泥。1824年英国人J·阿斯普丁用石灰石和粘土烧制成水泥，硬化后的颜色与英格兰岛上波特兰地方用于建筑的石头相似，被命名为波特兰水泥，并取得了专利权。20世纪初，随着人们生活水平的提高，对建筑工程的要求日益提高，在不断改进波特兰水泥的同时，成功研制一批适用于特殊建筑工程的水泥，如高铝水泥、特种水泥等，如今水泥品种已发展到100多种。

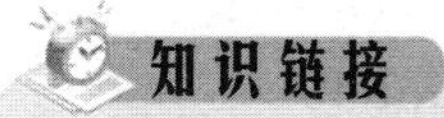


在中国甘肃秦安大地湾遗址F901与F405房屋地面建筑材料中，当时已经应用了以料礓石烧制的水泥为胶结材料的轻混凝土。其中F405的地面呈青灰色，从剖面看，下面是沙子、石粒混合层基础，上面是厚约15cm的以人造粘土陶粒为材料、料疆石烧制的水泥为胶结材料的混凝土，最上面是一层厚约2cm的加浆面。F901的地面呈青黑色，表面坚硬平整，色泽光亮，外观似现代水泥，以铁器叩击，可发出与现代混凝土地面相同的清脆响声，而且做工考究，使表层基本处于同一水平线上。表层光面下是15～20cm厚的砂粒、小石子和非天然材料组成的混合层。混合层中的非天然材料呈青灰色，有一层光滑的釉质面，轻于石子，用力可掰断，内多空隙，此类材料显系人工制作，建筑学上称之为人造轻骨料。经鉴定，它的主要成分是硅和铝的化合物，与现代的硅酸盐水泥基本相同。虽经五千多年岁月，现在每平方厘米混凝土块的抗压强度仍达100公斤，相当于现在的100号硅酸盐水泥。

2. 硅酸盐水泥熟料的矿物组成

硅酸盐水泥的生料在煅烧过程中，经过化学反应，从而成为熟料。它的主要矿物组成为硅酸三钙 $3CaO \cdot SiO_2$，简写为 $C_3S$，含量为33%～62%；硅酸二钙 $3CaO \cdot SiO_2$，简写为 $C_3S$，含量为17%～41%；铝酸三钙 $3CaO \cdot Al_2O_3$，简写为 $C_3A$，含量为6%～12%；铁铝酸四钙 $4CaO \cdot Al_2O_3 \cdot Fe_2O_3$，简写为 $C_4AF$，含量为10%～18%，见表4-1。

在水泥熟料中，硅酸三钙和硅酸二钙(即硅酸盐)总含量在75%～82%，故以其生产的水泥称为硅酸盐水泥。除主要熟料矿物外，水泥中还含有少量游离氧化钙、游离氧化镁和一定的碱，但其总含量一般不超过水泥质量的10%。

表4-1 硅酸盐水泥熟料的矿物成分

| 名称 | 分子式 | 简写符号 | 含量 |
|---|---|---|---|
| 硅酸三钙 | $3CaO \cdot SiO_2$ | $C_3S$ | 33%～62% |
| 硅酸二钙 | $2CaO \cdot SiO_2$ | $C_2S$ | 17%～41% |
| 铝酸三钙 | $3CaO \cdot Al_2O_3$ | $C_3A$ | 6%～12% |
| 铁铝酸四钙 | $4CaO \cdot Al_2O_3 \cdot Fe_2O_3$ | $C_4AF$ | 10%～18% |

## 4.1.2 硅酸盐水泥的凝结硬化

1. 硅酸盐水泥的主要水化产物

硅酸盐水泥遇水后，其熟料矿物即与水发生水化反应，生成水化产物并放出一定的热量，各种矿物成分水化反应如下：

$$2(3CaO \cdot SiO_2)+6H_2O=3CaO \cdot 2SiO_2 \cdot 3H_2O+3Ca(OH)_2$$

硅酸三钙　　　　水化硅酸钙　　氢氧化钙

$$2(2CaO \cdot SiO_2)+4H_2O=3CaO \cdot 2SiO_2 \cdot 3H_2O+Ca(OH)_2$$

硅酸二钙

$$3CaO \cdot Al_2O_3+6H_2O=3CaO \cdot Al_2O_3 \cdot 6H_2O$$

铝酸三钙　　　　水化铝酸三钙

$$4CaO \cdot Al_2O_3 \cdot Fe_2O_3 + 7H_2O = 3CaO \cdot Al_2O_3 \cdot 6H_2O + CaO \cdot Fe_2O_3 \cdot H_2O$$

铁铝酸四钙　　　　　　　　　　　　　　　　水化铁酸钙

在氢氧化钙饱和溶液中，水化铝酸三钙还能与氢氧化钙进一步反应，生成六方晶体的水化铝酸四钙：

$$CaO \cdot Al_2O_3 \cdot 6H_2O + Ca(OH)_2 + 6H_2O = 4CaO \cdot Al_2O_3 \cdot 13H_2O$$

水化铝酸四钙

在石膏存在时，部分水化铝酸三钙会与石膏反应，生成高硫型水化硫铝酸钙：

$$3CaO \cdot Al_2O_3 \cdot 6H_2O + 3(CaSO_4 \cdot 2H_2O) + 19H_2O = 3CaO \cdot Al_2O_3 \cdot CaSO_4 \cdot 31H_2O$$

高硫型水化硫铝酸钙

硅酸盐水泥水化后，生成的水化产物主要有水化硅酸钙和水化铁酸钙凝胶及氢氧化钙、水化铝酸钙和水化硫铝酸钙晶体等。在充分水化的水泥石中，水化硅酸钙(C－S－H凝胶)约占70%，氢氧化钙约占20%，钙矾石等约占7%。

### 2. 硅酸盐水泥熟料矿物的水化特性

硅酸盐熟料中不同的矿物成分与水作用时，不仅水化物种类有所不同，而且水化特性也各不相同，它们对水泥凝结硬化速度、水化热及强度等的影响也各不相同。

铝酸三钙凝结速度最快，水化热也最大，其主要作用是促进水化早期强度的增长，而对水泥后期的强度的贡献较小；硅酸三钙的凝结硬化较快，水化时放热量也较大，在凝结硬化的前四周内，是水泥石强度的主要贡献者；硅酸二钙水化反应的产物虽然与硅酸三钙基本相同，但它的水化反应速度很慢，水化放热量也少，对水泥石强度的贡献早期低、后期高；铁铝酸四钙凝结硬化的速度较快，水化时放热量也较大，对水泥石强度的贡献较小。

各种水泥熟料矿物水化时所表现的特性见表4－2。

**表4－2　各种矿物单独与水作用时的主要特性**

| 矿物名称 | 硅酸三钙 | 硅酸二钙 | 铝酸三钙 | 铁铝酸四钙 |
|---|---|---|---|---|
| 凝结硬化速度 | 快 | 慢 | 最快 | 快 |
| 28d水化放热量 | 多 | 少 | 最多 | 中 |
| 强度贡献 | 高 | 早期低、后期高 | 低 | 低 |

水泥是几种熟料矿物的混合物，改变熟料矿物成分间的比例时，水泥的性质即可发生相应的变化，从而生产出不同性质的水泥，如提高硅酸三钙的相对含量，可得到快硬高强水泥；降低铝酸三钙和硅酸三钙的含量，提高硅酸二钙的含量，可制得水化热低的水泥，如低热矿渣硅酸盐水泥等。

### 3. 硅酸盐水泥的凝结硬化

水泥加水拌和后成为可塑性的浆体，随着水化反应的进行，水泥浆逐渐变稠失去塑性但尚不具备强度的过程，称为水泥的凝结。随着水化反应的推移，水泥浆产生明显的强度并逐渐发展成为坚固人造石——水泥石，这一过程称为水泥的硬化。水泥的凝结和硬化是人为划分的，它实际上是一个连续而复杂的物理化学变化过程。一般可人为地将水泥凝结硬化过程划分为以下4个阶段。

(1) 初始反应期。水泥与水接触立即发生水化反应，生成的水化产物溶于水中，水泥颗粒暴露出新的表面，使水化反应继续进行。这个时期称为初始反应期，即初始的溶解与水化，一般可持续5～10min。

(2) 潜伏期。由于初始阶段水泥水化很快，生成的水化产物很快使水泥颗粒周围的溶液成为水化产物的饱和溶液。继续水化生成的氢氧化钙、水化铝酸钙及水化硫铝酸钙逐渐结晶，而水化硅酸钙则以大小为10～1000Å($1Å=10^{-10}m$)的微粒析出，形成凝胶。水化硅酸钙凝胶中夹杂着晶体，它包在水泥颗粒表面形成半渗透的凝胶体膜。这层膜减缓了外部水分向内渗入和水化物向外扩散的速度，同时膜层不断增厚，使水泥水化速度变慢。此阶段称为潜伏期，持续时间一般为1～2h。

(3) 凝结期。由于水分渗入膜层内部的速度大于水化物向膜层外扩散的速度，产生的渗透压力使膜层向外胀大，并终于破裂。这样，周围饱和程度较低的溶液能与未水化的水泥颗粒内核接触，使水化反应速度加快，直至新的凝胶体重新修补破裂的膜层为止。水泥凝胶膜层向外增厚和随后的破裂伸展，使原来水泥颗粒间水占的空间逐渐变小，包有凝胶体膜的颗粒逐渐接近，以至相互粘结。水泥浆的粘度提高，塑性逐渐降低，直至完全失去塑性，开始产生强度，水泥凝结。这个阶段称为凝结期，持续时间一般为6h。

(4) 硬化期。继续水化生成的各种水化产物，特别是大量的水化硅酸钙凝胶进一步填充水泥颗粒间的毛细孔，使浆体强度逐渐发展，而经历硬化期，持续时间一般为6h。

水泥硬化过程中，最初的3d强度增长幅度最大，3～7d强度增长率有所下降，7～28d强度增值率进一步下降，28d强度已达最高水平，28d以后强度虽然还会继续发展，但强度增长率却越来越小。

#### 4. 影响水泥凝结硬化的主要因素

(1) 水泥的矿物组成和细度。硅酸三钙、铝酸三钙水化速度快、硅酸三钙、铝酸三钙含量高时，水泥的凝结速度快，早期强度高；硅酸二钙水化速度较慢，但对水泥的后期强度增长起重要作用。

(2) 水泥细度。水泥颗粒越细，与水接触的表面积越大，水化就越快，凝结硬化速度也越快。

(3) 石膏掺量。纯水泥熟料磨细后，与水反应很快，凝结时间很短，不方便使用。为了调节水泥的凝结硬化速度，在熟料磨细时需加入适量石膏。这些石膏与反应最快的熟料矿物(铝酸三钙)的水化物作用生成难溶于水的水化硫铝酸钙晶体，覆盖于未水化的铝酸三钙周围，阻止其与水的接触和水化反应，从而延缓水泥的凝结硬化时间。但如果石膏掺量过多，则会使水泥凝结加快，还可能会在后期引起水泥石膨胀开裂导致水泥石破坏。

(4) 龄期。水泥石的强度是随龄期的增长而增长的，一般在起初的3～7d强度发展甚快，28d后明显变慢，3个月后更慢。但在一定的温度湿度条件下，强度增长可延续几年甚至几十年。

(5) 温度、湿度。温度对凝结硬化影响很大，温度高，水泥水化速度快，凝结硬化速度就快。温度低，凝结硬化速度变慢。温度低于0℃，硬化完全停止，低于−3℃时，水泥中的水冻结，会产生冻裂破坏。因此，冬季施工时要采取防冻措施。潮湿环境中的水泥石，水分不易蒸发，水泥的凝结硬化好，若环境十分干燥，水泥的凝结硬化无法进行，水泥石的强度将停止增长。所以，水泥混凝土在浇筑后的7d应保持正常的养护。

(6) 拌合用水量。在水泥用量不变的情况下，增加拌合用水量，会增加硬化水泥石中的毛细孔，降低水泥石的强度，同时延长水泥的凝结时间。

水泥的凝结硬化除上述主要因素之外，还与水泥的存放时间、受潮程度及掺加的外加剂种类等因素有关。

### 4.1.3 硅酸盐水泥的技术性质

根据《通用硅酸盐水泥》(GB 175—2007)，对硅酸盐水泥的技术要求主要有细度、凝结时间、体积安定性、强度等。

#### 1. 密度与堆积密度

硅酸盐水泥的密度，一般为3 100～3 200kg/m$^3$。松散状态时的堆积密度，一般为900～1 300kg/m$^3$，紧密状态时，堆积密度可达1 400～1 700kg/m$^3$。

#### 2. 细度

细度是指水泥颗粒的粗细程度，它是评定水泥性能的重要指标。为保证水泥具有一定的活性和凝结硬化速度，必须对水泥提出细度指标。

国家标准规定，水泥的细度用筛分析法和比表面积法检验。筛分析法是用80μm的方孔筛对水泥试样进行筛分析试验，用筛余百分率表示水泥细度的方法。该法又有干筛法、水筛法、负压筛法3种检验方法。比表面积法是指单位质量的水泥粉末所具有的总表面积，以m$^2$/kg表示。国家标准规定，硅酸盐水泥的细度采用比表面积法检验，其比表面积应大于300m$^2$/kg。

#### 3. 标准稠度用水量

水泥浆的稠度对水泥某些技术性质(如凝结时间、体积安定性)的测定有较大的影响，所以必须在规定的稠度下进行测定，这个规定的稠度称为标准稠度。水泥净浆达到标准稠度时，所需的用水量占水泥质量的百分数，即标准稠度用水量。

标准稠度用水量可用水泥净浆标准稠度用水量测定仪测定(详见水泥试验)。硅酸盐水泥的标准稠度用水量一般在24%～30%之间。标准稠度用水量与水泥熟料的矿物成分及细度有关，熟料中$C_3A$的含量多、标准稠度用水量大，磨得越细、标准稠度用水量也越大。

国家标准中，对水泥的标准稠度用水量虽未提具体要求，但标准稠度用水量大的水泥，拌制一定稠度的砂浆或混凝土时，需加较多的水，故硬化时收缩较大，硬化后强度及密实度也较差。因此，同样条件下，以标准稠度用水量小的水泥为好。

#### 4. 凝结时间

凝结时间分初凝和终凝。

初凝时间为水泥加拌合水起至水泥浆开始失去塑性所需要的时间；终凝时间是从水泥加拌合水起至水泥浆完全失去可塑性并开始有一定结构强度所需的时间。GB 175—2007规定：硅酸盐水泥初凝时间不小于45min，终凝时间不大于390min。普通水泥初凝时间不小于45min，终凝时间不大于600min。

5. 体积安定性

水泥体积安定性是指水泥浆体在硬化过程中体积是否均匀变化的性能。安定性不好的水泥，在浆体硬化过程中会产生不均匀的体积膨胀并引起开裂、翘曲等现象，从而影响和降低工程质量，引起工程质量事故。因此体积安定性不合格的水泥应做废品处理，严禁用于工程中。

引起体积安定性不良的原因主要是熟料中含有过量的游离氧化钙、游离氧化镁和掺入过量的石膏。

国家标准规定，用沸煮法检验水泥的体积安定性。具体测试时可用试饼法，也可用雷氏法。

国家标准规定，水泥熟料中游离氧化镁含量不得超过5.0%，水泥中$SO_3$含量不超过3.5%。

6. 强度及强度等级

水泥强度是指水泥胶结能力的大小，用一定硬化龄期的水泥胶砂试件的强度表示。根据水泥胶砂的抗压、抗折强度值划分水泥的强度等级。

《水泥胶砂强度检验方法(ISO法)》(GB/T 17671—1999)规定，将水泥、标准砂和水按质量比(水泥：标准砂：水=1：3：0.5)，用规定方法拌制成规格为40mm×40mm×160mm的棱柱体标准试件，在标准条件(20℃±2℃水中)下养护，测其3d、28d的抗压强度、抗折强度，按表4-3确定水泥的强度等级。

硅酸盐水泥强度等级分为42.5、42.5R、52.5、52.5R、62.5、62.5R，其中R为早强型。各强度等级硅酸盐水泥的各龄期强度不得低于表4-3中的数值，要求4个数值全部满足规定，如有一项不满足，则降低强度等级。

表4-3 硅酸盐水泥强度 单位：MPa

| 强度等级 | 抗压强度 | | 抗折强度 | |
|---|---|---|---|---|
| | 3d | 28d | 3d | 28d |
| 42.5 | 17.0 | 42.5 | 3.5 | 6.5 |
| 42.5R | 22.0 | 42.5 | 4.0 | 6.5 |
| 52.5 | 23.0 | 52.5 | 4.0 | 7.0 |
| 52.5R | 27.0 | 52.5 | 5.0 | 7.0 |
| 62.5 | 28.0 | 62.5 | 5.0 | 8.0 |
| 62.5R | 32.0 | 62.5 | 5.5 | 8.0 |

7. 水化热

水泥与水发生水化过程中所放出的热量称为水化热。水泥的水化放热量和放热速度主要决定于水泥的细度及矿物组成有关。水泥中铝酸三钙和硅酸三钙的含量越高，颗粒越细，则水化热越大。这对一般工程的冬季施工是有利的，但对于大体积混凝土工程是不利的。因为在大体积混凝土工程中，水泥水化放出的热量积聚在内部不易散失，使混凝土表面与内部形成过大的温差，导致混凝土产生温度裂缝。

**▶▶案例 4－1**

某混凝土搅拌站买到一批 42.5 级普通硅酸盐水泥，化验室在做凝结时间测定时，发现该批水泥凝结时间正常，但作过终凝时间的试样一掰就碎，试分析其原因。

【案例分析】

该水泥属安定性不合格的水泥。影响安定性的因素主要有 3 个方面：熟料中 $f_{CaO}$ 含量高、方镁石含量高、水泥中石膏掺量过多。其中方镁石对安定性的影响要在几个月后才能体现出来。该水泥安定性不良表现时间较早，有可能由其他两个因素引起。建议做水泥安定性检验，测水泥中 $SO_3$ 含量，以此判断具体原因。水泥的技术指标有细度、烧失量、标准稠度用水量、凝结时间、安定性、强度和水化热。水泥在使用前必须做强度和安定性检验，两个指标同时合格才能使用。

**▶▶案例 4－2**

某些体积安定性不合格的水泥，在存放一段时间后变为合格，为什么？

【案例分析】

某些体积安定性轻度不合格水泥，在空气中放置 2～4 周以上，水泥中的部分游离氧化钙可吸收空气中的水蒸气而水化(或消解)，即在空气中存放一段时间后由于游离氧化钙的膨胀作用被减小或消除，因而水泥的体积安定性可能由轻度不合格变为合格。

【评注】

必须注意的是，这样的水泥在重新检验并确认体积安定性合格后方可使用。若在放置一段时间后体积安定性仍不合格则仍然不得使用。安定性合格的水泥也必须重新标定水泥的强度等级，按标定的强度等级值使用。

### 4.1.4 硅酸盐水泥的应用与储存

1. 硅酸盐水泥的应用

硅酸盐水泥主要用于重要结构的混凝土和预应力混凝土工程，由于硅酸盐水泥凝结硬化较快，抗冻性好，因而也适用于要求凝结硬化快、早期强度高、冬季施工及严寒地区遭受反复冻融的工程。

硅酸盐水泥的水化产物中含有较多的氢氧化钙，其抵抗软水侵蚀和化学腐蚀的能力较差，因此不适用于有流动的软水工程和有水压作用的工程。也不适用于受海水和矿物水作用的工程。硅酸盐水泥水化时水化热大，因此不适用于大体积混凝土工程。另外，硅酸盐水泥耐高温性不好，故不适用于耐热混凝土工程。

2. 硅酸盐水泥的储存

(1) 硅酸盐水泥储存时应按不同品种、不同强度等级及不同出厂日期分别储存，不能混杂。散装水泥应分库存放。

(2) 袋装硅酸盐水泥堆放高度一般不应超过10袋。

(3) 一般储存条件下，硅酸盐水泥会吸收空气中的水分和二氧化碳，使颗粒表面水化，丧失胶凝能力，强度降低。因此，水泥在储存时，既要防潮，也不可储存时间太长，存放一般不应超过3个月，而且要考虑先存先用。存放超过6个月的水泥，必须从新经过检验才能使用。

**特别提示**

交货时水泥的质量验收可抽取实物试样，以其检验结果为依据，也可以以生产者同编号水泥的检验报告为依据。采取何种方法验收由买卖双方商定，并在合同或协议中注明。卖方有告知买方验收方法的责任。当无书面合同或协议，或未在合同、协议中注明验收方法的，卖方应在发货票上注明“以本厂同编号水泥的检验报告为验收依据”字样。

**知识链接**

工业和信息化部明确提出，到“十二五”末，全国水泥生产综合能耗小于93kg标准煤/t。水泥颗粒物排放在2009年基础上降低50%，氮氧化物在2009年基础上降低25%，二氧化碳排放强度进一步下降。

## 4.2 掺混合材料的硅酸盐水泥

凡在硅酸盐水泥熟料和适量石膏的基础上，掺入一定量的混合材料共同磨细而制成的水硬性胶凝材料，均属掺混合材料的硅酸盐水泥。根据掺加混合材料的品种和数量不同，掺混合材料的硅酸盐水泥可分为普通硅酸盐水泥、矿渣硅酸盐水泥、火山灰质硅酸盐水泥、粉煤灰硅酸盐水泥和复合硅酸盐水泥。

### 4.2.1 混合材料

根据所加矿物材料是否参与水化反应，水泥混合材料通常分为活性混合材料和非活性混合材料两大类。

1. 活性混合材料

常温下，在石灰或石膏的激发与参与下，一起加水后能生成具有胶凝性的水化产物的混合材料称为活性混合材料。水泥中常用的活性混合材料主要有以下几种。

1) 粒化高炉矿渣

将炼铁高炉中的以硅酸钙与铝酸钙为主要成分的熔融矿渣经水淬等急冷方式处理而成的松软颗粒称为粒化高炉矿渣。颗粒粒径一般为0.5～5mm，其主要成分为CaO、$SiO_2$和$Al_2O_3$。

2）火山灰质混合材料

火山喷发时随同熔岩一起喷发的大量碎屑沉积在地面或水中而成的松软物质，称为火山灰。火上灰的主要成分是活性氧化硅和活性氧化铝。火山灰质混合材料是泛指具有火山灰质的天然或人工矿物材料，如天然的火山灰、浮石、凝灰岩等，属于人工的有烧粘土、煅烧的煤矸石、煤渣及硅灰等。

3）粉煤灰

粉煤灰是从发电厂燃煤锅炉排出的烟气中收集下来的灰渣，又称飞灰。其颗粒多呈玻璃态实心或空心的球状颗粒，表面比较致密，粒径一般为0.001～0.05mm。粉煤灰的成分主要是活性$SiO_2$和$Al_2O_3$，还含有少量CaO。根据其CaO含量不同，又有高钙粉煤灰和低钙煤灰之分。前者氧化钙含量一般高于10%，本身就具有一定的水硬性。

2. 非活性混合材料

非活性混合材料是指主要起填充作用不参与水泥水化反应，与水泥矿物组成也不起化学反应的混合材料。它们掺入到水泥中仅起减少水化热、调节水泥强度等级和提高水泥产量的作用。常用的非活性混合材料有磨细的石英砂、石灰石，磨细块状高炉慢冷矿渣等。

## 4.2.2 掺混合材料的硅酸盐水泥

1. 普通硅酸盐水泥

凡由硅酸盐水泥熟料、5%～20%混合材料、适量石膏磨细制成的水硬性胶凝材料，称为普通硅酸盐水泥，简称普通水泥，其代号为P·O。

掺活性混合材料时，其最大掺量不得超过20%，其中允许用不超过水泥质量8%的窑灰或不超过水泥质量5%的非活性混合材料来代替。掺非活性混合材料时，最大掺量不超过水泥质量的10%。

根据国家标准《通用硅酸盐水泥》(GB 175—2007)的规定分为42.5、42.5R、52.5和52.5R 4个强度等级，其各龄期强度不得低于表4-4中的数值；初凝时间不得早于45min，终凝时间不得迟于10h，在80μm方孔筛上的筛余不得超过10%；安定性用沸煮法检验必须合格；氧化镁、三氧化硫、碱含量等均与硅酸盐水泥规定相同。

表4-4　普通硅酸盐水泥各强度等级、各龄期强度值(GB 175—2007)

| 强度等级 | 抗压强度/MPa | | 抗折强度/MPa | |
|---|---|---|---|---|
| | 3d | 28d | 3d | 28d |
| 42.5 | 17.0 | 42.5 | 3.5 | 6.5 |
| 42.5R | 22.0 | 42.5 | 4.0 | 6.5 |
| 52.5 | 23.0 | 52.5 | 4.0 | 7.0 |
| 52.5R | 27.0 | 52.5 | 5.0 | 7.0 |

普通硅酸盐水泥中所掺入混合材料较少，固与硅酸盐水泥相比，稍有差别，主要表现为早期强度低、耐热性较好、耐腐蚀性较好、抗冻性与耐磨性能也略差，广泛用于各种混凝土或钢筋混凝土工程，是我国的主要水泥品种之一。

《通用硅酸盐水泥》GB 175—2007 在经历调研、试验研究、广泛征求意见和专家审议后，于2007年11月9日由国家质量监督检验检疫总局和国家标准化管理委员会批准发布，于2008年6月1日正式实施。本次标准修订吸收了国外先进国家标准中科学、合理的内容，同时结合国内水泥生产、使用的实际情况，适时地取消了P·032.5水泥品种，增加了对$Cl^-$限量的要求，参照国外标准增加了水泥组分应定期校核的内容，使修订后的标准更加科学、合理，有利于标准的推广实施。通用水泥标准的实施将有利于进一步规范水泥的生产和应用。

2. 矿渣硅酸盐水泥

凡由硅酸盐水泥熟料和粒化高炉矿渣、适量石膏磨细制成的水硬性胶凝材料称为矿渣硅酸盐水泥，简称矿渣水泥，其代号为P·S。矿渣水泥又按粒化高炉矿渣掺加量分为两种型号，高炉矿渣加入量＞20％，≤50％的为A型矿渣水泥，代号（P·S·A)。高炉矿渣加入量＞50％，≤70％的为B型矿渣水泥，代号(P·S·B)。

矿渣水泥与硅酸盐水泥相比，有以下特点。

(1) 抗溶出性侵蚀及抗硫酸盐侵蚀能力较强。由于矿渣水泥中掺入了较多的矿渣，熟料相对较少，而且水化析出的$Ca(OH)_2$又与矿渣作用，生成了较稳定的水化硅酸钙及水化铝酸钙，水泥石中易受软水及硫酸盐侵蚀的$Ca(OH)_2$及水化铝酸三钙含量要比硅酸盐水泥少得多，故有较强的抗溶出性侵蚀及抗硫酸盐侵蚀的能力，适用于水下、地下工程及海港工程。

(2) 水化热低。矿渣水泥中，熟料含量少、发热量高的$C_3A$及$C_3S$相对较少，故水化热低，适用于大体积混凝土工程。

(3) 早期强度低，后期增长率高。$Ca(OH)_2$与矿渣中活性$SiO_2$、活性$Al_2O_3$的反应，在常温下速度较慢，所以早期强度较低，但28d以后的强度增长率要高于同强度等级的硅酸盐水泥。

(4) 环境温度对凝结硬化影响较大。矿渣水泥在常温下凝结硬化速度慢于硅酸盐水泥，但在湿热条件下，其强度增长超过硅酸盐水泥，故适用于蒸汽养护的混凝土构件。

(5) 保水性差，易泌水。矿渣不易磨细，且亲水性差，故矿渣水泥的保水性较差，易泌水。施工中要注意搅拌均匀，振捣不过分。否则由于泌水易形成毛细通道较大的孔隙，影响混凝土的密实性及均匀性。

(6) 干缩较大。水泥在空气中硬化时，由于失去水分，体积收缩而产生微细裂缝的现象称为干缩。由于矿渣水泥标准稠度需水量大，保水性差，易泌水，形成毛细通道而增加水分蒸发，故其干缩大，使用时要特别注意早期养护。

(7) 抗冻、耐磨性较差。矿渣水泥的抗冻性及耐磨性均较硅酸盐水泥差，故不宜用于承受冻融交替作用的部位及经常受磨的工程或部位，如道路路面、楼地面等。

(8) 碳化速度快，深度深。矿渣水泥的水泥石中$Ca(OH)_2$浓度较低，因而碳化速度快，深度也深。碳化后的水泥石变硬、变脆，且由于体积收缩而产生裂缝。$Ca(OH)_2$碳化后成为$CaCO_3$，水泥石的碱度降低，易使钢筋生锈。钢筋锈蚀后体积膨胀，将已产生碳化裂缝的水泥石胀坏，严重影响结构的耐久性。

(9) 耐热性较高。矿渣水泥有较高的耐热性，可配制耐热混凝土，用于受热车间(200℃以下)，若另加耐火砖等耐热配料，可用于承受较高温度的工程。

### 3. 火山灰质硅酸盐水泥

凡由硅酸盐水泥熟料和火山灰质混合材料、适量石膏磨细制成的水硬性胶凝材料称为火山灰质硅酸盐水泥，简称火山灰水泥，其代号为P·P，水泥中火山灰质混合材料掺加量按质量百分比计为＞20％且≤50％。

按国家标准规定，火山灰水泥中三氧化硫的含量不得超过3.5％，其细度、凝结时间、强度、沸煮安定性和氧化镁含量的要求均与矿渣硅酸盐水泥相同。

火山灰水泥的抗淡水侵蚀及抗硫酸盐侵蚀能力、水化热、强度及其增长速度、环境温度对凝结硬化的影响、碳化等性能与矿渣水泥基本相同。

火山灰水泥的抗冻、耐磨性比矿渣水泥更差，干缩比矿渣水泥更大，故更应加强养护。掺烧粘土质混合材料时，抗硫酸盐侵蚀的能力较差。

火山灰水泥标准稠度用水量较大，一般不泌水。另外，在潮湿的环境中或水中养护时，混合材料吸收石灰而产生膨胀，并生成较多的水化硅酸钙凝胶，水泥石结构致密，抗渗性、耐水性均较好。

### 4. 粉煤灰硅酸盐水泥

凡由硅酸盐水泥熟料和粉煤灰混合材料、适量石膏磨细制成的水硬性胶凝材料称为粉煤灰硅酸盐水泥，简称粉煤灰水泥，其代号为P·F，水泥中粉煤灰掺加量按质量百分比计为20％～40％。

按国家标准规定，粉煤灰硅酸盐水泥的细度、凝结时间、体积安定性和强度的要求与火山灰水泥完全相同。

粉煤灰水泥的性质与火山灰水泥十分相似，但粉煤灰水泥干缩小，甚至比硅酸盐水泥还小，因此抗裂性较好。同时由于粉煤灰的颗粒多为圆球形的玻璃体，较致密，吸附水的能力小，在混凝土中能起润滑作用，故拌制的混凝土和易性较好。

由于粉煤灰水泥具有水化热低、抗侵蚀性好、干缩小、抗裂性好等特点，所以特别适用于大体积混凝土。

### 5. 复合硅酸盐水泥

根据《通用硅酸盐水泥》(GB 175—2007)，复合硅酸盐水泥的定义是凡由硅酸盐水泥熟料、两种或两种以上规定的混合材料、适量石膏磨细制成的水硬性胶凝材料，称为复合硅酸盐水泥(简称复合水泥)，代号P·C。水泥中混合材料掺加量按质量百分比计应＞20％且≤50％。

水泥中允许用不超过8％的窑灰代替部分混合材料；掺矿渣时混合材料掺量不得与矿渣硅酸盐水泥重复。

复合硅酸盐水泥对细度、凝结时间、安定性的要求与矿渣硅酸盐水泥相同，水泥中$SO_3$的含量不得超过3.5％。

复合硅酸盐水泥的强度等级分为32.5、32.5R、42.5、42.5R、52.5、52.5R。各强度等级及各龄期的强度要求见表4-5。

表4-5 复合硅酸盐水泥各龄期强度 单位：MPa

| 强度等级 | 抗压强度 | | 抗折强度 | |
|---|---|---|---|---|
| | 3d | 28d | 3d | 28d |
| 32.5 | 11.0 | 32.5 | 2.5 | 5.5 |
| 32.5R | 16.0 | 32.5 | 3.5 | 5.5 |
| 42.5 | 16.0 | 42.5 | 3.5 | 6.5 |
| 52.5R | 21.0 | 42.5 | 4.0 | 6.5 |
| 52.5 | 22.0 | 52.5 | 4.0 | 7.0 |
| 52.5R | 26.0 | 52.5 | 5.0 | 7.0 |

复合硅酸盐水泥的特性与所掺的混合材料种类有关，复合硅酸盐水泥可用于一般混凝土工程及大体积混凝土工程，也可用于拌制砂浆。

**特别提示**

《通用硅酸盐水泥》(GB 175—2007)规定火山灰质硅酸盐水泥、粉煤灰硅酸盐水泥、复合硅酸盐水泥和掺火山灰质混合材料的普通硅酸盐水泥，应按0.50水灰比和胶砂流动度不小于180mm来确定用水量。

6. 掺混合材料水泥的特性

上述的矿渣水泥、火山灰水泥、粉煤灰水泥与硅酸盐水泥或普通水泥的组成成分相比，都有一个共同点，即所掺入的混合材料较多，水泥中熟料相对较少，这就使得这3种水泥的性能之间有许多相近的地方，但与硅酸盐水泥或普通水泥的性能相比则有许多不同之处，具体来讲，这3种水泥相对于硅酸盐水泥主要有以下特点。

(1) 凝结硬化慢，早期强度低，后期强度发展加快。早期强度较低，但后期强度增长较多，甚至可超过同强度等级的硅酸盐水泥，如图4.4所示。这是因为相对硅酸盐水泥，这3种水泥熟料矿物较少而活性混合材料较多，其水化反应是分两步进行的。首先是熟料矿物水化，此时所生成的水化产物与硅酸盐水泥基本相同。由于熟料较少，故此时参加水化和凝结硬化的成分较少，水化产物较少，凝结硬化较慢，强度较低。随后，熟料矿物水化生成的氢氧化钙和石膏分别作为混合材料的碱性激发剂和硫酸盐激发剂，与混合材料中的活性成分发生二次水化反应，从而在较短时间内有大量水化物产生，进而使其凝结硬化速度大大加快，强度增长较多。

(2) 水化热低。这也是因为熟料含量相对比较少，其中所含水化热大、放热速度快的铝酸三钙、硅酸酸钙含量较少的原因。

(3) 对温度敏感性较高。温度较低时水泥硬化较慢，当温度达到70℃以上时，水泥硬化速度大大加快，甚至可超过硅酸盐水泥的硬化速度。这是因为，温度升高时也加快了活性混合材料与水泥熟料水化析出氢氧化钙的化学反应。

(4) 抗软水、抗腐蚀能力强。由于熟料水化析出的氢氧化钙本身就少，再加上与活性混合材料作用时又消耗了大量的氢氧化钙，因此水泥石中所剩余的氢氧化钙就更少了。所

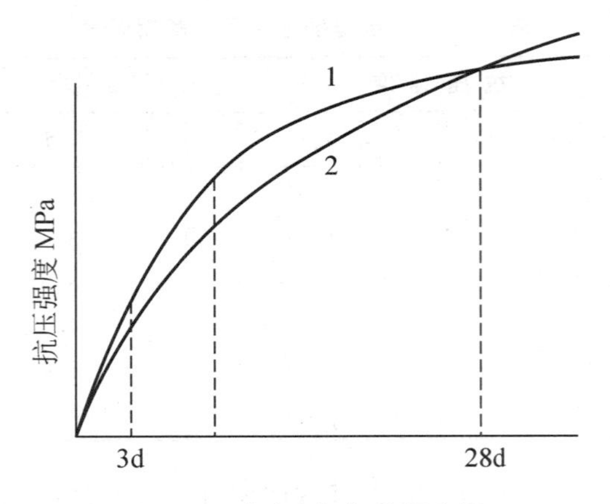


图 4.4　矿渣水泥与普通水泥

以，这 3 种水泥抵抗软水、海水和硫酸盐腐蚀的能力较强，宜用于水工和海港工程。

(5) 抗冻性和抗碳化能力较差。根据上述特点，这些水泥除适用于地面工程外，特别适宜用于地下和水中的一般混凝土和大体积混凝土结构以及蒸汽养护的混凝土构件，也适用于一般抗硫酸盐侵蚀的工程。

另外，由于这 3 种水泥所掺混合材料的类型或数量毕竟有所不同，这就使得它们在特性和应用上也各有其特点，从而可以满足不同的工程需要，如矿渣水泥耐热性好，可用于耐热混凝土工程，但保水性较差，泌水性较大，干缩性较大。火山灰水泥使用在潮湿环境后，会吸收石灰而产生膨胀胶化作用使结构变得致密，因而有较高的密实度和抗渗性，适宜用于抗渗要求较高的工程。但耐磨性比矿渣水泥差，干燥收缩较大，在干热条件下会产生起粉现象，故不宜用于有抗冻、耐磨要求和干热环境使用的工程；粉煤灰水泥的干燥收缩小，抗裂性较好，其拌制的混凝土和易性较好。

### 4.2.3　通用水泥的选用

硅酸盐水泥、普通硅酸盐水泥、矿渣硅酸盐水泥、火山灰质硅酸盐水泥、粉煤灰硅酸盐水泥和复合硅酸盐水泥是我国目前土木工程中通用的水泥，用量大，用途广，为便于选用时参考，它们的主要技术性能指标、特性和应用，见表 4－6 和表 4－7。

表 4－6　通用水泥的主要技术性能

| 性能 | 硅酸盐水泥（P・Ⅰ、P・Ⅱ） | 普通水泥（P・O） | 矿渣水泥（P・S） | 火山灰水泥（P・P） | 粉煤灰水泥（P・F） | 复合水泥（P・C） |
|---|---|---|---|---|---|---|
| 水泥中混合材料掺量 | ＞0 且≤5％ | ＞5％且≤20％ | ＞20％且≤50％ | ＞20％且≤40％ | ＞20％且≤40％ | ＞20％且≤50％ |
| 密度/($g/cm^3$) | 3.0～3.15 | | 2.8～3.1 | | | |
| 堆积密度/($kg/m^3$) | 1 000～1 600 | | 1 000～1 200 | 900～1 000 | | 1 000～1 200 |

续表

<table>
<tr><th colspan="2">性能</th><th colspan="2">硅酸盐水泥<br>（P·Ⅰ、<br>P·Ⅱ）</th><th colspan="2">普通水泥<br>（P·O）</th><th>矿渣水泥<br>（P·S）</th><th colspan="2">火山灰水泥<br>（P·P）</th><th>粉煤灰水泥<br>（P·F）</th><th colspan="2">复合水泥<br>（P·C）</th></tr>
<tr><td colspan="2">细度</td><td colspan="2">比表面积><br>300$m^2$/kg</td><td colspan="8">80$\mu$m 方孔筛筛余<10%</td></tr>
<tr><td rowspan="2">凝结<br>时间</td><td>初凝</td><td colspan="10">>45min</td></tr>
<tr><td>终凝</td><td colspan="2"><6.5h</td><td colspan="8"><10h</td></tr>
<tr><td rowspan="3">体积<br>安定性</td><td>安定性</td><td colspan="10">沸煮法必须合格（若试饼法和雷氏法两者有争议，以雷氏法为准）</td></tr>
<tr><td>MgO</td><td colspan="10">含量<5.0%</td></tr>
<tr><td>$SO_3$</td><td colspan="10">含量<3.5%（矿渣水泥中含量<4.0%）</td></tr>
<tr><td>强度等级</td><td>龄期</td><td>抗压<br>/MPa</td><td>抗折<br>/MPa</td><td>抗压<br>/MPa</td><td>抗折<br>/MPa</td><td colspan="2">抗压<br>/MPa</td><td colspan="2">抗折<br>/MPa</td><td>抗压<br>/MPa</td><td>抗折<br>/MPa</td></tr>
<tr><td>32.5</td><td>3d<br>28d</td><td>—</td><td>—</td><td>—</td><td>—</td><td colspan="2">10.0<br>32.5</td><td colspan="2">2.5<br>5.5</td><td>11.0<br>32.5</td><td>2.5<br>5.5</td></tr>
<tr><td>32.5R</td><td>3d<br>28d</td><td>—</td><td>—</td><td>—</td><td>—</td><td colspan="2">15.0<br>32.5</td><td colspan="2">3.5<br>5.5</td><td>16.0<br>32.5</td><td>3.5<br>5.5</td></tr>
<tr><td>42.5</td><td>3d<br>28d</td><td>17.0<br>42.5</td><td>3.5<br>6.5</td><td>16.0<br>32.5</td><td>3.5<br>6.5</td><td colspan="2">15.0<br>42.5</td><td colspan="2">3.5<br>6.5</td><td>16.0<br>42.5</td><td>3.5<br>6.5</td></tr>
<tr><td>42.5R</td><td>3d<br>28d</td><td>22.0<br>42.5</td><td>4.0<br>6.5</td><td>21.0<br>42.5</td><td>4.0<br>6.5</td><td colspan="2">19.0<br>42.5</td><td colspan="2">4.0<br>6.5</td><td>21.0<br>42.5</td><td>4.0<br>6.5</td></tr>
<tr><td>52.5</td><td>3d<br>28d</td><td>23.0<br>52.5</td><td>4.0<br>7.0</td><td>22.0<br>52.5</td><td>4.0<br>7.0</td><td colspan="2">21.0<br>52.5</td><td colspan="2">4.0<br>7.0</td><td>22.0<br>52.5</td><td>4.0<br>7.0</td></tr>
<tr><td>52.5R</td><td>3d<br>28d</td><td>27.0<br>52.5</td><td>5.0<br>7.0</td><td>26.0<br>52.5</td><td>5.0<br>7.0</td><td colspan="2">23.0<br>52.5</td><td colspan="2">4.5<br>7.0</td><td>26.0<br>52.5</td><td>5.0<br>7.0</td></tr>
<tr><td>62.5</td><td>3d<br>28d</td><td>28.0<br>62.5</td><td>5.0<br>8.0</td><td>—</td><td>—</td><td colspan="2">—</td><td colspan="2">—</td><td></td><td></td></tr>
<tr><td>62.5R</td><td>3d<br>28d</td><td>32.0<br>62.5</td><td>5.5<br>8.0</td><td>—</td><td>—</td><td colspan="2">—</td><td colspan="2">—</td><td></td><td></td></tr>
<tr><td colspan="2">碱含量</td><td colspan="10">用户要求低碱水泥时，按 $Na_2O$+0.685$K_2O$ 计算的碱含量，不得大于 0.60%，或由供需双方商定</td></tr>
<tr><td colspan="2">特性</td><td colspan="2">1. 凝结硬化快，早期强度高<br>2. 水化热大<br>3. 抗冻性好<br>4. 耐腐蚀与耐软水侵蚀性差<br>5. 耐热性差</td><td colspan="2">1. 凝结硬化较快，早期强度较高<br>2. 水化热较大<br>3. 抗冻性较好<br>4. 耐腐蚀与耐软水侵蚀性较差<br>5. 耐热性较差</td><td>1. 凝结硬化慢，早期强度较低，后期强度增长较快<br>2. 水化热较小<br>3. 抗冻性差<br>4. 耐硫酸盐腐蚀及耐软水侵蚀性较好<br>5. 泌水性、干缩性大<br>6. 耐热性好</td><td colspan="2">抗渗性较好，其他性能同P·S</td><td>干缩性较小，抗裂性较好，其他性能同P·P</td><td colspan="2">特性与P·S、P·P、P·F相似，并取决于所掺混合材的种类及相对比例</td></tr>
</table>

表 4-7　通用水泥的选用

| 混凝土工程特点或所处环境条件 | | 优先选用 | 可以使用 | 不宜使用 |
|---|---|---|---|---|
| 普通混凝土 | 1. 在普通气候环境中的混凝土 | 普通硅酸盐水泥 | 矿渣硅酸盐水泥、火山灰质硅酸盐水泥、粉煤灰硅酸盐水泥、复合硅酸盐水泥 | |
| | 2. 在干燥环境中的混凝土 | 普通硅酸盐水泥 | 矿渣硅酸盐水泥 | 火山灰质硅酸盐水泥 |
| | 3. 在高湿度环境中或长期处在水中的混凝土 | 矿渣硅酸盐水泥、火山灰质硅酸盐水泥、粉煤灰硅酸盐水泥、复合硅酸盐水泥 | 普通硅酸盐水泥 | |
| | 4. 厚大体积的混凝土 | 粉煤灰硅酸盐水泥、矿渣硅酸盐水泥、火山灰质硅酸盐水泥、复合硅酸盐水泥 | 普通硅酸盐水泥 | 硅酸盐水泥 |
| 有特殊要求的混凝土 | 1. 要求快硬的混凝土 | 硅酸盐水泥 | 普通硅酸盐水泥 | 矿渣硅酸盐水泥、火山灰质硅酸盐水泥、粉煤灰硅酸盐水泥、复合硅酸盐水泥 |
| | 2. 高强(大于 C40 级)的混凝土 | 硅酸盐水泥 | 普通硅酸盐水泥、矿渣硅酸盐水泥 | 火山灰质硅酸盐水泥、粉煤灰硅酸盐水泥 |
| | 3. 严寒地区的露天混凝土，寒冷地区的处在水位升降范围内的混凝土 | 普通硅酸盐水泥 | 矿渣硅酸盐水泥、矿渣硅酸盐水泥(强度等级＞32.5) | 火山灰质硅酸盐水泥、粉煤灰硅酸盐水泥 |
| | 4. 严寒地区处在水位升降范围内的混凝土 | 普通硅酸盐水泥(强度等级＞42.5) | | 火山灰质硅酸盐水泥、矿渣硅酸盐水泥、粉煤灰硅酸盐水泥、复合硅酸盐水泥 |
| | 5. 有抗渗性要求的混凝土 | 普通硅酸盐水泥、火山灰质硅酸盐水泥 | | 矿渣硅酸盐水泥 |
| | 6. 有耐磨性要求的混凝土 | 硅酸盐水泥、普通硅酸盐水泥 | 矿渣硅酸盐水泥(强度等级＞32.5) | 火山灰质硅酸盐水泥、粉煤灰硅酸盐水泥 |

## ▶▶案例 4－3

20 世纪 90 年代中期，上海市普陀区锦普大楼，由于使用了安定性不良的水泥，导致正在施工中的 11～14 层主体结构产生不规则龟裂，为了保证工程质量，对 11～14 层结构采取了定向爆破作业给予拆除。

【案例分析】

该工程采用的水泥为建设方自行采购的小窑水泥(即立窑生产的水泥)，该事件产生以后，上海市质量检查部门高度重视，要求所有进场的水泥都必须通过安定性检验合格后才能使用。上海市规定工程中使用的水泥必须是采用旋窑生产的且必须通过技术性质的复试，以保证工程质量。

# 4.3　其他品种的水泥

## 4.3.1　快硬硅酸盐水泥

### 1. 定义

凡以硅酸盐水泥熟料和适量石膏磨细制成的，以 3d 抗压强度表示强度等级的水硬性胶凝材料，称为快硬硅酸盐水泥，简称快硬水泥。

快硬硅酸盐水泥与硅酸盐水泥的生产方法基本相同，只是增加了熟料中硬化快的矿物的含量。如硅酸三钙含量为 50%～60%，铝酸三钙含量为 8%～14%，石膏的掺量达到 8%，同时提高水泥细度，使其比表面积达到 $450m^2/kg$。

### 2. 技术要求

根据国家标准规定，水泥中三氧化硫含量不得超过 4%，熟料中氧化镁含量不得超过 5.0%，如经压蒸安定性试验合格，则允许放宽到 6.0%，在 80μm 方孔筛的筛余不得超过 10%，初凝时间不得早于 45min，终凝时间不得迟于 10h；各等级各龄期强度不低于表 4－8中的数值。

表 4－8　快硬硅酸盐水泥各龄期强度要求

| 强度等级 | 抗压强度/MPa | | | 抗折强度/MPa | | |
|---|---|---|---|---|---|---|
| | 1d | 3d | 28d | 1d | 3d | 28d |
| 32.5 | 15.0 | 32.5 | 52.5 | 3.5 | 5.0 | 7.2 |
| 37.5 | 17.0 | 37.5 | 57.5 | 4.0 | 6.0 | 7.6 |
| 42.5 | 19.0 | 42.5 | 62.5 | 4.5 | 6.4 | 8.0 |

### 3. 应用

快硬水泥凝结硬化快，早期强度增进较快，因而它适用于要求早期强度高的工程、紧急抢修工程、冬季施工工程以及制作混凝土或预应力钢筋混凝土预制构件。

由于快硬水泥颗粒较细，易受潮变质，故运输、储存时须特别注意防潮，且不宜久存，从出厂之日起超过一个月，则应重新检验，合格后方可使用。

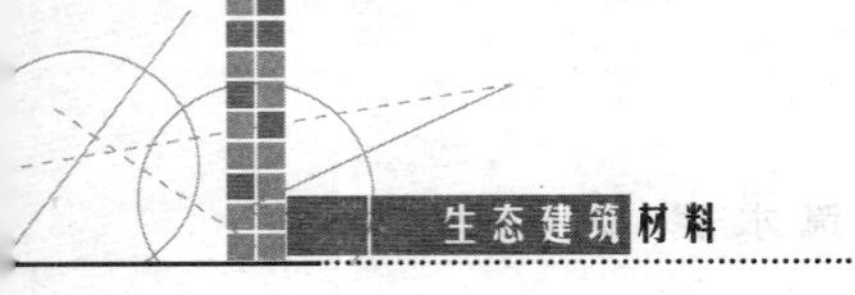


### 4.3.2 铝酸盐水泥

1. 定义

凡以铝酸钙为主的铝酸盐水泥熟料磨制制成的水硬性胶凝材料，称为铝酸盐水泥，其代号为CA。由于其主要原料为铝矾土，故旧称矾土水泥，又由于熟料中氧化铝含量较高，也常称其为高铝水泥。

2. 铝酸盐水泥的组成

铝酸盐水泥的主要矿物成为分铝酸一钙($CaO \cdot Al_2O_3$，简称为CA)其含量约占70%，其次还含有其他铝酸盐，如二铝酸一钙($CaO \cdot 2Al_2O_3$、简写为$CA_2$)、七铝酸十二钙($12CaO \cdot 7Al_2O_3$，简写为$C_{12}A_7$)和铝方柱石($2CaO \cdot Al_2O_3 \cdot SiO_2$，简写为$C_2AS$)，另外还含有少量的硅酸二钙($C_2S$)。

3. 铝酸盐水泥的技术性质

铝酸盐水泥常为黄褐色，也有呈灰色。铝酸盐水泥根据其$Al_2O_3$含量不同分为4种类型，即CA-50、CA-60、CA-70、CA-80，各类型水泥各龄期强度值不低于表4-9中的数值。各种水泥的比表面积不小于300$m^2$/kg或在孔径为0.045mm筛上的筛余不大于20%；CA-50、CA-70、CA-80的初凝时间不得早于30min，终凝不得迟于6h，CA-60的初凝时间不得早于60min，终凝时间不得迟于18h。

表4-9 铝酸盐水泥胶砂强度(GB 201—2000)

| 水泥类型 | 抗压强度/MPa | | | | 抗折强度/MPa | | | |
|---|---|---|---|---|---|---|---|---|
| | 6h | 1d | 3d | 28d | 6h | 1d | 3d | 28d |
| CA—50 | 20 | 40 | 50 | — | 3.0 | 5.5 | 6.5 | — |
| CA—60 | — | 20 | 45 | 80 | — | 2.5 | 5.0 | 10.0 |
| CA—70 | — | 30 | 40 | — | — | 5.0 | 6.0 | — |
| CA—80 | — | 25 | 30 | — | — | 4.0 | 5.0 | — |

4. 铝酸盐水泥的特征和应用

(1) 快硬、早强。铝酸盐水泥早期强度增长比较快，24h可达到其强度的80%左右，因此宜用于要求早期强度要求高的工程和紧急抢修工程。

(2) 水化热高、放热快。铝酸盐水泥水化过程放热量较大，一天内即可释放出总量70%～80%的热量，因此，适应于寒冷地区冬季施工，但不适用于大体积混凝土工程。

(3) 耐热性好。铝酸盐水泥在高温时能产生固相反应，以烧结代替了水化结合，使得铝酸盐水泥在高温时仍然可得到较高强度。因此，可采用耐火的材料和铝酸盐水泥配制成使用温度高达1 300℃的耐火混凝土。

(4) 铝酸盐水泥由于其主要成分为低钙铝酸盐，硅酸二钙含量很少，水化析出的氢氧化钙也很少，故其抗硫酸盐的侵蚀性能好，适用于有抗硫酸盐侵蚀要求的工程。

(5) 铝酸盐水泥严禁与硅酸盐水泥、石灰等能析出$Ca(OH)_2$的胶凝材料混用，也不得与尚未硬化的硅酸盐水泥混凝土接触使用，否则不仅会使铝酸盐水泥出现速凝现象，而且由于生成碱性水化铝酸钙，使混凝土开裂、破坏。

(6) 铝酸盐水泥硬化后由于发生晶体转化，长期强度下降幅度大(比早期强度下降40%)，因此不宜用于长期承重结构。

## 4.3.3 道路硅酸盐水泥

道路硅酸盐水泥简称道路水泥，是由道路硅酸盐水泥熟料、0～10%活性混合材料和适量石膏共同磨细制成的水硬性胶凝材料。

道路硅酸盐水泥熟料以硅酸钙为主要成分，且含有较多量的铁铝酸四钙。其中，铁铝酸四钙的含量不得小于16.0%，铝酸三钙含量不得大于5.0%，游离氧化钙含量不得大于1.0%。

按国家标准规定，道路硅酸盐水泥分为42.5、52.5和62.5这3个强度等级，各龄期强度值不得低于表4-10中的数值；水泥中氧化镁含量不得超过5.0%，三氧化硫含量不得超过3.5%，安定性用沸煮法检验必须合格；初凝时间不得早于1h，终凝时间不得迟于10h；在0.08mm方孔筛上的筛余不得大于10%；28d的干缩率不得大于0.10%；耐磨性以磨损量表示，不得大于3.60kg/m$^2$。

表4-10 道路水泥各龄期强度指标

| 强度等级 | 抗压强度/MPa | | 抗折强度/MPa | |
|---|---|---|---|---|
| | 3d | 28d | 3d | 28d |
| 42.5 | 22.0 | 42.5 | 4.0 | 7.0 |
| 52.5 | 27.0 | 52.5 | 5.0 | 7.5 |
| 62.5 | 32.0 | 62.5 | 5.5 | 8.5 |

道路水泥是一种强度高(特别是抗折强度高)、耐磨性好、干缩性小、抗冲击性好、抗冻性和抗硫酸性比较好的专用水泥。它适用于道路路面、机场跑道道面、城市广场等工程。由于道路水泥具有干缩性小、耐磨、抗冲击等特性，可减少水泥混凝土路面的裂缝和磨耗等病害，减少维修，延长路面使用年限，因而可获得显著的社会效益和经济效益。

## 4.3.4 中低热硅酸盐水泥

中低热水泥是指那些水化热较低的水泥，常用的主要是中热硅酸盐水泥和低热矿渣硅酸盐水泥。

以适当成分的硅酸盐水泥熟料、适量石膏经磨细而制成的具有中等水化热的水硬性胶凝材料，称为中热硅酸盐水泥，简称中热水泥。

以适当成分的硅酸盐水泥熟料，加入矿渣、适量石膏经磨细而制成的具有低水化热的水硬性胶凝材料，称为低热矿渣硅酸盐水泥，简称低热矿渣水泥。水泥中矿渣掺量按质量百分比计为20%～60%，允许用不超过混合材料总量50%的磷渣或粉煤灰代替部分矿渣。

要使水泥具有较低的水化热，关键是要控制水泥中水化热较大的两种成分(铝酸三钙和硅酸三钙)的含量。为此，国家标准规定，熟料中铝酸三钙含量，对于中热水泥不得超过6%，对于低热矿渣水泥不得超过8%，且熟料中硅酸三钙的含量对于中热水泥不得超过55%；中低热水泥各龄期的水化热不得超过表4-11规定的数值。

表4-11　中、低热水泥各龄期水化热值(KJ/kg)

| 强度等级 | 中热水泥 | | 低热矿渣水泥 | |
|---|---|---|---|---|
| | 3d | 7d | 3d | 7d |
| 32.5 | — | — | 188 | 230 |
| 42.5 | 251 | 293 | 197 | 230 |
| 52.5 | 251 | 293 | — | — |

国家标准规定，中热水泥分为42.5、52.5两个强度等级，低热矿渣水泥分为32.5、42.5两个强度等级，各龄期强度值见表4-12。水泥中三氧化硫含量不得超过3.5%，初凝不得早于60min，终凝不得迟于12h，在0.08mm方孔筛的筛余不得超过12%。

表4-12　中、低热水泥各龄期强度值

| 品　种 | 强度等级 | 抗压强度/MPa | | | 抗折强度/MPa | | |
|---|---|---|---|---|---|---|---|
| | | 3d | 7d | 28d | 3d | 7d | 28d |
| 中热水泥 | 42.5 | 15.7 | 24.5 | 42.5 | 3.3 | 4.5 | 6.3 |
| | 52.5 | 20.6 | 31.4 | 52.5 | 4.1 | 5.3 | 7.1 |
| 低热矿渣水泥 | 32.5 | — | 13.7 | 32.5 | — | 3.2 | 5.4 |
| | 42.5 | — | 18.6 | 42.5 | — | 4.1 | 6.3 |

由于中、低热水泥水化热较低，因此适用于大体积混凝土工程，如大坝、大体积建筑物和厚大的基础工程等。

## 4.4　生态水泥

**知识链接**

在哥本哈根世界气候大会上，中国水泥产业以2006—2008年共淘汰1.4亿吨落后水泥产能，而被作为中国节能减排的标志性事件之一。同样在2009年，水泥又被国家工信部下发的38号文列入了强力抑制产能过剩的重点产业。

为进一步贯彻落实38号文，工信部已经用了将近一年的时间对2006年由国务院批准，发改委颁发的《水泥工业产业发展政策》进行修订。同时还拟制定《水泥行业准入条件》等文件。这些文件的内容要点既是对38号文的精神更加具体化，同时为促进水泥工业产业升级和实现可持续发展又出台了许多新的鼓励政策和措施。例如，国家将在财政、金融、土地、资源等方面继续支持企业间的联合重组，为大型企业快速成长营造良好的社会环境，进一步提升大企业的国际竞争能力，提高生产集中度，到2015年，希望水泥前十强企业的熟料产能集中度达到50%；国家继续支持水泥企业自主创新，尤其围绕节能减排方面，国家将在财政税收等方面支持企业采用余热发电、各种新的节能技术和设备，国家将在财政、金融和税收等方面支持水泥行业利用水泥窑消纳各种生活和工业废弃物，水泥行业一定能为低碳经济、清洁生产做出自己特殊的贡献；国家将鼓励水泥企业冲破计划经济所形成的束缚，做长产业链。

目前，国内外在改善水泥工业与环境相容性方面(生态水泥)可采取如下措施。

1. 高性能水泥的研究与开发

用少量高性能水泥可以达到大量低质水泥的使用效果，因此可减少生产水泥的资源能源消耗，减轻环境负荷。高性能水泥的主要研究内容是水泥熟料矿物体系与水泥颗粒形状、颗粒级配等问题。

高性能水泥与同类水泥相比，水泥生产的能耗可降低20%以上，$CO_2$排放量可以减少20%以上，强度可以提高10MPa以上，综合性能可以提高30%～50%。因此，水泥量可以减少20%～30%，开发高性能水泥有利于环境保护和水泥工业的可持续发展。

2. 采用先进的水泥生产工艺

选用新型干法窑(窑外分解窑)，淘汰湿法回转窑和立窑等落后的生产工艺，从而生产能耗的排放会大大降低。另外，采用烟气脱氮、脱硫装置、窑灰脱碱及$CO_2$回收等技术，水泥企业有望在不久的将来彻底改变其乌烟瘴气的形象，成为零污染、环境友好型企业。

3. 利用固体废弃生产生态水泥

生态水泥(Eco-cement)就是利用各种固体废弃物包括各种工业废料以及生活垃圾作为原材料制造的水泥。这种水泥能降低处理的负荷，节省资源和能源，达到与环境共生的目的，是21世纪水泥技术发展的方向。

可燃废弃物的种类很多，如废机油、废溶剂、废轮胎、动物肉脂粉、稻米壳、石油焦、废纸、废塑料、废棉织品、可燃生活垃圾等，以及医院的有毒垃圾和某些工业部门的有毒有害物。可利用可燃废弃物(包括固态、液态、气态)代替部分或大部分燃煤和燃油，既处置了废料，又节约了能源，也减少了$CO_2$等有害气体排放量。

4. 利用工业废渣制备水泥

理论上讲，凡是可以提供水泥组成成分所需的CaO、SiO、$Al_2O_3$和$Fe_2O_3$等氧化物的物料均可用于水泥生产。工业废渣既可在熟料生产阶段加入，也可作为水泥混合材料，在后期水泥复合阶段加入。水泥煅烧在碱性条件下进行，有毒有害废弃物的化学元素被中和及吸收，变成无毒的化合物；焚烧废物的残渣最终进入水泥熟料，对水泥质量一般无影响。水泥窑还可以将废料中的大部分重金属元素固定，避免扩散污染。

大量利用工业废渣，可节约原材料和能耗，降低有害气体和粉尘的排放，生产系统利用工业废渣可节约原料。水泥制备系统利用工业废渣可节约水泥熟料，每生产1t水泥熟料，可节约标准煤120kg，节约原料1.6t，可少排出二氧化碳1t、二氧化硫酸2kg、氮氧化物4kg。可见，大量利用工业废渣对节能降耗，降低有害气体和粉尘排放，潜力巨大，效益显著。

## 知识链接

我国水泥产量大幅增长，目前已超过世界水泥总产量的50%。在给国家建设做出巨大贡献的同时，也给环境发展带来压力。胡锦涛主席指出，我国将进一步把应对气候变化纳入经济社会发展规划，大力发展绿色经济，积极发展低碳经济和循环经济。减少排放将成为主流趋势。

## 项目小结

建筑水泥是本课程的重点之一，它是水泥混凝土主要的也是最重要的组成材料，本项目内容侧重于硅酸盐水泥（波特兰水泥）；对其生产做了简介；而对其熟料矿物组成，水泥水化硬化过程，水泥石的结构以及水泥的质量要求等作了较深入的阐述。通过学习可以了解：硅酸盐水泥熟料的矿物组成及水化产物对水泥石结构和性能的影响；水泥石产生腐蚀的种类、原因及防止措施；常用水泥的主要技术性能、共性及特点，以及适用范围。

在学习了硅酸盐水泥的基础上，本项目介绍了混合材料知识及其与硅酸盐水泥熟料配制的，用途最广的PO、PS、PP、PF和PC水泥。并概括列出了通用水泥的主要技术性能和通用水泥的选用两个表格，以供参考。

为了满足不同工程需要，还简要介绍了一些特性水泥和专用水泥，涉及组成和性能不同于硅酸盐水泥系列的铝酸盐水泥等多种水泥。要求掌握这些不同品种水泥与硅酸盐水泥的共性及特性，以及其特殊的用途。

## 复习思考题

一、 单项选择题

1. 有硫酸盐腐蚀的混凝土工程应优先选择(　　)水泥。

A. 硅酸盐　　B. 普通　　C. 矿渣　　D. 高铝

2. 有耐热要求的混凝土工程，应优先选择(　　)水泥。

A. 硅酸盐　　B. 矿渣　　C. 火山灰　　D. 粉煤灰

3. 有抗渗要求的混凝土工程，应优先选择(　　)水泥。

A. 硅酸盐　　B. 矿渣　　C. 火山灰　　D. 粉煤灰

4. 下列材料中，属于非活性混合材料的是(　　)。

A. 石灰石粉　　B. 矿渣　　C. 火山灰　　D. 粉煤灰

5. 为了延缓水泥的凝结时间，在生产水泥时必须掺入适量(　　)。

A. 石灰　　B. 石膏　　C. 助磨剂　　D. 水玻璃

6. 对于通用水泥，下列性能中(　　)不符合标准规定为废品。

A. 终凝时间　　B. 混合材料掺量　　C. 体积安定性　　D. 包装标志

7. 通用水泥的储存期不宜过长，一般不超过(　　)。

A. 一年　　B. 6个月　　C. 一个月　　D. 3个月

8. 对于大体积混凝土工程，应选择(　　)水泥。

A. 硅酸盐　　B. 普通　　C. 矿渣　　D. 高铝

9. 硅酸盐水泥熟料矿物中，水化热最高的是(　　)。

A. $C_3S$　　B. $C_2S$　　C. $C_3A$　　D. $C_4AF$

10. 有抗冻要求的混凝土工程，在下列水泥中应优先选择(　　)硅酸盐水泥。

A. 矿渣　　B. 火山灰　　C. 粉煤灰　　D. 普通

二、 填空题

1. 建筑工程中通用水泥主要包括______、______、______、______、______和______六大品种。

2. 水泥按其主要水硬性物质分为______、______、______、______及______等系列。

3. 硅酸盐水泥是由______、______、______经磨细制成的水硬性胶凝材料。按是否掺入混合材料分为______和______，代号分别为______和______。

4. 硅酸盐水泥熟料的矿物主要有______、______、______和______。其中决定水泥强度的主要矿物是______和______。

5. 水泥石是一种______体系。水泥石由______、______、______、______和______组成。

6. 水泥的细度是指______，对于硅酸盐水泥，其细度的标准规定是其比表面积应大于______；对于其他通用水泥，细度的标准规定是______。

7. 硅酸盐水泥中 MgO 含量不得超过______。如果水泥经蒸压安定性试验合格，则允许放宽到______。$SO_3$ 的含量不超过______；硅酸盐水泥中的不溶物含量，Ⅰ型硅酸盐水泥不超过______，Ⅱ型硅酸盐水泥不超过______。

8. 国家标准规定，硅酸盐水泥的初凝不早于______min，终凝不迟于______min。

9. 硅酸盐水泥的强度等级有______、______、______、______、______和______6个。其中R型为______，主要是其______d强度较高。

10. 水泥石的腐蚀主要包括______、______、______和______4种。

11. 混合材料按其性能分为______和______两类。

12. 普通硅酸盐水泥是由______、______和______磨细制成的水硬性胶凝材料。

13. 普通水泥、矿渣水泥、粉煤灰水泥和火山灰水泥的强度等级有______、______、______、______和______。其中R型为______。

14. 普通水泥、矿渣水泥、粉煤灰水泥和火山灰水泥的性能，国家标准有以下规定。

(1) 细度：通过______的方孔筛筛余量不超过______；

(2) 凝结时间：初凝不早于______min，终凝不迟于______h；

(3) $SO_3$含量：矿渣水泥不超过______，其他水泥不超过______。

(4) 体积安定性：经过__________法检验必须__________。

15. 矿渣水泥与普通水泥相比，其早期强度较__________，后期强度的增长较__________，抗冻性较__________，抗硫酸盐腐蚀性较__________，水化热较__________，耐热性较__________。

## 三、简答题

1. 通用水泥的哪些技术性质不符合标准规定为废品？哪些技术性质不符合标准规定为不合格品？

2. 矿渣水泥、粉煤灰水泥、火山灰水泥与硅酸盐水泥和普通水泥相比，3 种水泥的共同特性是什么？

3. 水泥在储存和保管时应注意哪些方面？

4. 仓库内有 3 种白色胶凝材料，它们是生石灰粉、建筑石膏和白水泥，用什么简易方法可以辨别？

5. 水泥的验收包括哪几个方面？过期受潮的水泥如何处理？

## 四、计算题

1. 称取 25g 某普通水泥作细度试验，称得筛余量为 2.0g。问该水泥的细度是否达到标准要求？

2. 某普通水泥，储存期超过 3 个月。已测得其 3d 强度达到强度等级为 32.5MPa 的要求。现又测得其 28d 抗折、抗压破坏荷载见表 4－13。

表 4－13　题 2 表

| 试件编号 | 1 | | 2 | | 3 | |
|---|---|---|---|---|---|---|
| 抗折破坏荷载/kN | 2.9 | | 2.6 | | 2.8 | |
| 抗压破坏荷载/kN | 65 | 64 | 64 | 53 | 66 | 70 |

计算后判定该水泥是否能按原强度等级使用。

# 项目5

# 混凝土及建筑砂浆

## 教学目标

本项目是建筑材料的重点，主要讲述普通混凝土的组成、技术性质、配合比设计和质量控制，并简单介绍了轻骨料混凝土及其他品种的混凝土。通过本项目学习，应以达到以下目标。

1. 掌握普通混凝土的组成材料及技术要求、普通混凝土的技术性能及影响因素、配合比的设计计算。
2. 掌握混凝土的质量控制与强度评定。
3. 掌握砂浆的技术性质和应用。
4. 了解其他品种混凝土的组成材料、技术性质及应用。

## 教学要求

| 知识要点 | 能力目标 | 相关知识 |
| --- | --- | --- |
| 普通混凝土的组成材料 | 会做砂、石筛分试验，根据试验数据绘制筛分曲线，判定砂、石级配 | 混凝土的分类、优缺点；<br>粗细骨料的定义；<br>外加剂的使用注意事项 |
| 混凝土的和易性、强度、耐久性 | 会测定混凝土拌合物和易性，会做混凝土标准试块，会测定混凝土强度，并根据混凝土抗压强度，判定混凝土强度等级 | 和易性、强度和耐久性的概念；影响混凝土强度的主要因素；提高混凝土强度的措施 |
| 混凝土配合比设计 | 会进行普通混凝土配合比设计、试配和调整 | 配合比设计的基本要求、3个参数及设计步骤 |
| 砂浆的技术性质 | 会测定砂浆的稠度、分层度，会做砂浆的标准试块 | 砂浆配合比设计的基本要求、设计步骤 |

## ▶▶案例导入

某工程有两块厚2.5m，平面尺寸分别为27.2m×34.5m和29.2m×34.5m的板。设计中规定把上述大块板分成小块(每大块分成6小块)，间歇施工。混凝土所有材料为42.5级普通硅酸盐水泥、中砂、花岗岩碎石；混凝土强度等级为C20。施工完成后发现大部分板的表面都有不同程度的裂缝，裂缝宽度为0.1～0.25mm，长度从几厘米到一百多厘米，裂缝出现时间是拆模后1～2天。

【问题】

(1) 案例中裂缝事故发生的原因是什么？

(2) 在工程施工过程中应如何防治混凝土裂缝的产生？

(3) 此类工程中混凝土的养护方法有哪些特殊规定？养护时间有什么规定？

(4) 该工程中可选择的混凝土浇筑方案有哪些？

【案例分析】

(1)该工程属于大体积混凝土工程，水泥水化热大，裂缝多是在拆模一两天出现，根据这些情况判定发生裂缝的可能由混凝土内外温差太大、表面温度突然降低、干缩等原因引起的。

(2) 该工程属于大体积混凝土工程，可采用以下措施来防止裂缝产生。①优先选用低水化热的矿渣水泥拌制混凝土，并适当使用缓凝减水剂。②在保证混凝土设计强度等级前提下，适当降低水灰比，减少水泥用量。③降低混凝土的人模温度，控制混凝土内外的温差(当设计无要求时，控制在25℃以内)，如降低拌合水温度(拌合水中加冰屑或用地下水)，骨料用水冲洗降温，避免曝晒。④及时对混凝土覆盖保温、保湿材料。⑤可预埋冷却水管，通过循环水将混凝土内部热量带出，进行人工导热。

(3) 大体积混凝土的养护方法分为保温法和保湿法两种。为了确保新浇筑混凝土有适宜的硬化条件，防止在早期由于干缩而产生裂缝，大体积混凝土浇筑完毕后，应在12h内加以覆盖和浇水。普通硅酸盐水泥拌制的混凝土养护时间不得少于14d；矿渣水泥、火山灰水泥等拌制的混凝土养护时间不得少于21d。

(4) 大体积混凝土浇筑时，一般采用分层浇筑。分层的方法主要有全面分层、分段分层和斜面分层3种。

# 5.1 概　　述

从广义上来说，混凝土是指以胶凝材料、粗细骨料、水及其他材料为原料，按适当比例配制而成的混合物，再经水化反应硬化形成的复合材料。根据所用胶凝材料的不同，土木工程中常用的混凝土有水泥混凝土、沥青混凝土、石膏混凝土和聚合物混凝土等。

普通水泥混凝土是以水泥为胶凝材料而制成的混凝土，它是当前世界上用量最大的建筑材料之一。

## 5.1.1 混凝土的分类

### 1. 按表观密度分

1) 重混凝土

干表观密度大于2 800kg/m$^3$，用重晶石、铁矿石、铁屑等做骨料或同时采用钡水泥等配制而成。由于厚重密实，它对X射线和$\gamma$射线有较高的屏蔽能力，又称防射线混凝土。主要用于核能工程的屏蔽结构。

2) 普通混凝土

干表观密度为2 000～2 800kg/m$^3$之间，一般以水泥为胶粘材料，普通砂、石为骨料配制而成。为建筑工程中最常用的混凝土，主要用于承重结构。

3）轻混凝土

干表观密度小于2 000kg/m$^3$，轻骨料混凝土用陶粒、膨胀珍珠岩等轻骨料拌成。轻骨料混凝土可作为结构材料及保温隔热材料。

2. 按用途分类

可分为结构混凝土、防水混凝土、道路混凝土、装饰混凝土、耐热混凝土、耐酸混凝土、防辐射混凝土、大体积混凝土、膨胀混凝土等。

3. 按强度等级分

按混凝土的抗压强度可分为低强混凝土(小于C30)，中强混凝土(C30～C60)，高强混凝土(大于等于C60)及超高强混凝土(大于等于C100)。

4. 按生产和施工方法分类

可分为商品混凝土、喷射混凝土、泵送混凝土、挤压混凝土、离心混凝土、碾压混凝土、真空吸水混凝土等。

### 5.1.2 混凝土的特点

混凝土作为一种重要的建筑材料，被广泛使用，是因为它具有以下特点。

(1) 抗压强度高及耐久性好，可以通过改变配合比得到性能不同的混凝土，以满足不同工程的需要。

(2) 混凝土拌合物有良好的塑性，可按工程结构的要求浇筑成各种形状、尺寸的结构或构件。

(3) 与钢筋有牢固的粘结力。

(4) 拌制混凝土的原材料丰富，成本低，符合经济原则。

(5) 混凝土的主要缺点是抗拉强度较低，容易产生裂缝。

(6) 导热系数大，是普通砖的2倍。

### 5.1.3 对混凝土的基本要求

(1) 满足施工要求。混凝土拌合物应有一定的和易性，以便于施工并获得均匀密实的混凝土。

(2) 满足设计要求，有符合设计要求的强度等级。

(3) 满足耐久性要求，有与工程环境相适应的耐久性。

(4) 满足经济性要求。在保证质量的前提下，尽量降低工程造价，以满足经济合理的要求。

### 5.1.4 混凝土发展方向

随着现代科学的发展，建筑物向高层化、大跨度方向发展；随着人类对居住要求的提高，建筑物也向使用功能化发展。混凝土的发展方向是高性能、功能化、绿色化。

从节约资源、能源，不破坏环境、可持续发展，既要满足当代人的要求，又不危及后代的理念出发，生态混凝土将成为主要的发展方向。

## 5.2 混凝土的组成材料

混凝土的基本组成材料是水泥、黄沙、石子、水等，另外再掺加适量外加剂、混合材料等制成的复合材料。

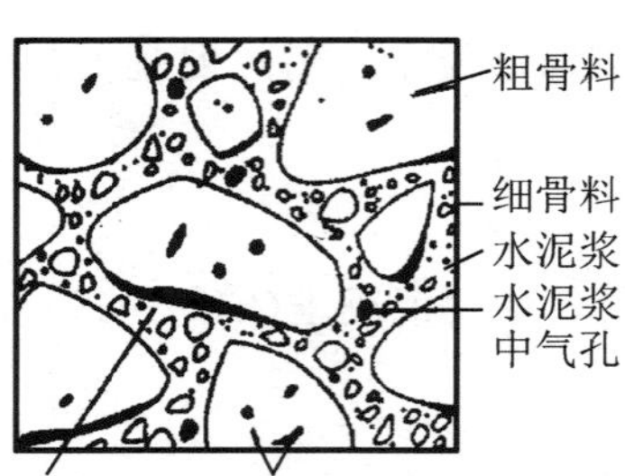


图 5.1 混凝土结构

在混凝土中，各组成材料起着不同的作用。砂、石等集料在混凝土中起骨架作用，因此也称为骨料。由水泥与水所形成的水泥浆通常包裹在骨料的表面，并填充骨料间的空隙而在混凝土硬化前起润滑作用，它使新拌混凝土具有一定的流动性，便于施工操作；在混凝土硬化后，水泥浆形成的水泥石又起胶结作用，它把砂、石等骨料胶结成为整体而成为坚硬的人造石，产生强度。硬化混凝土的组织结构如图 5.1 所示。

### 5.2.1 水泥

1. 水泥品种选择

配制混凝土用的水泥，应根据工程特点、工程所处环境及施工条件，参考各种水泥的特性进行合理选择(详见项目 4)。

2. 水泥强度等级的选择

水泥强度等级应与混凝土的设计强度等级相适应，对于一般强度的混凝土，以水泥强度等级为混凝土强度等级的 1.5～2.0 倍为宜。对于较高强混凝土，以水泥强度等级为混凝土强度等级的 0.9～1.9 倍为宜。

配制 C60 以上强度等级的高强混凝土，应选用强度等级不低于 52.5 的水泥；用高强度等级水泥配制低强度等级的混凝土时，水泥用量偏少，混凝土的和易性不易保证时，可在拌制混凝土时加入掺合料(如粉煤灰)予以改善。

### 5.2.2 细骨料——砂

粒径 0.15～4.75mm 之间的颗粒称为细骨料。砂分为天然砂和人造砂两类。细骨料一般用天然砂，天然砂包括河砂、海砂、山砂之分，以洁净的河砂为优。海砂经洗去盐分筛去贝壳等轻物质后，也可使用。山砂风化较强烈，含泥量大，必须经充分论证后方可使用。人工砂颗粒粗糙且含一定量的石粉，故拌制的混凝土不仅强度高，而且和易性也容易得到保证。因此，一般混凝土用砂多采用天然砂(中砂)合适。

1. 有害杂质的含量

砂中有害杂质主要有云母、粘土、淤泥、硫化物、有机物以及贝壳、煤屑等轻物质。粘土、淤泥、云母会影响水泥与骨料的胶结，含量多时，降低混凝土强度。粘土，对混凝土强度的影响更为严重。硫化物、有机物对水泥有侵蚀作用。轻物质本身强度较低，会影响混凝土的强度及耐久性。

为了保证混凝土的质量，《建筑用砂》(GB/T 14684—2001)中，对砂中有害杂质含量做了具体规定，见表5-1、表5-2、表5-3中的规定。

**表5-1 天然砂的含量和泥块含量要求**

| 项目 | 指标 | | |
|---|---|---|---|
| | Ⅰ类 | Ⅱ类 | Ⅲ类 |
| 含泥量(按质量计)/% | <1.0 | <3.0 | <5.0 |
| 泥块含量(按质量计)/% | 0 | <1.0 | <2.0 |

**表5-2 人工砂中石粉含量和泥块含量的要求**

| 项目 | | | 指标 | | |
|---|---|---|---|---|---|
| | | | Ⅰ类 | Ⅱ类 | Ⅲ类 |
| 亚甲蓝试验 | *MB*值<1.40或合格 | 石粉含量(按质量计)/% | <3.0 | <5.0 | <7.0 |
| | | 泥块含量(按质量计)/% | 0 | <1.0 | <2.0 |
| | *MB*值≥1.40或不合格 | 石粉含量(按质量计)/% | <1.0 | <3.0 | <5.0 |
| | | 泥块含量(按质量计)/% | 0 | <1.0 | <2.0 |

注：根据使用地区或用途不同，可在试验验证的基础上，由供需双方协商确定上述指标。

由于海砂含盐量大，对钢筋有锈蚀作用，故用于水上和水位变化区钢筋混凝土时，含盐量(全部氯离子换算成NaCl含量)不应大于0.1%。必要时应进行淋洗，也可掺入亚硝酸钠($NaNO_3$)(掺量为水泥质量的0.6%～1.0%)，以抑制钢筋锈蚀。

**表5-3 砂石子中有害杂质及针、片状颗粒含量(%)**

| 项目 | 砂 | | | 砾石 | | |
|---|---|---|---|---|---|---|
| | Ⅰ类 | Ⅱ类 | Ⅲ类 | Ⅰ类 | Ⅱ类 | Ⅲ类 |
| 泥< | 1.0 | 3.0 | 5.0 | 0.5 | 1.0 | 1.5 |
| 泥块含量< | 0 | 1.0 | 2.0 | 0 | 0.5 | 0.7 |
| 云母< | 1.0 | 2.0 | 2.0 | — | — | — |
| 硫化物与硫酸盐< | 0.5 | 0.5 | 0.5 | 0.5 | 1.0 | 1.0 |
| 有机物 | 合格 | 合格 | 合格 | 合格 | 合格 | 合格 |
| 氯化物(以NaCl计)< | 0.01 | 0.02 | 0.06 | 0.03 | 0.1 | — |
| 质量损失< | 8 | 8 | 10 | 5 | 8 | 12 |
| 针片状颗粒< | — | — | — | 5 | 15 | 25 |

### 2. 砂的坚固性与碱活性

混凝土用天然砂的坚固性是指其对环境破坏作用的抵抗能力。通常用硫酸钠溶液干湿循环5次后的质量损失来表示砂的坚固性好坏，坚固性要求详见表5-4。人工砂则采用压碎指标试验法进行检测，其压碎指标值应符合表5-5的规定。

**表5-4　砂的坚固性指标要求(%)**

| 项　目 | 指　标 | | |
|---|---|---|---|
| | Ⅰ类 | Ⅱ类 | Ⅲ类 |
| 质量损失< | 8 | 8 | 10 |

**表5-5　人工砂的压碎指标要求(%)**

| 项　目 | 指　标 | | |
|---|---|---|---|
| | Ⅰ类 | Ⅱ类 | Ⅲ类 |
| 单级最大压碎指标< | 20 | 25 | 30 |

砂中如果含有活性二氧化硅，可能与水泥中的碱分发生作用，产生碱-骨料反应，并使混凝土发生膨胀开裂。因此，通常应选用无活性二氧化硅的骨料。

3. 砂的粗细程度与颗粒级配

砂的粗细程度是指不同粒径的砂混合在一起的平均粗细程度。在用砂量相同的条件下，若砂过细，砂颗粒的表面积较小，混凝土的粘聚性、保水性较差；若砂过细，砂颗粒表面积过大，虽混凝土粘聚性、保水性较好，但由于需要较多的水泥浆来包裹砂粒表面，故用于润滑的水泥浆则较少，混凝土拌合物流动性差，甚至还会影响混凝土的强度。所以拌制混凝土的砂，不宜过粗，也不宜过细，应讲究一定的颗粒级配。

砂的粗细程度通常用细度模数表示。细度模数用筛分析法测定。筛分析试验是将预先通过9.5mm孔径的干砂，称取500g置于一套孔径为4.75mm、2.36mm、1.18mm、0.6mm、0.3mm、0.15mm标准筛方空筛上(图5.2、图5.3)依次过筛，称取各筛上筛余物的质量，计算各筛分计筛余百分数(各筛筛余物质量占砂样总量的百分数)及累计筛余百分数(该筛及比该筛孔径大的筛的所有分计筛余百分数之和)。砂的筛余量、分计筛余百分率、累计筛余百分率的关系见表5-6。

图5.2　摇筛机

图5.3　筛盘

表5-6 累计筛余百分率与分计筛余百分率的关系

| 筛孔尺寸 | 分计筛余/% | 累计筛余/% |
|---|---|---|
| 4.75mm | $a_1$ | $A_1=a_1$ |
| 2.36mm | $a_2$ | $A_2=a_1+a_2$ |
| 1.18mm | $a_3$ | $A_3=a_1+a_2+a_3$ |
| 600 μm | $a_4$ | $A_4=a_1+a_2+a_3+a_4$ |
| 300 μm | $a_5$ | $A_5=a_1+a_2+a_3+a_4+a_5$ |
| 150 μm | $a_6$ | $A_5=a_1+a_2+a_3+a_4+a_{5+}a_6$ |

根据累计筛余百分率可以计算出砂的细度模数。砂的细度模数计算公式如下：

$$M_x=\frac{(A_2+A_3+A_4+A_5+A_6)-5A_1}{100-A_1} \tag{5-1}$$

式中：$M_x$——砂的细度模数；

$A_1$、$A_2$、$A_3$、$A_4$、$A_5$、$A_6$——分别为5.0mm、2.5mm、1.25mm、0.63mm、0.315mm、0.16mm筛的累计筛余百分数。

细度模数越大，表示砂越粗。根据国家标准，通常把细度模数为3.1～3.7的砂称为粗砂，2.3～3.0的砂称为中砂，1.6～2.2的砂称为细砂，0.7～1.5的砂称为特细砂。

砂的颗粒级配是指砂中各种粒径颗粒的砂互相搭配组合的情况。级配良好的砂，大小颗粒搭配适宜，一般在粗颗粒之间，有适当数量的中等颗粒及少量的细颗粒填充其空隙，砂的总表面积及空隙率均较小。使用级配良好的砂，这样不仅可节省水泥，混凝土的和易性也好，而且还可以提高混凝土的强度、耐久性及密实度。

砂的级配可用级配曲线表示。对细度模数为1.6～3.7的普通混凝土用砂，按《建筑用砂》(GB/T 14684—2001)规定，根据0.6mm筛孔的累计筛余百分数分成3个级配区(表5-7)。混凝土用砂的颗粒级配，应处于表中任何一个级配区以内。砂的实际颗粒级配与表中所列的累计筛余百分数相比，除5mm、0.63mm筛外，允许稍有超出分区界线，但其总量不应大于5%。

表5-7 砂颗粒级配区

| 筛孔尺寸/mm | 级配区 | | |
|---|---|---|---|
| | 1区 | 2区 | 3区 |
| | 累计筛余(按质量%计) | | |
| 4.75 | 10～0 | 10～0 | 10～0 |
| 2.36 | 35～5 | 25～0 | 15～0 |
| 1.18 | 65～35 | 50～10 | 25～0 |
| 0.60 | 85～71 | 70～41 | 40～16 |
| 0.30 | 95～80 | 92～70 | 85～55 |
| 0.15 | 100～90 | 100～90 | 100～90 |

注：允许超出≯5%的总量，是指几个粒级累计筛余百分率超出的和，或只是某一粒级的超出百分率。

以累计筛余百分数为纵坐标，以筛孔尺寸为横坐标，根据表5－7的规定画出1、2、3级配区的筛分曲线，如图5.4所示。砂的筛分曲线应处于任何一个级配区内。1区的砂较粗，以配制富混凝土和低流动性混凝土为宜。1区右下方的砂过粗，不宜用于配制混凝土。3区的砂较细，3区以左的砂过细，配成的混凝土水泥用量较多，而且强度显著降低，也不宜用于配制混凝土。

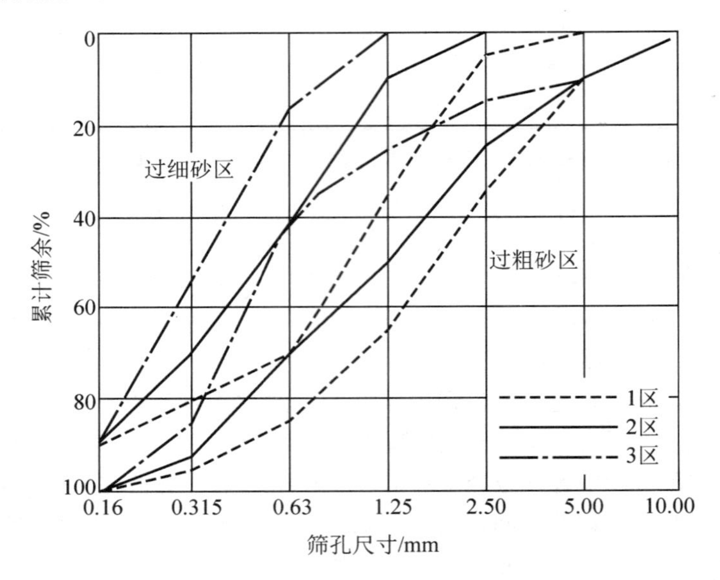


图5.4　砂的1、2、3级配区曲线

如果砂的自然级配不符合级配区的要求，可以用人工级配的办法加以改善。可以将粗细砂按适当比例进行试配，掺合使用。

## ▶▶案例5－1

某砂样的筛析结果及细度模数见表5－8。

表5－8　某砂样筛析及计算结果

| 筛孔尺寸/mm | 分计筛余 | | 累计筛余/% |
|---|---|---|---|
| | 质量/g | 百分数/% | |
| 4.75 | 25 | 5 | 5 |
| 2.36 | 65 | 13 | 18 |
| 1.18 | 125 | 25 | 43 |
| 0.6 | 95 | 19 | 62 |
| 0.3 | 100 | 20 | 82 |
| 0.15 | 70 | 14 | 96 |
| 0 | 20 | | |
| 总计 | 500 | | |

细度模数：$M_x=\dfrac{18+43+62+82+96-5\times5}{100-5}=2.91$

砂样的细度模数为2.91，属于中砂。

## 5.2.3 粗骨料——石子

骨料中粒径大于4.75mm的颗粒为粗骨料，常用的粗骨料有卵石或碎石两种。

卵石是由自然作用而形成的，可分为河卵石、海卵石和山卵石。卵石颗粒较圆，表面光滑，拌制的混凝土和易性好，但与水泥的凝结较差。因此，在相同的条件下，卵石混凝土强度低于碎石混凝土。

碎石由天然岩石(或卵石)经人工或机械破碎、筛分而得。碎石有棱角，表面粗糙，空隙率及表面积较大，拌制的混凝土流动性较差，但碎石与水泥的凝结较好。碎石的成本一般较高，如图5.5、图5.6所示。

图5.5 碎石

图5.6 卵石

### 1. 粗骨料的质量要求

1) 含泥量及有害杂质含量

粗骨料中的有害杂质主要有粘土、细屑、硫化物、硫酸盐及有机物等，其危害与细骨料中的有害杂质相同。粗骨料中的有害杂质含量应不超过表5-3的规定。

粗骨料中可能含有活性氧化硅颗粒。如所用水泥的含碱($K_2O$、$Na_2O$)量较高(一般折算成$Na_2O$含量大于0.6%)时，活性氧化硅与水泥中的碱分发生化学反应，生成吸水后体积显著膨胀的碱—硅酸凝胶，将硬化的水泥石胀裂，这通常称为碱—骨料反应。粗骨料中的活性颗粒对混凝土造成的危害比细骨料更为严重。如骨料中含有活性颗粒时，必须进行专门的试验论证。

2) 强度

根据《建筑用卵石、碎石》(GB/T 14685—2001)的规定，碎石或卵石的强度，可用岩石立方体强度和压碎指标两种方法表示。

抗压强度用边长为50mm的立方体试件或直径和高度都是50mm的圆柱体试件，在水中浸泡48h，待试件达到水饱和状态后进行测其极限抗压强度。要求抗压强度≥45MPa。同时，极限抗压强度与所采用的混凝土强度等级之比不应小于1.5。

用压碎指标是将一定质量气干状态下的9.5～19mm的石子装入一定规格的圆筒内，在压力机上施加荷载至200kN，卸荷后称取试样质量($m$)，用孔径为2.36mm的筛筛除被压碎的颗粒后称取试样的筛余量($m_1$)。

压碎指标：

$$Q=\frac{m-m_1}{m}\times 100\% \tag{5-2}$$

式中：$m$——试样的质量，g；

$m_1$——压碎试验后筛余的试样质量，g。

压碎指标表示石子抵抗压碎的能力，其数值越小，说明石子的强度越高。压碎指标应符合规范的规定，见表 5-9。

表 5-9　粗骨料的压碎指标(GB/T 14685—2001)

| 项　目 | 指　标 | | |
|---|---|---|---|
| | Ⅰ | Ⅱ | Ⅲ |
| 碎石压碎指标/% | 10 | 20 | 30 |
| 卵石压碎指标/% | 12 | 16 | 16 |

3）坚固性

石子的坚固性是指石子在气候、环境变化和其他物理因素作用下，抵抗碎裂的能力。坚固性用硫酸钠溶液法检验，石料试样经 5 次循环后，其质量损失应不超过规范规定，见表 5-10 中的质量损失规定。

表 5-10　粗骨料的坚固性指标要求(GB/T 14685—2001)(%)

| 项　目 | 指　标 | | |
|---|---|---|---|
| | Ⅰ类 | Ⅱ类 | Ⅲ类 |
| 经 5 次循环后质量损失< | 5 | 8 | 12 |

2. 最大粒径和颗粒级配

1）最大粒径

粗骨料中公称粒级的上限为该粒级的最大粒径。粗骨料的最大粒径较大时，骨料的总表面积较小，这样可以节省水泥浆的用量，也使混凝土的发热量降低。所以在条件许可时，应尽量选择较大的最大粒径。根据《混凝土结构工程施工质量验收规范》(GB 50204—2002)的规定，混凝土用的粗骨料，其最大颗粒粒径不得超过结构截面最小尺寸的 1/4，同时不得超过钢筋间最小净距的 3/4。对混凝土实心板，骨料的最大粒径不宜超过板厚的 1/3，且不得超过 40mm。

2）颗粒级配

与细骨料要求一样，粗骨料也应具有良好的颗粒级配，以减少空隙率，节约水泥，提高混凝土的密实度和强度。

石子的颗粒级配也通过筛分试验确定，石子的标准筛有孔径为 2.36mm、4.75mm、9.5mm、16.0mm、19.0mm、26.5mm、31.5mm、37.5mm、53.0mm、63.0mm、75.0mm 及 90mm12 个标准。根据《普通混凝土用碎石或卵石质量标准及检验方法》(GB/T 14685—2001)，普通混凝土用粗骨料的级配应符合表 5-11 的规定。

表 5 - 11 普通混凝土用粗骨料的颗粒级配

| 公称粒径/mm | | 2.36 | 4.75 | 9.50 | 16.0 | 19.0 | 26.5 | 31.5 | 37.5 | 53.0 | 63.0 | 75.0 | 90.0 |
|---|---|---|---|---|---|---|---|---|---|---|---|---|---|
| 连续粒级 | 5～10 | 95～100 | 80～100 | 0～15 | 0 | — | — | — | — | — | — | — | — |
| | 5～16 | 95～100 | 85～100 | 30～60 | 0～10 | 0 | — | — | — | — | — | — | — |
| | 5～20 | 95～100 | 90～100 | 40～80 | — | 0～10 | 0 | — | — | — | — | — | — |
| | 5～25 | 95～100 | 90～100 | — | 30～70 | — | 0～5 | 0 | — | — | — | — | — |
| | 5～31.5 | 95～100 | 90～100 | 70～90 | — | 15～45 | — | 0～5 | 0 | — | — | — | — |
| | 5～40 | — | 95～100 | 70～90 | — | 30～65 | — | — | 0～5 | 0 | — | — | — |
| 单粒粒级 | 10～20 | — | 95～100 | 85～100 | — | 0～15 | 0 | — | — | — | — | — | — |
| | 16～31.5 | — | 95～100 | — | 85～100 | — | — | 0～10 | 0 | — | — | — | — |
| | 20～40 | — | — | 95～100 | — | 80～100 | — | — | 0～10 | 0 | — | — | — |
| | 31.5～63 | — | — | — | 95～100 | — | — | 75～100 | 45～75 | — | 0～10 | 0 | — |
| | 40～80 | — | — | — | — | 95～100 | — | — | 70～100 | — | 30～60 | 0～10 | 0 |

石子的级配有天然级配和人工级配两种。天然级配是开采的卵石或破碎的碎石，只要各种粒径石子所含的比例符合表 5 - 11 中对连续粒级石子的要求，可不经筛分直接使用，配置的混凝土和易性好，不易发生离析现象。

人工级配是先将卵石或碎石按颗粒大小筛分成若干粒径级(单粒粒级)，按一定比例配合成连续粒级使用。

3. 骨料的饱和面干吸水率

骨料的几种含水状态如图 5.7 所示。在 100～105℃条件下烘至恒重时，称为全干状态。长期放在一定湿度的空气中会使骨料吸收或散失水分而达到稳定的含水状态，称为气干状态。当骨料的颗粒表面干燥，而颗粒内部的孔隙含水饱和时，称为饱和面干状态。当骨料不仅内部孔隙含水饱和，而且表面还吸附水分时，称为湿润状态。

当拌制混凝土时，由于骨料含水量不同，将影响混凝土的用水量和骨料用量。骨料在饱和面干状态时的含水率，称为饱和面干吸水率。计算混凝土中各项材料配合比时，一般以干燥骨料为基准。

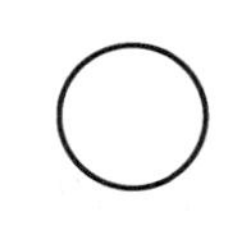

(a) 全干状态

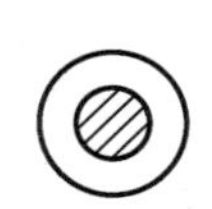

(b) 气干状态

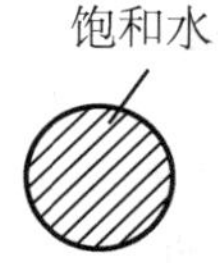


(c) 饱和面干状态

(d) 湿润状态

图 5.7 骨料的含水状态

### 5.2.4 混凝土拌合用水

混凝土拌合用水应符合《混凝土用水标准》(JGJ 63—2006)的规定，凡符合国家标准的一切饮用水，均可拌制和养护混凝土。

混凝土用水的水源有自来水、地表水、地下水、海水及经适当处理后的工业废水。地表水和地下水中常含有较多的有机质和矿物盐类，只有经检验确认其不影响混凝土性能的情况下才能使用。用海水拌制的混凝土，可用于不重要的素混凝土结构，不得用于钢筋混凝土和预应力混凝土结构。含有害杂质的废水不能拌制和养护混凝土。

对拌制混凝土用的水质有怀疑时，应进行砂浆或混凝土强度试验。如用该水制成的砂浆或混凝土试块的28d抗压强度，低于饮用水制成砂浆或混凝土试块28d抗压强度的90%，则这种水不宜用来拌制混凝土。混凝土用水中的物质含量限值见表5-12。

表5-12 混凝土用水中的物质含量限值

| 项　　目 | 预应力混凝土 | 钢筋混凝土 | 素混凝土 |
| --- | --- | --- | --- |
| PH值 | >4 | >4 | >4 |
| 不溶物/(mg/L) | <2 000 | <2 000 | <5 000 |
| 可溶物 | <2 000 | <5 000 | <10 000 |
| 氯化物(以 $Cl^-$ 计)/(mg/L) | <500 | <1 200 | <3 500 |
| 硫酸盐(以 $SO_4^{2-}$ 计)/(mg/L) | <600 | <2 700 | <2 700 |

## 5.3 混凝土外加剂

在混凝土生产或施工过程中掺入的用量不超过水泥质量的5%，能显著改善混凝土性能的物质，称为混凝土外加剂。

混凝土外加剂虽然掺量较少，但可按要求改善混凝土的性质，而且在节约水泥方面也显示出十分显著的效果。目前，外加剂品种已发展到14大类数百个品种，其产量也日益增加，使其在土木工程建设中的作用越来越重要，并且已经成为现代水泥混凝土技术进步的标志之一，并已逐渐成为混凝土中必不可少的第五种材料。

### 5.3.1 混凝土外加剂的分类

混凝土外加剂按其主要功能分为以下四类。

(1) 改善混凝土拌合物流变性能的外加剂，如减水剂、引气剂和泵送剂等。

(2) 调节混凝土凝结时间、硬化性能的外加剂，如缓凝剂、早强剂和速凝剂。

(3) 改善混凝土耐久性的外加剂，如引气剂、防水剂和阻锈剂等。

(4) 改善混凝土其他性能的外加剂，如加气剂、膨胀剂、防冻剂、着色剂、防水剂和泵送剂。

## 5.3.2 常用的混凝土外加剂

### 1. 减水剂

减水剂是指在混凝土坍落度不变的条件下，能减少拌合用水量的外加剂。

按减水剂效果差异，可分为普通减水剂、高效减水剂；按凝结时间不同，分为标准型、早强型和缓凝型；按是否引气，可分为引气型和非引气型。

1）减水剂的作用机理

水泥加水拌和后，由于水泥颗粒间具有分子引力作用，使水泥浆形成絮状结构[图5.8(a)]。这种絮状结构，使10%～30%的游离水被包裹在其中，从而降低了混凝土拌合物的流动性。当加入适量减水剂后，由于减水剂的表面活性作用，其憎水基团指向水泥颗粒表面，亲水基团指向水溶液。这种作用一方面使水泥颗粒表面带有同性电荷，使颗粒间的电性斥力的作用下相互分开[图5.8(b)]，絮状结构解体，游离水被释放出来，对混凝土的流动性有改善作用。另一方面，由于亲水基团对水的亲和力较强，使其在水泥颗粒表面形成一层稳定的溶剂化水膜，包在水泥颗粒表面的水膜阻止了颗粒间的直接接触并起润滑作用，进一步提高了混凝土的流动性。此外，由于水泥颗粒被有效分散，颗粒表面被水分充分润湿，增大了水化面积，水化反应更加充分，从而提高了混凝土强度。

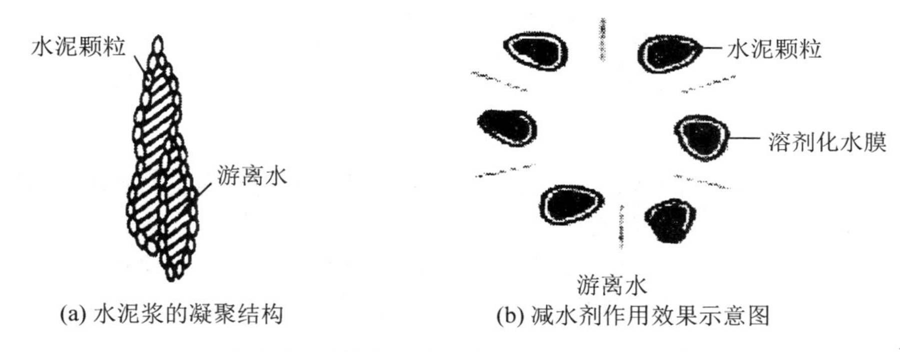

(a) 水泥浆的凝聚结构　　(b) 减水剂作用效果示意图

图5.8　水泥浆的凝聚结构及其减水剂作用效果示意图

2）减水剂的技术经济效果

混凝土中加入减水剂后，可取得以下效果。

(1) 在原配合比保持不变的情况下，混凝土流动性增大，坍落度可提高2～3倍，且混凝土强度保持不变。

(2) 保持流动性不变时，可减水10%～15%。若保持水泥用量不变，混凝土强度可提高15%～20%。

(3) 保持混凝土的流动性及强度不变，可减水并节约水泥10%～15%。

3）常用减水剂

根据《混凝土外加剂》(GB 8076—2008)，混凝土工程中，可采用普通减水剂和高效减水剂，详见表5-13。

表 5-13 常用减水剂品种及性能

| 种类 | 木质素系 | 萘系 | 树脂系 | 糖密系 | 腐殖酸系 |
|---|---|---|---|---|---|
| 减水效果类别 | 普通型 | 高效型 | 高效型 | 普通型 | 普通型 |
| 主要品种 | 木质素磺酸钙（木钙粉、M剂）、木钠、木镁 | NNO，NF，UNF，FDN，JN，MF，NHJ，DH 等 | SM，CRS 等 | 3FG，TF，CRS 等 | 腐殖酸 |
| 主要成分 | 木质素磺酸钙<br>木质素磺酸钠<br>木质素磺酸镁 | 芳香族磺酸盐甲醛缩合物 | 三聚氢胺树磺酸钠(SM)、古玛隆-茚树脂磺酸钠(CRS) | 糖渣、废密经石灰水中和而成 | 磺化胡敏酸 |
| 适宜掺量（占水泥质量）/% | 0.2～0.3 | 0.2～1.0 | 0.5～2.0 | 0.2～0.3 | 0.3 |
| 减水率/% | 10 左右 | 15～25 | 20～30 | 6～10 | 8～10 |
| 早强效果 | — | 明显 | 显著 | — | 有早强型、缓凝型两种 |
| 缓凝效果 | 1～3h | — | — | 3h 以上 | — |
| 引气效果 | 1%～2% | 一般为非引气型部分引气<2% | <2% | — | — |

2. 引气剂

引气剂是指在混凝土拌合物搅拌过程中，能引入大量均匀、稳定而封闭的微小气泡的外加剂。引气剂多属于憎水性的表面活性剂。

混凝土适宜的含气量，要通过试验确定，引气剂掺量一般为水泥质量的 0.005%～0.012%。掺引气剂及引气减水剂混凝土的含气量见表 5-14。

表 5-14 掺引气剂及引气减水剂混凝土的含气量

| 粗骨料最大粒径/mn | 20(19) | 25(22.4) | 40(37.5) | 50(45) | 80(75) |
|---|---|---|---|---|---|
| 混凝土含气量/% | 5.5 | 5.0 | 4.5 | 4.0 | 3.5 |

注：括号内数值为《建筑用卵石、碎石》(GB/T 14685—2001)中标准筛的尺寸。

根据《混凝土外加剂》(GB 8076—2008)，混凝土工程中，可采用下列引气剂。

(1) 松香树脂类，如松香热聚物、松香皂类等。

(2) 烷基和烷基芳烃磺酸盐类，如十二烷基磺酸盐、烷基苯磺酸盐、烷基苯酚聚氧乙烯醚等。

(3) 脂肪醇磺酸盐类，如脂肪醇聚氧乙烯醚、脂肪醇聚氧乙烯磺酸钠等。

(4) 皂甙类，三萜皂甙等。

在工程中使用较多的引气剂是松香热聚物，它是将松香、石碳酸、硫酸按一定比例配合并加热聚合后，再用氢氧化钠中和而成。

引气剂及引气减水剂不宜用于蒸养混凝土及预应力混凝土，必要时，应经试验确定。

### 3. 早强剂

早强剂是指能提高混凝土早期强度并对后期强度无显著影响的外加剂。根据《混凝土外加剂》(GB 8076—2008)，目前我国使用的混凝土早强剂有三类，氯盐早强剂、硫酸盐早强剂、三乙醇胺早强剂。

1) 氯化钙($CaCl_2$)

氯化钙是易溶于水的无机盐，是最早使用的早强剂，它廉价、效果好、使用方便。

混凝土中掺入氯化钙，有早强、促凝、防冻的效果，掺入氯化钙还能使水泥的水化热提前释放，故常用于冬季施工。

氯化钙的掺量一般为水泥质量的1%～3%。掺入后混凝土的3d强度可提高40%～100%，7d强度可提高25%，若掺得过多，会引起水泥的快凝。

混凝土中掺入食盐(NaCl)也有早强作用，但效果没有氯化钙好。

用氯化物作混凝土早强剂最大的缺点是所含的氯离子会使钢筋锈蚀。因此，《混凝土外加剂》(GB 8076—2008)规定，在钢筋混凝土结构中采用氯盐、含氯盐的复合早强剂及早强减水剂其参量不得超过水泥质量的1%，预应力混凝土结构中不允许掺用氯化钙早强剂。为了抑制氯化钙对钢筋的锈蚀作用，可将氯化钙与阻锈剂亚硝酸钠$NaNO_2$复合使用。

2) 硫酸钠($Na_2SO_4$)

硫酸钠是易溶的无机盐，也称元明粉。掺入混凝土后，与水泥水化物$Ca(OH)_2$作用，生成高分散性的硫酸钙，均匀分布在混凝土中，并极易与水化铝酸钙反应生成水化硫铝酸钙，大大加快了水泥硬化。同时，由于上述反应，使$Ca(OH)_2$浓度降低，促使$C_3S$水化加快。

硫酸钠的适宜掺量为水泥质量的0.5%～2%。

3) 三乙醇胺 [$N(C_2H_4OH)_3$]

三乙醇胺为无色或淡黄色油状液体，呈碱性，易溶于水，无毒，不燃。

掺用三乙醇胺复合早强剂，对提高混凝土的早期强度有显著效果，掺量为水泥质量的0.02%～0.05%。

常用早强剂的掺量不应大于表5-15的规定。

**表5-15 常用早强剂掺量限值**

| 混凝土种类使用环境 | | 早强剂名称 | 掺量限值<br>(水泥重量%)不大于 |
|---|---|---|---|
| 预应力混凝土 | 干燥环境 | 三乙醇胺<br>硫酸钠 | 0.05<br>1.0 |
| 钢筋混凝土 | 干燥环境 | 氯离子 [$Cl^-$]<br>硫酸钠 | 0.6<br>2.0 |

续表

| 混凝土种类使用环境 | | 早强剂名称 | 掺量限值<br>（水泥重量%）不大于 |
|---|---|---|---|
| 钢筋混凝土 | 干燥环境 | 与缓凝减水剂复合的硫酸钠<br>三乙醇胺 | 3.0<br>0.05 |
| | 潮湿环境 | 硫酸钠<br>三乙醇胺 | 1.5<br>0.05 |
| 有饰面要求的混凝土 | | 硫酸钠 | 0.8 |
| 素混凝土 | | 氯离子 [$Cl^-$] | 1.8 |

注：预应力混凝土及潮湿环境中使用的钢筋混凝土中不得掺氯盐早强剂。

4. 缓凝剂

缓凝剂是能延缓混凝土凝结时间，并对混凝土后期强度发展无不利影响的外加剂。

夏季进行混凝土浇筑时，如混凝土拌合料运输距离较长，为防止混凝土流动性降低，影响浇筑，防止出现施工冷缝等质量事故，需在混凝土中掺入适量缓凝剂。

混凝土工程中缓凝剂主要有以下四类。

(1) 糖类，如糖蜜。

(2) 木质素磺酸盐类，如木钙、木钠等。

(3) 羟基羧酸及其盐类，如柠檬酸、酒石酸等。

(4) 无机盐类，如硼酸盐、锌盐等。

常用的缓凝剂是糖蜜和木钙。其中糖蜜的缓凝效果最好，且又有减水功能，在夏季施工中被普遍采用。

糖蜜是制糖生产过程中的下脚料，用石灰中和而得的一种液体，这种液体也可一步加工成粉状物。

糖蜜的适宜掺量为水泥质量的 0.1%～0.3%，减水率 6%～10%，可使混凝土 28d 强度提高 15%～20%，一般缓凝 2～4h 以上。掺量每增加 0.1%，可延长 1h。掺量如大于 1%，会使混凝土长期疏松不硬，强度严重下降。

5. 速凝剂

速凝剂是能使混凝土迅速凝结硬化的外加剂。速凝剂主要有无机盐类和有机盐类两类。我国常用的速凝剂是无机盐类，主要产品有红星一型、711 型、782 型、8604 型等。

速凝剂掺入混凝土后，能使混凝土初凝时间为 2～5min，1h 后就产生强度，混凝土 1d 的强度提高 1～3 倍，但 3d 后强度比不掺的要低。28d 强度为不掺时的 80%～90%。速凝剂主要用于喷射混凝土、铁路隧道、地下工程及堵漏。

6. 防冻剂

防冻剂是指能显著降低混凝土冰点，使混凝土液相在负温下硬化，并在一定时间内规定的养护条件下达到预期性能的外加剂。根据《混凝土外加剂》(GB 8076—2008)，防冻剂的种类有以下几种。

(1) 氯盐类，以氯盐为防冻组分的外加剂。

(2) 氯盐阻锈类，以氯盐与阻锈组分为防冻组分的外加剂。

(3) 无氯盐类，以亚硝酸盐、硝酸盐等无机盐为防冻组分的外加剂。

防冻剂用于负温条件下施工的混凝土。目前，国产防冻剂品种适用于－20～0℃的气温，当在更低气温下施工时，应增加其他混凝土冬季施工措施，如暖棚法、原料(砂、石、水)预热法等。

7. 膨胀剂

膨胀剂是能使混凝土产生一定体积膨胀的外加剂。普通水泥混凝土硬化过程中的特点之一就是体积收缩，这种收缩会使其物理力学性能受到一定的影响，因此，通过化学的方法使其本身在硬化过程中产生体积膨胀，可以弥补其收缩的影响，从而改变混凝土的综合性能。

混凝土工程中常用的膨胀剂种类有硫铝酸钙类(如明矾石、UEA膨胀剂等)、氧化钙类及氧化钙－硫铝酸钙类等。

硫铝酸钙类膨胀剂加入混凝土中以后，其中的无水硫铝酸钙可产生水化并能与水泥水化产物反应，生成三硫型水化硫铝酸钙(钙矾石)，使水泥石结构固相体积明显增加而导致宏观体积膨胀。氧化钙类膨胀剂的膨胀作用，主要是利用 $CaO$ 水化生成 $Ca(OH)_2$ 晶体过程中体积增大的效果，而使混凝土产生结构密实或宏观体积膨胀。

膨胀剂主要用于补偿收缩混凝土、自应力混凝土、填充混凝土和有较高抗裂防渗要求的混凝土工程，膨胀剂的掺量与应用对象和水泥及掺合料的活性有关，一般为水泥、掺合料与膨胀剂总量的8%～25%，并应通过试验确定。加强养护(最好是水中养护)和限制膨胀变形是取得预期效果的关键，否则可能会导致出现更多的裂缝。

8. 泵送剂

泵送剂是指在新拌混凝土泵送过程中能显著改善其泵送性能的外加剂。泵送剂主要是改善新拌混凝土和易性的外加剂，它改进的主要是新拌混凝土在输送过程中的流动性和均匀稳定性，这与减水剂的性能有所差别。

泵送剂可分为引气型(主要组分为高效减水剂、引气剂或引气型减水剂等)和非引气型(主要组分为高效减水剂、缓凝型减水剂、保塑剂等)两类。常用的泵送剂多为引气型，而且夏季时多采用具有缓凝作用的泵送剂。对于远距离输送的泵送混凝土，必须掺加抑制流动性损失的保塑性(也称为坍落度损失抑制剂)。

混凝土中掺加泵送剂后，其流动性能显著提高，还能降低其泌水性和离析现象，从而给泵送施工提供更好的可操作性，并能保证混凝土的质量。但所掺泵送剂的品种和掺量应严格按照标准要求进行，必要时通过试验确定，以避免泵送剂对水泥凝结硬化产生不利影响。

9. 其他外加剂

混凝土常用的其他外加剂还有减缩剂、防水剂、起泡剂(泡沫剂)、加气剂(发气剂)、阻锈剂、消泡剂、养护剂、隔离剂(脱模剂)、保水剂、灌浆剂、着色剂、碱骨料反应抑制剂等。

### 5.3.3 使用外加剂的注意事项

1. 环境对外加剂品种与成分的要求

依据《混凝土外加剂》(GB 8076—2008)的要求，外加剂除了满足工程对混凝土技术性能的要求外，还应严格控制外加剂的环保性指标。一般要求不得使用以铬盐或亚硝酸盐等有毒成分为有效成分的外加剂；对于用于居住或办公用建筑物的混凝土中还不得采用以尿素或硝铵为有效成分的外加剂，因为尿素和硝铵在混凝土中会逐渐分解并向环境中释放氨而影响环境质量。

2. 掺量确定

外加剂品种选定后，需要确定其掺量。掺量过小，往往达不到预期效果。掺量过大，可能会影响混凝土的其他性能，甚至造成严重的质量事故。在没有可靠资料为依据时，应通过现场试验来确定其最佳掺量。

3. 掺入方法选择

外加剂的掺入方法往往对其作用效果具有较大的影响，因此，必须根据外加剂的特点及施工现场的具体情况来选择适宜的掺入方法。掺入方法有先掺法、同掺法和后掺法。

4. 材料存放

外加剂应按不同品种、规格、型号分别存放和严格管理，并有明显标志。尤其是对外观易与其他物质比较容易混淆的无机物盐类外加剂(如 $CaCl_2$、$Na_2SO_4$ 和 $NaNO_2$ 等)必须妥善安全保管，以免误用，造成不必要的工程经济损失。

## 5.4 混凝土的主要技术性质

混凝土的各组成材料按一定比例配合，搅拌均匀而成的塑性混凝土混合材料称为混凝土拌合物，也称为新拌混凝土。在工程建设过程中，为方便施工操作以获得均匀密实的混凝土结构，要求新拌混凝土必须具有良好的施工性能，并将这种性能称之为混凝土的和易性，混凝土凝结硬化后，应具有足够的强度、较小的变形性能和必要的耐久性。所以，混凝土的主要技术性质有和易性、强度、变形性能和耐久性。

### 5.4.1 和易性

1. 和易性的概念

和易性(也称工作性)是指在混凝土拌合物一定的施工条件下，易于施工操作，并获得均匀、密实、稳定的性能。和易性包括流动性、粘聚性、保水性等三方面的性能。

1）流动性

流动性是指混凝土拌合物在自重或机械振捣作用下，产生流动并获得均匀密实混凝土的性能。流动性反映了混凝土的稀稠、软硬程度。

2）粘聚性

粘聚性是指混凝土拌合物各组成材料之间有一定的粘聚力，在运输及浇捣过程中，不致发生分层离析，使混凝土保持稳定均匀的性能。

3）保水性

保水性是指混凝土拌合物有一定的保持内部水分的能力，在施工过程中不致产生严重泌水现象。保水性差，混凝土拌合物在振动下，水分泌出上升至表面，使混凝土内部形成贯通的毛细通道，影响水泥浆与骨料的胶结能力，使混凝土密实度、强度降低，耐久性变差。

新拌混凝土的流动性、粘聚性及保水性，三者之间既相互关联又相互矛盾。例如，粘聚性好的新拌混凝土，保水性也好，但其流动性往往较差；当新拌混凝土的流动性很好时，其粘聚性和保水性往往变差。因此，新拌混凝土的和易性良好，就是使这三方面的性能在某种具体条件下得到统一，达到满足施工要求及混凝土后期质量良好的状态。

2. 和易性的测定

根据《普通混凝土拌合物性能试验方法标准》(GB/T 50080—2002)规定，对于流动性较大的混凝土拌合物，通常通过坍落度试验来测定和易性。

进行坍落度试验时，将混凝土拌合物按规定的方法均匀装入坍落度筒内，分层捣实，装慢刮平，垂直平衡向上提起坍落度筒。

提起坍落度筒后，测定拌合物下坍的高度，即坍落度，以 mm 表示，如图 5.9 所示。坍落度的大小反映了混凝土拌合物的流动性，根据坍落度的大小，可将混凝土拌合物分为四级，见表 5－16。

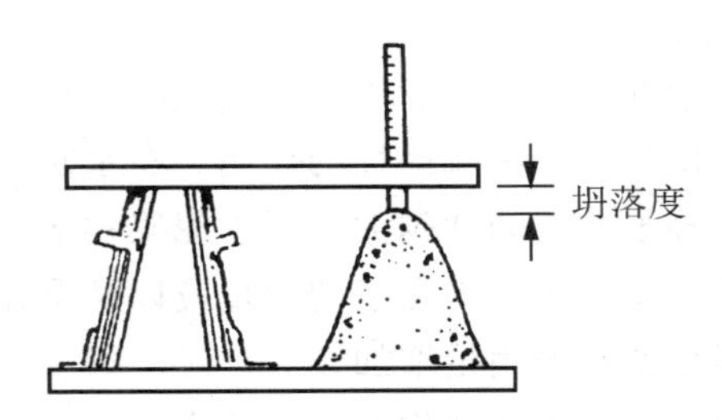


图 5.9　坍落度

表 5－16　混凝土坍落度的分级

| 级　　别 | 名　　称 | 坍　落　度 |
|---|---|---|
| T1 | 低塑性混凝土 | 10～40 |
| T2 | 塑性混凝土 | 50～90 |
| T3 | 流动性混凝土 | 100～150 |
| T4 | 大流动性混凝土 | ≥160 |

在进行坍落度试验过程中，同时通过观察来判断拌合物的粘聚性及保水性。用捣棒轻击混凝土拌合物侧面时，如果锥体是逐渐下坍，则表示粘聚性良好，如果锥体是突然倒塌、部分崩溃或产生离析现象，则表示粘聚性不好。保水性是通过观察拌合物稀浆析出的程度来评定，坍落度筒提起后若无稀浆或仅有少量稀浆从底部析出，则表明拌合物的保水性良好。若有较多的稀浆从底部析出，则表明拌合物的保水性能不好。

对于坍落度小于10mm的干硬性混凝土拌合物，可通过维勃稠度(V.B稠度值)的测定来评定其和易性。如图5.9所示。将混凝土拌合物按规定的方法装入维勃仪的圆锥筒内，提起锥筒，开动振动台，至圆板的全部面积与混凝土接触时为止，测定所经过的时间秒数即为维勃度。

图5.10　混凝土维勃度仪

3. 影响混凝土拌合物和易性的主要因素

1) 水泥浆的用量(单位用水量)

单位用水量是指每立方米混凝土中水的用量。在混凝土拌合物中，水泥浆除了起胶结作用外，还起着润滑骨料、提高拌合物流动性的作用。在水灰比不变时，单位体积混凝土拌合物的水泥浆用越多，混凝土的流动性越大。若水泥浆过多，会出现流浆现象，混凝土拌合物的粘聚性、保水性就变差。所以水泥浆的用量应以满足流动性要求为度，不宜过多或过少，水泥浆用量过多还会使水泥用量增加。

在建筑工程施工中，为使混凝土拌合物的流动性变好而增加水泥浆用量时，应保持水灰比不变，同时增加水和水泥的用量。若只增加用水量，将使水灰比变大而影响混凝土的强度和耐久性。

2) 水泥浆的稠度(水灰比)

水灰比是指混凝土中水的用量与水泥用量之比($W/C$)。水泥浆的稀稠取决于水灰比的大小。

水灰比小时，水泥浆较稠，拌合物的粘聚性、保水性好，但流动性差。水灰比过小时，拌合物过稠，将无法施工。水灰比大，水泥浆稀，拌合物流动性好，但粘聚性、保水性变差。

3) 砂率

砂率是拌合物中砂的质量占砂石总量的百分数。砂率大，砂的相对用量较多，砂石的总表面积及空隙率较大。若水泥浆用量一定，水泥浆除填充砂石空隙外，用以填充砂石的空间、包裹砂的表面的水泥浆显得少，减弱了水泥浆的润滑作用，拌合物流动性差。若砂率过小，砂浆量太少，没有足够数量包裹石子表面，并不能填满石子间的空隙，不仅流动性差，粘聚性、保水性也会很差。

当水灰比及水泥浆用量一定，拌合物的粘聚性、保水性符合要求，获得最大流动性时的砂率；或当流动性及水灰比一定，粘聚性、保水性符合要求，水泥用量最少时的砂率称为合理砂率。如图 5.11 和图 5.12 所示。为了使混凝土拌合物的和易性符合要求，又能节约水泥，混凝土时，应尽量采用合理砂率。

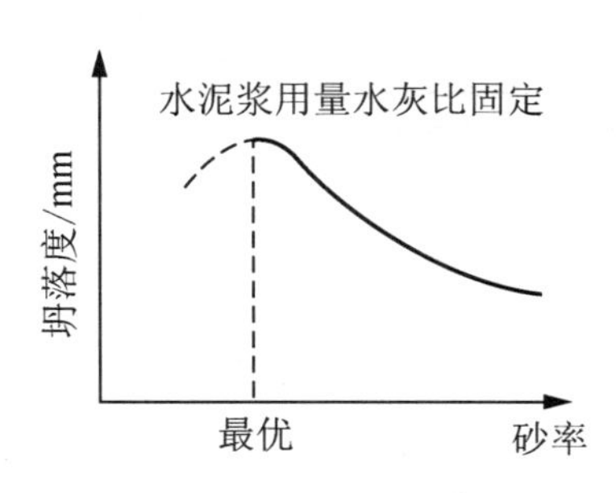


图 5.11 砂率与坍落度的关系

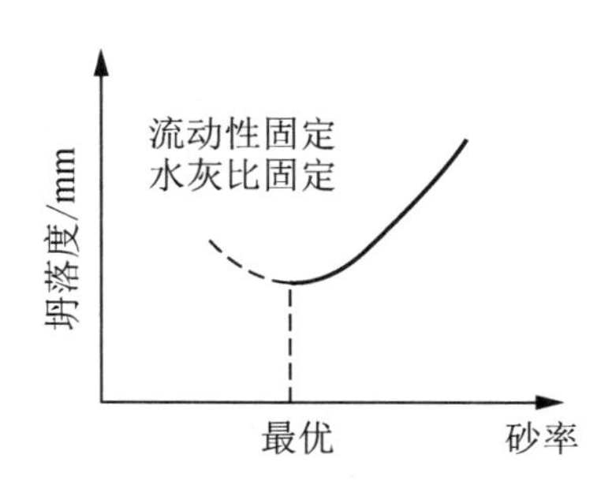


图 5.12 砂率与水泥用量的关系

4）其他因素

水泥的品种，骨料种类及形状，时间、温度，是否使用外加剂等都对混凝土拌合物的和易性有一定影响。一般说，在相同的条件下，需水量小的水泥拌的混凝土流动性好；骨料最大粒径大、粒形圆、级配好的，拌合物流动性好；在拌合物中掺入某些外加剂，也能显著改善其流动性。

#### 4. 改善混凝土和易性的措施

(1) 选用适当的水泥品种和强度等级。

(2) 通过试验，采用合理砂率，有利于提高混凝土的质量和节约水泥。

(3) 改善砂石的级配。

(4) 在可能条件下，尽量采用较粗的砂、石。

(5) 当混凝土坍落度太小时，保持水灰比不变，适量增加水泥浆的用量。

(6) 适当控制混凝土搅拌时间，确保拌和均匀。

(7) 有条件时尽量掺用外加剂(减水剂、引气剂)。

#### 5. 流动性指标的选择

一般来说，坍落度小的拌合物水泥用量较少，所以在保证混凝土施工质量的前提下，应尽量选用较小的坍落度。

坍落度应根据工程结构特点、钢筋的疏密程度、混凝土振捣的方法及气温来选择。表 5-17为《混凝土结构工程施工及验收规范》(GB 50204—2002)中推荐的混凝土浇筑时的坍落度。

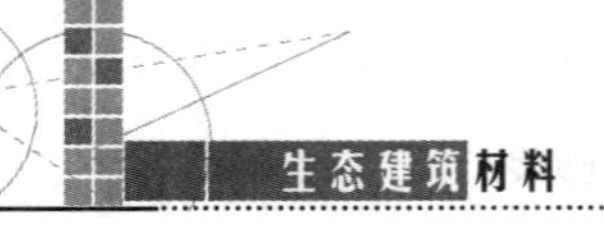


表 5-17 混凝土浇筑时的坍落度

| 结构种类 | 塌落度 |
|---|---|
| 基础或地面等的垫层、无配筋的大体积结构（挡土墙、基础等）或配筋稀疏的结构 | 10～30 |
| 板、梁和大型及中型截面的柱子等 | 30～50 |
| 配筋密列的结构（薄壁、斗仓、筒仓、细柱等） | 50～70 |
| 配筋特密的结构 | 70～90 |

注：①本表系采用机械振捣混凝土时的坍落度，当采用人工捣实混凝土时其值可适当增大。
② 当需要配制大坍落度混凝土时，应掺用外加剂。
③ 曲面或斜面结构混凝土的坍落度应根据实际需要另行选定。
④ 轻骨料混凝土的坍落度，宜比表中数值减少 10～20mm。

## 5.4.2 混凝土的强度

### 1. 混凝土的抗压强度

1）混凝土立方体抗压强度（$f_{cu}$）

根据国家标准《普通混凝土力学性能试验方法标准》（GB/T 50081—2002）的规定，将混凝土拌合物制成边长为 150mm 的标准立方体试件，在标准条件（温度 20℃±2℃，相对湿度 95%以上）下养护到 28d，所测得的抗压强度值为混凝土立方体试件抗压强度（简称立方体抗压强度），以 $f_{cu}$表示。

根据粗骨料的最大粒径，也可按表 5-18 选择立方体试件的尺寸，若为非标准试件时，测得的抗压强度应乘以换算系数，以换算成相当于标准试件的试验结果。

表 5-18 立方体试件尺寸选用表

| 试件尺寸/mm×mm×mm | 骨料最大粒径/mm |
|---|---|
| 100×100×100 | 30 |
| 150×150×150 | 40 |
| 200×200×200 | 60 |

采用标准条件养护，是使试验结果有可比性，但若工地现场的养护条件与标准养护条件有较大差异时，试件应在与工程相同的条件下养护，并按所需的龄期进行试验，将测得的立方体抗压强度值作为工地混凝土质量控制的依据。

2）混凝土立方体抗压标准强度（$f_{cu,k}$）

混凝土立方体抗压标准强度（或称为立方体抗压强度标准值），是具有 95%保证率的立方体试件抗压强度。抗压标准强度是用数理统计的方法计算得到的达到规定保证率的某一强度数值，并非实测的立方体试件的抗压强度。

3）混凝土的强度等级

混凝土强度等级是按混凝土立方体抗压标准强度来确定的。我国现行《混凝土结构设计规范》（GB 50010—2002）规定，普通混凝土按立方体抗压强度标准值划分为 C15、C20、

C25、C30、C35、C40、C45、C50、C55、C60、C65、C70、C75、C80 这 14 个强度等级，其中 C 表示混凝土，数字表示混凝土立方体抗压强度标准值(MPa)。如强度等级 C25 的混凝土，表示混凝土立方体抗压强度标准值：25MPa≤$f_{cu,k}$≤30MPa。

2. 混凝土的轴心抗压强度

确定混凝土的强度等级是采用立方体试件，但在实际工程中，钢筋混凝土构件大部分是棱柱体或圆柱体。为了符合实际情况，在结构设计中混凝土受压构件的计算采用混凝土的轴心抗压强度。

按 GB/T 50081—2002 规定，混凝土轴心抗压强度采用 150mm×150mm×300mm 的棱柱体为标准试件，也可采用非标准尺寸的棱柱体试件，但其高宽比应在 2～3 的范围内。轴心抗压强度比同截面的立方体抗压强度值小，棱柱体试件随着高宽比($h/a$)越大，轴心抗压强度越小，当 $h/a$ 达到一定值后，强度不再降低。试验表明，在立方体抗压强度 $f_{cu,k}$=10～55MPa 的范围内，轴心抗压强度 $f_{ck}$=(0.70～0.80)$f_{cu,k}$。

3. 混凝土的抗拉强度 $f_t$

混凝土的抗拉强度只有抗压强度的 1/10～1/20，这个比值随混凝土强度等级的提高而降低。所以，在结构设计中混凝土的抗拉强度一般不予考虑利用。但是，混凝土的抗拉强度对抗裂有重要的作用，有抗裂要求的结构，除需对混凝土提出抗压强度要求外，还需对混凝土抗拉强度提出要求。

测定混凝土抗拉强度的方法，有轴心抗拉试验和劈裂抗拉试验两种。轴心抗拉试验由于试验时，试件的轴线很难与力的作用线一致，而稍有偏心将影响试验结果的准确性，且夹具附近混凝土很容易产生局部破坏，也影响试验的结果。按 GB/T 50081—2002 标准规定，我国测定混凝土的抗拉强度，是采用劈裂法间接测定。

4. 影响混凝土强度的主要因素

混凝土强度试验的过程表明，正常配比的混凝土在受力破坏时主要表现为骨料与水泥石的粘结界面开裂或水泥石本身的开裂。因此，混凝土的强度主要取决于水泥石强度及其与骨料的粘结强度。而粘结强度又与水泥强度等级、水灰比及骨料的性质有密切关系。此外，混凝土的强度还受施工质量、养护条件及龄期的影响。

1) 水泥强度等级及水灰比

水泥的强度等级反映水泥胶结能力的大小，所以水泥石及水泥石与骨料的胶结强度与水泥强度等级有关。水泥强度等级越高，混凝土的强度也越高。当水泥强度等级相同时，随着水灰比的增大，混凝土强度会有规律地降低。

水泥水化所需的水量(即转化为水化物的结合水)，只占水泥质量的 22%左右，但为了获得施工要求的流动性，拌混凝土时要加较多的水(普通混凝土的水灰比为 0.4～0.7)。多余的水分形成水泡或蒸发后成为气孔，大大减小了混凝土承受荷载的有效截面，而且在小孔周围产生应力集中。水灰比大，泌水多，水泥石的收缩也大，这些都是造成混凝土中微细裂缝的原因。因此在一定范围内，水灰比越大，混凝土强度越低。

试验证明，在其他条件相同的情况下，混凝土的强度随水灰比的增大而降低；而灰水比增大时，强度随之提高，二者呈直线关系，如图 5.13 所示。但若水灰比过小，水泥浆过于干稠，在一定的振捣条件下，混凝土无法振实，强度反而降低，如图 5.13(a)中虚线所示。

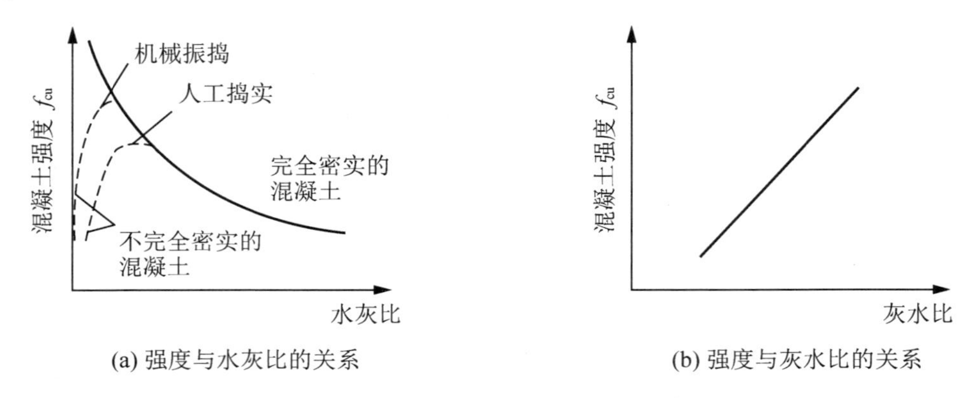


(a) 强度与水灰比的关系　　(b) 强度与灰水比的关系

**图 5.13　混凝土强度与水灰比的关系**

瑞士学者 J. Bolomey 在 1930 年通过大量的试验，得到混凝土强度与水泥强度及水灰比关系的经验公式(又称保罗米公式)：

$$f_{cu}=\alpha_a f_{ce}(\frac{C}{W}-\alpha_b) \tag{5-3}$$

式中：$f_{cu}$——混凝土 28d 龄期的抗压强度，MPa；

$f_{ce}$——水泥 28d 抗压强度实测值，当无实测资料时，在水泥的有效期(3 个月)内，可按 $f_{ce}=\gamma_c f_{ce,g}$ 计算，$f_{ce,g}$ 为水泥的强度等级值，$\gamma_c$ 为水泥强度等级值的富裕系数，可按实际统计资料确定；

$\frac{C}{W}$——灰水比；

$\alpha_a$、$\alpha_b$——经验系数，与骨料种类、水泥品种等有关。有条件时可以通过试验测定，无试验条件时，可采用以下数值，碎石混凝土：$\alpha_a=0.46$，$\alpha_b=0.07$；卵石混凝土：$\alpha_a=0.48$，$\alpha_b=0.33$。

此经验公式适用于强度等级小于 C60 的混凝土。

利用上述强度公式可以解决以下两类问题：一是当已知水泥强度等级及水灰比时，推算混凝土的 28d 抗压强度；二是当已知水泥强度等级及要求的混凝土强度等级时可以估算应采用的水灰比值。

2）骨料种类及级配

碎石表面粗糙，有棱角，与水泥的胶结力较强，所以在其他条件相同时，碎石混凝土的强度高于卵石混凝土。当骨料中有害杂质含量过多且质量较差时，会使混凝土的强度降低。

骨料级配良好、砂率适中时，空隙率小，组成的骨架较密实，混凝土的强度也就较高。

3）养护的湿度与温度

混凝土养护条件主要是指养护的温度与湿度，它们对混凝土强度的发展有很大的影响。水泥水化是需要一定的水分，在干燥环境下，混凝土强度的发展会减缓甚至完全停止。同时混凝土会有较大的干缩，以致产生干缩裂缝，影响混凝土的强度。所以，在混凝土硬化初期，一定要有充分的水分使其表面保持湿润状态。

在一定的湿度条件下，养护温度高，水泥水化速度快，强度发展也快，所以用蒸汽养护可加速混凝土硬化。温度越低，混凝土硬化越慢。当温度低于0℃时，混凝土硬化停止，低于−3℃时，还会发生冰冻破坏。冬季施工时，要注意混凝土保温，使混凝土能正常硬化。

为此，《混凝土结构工程施工及验收规范》(GB 50204—2002)规定，在混凝土浇筑完毕后，应在12h内进行覆盖开始浇水，以防止水分蒸发。对于夏季施工的混凝土结构，更要特别注意浇水保湿养护。当日平均气温低于5℃时不宜浇水，而应以保湿覆盖为主。混凝土浇水养护的持续时间，当采用硅酸盐水泥、普通硅酸盐水泥或矿渣硅酸盐水泥时，不得少于7d；当采用火山灰质硅酸盐水泥或粉煤灰硅酸盐水泥时，以及掺用缓凝型外加剂或对混凝土有抗渗性要求时，不得少于14d。

4) 养护时间(龄期)

龄期是指混凝土在正常养护条件下所经历的时间。在正常养护条件下，混凝土的强度随龄期的增长而不断发展，最初3～7d内强度增长较快，以后便逐渐缓慢。通常混凝土强度是指28d强度，但28d后强度仍在增长，只是增长速度较慢。其实，只要温度和湿度条件适当，混凝土的强度增长过程很长，可延续数十年之久。

在标准养护条件下，普通水泥混凝土强度的增长大致与其龄期的对数成正比例关系，计算式为

$$\frac{f_n}{f_{28}}=\frac{\lg n}{\lg 28} \tag{5-4}$$

式中：$f_n$——混凝土$n$d龄期的抗压强度，MPa；

$f_{28}$——混凝土28d龄期的抗压强度，MPa；

$n$——养护龄期，d，且$n \geqslant 3$d。

利用公式可根据测得混凝土的早期强度估算其28d龄期的强度，或者由混凝土的28d强度推算某一龄期时的强度值。

5) 试验条件

试验条件是指检测混凝土强度时所用试件尺寸、形状、表面状态以及试验时的加荷速度等。试验条件不同，对测定混凝土的强度有不同影响。

(1) 试件尺寸。对于相同的混凝土，当其试件尺寸较小时，所测得的抗压强度值较大。这是因为试件尺寸越大时，内部孔隙、微裂缝等缺陷出现的概率越大，所产生的应力集中就越明显，可能出现的薄弱环节与缺陷就越严重，从而导致强度较低。因此，大尺寸混凝土试件所测强度值要较小尺寸混凝土试件偏低。我国标准规定，用150mm×150mm×150mm的立方体试件作为标准试件，当采用非标准的其他尺寸试件时，所测得的抗压强度应乘以表5-19所列的换算系数。

表5-19 混凝土试件不同尺寸的强度换算系数

| 试件边长/mm | 抗压强度换算系数 |
|---|---|
| 100 | 0.95 |
| 150 | 1.00 |
| 200 | 1.05 |

(2) 试件的形状。当试件受压面积($a \times a$)相同，而高度($h$)不同时，高宽比($h/a$)越大，抗压强度越小。这是由于试件受压时，试件受压面与试件承压面之间的摩擦力对其横向膨胀起着约束作用，该约束阻碍了试件表面混凝土的裂缝扩展，使其强度提高(图 5.14)。显然，越接近试件的端面，这种约束作用就越大，在距端面大约$\frac{\sqrt{3}}{2}a$的范围外，约束作用才消失。这种作用的效果可表现为试件破坏后，其上下部分多呈现为近似棱锥体(图 5.15)。通常将这种现象称为环箍效应。

此外，当试件不规整时，可能使其上下受压面处于不平衡状态，这将导致严重的偏心受压，从而产生应力集中。此时，混凝土的强度值也会就会明显偏小。

(3) 试件表面状态。混凝土试件承压面的状态，也是影响混凝土强度的主要因素。当试件承压面上有油脂类润滑剂时，试件受压时的环箍效应大大减小，试件将直裂破坏(图 5.16)，测出的强度值也较低。

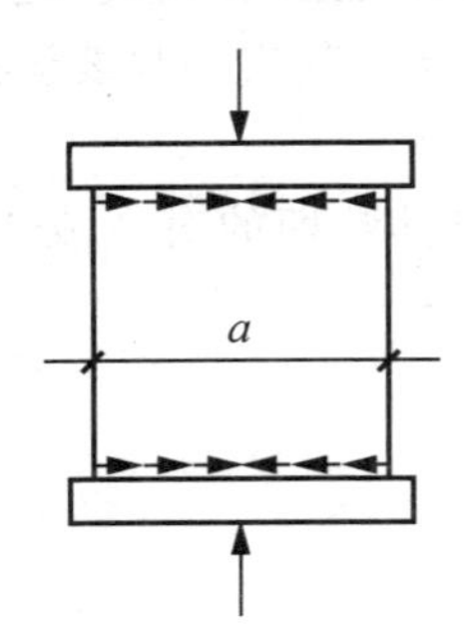


图 5.14 压力机板对试件的约束作用

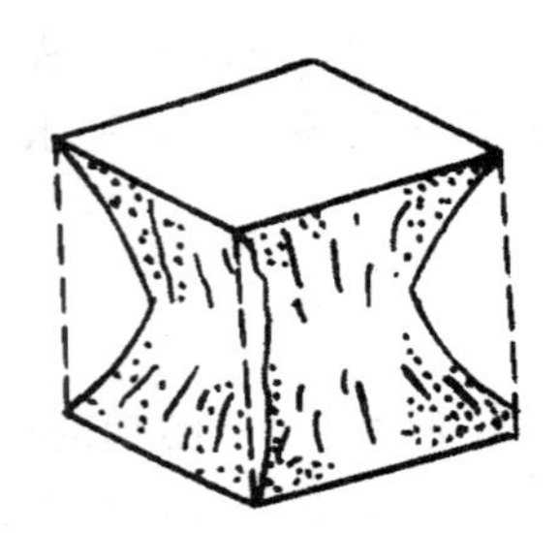

图 5.15 试件破坏后残存的棱锥体

图 5.16 不受压板约束时试束破坏情况

(4) 加荷速度。试验时加荷速度越快，测得的混凝土强度值也就越大。当加荷速度超过 1.0MPa/s 时，这种趋势更加显著。因此，我国标准规定，混凝土抗压强度的加荷速度为 0.3～0.8MPa/s，且应连续均匀地加荷。

### 5.4.3 提高混凝土强度的主要措施

1. 采用高强度等级水泥

在混凝土配合比相同的情况下，水泥的强度等级越高，混凝土强度越高，但这种作法不经济。

### 2. 降低水灰比

降低水灰比是提高混凝土强度最有效的措施。低水灰比的混凝土中自由水分少，硬化后孔隙小，强度可显著提高。但水灰比过小，会影响混凝土的和易性，造成施工困难。可采取同时掺加减水剂的办法，使混凝土在较低水灰比的情况下，仍具有良好的和易性。

### 3. 采用机械搅拌和振实

在工程施工中，对于干硬性混凝土或低流动性混凝土，必须同时采用机械搅拌和机械振捣混凝土，降低水泥浆的粘结度及骨料之间的摩擦力，使混凝土拌合物转入流体状态，提高流动性，使其成型密实，强度提高。

### 4. 采用湿热养护

湿热处理可分为蒸汽养护和蒸压养护两类。

蒸汽养护是将混凝土放在温度低于100℃的常压蒸汽中进行养护，以加速水泥的水化反应。一般混凝土经过16～20h蒸汽养护，其强度可达正常条件下养护28d强度的70%～80%。蒸汽养护最适于掺活性混合材料的矿渣水泥、火山灰水泥及粉煤灰水泥制备的混凝土。因为蒸汽养护可加速活性混合材料内的活性$SiO_2$及活性$Al_2O_3$，与水泥水化析出的$Ca(OH)_2$反应，不仅提高混凝土的早期强度，而且后期强度也有所提高，其28d强度可提高10%～20%。而对普通水泥或硅酸盐水泥配制的混凝土进行蒸汽养护，其早期强度也能得到提高，但因在水泥颗粒外表过早地形成水化产物的凝胶膜层，阻碍了水分向水泥颗粒内部的进一步深入，使后期强度增长速度反而减缓，其28d强度比标准养护28d的强度低10%～15%。

蒸压养护是将混凝土置于175℃、0.8MPa蒸压釜中进行养护。在高温高压下，水泥水化时析出的$Ca(OH)_2$与混合材料中的活性$SiO_2$反应，生成结晶度较好的水化硅酸钙，可有效地提高混凝土的强度，并加速水泥的水化与硬化。这种方法特别适用于掺混合材料硅酸盐水泥。

### 5. 掺加外加剂、掺合料

在混凝土中掺入外加剂是使混凝土获得早强、高强的重要手段之一。混凝土中掺入早强剂，可提高其早期强度。掺入高效减水剂，可大幅度减少拌和用水量，提高混凝土强度。对于某些高强混凝土，在掺入高效减水剂的同时，还掺入磨细的矿物混合材料(如硅灰、优质粉煤灰、超细矿粉等)，配制出超高强度的混凝土。

## ▶▶案例5-2

某中学一栋砖混结构教学楼，在结构完工，进行屋面施工时，屋面局部倒塌。经审查设计，未发现任何问题。对施工方面审查发现：所设计为C20的混凝土，施工时未留试块，事后鉴定其强度仅C7.5左右，在断口处可清楚看出砂石未洗净，管料中混有鸽蛋大小的粘土块粒和树叶等杂质。此外梁主筋偏于一侧，梁的受拉区1/3宽度内几乎无钢筋。

**【案例分析】**

集料的杂质对混凝土强度有重大的影响，必须严格控制杂质含量。树叶等杂质固然会影响混凝土的强度，而泥粘附在骨料的表面，妨碍水泥石与骨料的粘结，降低混凝土强度，还会增加拌合水量，加大混凝土的干缩，降低抗渗性和抗冻性。泥块对混凝土性质的影响严重。

混凝土碎石或卵石中的含泥量及有害物质含量应符合国家有关规定。

### ▶▶案例 5-3

东北某小学2009年建砖混结构校舍，11月中旬气温已达零下十几度，混凝土是现场人工搅拌振。施工单位把混凝土拌得很稀，木模板缝隙又较大，漏浆严重，至12月9日，施工单位准备内粉刷，拆去大梁支撑系统，在屋面上用手推车推卸白灰炉渣以铺设保温层，大梁突然断裂，屋面塌落(图5.17)，并砸死屋内两名取暖的工人。

**图 5.17　大梁断裂现场图片**

【原因分析】

由于混凝土水灰比大，混凝土离析严重。从大梁断裂截面可见，上部只剩下砂和少量水泥，下部全为卵石，且相当多水泥浆已流走。现场用回弹仪检测，混凝土强度仅达到设计强度等级的一半，这是屋面大梁断裂的主要技术原因。

该工程为私人挂靠施工，无施工经验。在冬期施工也没有采取任何相应的混凝土防冻措施，现场施工员无上岗证，且工程基建手续办理不全。校方负责人自认甲方代表，现场监理人员旁站不严格，由包工者随心所欲施工。这是施工与管理方面的原因。

## 5.5　混凝土的耐久性

在建筑工程中，混凝土不仅要求有一定的强度以承受荷载外，还要求混凝土在所处的环境及使用条件下有相应的耐久性来延长建筑物的使用寿命。为了抵抗自然的物理、化学、生物的破坏作用，混凝土要有一定的抗渗性、抗冻性、耐磨性、抗风化性、抗侵蚀性、抗碳化性等，这些统称为混凝土的耐久性。耐久性是一项综合技术指标。

1. 混凝土的抗渗性

混凝土的抗渗性是指混凝土抵抗液体(压力水、油等)渗透的能力。混凝土抗渗性的好坏，还影响混凝土的抗冻性及抗侵蚀性。

混凝土的抗渗性可用渗透系数或抗渗等级来表示，我国现行规范用抗渗等级表示。抗渗等级是根据养护28d的标准试件，在标准的试验方法下能承受的最大水压力来划分的。混凝土抗渗等级分为P4、P6、P8、P10及P12这5个等级，它们能承受的最大水压力分别为0.4MPa、0.6MPa、0.8MPa、1.0MPa、1.2MPa。

用于受压力水作用的构筑物的混凝土，有抗渗性的要求。混凝土的抗渗等级可根据渗透坡降(作用水头与建筑物最小壁厚之比)来选择，见表5-20。

表5-20 混凝土抗渗等级选择

| 最大作用水头/建筑物最小壁厚 | 抗渗等级 |
|---|---|
| ≤5 | P4 |
| 5～10 | P6 |
| 10～50 | P8 |
| >50 | P12 |

混凝土渗水是由于其内部孔隙互相连通形成渗水通道而造成的。所以混凝土抗渗性与水灰比有关，抗渗混凝土的水灰比可参考表5-21选用。

表5-21 抗渗混凝土的最大水灰比

| 抗渗等级 | 最大水灰比 | |
|---|---|---|
| | C20～C30混凝土 | C30以上混凝土 |
| P6 | 0.6 | 0.55 |
| P8～P12 | 0.55 | 0.50 |
| >P12 | 0.50 | 0.45 |

当混凝土中加入引气剂等外加剂时，由于产生了互不连通的气泡，阻塞了混凝土中的毛细通道，可显著提高混凝土的抗渗性。

### 2. 混凝土的抗冻性

混凝土的抗冻性是指混凝土在水饱和状态下，经受多次冻融循环作用而不破坏，同时强度也不显著降低的性能。

混凝土抗冻性用抗冻等级表示。将28d龄期的混凝土标准试件，在水饱和状态下经受冻融(冰冻温度为−20～−17℃，融化温度为20±3℃)，质量损失不超过5%、强度损失不超过25%时的最大冻融循环次数，即抗冻等级。混凝土的抗冻等级分为F10、F15、F25、F50、F100、F150、F200、F250及F300这9个等级。

混凝土的抗冻性与水泥品种及水灰比有关。抗冻混凝土的最大水灰比可参考表5-22选择。

提高混凝土的密实度或在混凝土中掺入引气剂、减水剂可显著提高混凝土的抗冻性。

表 5-22 抗冻混凝土的最大水灰比

| 抗冻等级 | 无引气剂时 | 掺引气剂时 |
| --- | --- | --- |
| F50 | 0.55 | 0.60 |
| F100 | — | 0.55 |
| F150 及以上 | — | 0.50 |

3. 混凝土的抗侵蚀性

混凝土的抗侵蚀性是指混凝土抵抗外界侵蚀性介质破坏作用的能力。通常有软水侵蚀、硫酸盐侵蚀、强碱侵蚀等。抗侵蚀性与水泥品种、混凝土密实程度、孔隙特征等因素有关。要根据侵蚀的类型选择合适的水泥品种，并尽可能提高混凝土密实度或掺用引气剂，以提高混凝土的抗侵蚀能力。

4. 混凝土的碳化

混凝土的碳化是指混凝土中的 $Ca(OH)_2$ 与空气中的 $CO_2$ 作用，生成 $CaCO_3$ 的过程。碳化后混凝土的化学性能及物理力学性能与碳化前有所不同，会产生一些有利及不利的影响。

混凝土碳化后，表面抗压强度及硬度提高，但碱度降低，减弱了对钢筋的保护，导致钢筋锈蚀。碳化使混凝土表面收缩增大，在混凝土内部约束下，发生裂缝，使混凝土的抗拉、抗弯强度降低。

混凝土碳化深度和速度与水泥品种有关，掺混合材料的硅酸盐水泥抗碳化能力较差。碳化速度与混凝土的水灰比及水泥用量有关，水灰比小，水泥用量多的混凝土抗碳化较好。环境中 $CO_2$ 浓度越高，碳化速度越快。碳化速度还与环境湿度有关，混凝土在水中或相对湿度 100%的条件下，由于孔隙中的水阻止了 $CO_2$ 向混凝土内部扩散，碳化停止。在特别干燥的环境中(相对湿度 25%以下)，因缺乏碳化反应所需的水分，碳化也完全停止；在相对湿度 50%～75%时，碳化速度最快。

5. 混凝土的碱-集料反应

水泥中的强碱(氧化钠和氧化钾)与骨料中的活性二氧化硅发生化学反应，在骨料表现生成复杂的碱-硅酸凝胶，凝胶吸水后会产生体积膨胀(体积可增加 3 倍以上)，从而导致混凝土开裂而破坏，这种现象称为碱-集料反应。

1) 混凝土发生碱-集料反应必须具备的 3 个条件

(1) 水泥中碱含量高。水泥中碱含量按($Na_2O+0.658K_2O$)%计算大于 0.6%。

(2) 砂、石骨料中含有活性二氧化硅成分。含有活性二氧化硅的矿物有蛋白石、玉髓、鳞石英等。

(3) 有水存在。在无水的情况下，混凝土不可能发生碱-集料膨胀反应，因此潮湿环境中的混凝土结构尤其应注意碱-集料反应的危害。

2) 防止混凝土碱-集料反应的措施

混凝土的碱-集料反应进行缓慢，有一定潜伏期，通常要经若干年后才会出现，其破坏作用一旦发生便难以阻止，因此应以预防为主。通常可采取以下措施进行预防。

(1) 采用含碱量小于0.6%的水泥，或在水泥中掺加能抑制碱-集料反应的混合材料。

(2) 当使用含钾、钠离子的混凝土外加剂时，必须进行专门试验，并严格限制其用量。

(3) 用海砂配制钢筋混凝土时，砂中氯离子含量不应大于0.6%。

(4) 控制集料质量，经检验判定为属碱-碳酸盐反应的骨料，则不宜用作配制混凝土。

(5) 适当掺入引气型外加剂，使混凝土内形成许多微小气孔，以缓冲膨胀破坏应力。

### 6. 提高混凝土耐久性的措施

建筑工程中的混凝土，由于所处的环境和使用条件不同，其耐久性的要求也不相同。例如受水压作用的混凝土，应要求其具有较高的抗渗性；与水接触并遭受冰冻作用的混凝土，要求其具有较强的抗冻性；处于侵蚀性环境中的混凝土，要求其具有相应的抗侵蚀性等。

提高混凝土耐久性的综合性措施主要有以下几种。

(1) 根据混凝土工程的特点和所处的环境条件，合理选择水泥品种。

(2) 控制混凝土的最大水灰比和最小水泥用量，从而保证混凝土的密实度。为此，《普通混凝土配合比设计规程》(JGJ 55—2002)中规定了不同环境条件下水泥混凝土的最大水灰比和最小水泥用量限值(表5-23)。

(3) 选用较好的骨料。

(4) 掺入引气剂或减水剂，提高混凝土的抗渗性和抗冻性。

(5) 改善混凝土施工条件，采用机械施工，以保证混凝土搅拌均匀、振捣密实和充分养护。

**表5-23 混凝土的最大水灰比和最小水泥用量**

| 环境条件 | | 结构物类型 | 最大水灰比 | | | 最小水泥用量/kg | | |
|---|---|---|---|---|---|---|---|---|
| | | | 素混凝土 | 钢筋混凝土 | 预应力混凝土 | 素混凝土 | 钢筋混凝土 | 预应力混凝土 |
| 干燥环境 | | 正常的居住或办公用房屋内部件 | 不作规定 | 0.65 | 0.60 | 200 | 260 | 300 |
| 潮湿环境 | 无冻害 | 高湿度的室内部件；室外部件；在非侵蚀性土和(或)水中的部件 | 0.70 | 0.60 | 0.60 | 225 | 280 | 300 |
| 潮湿环境 | 有冻害 | 经受冻受的室外部件；在非侵蚀性土和(或)水中且经受冻害的部件；高温度且经受冻害的室内部件 | 0.55 | 0.55 | 0.55 | 250 | 280 | 300 |
| 有冻害和除冰剂的潮湿环境 | | 经受冻害和有除冰剂作用的室内和室外部件 | 0.50 | 0.50 | 0.50 | 300 | 300 | 300 |

注：①当用活性掺合料取代部分水泥时，表中的最大水灰比及最小水泥用量为取代前的水灰比和水泥用量。

② 配制C15级及其以下等级的混凝土，可不受本表限制。

# 5.6 混凝土的质量控制与强度评定

## 5.6.1 混凝土质量波动与统计

混凝土施工过程比较复杂，每一施工过程中都有影响混凝土质量的若干因素。因此在正常的施工条件下，按同一配合比生产、用同一施工方法施工的混凝土质量也是波动的。以混凝土强度为例，造成波动的原因有原材料质量的波动，施工配料时计量的波动，搅拌、运输、浇筑、振捣、养护条件的波动，气温变化等。另外，由于试验设备的误差及试验人员操作不当，也会造成混凝土强度试验值的波动。在正常的施工条件下，上述因素都是随机的，因此混凝土强度也是随机的。对于随机变量，可以用数理统计的方法来对其进行评定。

下面以混凝土强度为例来说明统计方法的一些基本概念。

### 1. 强度的分布规律

对在同样的施工方法和施工条件下生产的相同配合比的混凝土，进行随机取样测定其强度，在取样次数满足要求时，将数据整理后绘出的强度概率分布曲线一般接近正态分布(图 5.18)。

曲线的最高点为混凝土平均强度 $\mu_{f_{cu}}$ 的概率。以平均强度为轴，曲线的左右两边是对称的，距对称轴越远(比平均强度低得越多或高得越多)，出现的概率越小，并以横轴为渐近线，逐渐趋近于 0。曲线与横轴间的面积为概率的总和，等于 100%。

当混凝土的平均强度 $\mu_{f_{cu}}$ 相同时，概率曲线高而窄，强度测定值比较集中，波动小，混凝土均匀性好，施工水平高。曲线宽而矮，强度值离散程度大，混凝土均匀性差，施工水平较低(图 5.19)。

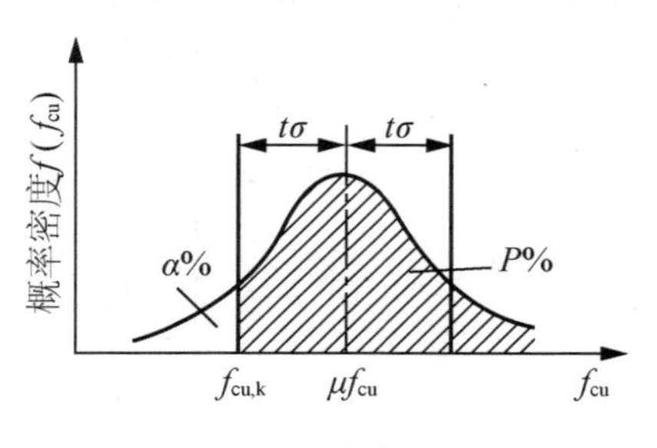


图 5.18 正态分布曲线

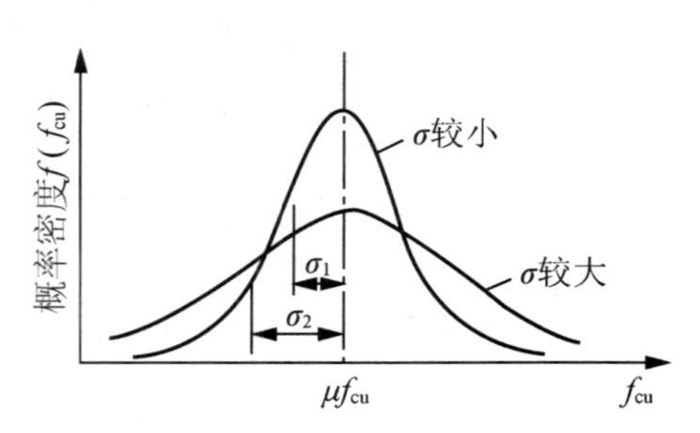


图 5.19 不同施工水平的概率曲线

### 2. 强度平均值、均方差、离差系数

混凝土的质量，可以用数理统计方法中样本的算术平均值、均方差及离差系数等参数来综合评定。

强度平均值：

$$\mu_{f_{cu}} = \frac{1}{n}\sum_{i=1}^{n} f_{cu,i} \tag{5-5}$$

均方差：
$$\sigma=\sqrt{\frac{\sum_{i=1}^{n}(f_{cu,i}-\mu_{f_{cu}})^2}{n-1}}=\sqrt{\frac{\sum_{i=1}^{n}f_{cu,i}-n\mu_{f_{cu}}}{n-1}} \tag{5-6}$$

离差系数：
$$c_v=\frac{\sigma}{\mu_{f_{cu}}} \tag{5-7}$$

式中：$f_{cu,i}$——第 $i$ 组混凝土立方体强度的试验值；

$n$——试验组数。

强度的算术平均值表示混凝土强度的总体平均水平，并不能说明其波动情况。均方差又称标准差，它表明概率分布曲线的拐点距强度平均值的距离。$\sigma$ 值大，说明强度的离散程度大，质量不稳定。离差系数又称变异系数或变差系数，同样 $c_v$ 值小，也说明混凝土质量稳定，生产水平高。

### 3. 概率分布函数

正态分布的概率密度函数 $f(x)$ 为

$$f(x)=(\frac{1}{\sigma\sqrt{2\pi}})e^{\frac{-(x-\bar{x})^2}{2\sigma^2}} \tag{5-8}$$

式中：$x$——随机变量；

$\bar{x}$——随机变量的算术平均值。

为了使用方便，通过 $t=(x-\bar{x})/\sigma$ 的变量变换，

可将正态分布变换成随机变量 $f$ 的概率密度函数声 $\phi(t)$，

当 $\bar{x}=0$，$\sigma=1$ 时，即标准正态分布：

$$\phi(t)=(\frac{1}{\sqrt{2\pi}})e^{(-t^2/2)} \tag{5-9}$$

式中：$t$——概率参数(概率度)。

标准正态分布曲线如图 5.20 所示。

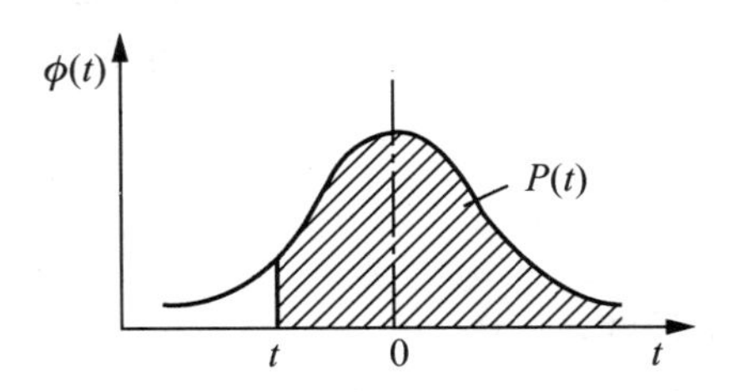


图 5.20 标准正态分布曲线

正态分布中，介于 $x_1$ 和 $x_2$ 之间，随机变量 $x$ 出现的概率 $P(x_1\leqslant x\leqslant x_2)$ 可用下式表示：

$$P(x_1\leqslant x\leqslant x_2)=\int_{x_1}^{x_2}f(x)\mathrm{d}x=(1/\sigma\sqrt{2\pi})\int_{x_1}^{x_2}e^{-(x-\bar{x})^2/2\sigma^2}\mathrm{d}x \tag{5-10}$$

标准正态分布中，自 $t$ 至 $+\infty$ 范围内出现的概率 $P(t)$ 可由下式表示：

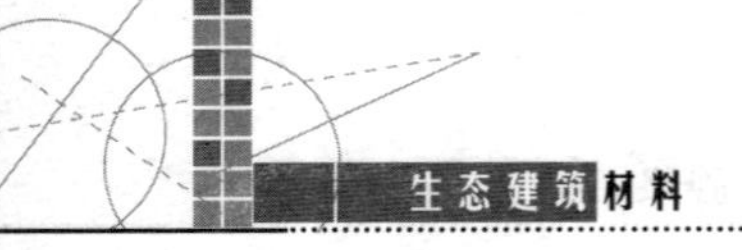


$$P(t)=\int_{t}^{+\infty}\phi(t)\mathrm{d}t=(1/\sqrt{2\pi})\int_{t}^{+\infty}e^{-t^2/2}\mathrm{d}t \quad (5-11)$$

不同 $t$ 值时的 $P(t)$ 可以查表 5-24。

**表 5-24　不同 $t$ 值的 $P(t)$ 值**

| $t$ | 0.000 | -0.524 | -0.842 | -1.000 | -1.036 | -1.280 | -1.400 | -1.600 |
|---|---|---|---|---|---|---|---|---|
| $P(t)$ | 0.500 | 0.700 | 0.800 | 0.841 | 0.850 | 0.900 | 0.919 | 0.945 |
| $t$ | -1.645 | -1.800 | -2.000 | -2.060 | -2.330 | -2.580 | -2.880 | -3.000 |
| $P(t)$ | 0.950 | 0.964 | 0.977 | 0.980 | 0.990 | 0.995 | 0.998 | 0.999 |

4. 强度保证率

强度保证率是指混凝土强度总体中，大于和等于设计强度等级的抗压强度标准值 $f_{cu,k}$ 的概率，在正态分布曲线上，以 $f_{cu,k}$ 以右的阴影部分面积表示(图 5.20)。

计算混凝土强度保证率 $P\%$ 时，先根据混凝土设计强度 $f_{cu,k}$、强度平均值 $\mu_{f_{cu}}$、均方差 $\sigma$ 或离差系数 $c_v$ 算出概率参数(保证率系数)：

$$t=\frac{f_{cu,k}-\mu_{f_{cu}}}{\sigma}=\frac{f_{cu,k}-\mu_{f_{cu}}}{c_v\cdot\mu_{f_{cu}}} \quad (5-12)$$

再由概率参数 $t$，查表 5-22 即可得强度保证率 $P(t)$。

混凝土立方体抗压标准强度 $f_{cu,k}$ 是具有 95%保证率的立方体试件抗压强度，并以此划分混凝土强度等级。根据表 5-24，当 $t=-1.645$ 时，$P(t)=95\%$，即 $f_{cu,k}=\mu_{f_{cu}}-1.645\sigma$。

## 5.6.2　混凝土的配制强度

在工程施工过程中，由于正常因素(偶然因素、随机因素)和异常因素(系统因素)的影响，混凝土强度总会产生波动，为使混凝土具有要求的保证率，必须使混凝土的配制强度高于混凝土设计强度等级的标准值 $f_{cu,k}$ 根据式(5-12)可得

$$\mu_{f_{cu}}=f_{cu,k}-t\sigma$$

令

$$f_{cu,o}=\mu_{f_{cu}}$$

则

$$f_{cu,o}=f_{cu,k}-t\sigma \quad (5-13)$$

式中：$f_{cu,o}$——混凝土的配制强度，MPa；

$f_{cu,k}$——混凝土设计强度等级的抗压强度标准值，MPa；

$\sigma$——施工单位混凝土强度标准差的历史统计水平，MPa；

$t$——概率参数(概率度)。

根据《混凝土强度检验评定标准》(GB/T 50107—2010)，混凝土的强度保证率应为 95%。据此，从表 5-24 中可以查出，达到此保证率时，$t=-1.645$。所以混凝土配制强度应为

$$f_{cu,o}=f_{cu,k}+1.645\sigma \quad (5-14)$$

施工单位的混凝土强度标准差应按下列规定确定。

（1）当施工单位有近期的同一品种混凝土强度资料时，其混凝土强度标准差按下式计算：

$$\sigma = \sqrt{\frac{\sum_{i=1}^{n} f_{cu,i}^2 - n\mu_{f_{cu}}^2}{n-1}} \tag{5-15}$$

式中：$n$——统计周期内同一品种混凝土试件的总组数，$n \geqslant 25$；

$f_{cu,i}$——统计周期内同一品种混凝土第 $i$ 组试件的强度值，MPa；

$\mu_{f_{cu}}$——统计周期内同一品种混凝土，$n$ 组强度的平均值，MPa。

（2）当施工单位不具有近期的同一品种混凝土强度资料时，其混凝土强度标准差可按表5-25取用。

**表5-25　σ 取值表**

| 混凝土强度等级 | 低于C20 | C20～C35 | 高于C35 |
|---|---|---|---|
| σ/MPa | 4.0 | 5.0 | 6.0 |

注：在采用本表时，施工单位可根据实际情况，对 σ 作适当调整。

### 5.6.3　混凝土强度评定

1. 统计方法一

当混凝土的生产条件在较长时间内能保持一致，同一品种混凝土的强度变异性能保持稳定时，应由连续的三组试件组成一个验收批，其强度应同时满足下列要求：

$$m_{f_{cu}} \geqslant f_{cu,k} + 0.7\sigma_0 \tag{5-16}$$
$$f_{cu,min} \geqslant f_{cu,k} - 0.7\sigma_0$$

当混凝土强度等级不高于C20时，其强度的最小值应满足式(5-17)要求：

$$f_{cu,min} \geqslant 0.85 f_{cu,k} \tag{5-17}$$

当混凝土强度等级高于C20时，其强度的最小值应满足式(5-18)要求：

$$f_{cu,min} \geqslant 0.90 f_{cu,k} \tag{5-18}$$

式中：$m_{f_{cu}}$——同一验收批混凝土立方体抗压强度的平均值，MPa；

$f_{cu,min}$——同一验收批混凝土立方体抗压强度的最小值，MPa；

$\sigma_0$——验收批混凝土立方体抗压强度的标准差，MPa。

验收批混凝土立方体抗压强度的标准差，应根据前一个检验期内同一品种混凝土试件的强度数据，按式(5-19)确定：

$$\sigma_0 = \frac{0.59}{m}\sum_{i=1}^{m} \Delta f_{cu,i} \tag{5-19}$$

式中：$\Delta f_{cu,i}$——第 $i$ 批试件立方体抗压强度中最大值与最小值之差；

$m$——用以确定验收批混凝土立方体抗压强度标准差的数据总批数。

注：上述检验期不应超过两个月，且该期间内强度数据的总批数不得少于15批。

2. 统计方法

当混凝土的生产条件在较长时间内不能保持一致，混凝土强度变异性不能保持稳定时，或在前一个检验期内的同一品种混凝土无足够的数据用以确定验收批混凝土立方体抗压强度的标准差时，应由不少于10组的试件组成一个验收批，其强度应同时满足下列公式的要求：

$$m_{f_{cu}} \geqslant 0.90 f_{cu,k} + \lambda_1 S_{f_{cu}} \qquad (5-20)$$

$$f_{cu,min} \geqslant \lambda_2 f_{cu,k} \qquad (5-21)$$

式中：$S_{f_{cu}}$——同一验收批混凝土立方体抗压强度的标准差，MPa。当 $S_{f_{cu}}$ 的计算值小于 $0.06 f_{cu,k}$ 时，取 $S_{f_{cu}} = 0.06 S_{f_{cu}}$，按式(5－22)计算：

$$S_{f_{cu}} = \sqrt{\frac{\sum_{i=1}^{n} f_{cu,i}^2 - n m_{f_{cu}}}{n-1}} \qquad (5-22)$$

式中：$f_{cu,i}$——第 $i$ 组混凝土试件的立方体抗压强度代表值，MPa；

$n$——一个验收批混凝土试件的总批数；

$\lambda_1$、$\lambda_2$——合格判定系数，按表(5－26)取用。

表 5－26　混凝土强度的合格判断系数

| 试件组数 | 10～14 | 15～24 | ≥25 |
|---|---|---|---|
| $\lambda_1$ | 1.70 | 1.65 | 1.60 |
| $\lambda_2$ | 0.90 | 0.85 | |

3. 非统计方法

对于小批量零星生产的混凝土，因其试件(试件组数小于10)数量有限，不具备按统计方法评定混凝土强度的条件，可采用非统计方法评定，混凝土强度代表值应同时满足：

$$m_{f_{cu}} \geqslant 1.15 f_{cu,k} \qquad (5-23)$$

$$f_{cu,min} \geqslant 0.95 f_{cu,k} \qquad (5-24)$$

式中：$m_{f_{cu}}$——同一验收批混凝土强度的平均值；

$f_{cu,k}$——混凝土立方体抗压强度标准值。

## 5.7　普通混凝土的配合比设计

普通混凝土配合比是指混凝土中各组成材料数量之间的比例关系。

普通混凝土配合比通常用各种材料质量的比例关系表示(即质量比)。常用的表示方法有两种，①以每立方米混凝土中各种材料的质量表示，如水泥310kg、水150kg、砂760kg、石子1 118kg；②以各种材料间质量之比表示(以水泥质量为1)，例如，水泥：黄沙：石子：水＝1：2.45：3.6：0.48。

### 5.7.1　普通混凝土配合比设计的任务、要求和方法

1. 普通混凝土配合比设计的任务

普通混凝土配合比设计的任务是根据具体工程施工特点对混凝土提出的技术要求、各

种材料的技术性能及施工现场的条件，合理选择水泥、黄沙、石子和水并确定它们的用量。

2. 普通混凝土配合比设计的要求

(1) 满足施工要求的混凝土拌合物的和易性。

(2) 满足结构设计的混凝土的强度等级。

(3) 满足工程所处环境对混凝土的抗渗性、抗冻性及其他耐久性要求。

(4) 在满足上述要求的前提下，考虑经济原则，节约水泥，降低成本。

3. 普通混凝土配合比设计的方法

普通混凝土配合比设计通常采用计算试验法。混凝土的4种材料，即水泥、砂、石子和水的用量(均指质量比)之间有3个比例关系。水泥与水之间的关系，用水灰比表示；砂与砂、石总量之间的关系，用砂率表示；水泥浆与骨料用量之间的关系，用单位用水量表示。水灰比、砂率、单位用水量是混凝土配合比的3个重要参数。

### 5.7.2 混凝土配合比设计的步骤

根据《混凝土配合比设计规程》(JGJ 55—2002)混凝土配合比设计步骤如下。

1. 初步配合比的计算

1) 确定混凝土的配制强度 $f_{cu,o}$

$$f_{cu,o}=f_{cu,k}+1.645\sigma \tag{5-25}$$

2) 选择水灰比($W/C$)

(1) 根据强度要求计算水灰比。

根据混凝土的配制强度及水泥的实际强度，用经验公式计算水灰比：

$$f_{cu,o}=\alpha_a f_{ce}(C/W-\alpha_b)$$

即

$$W/C=\frac{\alpha_a f_{ce}}{f_{cu,0}+\alpha_a\alpha_b f_{ce}} \tag{5-26}$$

式中：$f_{ce}$——水泥28d抗压强度实测值，当无实测资料时，可按 $f_{ce}=\gamma_c f_{ce,g}$ 计算，$f_{ce,g}$ 为水泥的强度等级值，$\gamma_c$ 为水泥强度等级值的富裕系数，一般为1.13，也可按实际统计资料确定；

$\frac{C}{W}$——灰水比；

$\alpha_a$、$\alpha_b$——回归系数，与骨料种类、水泥品种等有关。有条件时可以通过试验测定，无试验条件时，可采用以下数值，碎石混凝土：$\alpha_a=0.46$、$\alpha_b=0.07$；卵石混凝土：$\alpha_a=0.48$、$\alpha_b=0.33$。

(2) 查表5-23确定满足耐久性要求的混凝土的最大水灰比。

(3) 选择以上两个水灰比中的小值作为初步水灰比。

3) 选择单位用水量($m_{w0}$)

根据混凝土施工要求的坍落度及骨料的品种、最大粒径，对于干硬性混凝土用水量参考表5-27选用；对于塑性混凝土的用水量参考表5-28选用。

表 5-27　干硬性混凝土的用水量($kg/m^3$)

| 拌合物稠度 | | 卵石最大粒径/mm | | | 碎石最大粒径/mm | | |
|---|---|---|---|---|---|---|---|
| 项目 | 指标 | 9.5 | 19 | 37.5 | 16 | 19 | 37.5 |
| 维勃稠度/s | 16～20 | 170 | 160 | 145 | 180 | 170 | 155 |
| | 11～15 | 180 | 165 | 150 | 185 | 175 | 160 |
| | 5～10 | 185 | 170 | 155 | 190 | 180 | 165 |

表 5-28　塑性混凝土的用水量($kg/m^3$)

| 拌合物稠度 | | 卵石最大粒径/mm | | | | 碎石最大粒径/mm | | | |
|---|---|---|---|---|---|---|---|---|---|
| 项目 | 指标 | 9.5 | 19 | 31.5 | 37.5 | 16 | 19 | 31.5 | 37.5 |
| 坍落度/mm | 10～30 | 190 | 170 | 160 | 150 | 200 | 185 | 175 | 165 |
| | 35～50 | 200 | 180 | 170 | 160 | 210 | 195 | 185 | 175 |
| | 55～70 | 210 | 190 | 180 | 170 | 220 | 205 | 195 | 185 |
| | 75～90 | 215 | 195 | 185 | 175 | 230 | 215 | 205 | 195 |

注：①本表用水量采用中砂时的平均取值。采用细砂时，每立方米混凝土用水量可增加 5～10kg；采用粗砂时，则可减少 5～10kg。

② 掺用外加剂或掺合料时，用水量应相应调整。

掺外加剂时混凝土用水量可按式(5-27)计算：

$$m_{wa}=m_{w0}(1-\beta) \tag{5-27}$$

式中：$m_{wa}$——掺外加剂时每立方米混凝土的用水量，kg；

$m_{w0}$——未掺外加剂时每立方米混凝土的用水量，kg；

$\beta$——外加剂的减水率(%)，经试验确定。

4）计算水泥用量($m_{c0}$)

每立方米混凝土的水泥用量，可按式(5-28)计算：

$$m_{c0}=\frac{m_{w0}}{W/C} \tag{5-28}$$

为了保证混凝土的耐久性，由上式计算得出的水泥用量还要满足表 5-23 中规定的最小水泥用量的要求。

5）选取合理砂率($\beta_s$)

为保证混凝土的和易性，选择的砂率为最优砂率，根据《普通混凝土配合比设计规程》(JGJ 55—2002)，砂率可参照表 5-29 选用合理砂率。

表 5-29　混凝土的砂率

| 水灰比 W/C | 卵石最大粒径/mm | | | 碎石最大粒径/mm | | |
|---|---|---|---|---|---|---|
| | 10 | 20 | 40 | 16 | 20 | 40 |
| 0.40 | 26～32 | 25～31 | 24～30 | 30～35 | 29～34 | 27～32 |
| 0.50 | 30～35 | 29～34 | 28～33 | 33～38 | 32～37 | 30～35 |
| 0.60 | 33～38 | 32～37 | 31～36 | 36～41 | 35～40 | 33～38 |
| 0.70 | 36～41 | 35～40 | 34～39 | 39～44 | 38～43 | 36～41 |

注：①本表数值系中砂的选用砂率，对细砂或粗砂，可相应地减小或增大砂率。

② 只用一个单粒级粗骨料配制混凝土时，砂率应适当增大。

③ 对薄壁构件砂率取偏大值。

④ 本表中的砂率系指砂与骨料总量的质量比。

6）计算每立方混凝土中砂、石用量（$m_{s0}$、$m_{g0}$）

砂石用量的计算有质量法与体积法两种。

（1）质量法（假定表观密度法）。每立方米混凝土中各种材料用量之和等于 $1m^3$ 混凝土的质量，即

$$m_{co}+m_{so}+m_{go}+m_{wo}=\rho_{cp} \quad (5-29)$$

$$\beta_s=\frac{m_{s0}}{m_{s0}+m_{g0}}\times 100\% \quad (5-30)$$

式中：$m_{c0}$——每立方米混凝土的水泥用量，kg；

$m_{s0}$——每立方米混凝土的砂用量，kg；

$m_{g0}$——每立方米混凝土的石子用量，kg；

$m_{w0}$——每立方米混凝土的用水量，kg；

$\rho_{cp}$——每立方米新拌混凝土的假定质量，即表观密度值，$kg/m^3$，其值可取 2 350～2 450kg；

$\beta_s$——砂率，%。

将上两式联立，即可求得每立方米混凝土的砂、石用量。

（2）绝对体积法。假定每立方米混凝土中各种材料的绝对密实体积及混凝土拌合物中所含空气体积之总和等于 $1m^3$，即

$$\frac{m_{c0}}{\rho_c}+\frac{m_{s0}}{\rho_s}+\frac{m_{g0}}{\rho_g}+\frac{m_{w0}}{\rho_w}+0.01\alpha=1 \quad (5-31)$$

$$\beta_s=\frac{m_{s0}}{m_{s0}+m}\times 100\%$$

式中：$\rho_c$——水泥的密度，$kg/m^3$，可取 2 900～3 100$kg/m^3$；

$\rho_s$——细骨料（砂）的表观密度，$kg/m^3$；

$\rho_g$——粗骨料（石子）的表观密度，$kg/m^3$；

$\rho_w$——水的密度，可取 1 000$kg/m^3$；

$\alpha$——混凝土的含气量百分数，在不使用引气型外加剂时，可取 $\alpha=1$。

以上两式联立，也可计算出每立方米混凝土的砂石用量。

### 2. 确定基准配合比和实验室配合比

混凝土初步配合比中的参数是根据经验公式及图表确定的，不一定符合工程要求，必须通过实验室进行配合比调整。

1）确定基准配合比

根据表 5-30 规定的数量称取混凝土的各种材料，按规定搅拌均匀后测定混凝土的和易性。当坍落度或维勃度不能满足要求，或粘聚性、保水性不好时，应在保证水灰比不变的条件下相应调整用水量或砂率，直到符合要求为止。

**表 5-30　混凝土试配最小搅拌量**

| 骨料最大粒径 | 拌合物数量/L |
| --- | --- |
| 31.5 及以下 | 15 |
| 40 | 25 |

注：当采用机械搅拌时，搅拌量不应小于搅拌机额定搅拌量的 1/4。

调整原则如下。

(1) 当坍落度太小时，应保持水灰比不变，适当增加水泥浆用量。一般用水量每增加2%～3%，坍落度增加10mm。

(2) 当坍落度太大而粘聚性良好时，可保持砂率不变，增加砂、石骨料用量。

(3) 若混凝土拌合物的砂浆量显得不足，粘聚性、保水性不良时，应适当增大砂率。反之，可减小砂率。

每次调整都要对各种材料的调整量进行记录，调整后要重新进行坍落度试验，调整至和易性符合要求后，测定混凝土拌合物的实际表观密度，并提出供混凝土强度试验用的基准配合比。

基准配合比的每立方米混凝土各种材料用量可按式(5-32)～式(5-35)计算。

水泥用量：
$$m_{ca}=\frac{m'_{c0}}{m'_{c0}+m'_{w0}+m'_{s0}+m'_{g0}}\times\rho_{0c,t} \tag{5-32}$$

水的用量：
$$m_{wa}=\frac{m'_{w0}}{m'_{c0}+m'_{w0}+m'_{s0}+m'_{g0}}\times\rho_{0c,t} \tag{5-33}$$

砂的用量：
$$m_{sa}=\frac{m'_{s0}}{m'_{c0}+m'_{w0}+m'_{s0}+m'_{g0}}\times\rho_{0c,t} \tag{5-34}$$

石子用量：
$$m_{ga}=\frac{m'_{g0}}{m'_{c0}+m'_{w0}+m'_{s0}+m'_{g0}}\times\rho_{0c,t} \tag{5-35}$$

式中：$m'_{co}$，$m'_{wo}$，$m'_{so}$，$m'_{go}$——调整后，试拌混凝土中的水泥、水、砂、石子的用量，kg；

$m_{ca}$，$m_{wa}$，$m_{sa}$，$m_{ga}$——基准配合比每立方米混凝土中水泥、水、砂、石子的用量，kg；

$\rho_{oc,t}$——调整后混凝土拌合物的实测表观密度，kg/m$^3$。

2) 强度检验，确定实验室配合比

经和易性调整得出的基准配合比，其水灰比选择不一定恰当，即混凝土强度和耐久性不一定能满足要求，所以还应检验混凝土的强度。

强度检验应至少采用三组不同的配合比，其中一个应是基准配合比，另外两个配合比的水灰比，较基准配合比分别增加或减少0.05，其用水量与基准配合比基本相同，砂率可分别增加或减小1%。当不同配合比的混凝土拌合物坍落度与要求值相差超过允许偏差时，可以增、减用水量进行调整。每种配合比至少制作一组(三块)试件，并标准养护到28d，进行抗压试验(如对混凝土还有抗渗、抗冻等耐久性要求，还应添加相应的项目试验)。

由实验得出的各灰水比及其相对应的混凝土强度关系，用作图法求出与混凝土配制强度($f_{cu,o}$)相对应的灰水比，并按以下原则确定每立方米混凝土拌合物各材料用量(实验室配合比)。

(1) 用水量($m_w$)：应取基准配合比中的用水量，并根据制作强度试件时测得的坍落度或维勃稠度进行调整。

(2) 水泥用量($m_c$)：应以用水量乘以选定出的灰水比计算确定。

(3) 砂和石子用量($m_s$ 和 $m_g$)：应取基准配合比中的砂、石子用量，并按选定的灰水比进行调整。

(4) 根据满足和易性及强度要求的配合比计算混凝土表观密度的计算值 $\rho_{c,c}$：

$$\rho_{c,c}=m_w+m_c+m_s+m_g \tag{5-36}$$

(5) 由于计算配合比时作了一些假定，故计算混凝土表观密度与实测表观密度不一定相等，需根据实测表观密度计算校正系数，并校正各种材料的用量。

$$校正系数：\delta=\rho_{c,t}/\rho_{c,c} \tag{5-37}$$

式中：$\rho_{c,t}$——混凝土表观密度实测值，$kg/m^3$；

$\rho_{c,c}$——混凝土表观密度计算值，$kg/m^3$。

当混凝土表观密度实测值与计算值之差的绝对值不超过计算值的2%时，材料用量不必校正。若两者之差超过2%时，将配合比中每项材料用量乘以校正系数 $\delta$，即为确定的混凝土实验室配合比。

3) 施工配合比计算

实验室确定配合比时，是以干燥骨料为基准，而施工现场的砂、石都含有一定的水分。所以，现场配制混凝土应根据现场砂石的含水率对配合比进行调整。

若现场砂的含水率为 $W_s$，石子的含水率为 $W_g$，经换算后，每立方米混凝土各种材料的用量如下式。

水泥：
$$m_c'=m_c \tag{5-38}$$

砂：
$$m_s'=m_s(1+W_s) \tag{5-39}$$

石子：
$$m_g'=m_g(1+W_g) \tag{5-40}$$

水：
$$m_w'=m_w-m_sW_s-m_gW_g \tag{5-41}$$

为方便表示与换算，施工配合比也可用各项材料相互间的质量比来表示，即

$$m_c':m_s':m_g'=1:x:y，W/C=Z \tag{5-42}$$

这样，施工技术人员可根据混凝土搅拌机容量的大小确定出每盘次所需水泥质量(对于采用袋装水泥的情况常以袋为单位，一袋水泥质量为50kg)，并计算出其他3种材料的相应质量。

### 5.7.3 混凝土配合比设计案例

某工程的钢筋混凝土梁(干燥环境)，混凝土设计强度等级为C30，施工要求坍落度为35～50mm(混凝土由机械搅拌，机械振捣)，施工单位无混凝土强度历史统计资料。

材料：普通硅酸盐水泥，强度等级42.5号(实测28d强度45.71MPa)，密度 $\rho_c$＝3 100kg/m³；中砂，表观密度 $\rho_s$＝2 650kg/m³；碎石，表观密度 $\rho_g$＝2 700kg/m³，最大粒径20mm；自来水。

施工现场砂的含水率为2%，碎石含水率1%。

设计该混凝土的配合比，并换算为施工配合比。

#### 1. 初步配合比计算

1) 确定配制强度

$$f_{cu,o}=f_{cu,k}+1.645\sigma$$

查表5-25，当混凝土强度等级为C30时，取 $\sigma=5.0$

$$f_{cu,o}=30+1.645\times5.0=38.2MPa$$

2）确定水灰比

$$W/C=\frac{\alpha_a f_{ce}}{f_{cu,0}+\alpha_a\alpha_b f_{ce}}$$

用碎石，$\alpha_a=0.46$，$\alpha_b=0.07$，$f_{ce}=45.71\text{MPa}$

$$W/C=\frac{0.46\times45.71}{38.2+0.46\times0.07\times45.71}=0.53$$

查表 5-23，干燥环境最大允许水灰比为 0.65。

所以取 $W/C=0.53$。

3）确定单位用水量

查表 5-28，取 $m_{w0}=195\text{kg}$。

4）计算水泥用量

$$m_{c0}=\frac{m_{w0}}{W/C}=195\times\frac{1}{0.53}=368\text{kg}$$

查表 5-23，最小水泥用量为 260kg，所以应取 $m_{c0}=368\text{kg}$。

5）确定砂率

查表 5-29 得 $\beta_s=33\%$，用内插法计算。

6）计算砂石用量

(1) 质量法。

假定混凝土表观密度 $m_{cp}=2\ 400\text{kg/m}^3$，

$$m_{c0}+m_{s0}+m_{g0}+m_{w0}=m_{cp}$$

$$\beta_s=\frac{m_{s0}}{m_{s0}+m_{g0}}\times100\%$$

$$m_{s0}+m_{g0}=2\ 400-195-368=1\ 837\text{kg}$$

$$m_{s0}=0.33\times1\ 837=606\text{kg}$$

$$m_{g0}=1\ 837-606=1\ 231\text{kg}$$

混凝土计算配合比为

$$m_{c0}:m_{w0}:m_{s0}:m_{g0}=368:195:606:1\ 231$$
$$=1:0.53:1.65:3.35$$

(2) 体积法。

$$\begin{cases}\dfrac{m_{s0}}{\rho_s}+\dfrac{m_{g0}}{\rho_g}=1-\dfrac{m_{c0}}{\rho_c}-\dfrac{m_{w0}}{\rho_W}-0.01\alpha\\ \beta_s=\dfrac{m_{s0}}{m_{s0}+m_{g0}}\times100\%\end{cases}$$

$$\text{取 }\alpha=1\begin{cases}\dfrac{m_{s0}}{2\ 650}+\dfrac{m_{g0}}{2\ 700}=1-\dfrac{368}{3\ 100}-\dfrac{195}{1\ 000}-0.01\times1\\ 33\%=\dfrac{m_{s0}}{m_{s0}+m_{g0}}\times100\%\end{cases}$$

解以上联立方程，得 $m_{s0}=599\text{kg}$，$m_{g0}=1\ 223\text{kg}$

混凝土计算配合比为

$$m_{c0}:m_{W0}:m_{s0}:m_{g0}=368:195:599:1\ 223$$

$=1:0.53:1.63:3.32$

两种方法计算结果比较接近。

2. 试配调整

1）和易性调整

以体积法计算所得配合比为例。试拌15L混凝土，其材料用量计算如下。

水泥：0.015×368=5.52kg

水：　0.015×195=2.93kg

砂：　0.015×599=8.99kg

石子：0.015×1 223=18.35kg

按上述用量称量并搅拌均匀，做坍落度试验，测得坍落度为20mm。保持水灰比不变，增加用水量及水泥用量各5%，即用水量增加到3.08kg，水泥用量增加到5.80kg，测得坍落度为35mm，粘聚性、保水性均良好。经调整后各种材料用量为水泥5.80kg，水3.08kg，砂8.99kg，石子18.35kg，总用量为36.22kg，实测混凝土拌合物的表观密度为2 430kg/m³ 混凝土的基准配合比各种材料用量为：

水泥用量：

$$m_{ca}=\frac{m'_{c0}}{m'_{c0}+m'_{w0}+m'_{s0}+m'_{g0}}\times\rho_{0c,t}$$

$$=\frac{5.80}{5.80+3.08+8.99+18.35}\times 2430=389\text{kg}$$

用水量：

$$m_{Wa}=\frac{m'_{W0}}{m'_{c0}+m'_{w0}+m'_{s0}+m'_{g0}}\times\rho_{0c,t}$$

$$=\frac{3.08}{36.22}\times 2430=207\text{kg}$$

砂用量：

$$m_{sa}=\frac{m'_{s0}}{m'_{c0}+m'_{w0}+m'_{s0}+m'_{g0}}\times\rho_{0c,t}$$

$$=\frac{8.99}{36.22}\times 2430=603\text{kg}$$

石子用量：

$$m_{ga}=\frac{m'_{g0}}{m'_{c0}+m'_{w0}+m'_{s0}+m'_{g0}}\times\rho_{0c,t}$$

$$=\frac{18.35}{36.22}\times 2\,430=1\,231\text{kg}$$

2）强度复核

采用0.48、0.53、0.58这3个不同的水灰比计算配合比，试拌测定坍落度均符合要求，标准养护28d后，测得的抗压强度见表5-31。

表5-31 不同水灰比的混凝土立方体抗压强度

| 水灰比 $W/C$ | 灰水比 $C/W$ | 混凝土立方抗压强度 $f_{cu}$/MPa |
|---|---|---|
| 0.48 | 2.08 | 39.3 |
| 0.53 | 1.89 | 38.4 |
| 0.58 | 1.72 | 37.7 |

用图解法得，当立方体抗压强度为38.2MPa时，相应的灰水比 $C/W=1.86$，即水灰

比 $W/C=0.54$。

3）实验室配合比的计算

（1）按强度检验结果修正配合比。

① 用水量 $m_w$。

取基准配合比中的用水量，即 $m_w=207\text{kg}$

② 水泥用量 $m_c$。

$$m_c=\frac{m_w}{W/C}=\frac{207}{0.54}=383\text{kg}$$

③ 砂、石子用量 $m_s$，$m_g$。

在基准配合比粗细骨料用量的基础上，按选定的灰水比进行调整，即

$$\frac{m_{s0}}{2\ 650}+\frac{m_{g0}}{2\ 700}=1-\frac{383}{3\ 100}-\frac{207}{1\ 000}-0.01\times1$$

$$33\%=\frac{m_{s0}}{m_{s0}+m_{g0}}\times100\%$$

得 $$m_s=584\text{kg};\ m_g=1\ 186\text{kg}$$

（2）按实测表观密度修正配合比。

根据符合强度要求的配合比试拌混凝土，测得混凝土拌合物的实测表观密度为

$$\rho_{c,t}=2\ 400\text{kg/m}^3$$

混凝土拌合物表观密度的计算值为

$$\rho_{c,c}=m_w+m_c+m_s+m_g=207+383+584+1186=2\ 360\text{kg/m}^3$$

由于混凝土拌合物表观密度的计算值与实测值之差的绝对值不超过计算值的 2%，故不必进行修正。

3. 施工配合比

水泥：$m_c'=383\text{kg}$

砂：$m_s'=584+584\times0.02=596\text{kg}$

石子：$m_g'=1\ 186+1\ 186\times0.01=1\ 198\text{kg}$

水：$m_w'=207-584\times0.02-1\ 186\times0.01=183\text{kg}$

## 5.8 其他品种的混凝土

### 5.8.1 轻骨料混凝土

轻骨料混凝土是指用轻粗骨料、轻砂(或普通砂)、水泥和水配制成的干体积密度不大于 1 950kg/m$^3$ 的混凝土。轻骨料混凝土常以轻骨料的种类命名，如粉煤灰陶粒混凝土、粘土陶粒混凝土、页岩陶粒混凝土、浮石混凝土等。

轻骨料混凝土按细骨料品种可分为全轻混凝土(粗、细骨料均为轻骨料)和砂轻混凝土(细骨料全部或部分为普通砂)两类；按用途可分为保温、结构保温、结构轻骨料混凝土三大类。

由于体积密度小又有较高的强度，所以轻骨料混凝土适用于高层建筑、大跨度建筑及市政桥梁工程中。

1. 轻骨料的种类及技术要求

1）轻骨料的种类

粒径大于5mm、堆积密度不大于1 100kg/m$^3$ 的轻骨料为轻粗骨料；粒径小于等于5mm、堆积密度不大于1 200kg/m$^3$ 的轻骨料为轻细骨料(轻砂)。

轻骨料按其原料来源不同可分为以下三类。

(1) 天然轻骨料，用天然多孔岩石破碎、筛分而成的轻骨料，如浮石、火山渣及轻砂等。

(2) 工业废料轻骨料，以粉煤灰、煤渣、矿渣等工业废料为原料，经专门加工工艺而制成的轻骨料。如粉煤灰陶粒、煤矸石陶粒、膨胀矿渣珠、煤矸石、煤渣等。

(3) 人工轻骨料，以天然矿物(粘土、页岩)为主要原料加工制粒、烧胀而成的轻骨料。如页岩陶粒、粘土陶粒、膨胀珍珠岩等。

2）轻骨料的技术性质

(1) 堆积密度，轻骨料按其堆积密度分为10个堆积密度等级。其中轻粗骨料分为300、400、500、600、700、800、900、1 000这8个等级；轻细骨料分为500、600、700、800、900、1 000、1 100、1 200这8个等级。

(2) 强度，轻粗骨料的强度对混凝土强度影响很大。轻粗骨料强度通常用筒压法测定。如图5.21所示，将轻骨料装入$\phi$115×100mm的带底圆筒内，上加$\phi$113×70mm的冲压模，取冲压模压入深度为20mm时的压力值，除以承压面积(10 000mm$^2$)，可得轻粗骨料的筒压强度值。不同堆积密度的轻粗骨料的筒压强度应不小于表5-32中的规定。

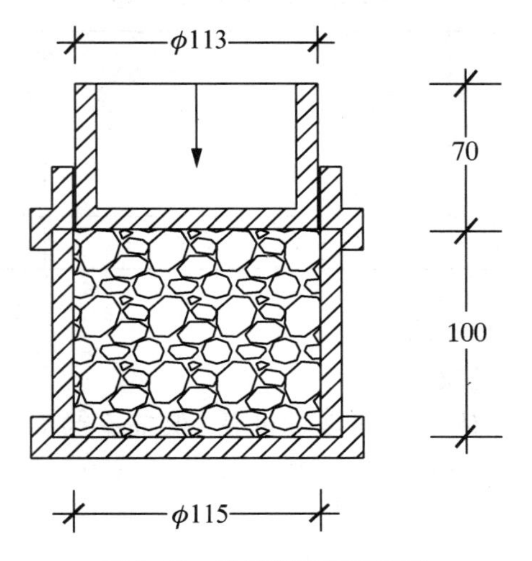


图5.21 筒压强度试验装置

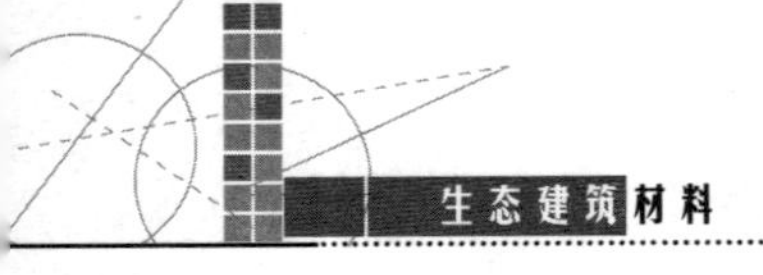


表 5-32　轻粗骨料的筒压强度及强度标号

| 密度等级 | 筒压强度 $f_a$/MPa | | 强度标号 $f_{ak}$/MPa | |
|---|---|---|---|---|
| | 碎石型 | 普通和圆球型 | 普通型 | 圆球型 |
| 300 | 0.2/0.3 | 0.3 | 3.5 | 3.5 |
| 400 | 0.4/0.5 | 0.5 | 5.0 | 5.0 |
| 500 | 0.6/1.0 | 1.0 | 7.5 | 7.5 |
| 600 | 0.8/1.5 | 2.0 | 10 | 15 |
| 700 | 1.0/2.0 | 3.0 | 15 | 20 |
| 800 | 1.2/2.5 | 4.0 | 20 | 25 |
| 900 | 1.5/3.0 | 5.0 | 25 | 30 |
| 1000 | 1.8/4.0 | 6.5 | 30 | 40 |

注：①当混合使用普通砂和轻砂作细骨料时，砂率宜取中间值，宜按普通砂和轻砂的混合比例进行插入计算；
② 当采用圆球型轻粗骨料时，砂率宜取表中值下限；采用碎石型时，则宜取上限。

(3) 吸水率，轻骨料吸水率一般比普通砂石大，在施工中会使混凝土拌合物的坍落度损失较大，并且影响到混凝土强度的发展。在设计轻骨料混凝土配合比时，如采用干燥轻骨料，则必须根据骨料吸水率大小，再多加一部分被骨料吸收的附加水量。国家标准规定，对轻砂和天然轻粗骨料的吸水率不作规定，其他轻粗骨料的吸水率不应大于 22%。

(4) 级配保温及结构保温轻骨料混凝土用的轻骨料，它的最大粒径不宜大于 40mm；结构轻骨料混凝土用的轻骨料，它的最大粒径不宜大于 20mm；轻粗骨料的级配应符合表 5-33的要求。

轻砂的细度模数不宜大于 4.0，其大于 5mm 的累计筛余量不宜大于 10%(按质量计)。

表 5-33　轻粗骨料的级配

| 筛孔尺寸 | | $d_{min}$ | $\frac{1}{2}d_{max}$ | $d_{max}$ | $2d_{max}$ |
|---|---|---|---|---|---|
| 圆球型的及单一粒级 | 累计筛余 | ≥90 | 不规定 | ≤10 | 0 |
| 普通型的混合级配 | | ≥90 | 30～70 | ≤10 | 0 |
| 碎石型的混合级配 | (按质量计,%) | ≥90 | 40～60 | ≤10 | 0 |

2. 轻骨料混凝土的主要技术指标

1) 轻骨料混凝土的强度等级

轻骨料混凝土按其立方体抗压强度标准值(保证率为 95%)不同，划分为 LC5.0、LC7.5、LC10、LCl5、LC20、LC25、LC30、LC35、LC40、LC45、LC50、LC55、LC60 共 13 个强度等级。

2) 轻骨料混凝土的分类

轻骨料混凝土按用途分为三大类，见表 5-34。

表5-34 轻骨料混凝土按用途分类

| 类别名称 | 混凝土强度等级的合理范围 | 混凝土密度等级的合理范围 | 用途 |
|---|---|---|---|
| 保温轻骨料混凝土 | LC5.0 | ≤800 | 主要用于保温的围护结构或热工构筑物 |
| 结构保温轻骨料混凝土 | LC5.0<br>LC7.5<br>LC10<br>LC15 | 800～1 400 | 主要用于既承重又保温的围护结构 |
| 结构轻骨料混凝土 | LC15<br>LC20<br>LC25<br>LC30<br>LC35<br>LC40<br>LC45<br>LC50<br>LC55<br>LC60 | 1 400～1 900 | 主要用于承重构件或构筑物 |

3）轻骨料混凝土的性质

（1）轻骨料的性质及用量是影响轻骨料混凝土强度的主要因素。当混凝土强度较高时，混凝土的破坏往往从轻骨料破坏开始。采用轻砂虽可降低表观密度，但强度将显著下降。

（2）中低强度等级的轻骨料混凝土的抗拉强度与相同强度等级的普通混凝土非常接近，当强度等级较高时，轻骨料混凝土的抗拉强度比普通混凝土更低。这是由于轻骨料混凝土的干缩较大。

（3）轻骨料混凝土的弹性模量只有相同强度等级的普通混凝土的50%～70%，所以应变值较大。而且，轻骨料混凝土的徐变及收缩较大，热膨胀系数较小。

（4）轻骨料混凝土一般有较好的保温性能。当表观密度为1 100kg/$m^3$时，导热系数为0.28W/(m·K)，当表观密度为1 400～1 900kg/$m^3$时，导热系数为0.49～1.01W/(m·K)。含水率增加时，导热系数变大。

### 3. 轻骨料混凝土施工技术特点

（1）拌制混凝土时，可用干燥的轻骨料，也可将轻骨料预湿。露天堆放的轻骨料必须测定其含水率，以调整其用水量。

（2）轻骨料混凝土搅拌时间适当延长，最好用强制式搅拌机搅拌。

（3）轻骨料混凝土由于骨料较轻，和易性相同时，坍落度比普通混凝土略小，外观也显得比较干稠。

(4) 轻骨料混凝土浇筑时，振捣时间不宜过长，以防止骨料上浮，造成分层。最好加压振捣。

(5) 轻骨料混凝土易产生干裂，应注意洒水养护，加强早期养护。当用蒸汽养护时，静停时间不宜少于 2h。

### 5.8.2 大孔混凝土

大孔混凝土一般是以粗骨料、水泥、水配制而成的一种轻混凝土。根据骨料品种不同又有普通大孔混凝土与轻骨料大孔混凝土之分。前者用天然碎石或卵石配制而成，表观密度为 1 500～1 950kg/$m^3$，抗压强度为 3.5～10MPa，用于承重及保温外墙体；后者用轻粗骨料(用陶粒、浮粒)配制而成，表观密度为 800～1 500kg/$m^3$，抗压强度为 1.5～7.5MPa，主要用于自承重的保温外墙体。

大孔混凝土具有导热性小，保温性能好，透水性好，收缩一般比普通混凝土小 30%～50%，抗冻性可达 15～25 次冻融循环。在土木工程中除用作保温、承重的墙体材料外，也可用于市政、水利工程，作为滤水材料使用。

### 5.8.3 多孔混凝土

多孔混凝土不用骨料，而且混凝土内部充满细小、封闭的气泡，孔隙率可达 85%，表观密度一般为 300～1 200kg/$m^3$。其保温、隔热性好，可作结构保温材料，如制作砌块、墙板、屋面板及管道保温制品。

根据气孔形成方式不同，多孔混凝土分为加气混凝土和泡沫混凝土两种。

1. 加气混凝土

加气混凝土是用含钙材料(水泥、石灰)、含硅材料(石英砂、粉煤灰、矿渣等)和发气剂为原料，经磨细、配料、搅拌、浇筑、发泡、坯体静停、切割和压蒸养护等工序而制成。

常用的发气剂一般用铝粉，它与含碱性物质氢氧化钙反应产生氢气，形成气泡。反应式为

$$2Al+3Ca(OH)_2+6H_2O=3CaO \cdot Al_2O_3 \cdot 6H_2O+3H_2\uparrow$$

加气混凝土的抗压强度一般为 1.5～5.5MPa。随着表观密度的提高，其强度也有所提高。

加气混凝土制品主要有砌块和条块两种。加气砌块和条板可作为框架的内、外墙，也可用作承重的外墙或内墙；加气混凝土砌块可用作三层或三层以下房屋的承重墙；也可将普通混凝土与加气混凝土制成复合墙板。但在高温、高湿或在有害化学介质环境中，不宜使用配筋的加气条板。配有钢筋的加气混凝土屋面板可作为承重和保温合一的屋面板。

加气混凝土可锯、可刨，施工方便，但由于吸水率高，强度低，所以砌筑及抹面砂浆与一般砖砌体用的砂浆不同，门窗的安装也与砖墙不同。

加气混凝土可利用工业废料，产品成本较低，而且自重轻，保温性好，施工方便，是一种有较好经济效果的节能环保材料。

2. 泡沫混凝土

泡沫混凝土是将水泥浆与泡沫剂搅拌后，经成型、硬化而成的一种多孔混凝土。

通常用氢氧化钠加水溶入松香粉(碱：水：松香=1：2：4)，再与溶于水中的胶料(皮胶或骨胶)搅拌制成松香胶泡沫剂。将泡沫剂和温水稀释，用力搅拌即成稳定的泡沫，然后加入水泥浆(也可掺入磨细的石英砂、粉煤灰、矿渣等硅质材料)与泡沫拌匀，成型后经蒸汽养护或压蒸养护即成泡沫混凝土。泡沫混凝土的技术性能和应用，与同体积密度的加气混凝土大体相同，可用作屋面保温层。

## 5.8.4 高强混凝土(HPC)

**知识链接**

新型混凝土是在，20世纪80年代末到90年代初出现的，1990年5月在美国AIST(国家标准与技术研究所)和ACI(混凝土协会)主办的第一届国际会议上首先提出。

含义：高性能混凝土(High Performance Concrete)。

高强混凝土是指强度等级达到或超过C60的混凝土。

高强混凝土的特点是强度高、耐久性好、变形小，能适应现代工程结构向大跨度、重载和承受恶劣环境条件的需要。但高强混凝土的脆性比普通混凝土大，其抗拉强度与抗压强度的比值比一般混凝土更低。高强混凝土对原材料及施工质量控制的要求要比普通混凝土更严格。

配制高强混凝土，应选用质量稳定、强度等级42.5级以上的硅酸盐水泥或普通硅酸盐水泥，混凝土的水泥用量宜控制在500kg/m$^3$以内，配制更高强度等级的混凝土，水泥用量也不宜超过550kg/m$^3$，水泥和矿物掺合料的总量不应大于600kg/m$^3$。

配制高强混凝土时，粗骨料的抗压强度不应低于混凝土抗压强度的2倍。对强度等级为C60的混凝土，其粗骨料的最大粒径≤31.5mm；对强度等级高于C60的混凝土，其粗骨料的最大粒径≤25mm，且一般应采用连续级配的粗骨料。

配制高强混凝土宜用洁净、颗粒较圆、质地坚硬、级配良好的天然河砂，砂的细度模数以2.7～3.1为宜。

高效减水剂是配制高强混凝土不可缺少的成分。高效减水剂主要采用萘磺酸盐类减水剂(如FDN，NF，UNF，WF，SN－Ⅱ等)及三聚氰胺树脂减水剂(如SM等)。高效减水剂的掺量应经试验确定。

高强混凝土的配合比设计与普通混凝土基本相同，必须满足混凝土的强度和施工要求。配制C60混凝土，水灰比(水与包括水泥及掺合料的质量比)宜控制在0.24～0.38的范围内，对于C80混凝土，水灰比最好小于0.30。高强混凝土的砂率，一般宜控制在28%～34%范围内，采用泵送时可为32%～40%。具体参见《普通混凝土配合比设计规程》(JGJ 55—2000)。我国自20世纪70年代起开始发展高强与高流动混凝土。

1980年建成的红水河铁路斜拉桥的预应力混凝土箱梁就是采用的大流动性高强混凝土。近年来建成的一些著名桥梁多采用高强混凝土，如上海扬浦大桥、南京长江二桥等均采用C50掺粉煤灰泵送混凝土，苏通大桥、汕头海湾大桥主跨采用C60混凝土。

### 5.8.5 泵送混凝土

泵送混凝土指拌合物的坍落度不小于80mm，并用混凝土输送泵输送的混凝土。

泵送混凝土要求有较好的泵送性，所谓可泵性，即混凝土拌合物要有一定的流动性及较好的粘聚性，泌水少，泵送过程中摩擦阻力小，不离析和不堵塞。

为保证混凝土拌合物具有良好的泵送性，对原材料的具体要求如下。

(1) 水泥用量不能过少。《混凝土结构工程施工及验收规范》(GB 50204—2002)规定，泵送混凝土的最小水泥用量为300kg/m³。

(2) 骨料的粒径和级配对泵送混凝土的性能有很大影响。为保证泵送时管道不堵塞，碎石的最大粒径与输送管的内径之比宜≤1∶3，卵石则宜小≤1∶2.5。高层建筑宜为1∶3～1∶4，超高层建筑宜为1∶4～1∶5。粗骨料应采用连续级配，针片状颗粒的含量≤10%。细骨料应用中砂，粒径在0.315mm以下的细颗粒含量不应少于15%，最好能达到20%。若细颗粒含量不足，可掺加粉煤灰予以改善。

为保证较好的粘聚性，与普通混凝土相比，泵送混凝土的砂率应适当提高，规范规定，泵送混凝土的砂率宜控制在35%～45%。

(3) 泵送混凝土一般应掺用泵送剂或减水剂，并宜掺用粉煤灰或其他活性材料以改善混凝土的可泵性。常用的减水剂是木质素磺酸钙。

(4) 规范规定，泵送混凝土的坍落度宜为80～180mm。高层施工时，坍落度可根据不同的泵送高度按表5-35选用。

表5-35 不同泵送高度入泵时混凝土坍落度选用值

| 泵送高度/m | 30以下 | 30～60 | 60～100 | 100以上 |
|---|---|---|---|---|
| 坍落度/mm | 100～140 | 140～160 | 160～180 | 180～2 000 |

### 5.8.6 抗渗混凝土(防水混凝土)

抗渗混凝土是指抗渗等级等于或大于P6的混凝土。主要用于水工、地下基础、屋面防水等工程。

抗渗混凝土一般可分为普通抗渗混凝土、外加剂抗渗混凝土及膨胀水泥抗渗混凝土3种。

#### 1. 普通抗渗混凝土

普通抗渗混凝土是以调整配合比的方法，提高混凝土自身密实度，以满足抗渗要求的混凝土。原理是在保证和易性的前提下采用较小的水灰比，适当提高水泥用量及砂率，增加水泥砂浆量，在粗骨料周围形成质量良好和数量足够的砂浆包裹层，有效阻隔沿粗骨料互相连通的渗水孔网；采用较小的粗骨料粒径，以减小沉降孔隙，保证搅拌、浇筑振捣和养护的施工质量来达到抗渗的要求。

根据《普通混凝土配合比设计规程》(JGJ 55—2002)规定，抗渗混凝土的配合比设计应符合以下技术规定。

(1) 抗渗混凝土的水灰比与要求的抗渗等级有关，一般不宜大于0.6。

(2) 不掺外加剂的普通抗渗混凝土坍落度以30～50mm为宜。

(3) 水泥强度等级不应小于42.5MPa，并应优先使用硅酸盐水泥或普通硅酸盐水泥。

(4) 水泥用量，含掺合料应不小于320kg/m³。

(5) 砂率宜为35%～40%，灰砂比宜为1∶2～1∶2.5。

(6) 普通抗渗混凝土要求选用级配良好的砂石，石子的最大粒径不宜过大或过小。

普通抗渗混凝土有一定的抗渗性，且施工简便、造价低、质量可靠，适用于地上、地下的防水工程。

2. 外加剂抗渗混凝土

在混凝土中掺入适宜品种和数量的外加剂，以此改善混凝土的抗渗性。常用的外加剂有引气剂、减水剂、三乙醇胺及氯化铁、氢氧化铁等密实剂。

掺加引气剂的抗渗混凝土，其含气量应控制在3%～5%。

3. 膨胀水泥抗渗混凝土

膨胀水泥在水化过程中能产生体积膨胀的钙矾石，在有约束的情况下，使混凝土的孔隙减少，毛细孔径减小，总孔隙率降低，提高了混凝土的密实度和抗渗性。

### 5.8.7 耐热混凝土

耐热混凝土是能长期在高温环境下保持所需的物理力学性能的特种混凝土。用适当的胶凝材料、耐热粗细骨料和水按一定比例配制而成的。

普通混凝土的水泥石，在高温下，水化产物分解，使混凝土丧失强度。同时砂及花岗岩、砂岩中的石英会因高温而膨胀，使混凝土强度降低，所以普通混凝土不能用于高温环境。

耐热混凝土用于建造高炉及焦炉的基础、高炉的外壳、热工设备的基础及围护、锅炉的炉衬等。

按所用的胶凝材料不同，耐热混凝土有硅酸盐水泥耐热混凝土、铝酸盐水泥耐热混凝土和水玻璃耐热混凝土。

### 5.8.8 耐酸混凝土

耐酸混凝土是用于有酸类腐蚀的环境工程。耐酸混凝土有水玻璃耐酸混凝土、硫黄耐酸混凝土及沥青耐酸混凝土。

水玻璃耐酸混凝土以水玻璃作为胶凝材料，氟硅酸钠为促凝剂，加入耐酸粉料和耐酸骨料按一定比例配制而成。

水玻璃耐酸混凝土有良好的耐酸性能，较高的机械强度，而且材料的资源丰富、成本低，但抗渗性和耐水性较差，养护期长。水玻璃耐酸混凝土可用于耐酸地坪、储酸槽、储油罐、输油管、酸洗槽等要求耐酸的建筑结构或部件。

硫黄混凝土是将硫黄胶泥或硫黄砂浆灌注于耐酸骨料中而成。其结构密实，抗渗、耐水，耐稀酸及浓硫酸、盐酸、40%的硝酸，但不耐浓硝酸及强碱。不适用于温度高于80℃或冷热交替的环境，不宜用于与明火接触的部位及受冲击的部位。

沥青混凝土能耐中等浓度的无机酸、碱和盐的腐蚀，但易老化，耐热性较差，强度低。沥青混凝土多用于基础、地坪的垫层或面层。

### 5.8.9 纤维混凝土

纤维混凝土是以普通混凝土为基体，外掺各种均匀分布的短小纤维而成的复合材料。纤维材料主要有钢纤维、玻璃纤维、碳纤维、石棉纤维和合成纤维等，其中钢纤维混凝土在工程中应用较为广泛。

钢纤维用直径为0.25～0.75mm的钢丝制成，长径比以30～150为宜。当钢纤维量为混凝土体积的2%时，钢纤维混凝土的冲击韧性可以提高到10倍以上，初抗弯强度提高2.5倍，抗拉强度提高1.2～2.0倍。

玻璃纤维的直径为0.005～0.15mm，为防止水泥中的碱与玻璃发生反应而对纤维产生腐蚀，玻璃纤维要用耐碱玻璃制造。

合成纤维有尼龙纤维、聚丙烯纤维、聚乙烯纤维等，直径为0.020～0.038mm。

由于纤维均匀分布在混凝土中，混凝土的抗拉强度、抗裂性、抗弯强度、抗冲击能力大大提高，抗压强度及耐磨性也有所提高。

纤维混凝土作为一种具有特种性能的新型复合材料，正处于发展研究阶段。目前已逐渐应用于机场跑道、路面、薄壁轻型结构及用离心法制造压力管道。随着对纤维混凝土研究的发展，纤维混凝土将在土木工程中广泛使用。

### 5.8.10 流态混凝土

流态混凝土是一种流动性大(坍落度≥160mm)、浇筑时不需振捣或稍加振捣就可自动流满模板并成密实状态的混凝土。主要用于钢筋特别密的结构、泵送混凝土、隧洞衬砌的封顶、导管法施工的水下灌注混凝土等。

为使混凝土拌合物具有大流动性，关键是选用复合型高效塑化剂。为克服混凝土坍落度损失，在砂中应有一定数量的细颗粒或掺入适量的粉煤灰。为使混凝土能更好地填满模型，防止出现蜂窝麻面等，也需对混凝土进行振捣，但振捣时间应大大缩短。

在水灰比相同的条件下，流态混凝土的强度一般较塑性混凝土低。当所用外加剂品质很好、调整掺量符合要求时，其28d强度与塑性混凝土相近。

### 5.8.11 聚合物混凝土

聚合物混凝土是由有机聚合物、无机胶凝材料和骨料结合而成的一种新型混凝土。聚合物混凝土集中了有机聚合物和无机胶凝材料的优点，克服了水泥混凝土的一些缺点。聚合物混凝土一般可分为3种，聚合物胶结混凝土(PC)、聚合物水泥混凝土(PCC)及聚合物浸渍混凝土(PIC)。

1. 聚合物胶结混凝土

聚合物胶结混凝土又称树脂混凝土，是以合成树脂为胶结材料的一种聚合物混凝土。

常用的树脂有环氧树脂、不饱和聚酯树脂等热固性树脂。这种混凝土具有强度高、良好的抗冻性、抗渗性、耐腐蚀、耐磨、收缩率小等优点，缺点是硬化时收缩大、耐火性差。由于成本较高，目前只能用于特殊工程及部位，如机场跑道面层、耐腐蚀工程、混凝土缺陷的修补及有特殊耐磨要求的部位。

2. 聚合物水泥混凝土

聚合物水泥混凝土是以聚合物乳液和水泥共同作为胶凝材料的一种混凝土。通常是在搅拌水泥混凝土时，掺入一定量的聚合物及相应的辅助材料，与水泥水化物结合成一个整体，从而改善混凝土的抗渗性、耐磨性和抗冲击性。

掺入的聚合物(或单体)可以是水溶性的，也可以是水乳液。常用的水溶性树脂，如三聚氰胺甲醛树脂和糠醛单体，掺量为水泥质量的0.3%～3.0%。常用的水乳液，如聚氯乙烯、聚丙烯、丁苯橡胶、聚硫橡胶、氯丁橡胶、聚醋酸乙烯酯、聚丙烯酸乙酯、呋喃树脂、有机硅树脂等，掺量为水泥质量的5%～25%。

聚合物水泥混凝土的性能随所掺聚合物品种和掺量不同而各异，其强度提高的程度次于聚合物浸渍混凝土，而且其制作简便，成本较低，可用于现场灌筑无缝地面，修补混凝土路面、机场跑道面层和做防水层。

3. 聚合物浸渍混凝土

聚合物浸渍混凝土是以混凝土为基材，经干燥后浸入有机单体，然后用加热或辐射的方法使混凝土孔隙内的单体聚合而制成的一种复合材料。

聚合物浸渍混凝土具有高强、抗渗、抗冻、耐磨、耐腐蚀等特性。其抗压强度可比原混凝土提高2～4倍，达140～280MPa；抗拉强度可提高至10～25MPa。聚合物浸渍混凝土几乎不吸水、不透水。它的缺点是韧性小，易发生突然断裂。用聚合物浸渍混凝土，是一种较好的改善混凝土性质的方法。

单体浸渍材料有甲基丙烯酸甲酯(MMA)、三甲基丙烯酸三羟甲基丙烷酯(TMPT-MA)的混合物、不饱和聚酯树脂、苯乙烯、丙烯腈。此外还要加入催化剂和交联剂。

聚合物浸渍混凝土适用于要求高强度、高耐久性的特殊构件，如用于输送液体的管道、坑道等。国外已将其用于耐高压的容器，如原子反应堆、液化天然气储罐等。我国葛洲坝水电站冲砂闸底板及护坦混凝土用甲基丙烯酸甲酯浸渍，取得了良好的技术经济效益。

### 5.8.12 再生混凝土

再生混凝土(Regenerated Concrete或Recycled Concrete)，又叫再生骨料混凝土(Recycled Aggregate Concrete)，是用旧建筑物上拆下来的废弃混凝土碎块作粗骨料，加入水泥砂浆拌制的混凝土。因为它是对废旧混凝土进行加工，使其恢复或部分恢复原有性能，成为新的建材产品，所以称其为再生混凝土。

在配合比相同条件下，再生混凝土比普通混凝土粘聚性和保水性好，但流动性变小，可通过使用减水剂解决再生混凝土的施工问题。再生混凝土比普通混凝土强度降低约10%，而且配制强度等级达到C40的再生混凝土技术上有些困难，从技术和经济角度综合考虑，配制和使用中、低强度等级的再生混凝土，将取得更好的技术经济效益。再生混凝土比普通混凝土弹性模量小，韧性增大，极限拉伸值增加、抗裂性提高，适合作路面工程。再生混凝土自重轻、导热系数小，适合作墙体围护材料。

## 5.9 生态混凝土

生态混凝土，是指既能够减轻对地球环境造成的负荷，又能够与自然生态系统协调共生，为人类构造更加舒适环境的混凝土材料。生态混凝土可分为环境友好型生态混凝土和生物相容型生态混凝土两大类。

### 5.9.1 环境友好型生态混凝土

环境友好型生态混凝土是指可以降低环境负荷的混凝土。目前，降低混凝土生产和使用过程中环境负荷的技术途径主要有以下三种。

1. 降低混凝土生产过程中的环境负担

这种技术途径主要通过固体废弃物的再生利用来实现，例如，采用城市垃圾焚烧灰、工业废弃物、下水道污泥做原料生产的水泥来制备混凝土。这种混凝土有利于有效处理废弃物，保护粘土和石灰石资源，有效利用能源。也可以通过将火山灰、高炉矿渣等工业副产品进行混合等途径生产混凝土，这种混合材料生产的混凝土有利于节约资源、处理固体废弃物和减少 $CO_2$ 排放量。另外，还可以将旧城改造的废弃混凝土做骨料生产再生混凝土。

2. 降低使用过程中的环境负荷

这种途径主要通过使用新方法和新技术来降低混凝土的环境负荷，例如提高混凝土的耐久性，通过合理设计和提高施工质量管理来延长建筑物的寿命。混凝土建筑物的使用寿命延长了，就相当于节省了资源和能源，减少了废渣、废气的排放。

3. 通过提高性能来改善混凝土的环境影响

这种技术途径目前研究较多的是多孔混凝土。孔隙特征不同，混凝土的特性就有很大差别。如良好的透水性、蓄热性、吸声性、吸附气体的性能，相应的产品有路面透水混凝土，具有调温功能、储蓄热量、吸声的混凝土，吸收有害气体的混凝土等。2010 年上海世博会场的道路用的就是透水混凝土路面。

### 5.9.2 生态相容型生态混凝土

生态相容型混凝土，是指能与动物、植物和谐共存的混凝土。根据用途，这类混凝土又可以分为植物相容型生态混凝土、海洋生物相容型生态混凝土、淡水生物相容型生态混凝土以及净化水质用混凝土四种。

植物相容型生态混凝土，利用多孔混凝土孔隙的透气透水性能，渗透植物所需营养，生长植物根系这一特点来种植一些小草、灌木等植物，用于河岸护堤、道路护坡的绿化，优化环境。

海洋生物、淡水生物相容型生态混凝土，是将多孔混凝土设置在河、湖等水域，让陆生、水生小动物附着栖息在混凝土凹凸不平的表面或孔隙内，通过互生作用，形成食物链，为海洋生物和淡水生物生长提供良好条件，保护生态环境。

净化水质用混凝土，是利用多孔混凝土外表面对各种微生物的吸附，通过生物层的作用产生间接净化功能，将其制成浮体结构或浮岛设置在湖泊、河道内净化水质，使草类、藻类生长更加繁茂，通过定期采割，利用生物循环过程消耗污水的成分，从而保护生态环境。

针对我国混凝土发展的具体现状，提出以下对策。

(1) 扩大高性能混凝土的适用范畴。国外高性能混凝土的强度等级一般要求大于55MPa，但我国每年浇筑的混凝土中，约95%以上属C20、C30、C40强度等级的普通混凝土。

(2) 建筑设计人员应更新传统的混凝土配合比设计方法，变强度设计为耐久性设计，对于掺矿物外加剂的混凝土不应追求与基准混凝土相同的早期强度和28d强度，应注重矿物外加剂的后期增强、曾密效应。

(3) 矿物外加剂是保证高性能混凝土耐久性不可缺少的成分，工程设计人员应敢于在混凝土工程中掺用矿物外加剂并加大掺量；积极推广矿物和有机外加剂复合技术、不同矿物外加剂的双重和多重复合技术。

## 5.10 建筑砂浆

砂浆是由胶凝材料、细骨料和水，有时也加入适量掺合料和胶粘剂，按适当比例配制而成的建筑工程材料。

建筑砂浆根据所用胶凝材料不同，可分为水泥砂浆、石灰砂浆和混合砂浆；根据用途不同，可分为砌筑砂浆、抹面砂浆和特殊用途砂浆；根据堆积密度，可分为重质砂浆和轻质砂浆。

### 5.10.1 砌筑砂浆

砌筑砂浆的主要功能是将砖、石块及砌块粘结成为砌体，起传递荷载和协调变形的作用，是决定砌体工程质量的重要因素。

1. 砌筑砂浆的组成材料

1) 水泥

常用品种水泥均可以配制砂浆，其强度等级应根据砂浆强度等级进行选择。水泥砂浆采用的水泥强度等级不宜超过32.5级；水泥混合砂浆采用的水泥强度等级，不宜超过42.5级。每立方米水泥砂浆中水泥用量≮200kg，水泥混合砂浆中水泥与掺合料的总量为300～350kg。

2) 砂

细骨料常用天然砂，质量应符合《建筑用砂》(GB/T 14684—2001)的规定。对于强度等级等于和大于M5的砂浆，砂中含泥量应不超过5%；对于强度等级小于M5的砂浆，砂中含泥量应不超过10%。砂的最大粒径应不超过灰缝的1/4～1/5，而且一般不大于2.5mm，以保证砌体的质量。

3）掺加料

为了改善砂浆的和易性和节约水泥所掺入的物质。

(1) 石灰。生石灰熟化成石灰膏，熟化时间不得少于7d，并用孔径不大于3mm×3mm的网过滤。沉淀池中储存的石灰膏，应采取防止干燥、冻结和污染的措施。严禁使用脱水硬化的石灰膏。采用磨细生石灰粉时，熟化时间不得少于2d，其细度用0.08mm筛的筛余量不应大于15%。消石灰粉不得直接使用于砌筑砂浆中。

(2) 粉煤灰。粉煤灰的品质指标应符合国家现行有关标准《用于水泥和混凝土中的粉煤灰》(GB 1596—2005)的要求。

(3) 微沫剂。微沫剂是一种憎水性的有机表面活性物质，掺入砂浆中后，会吸附在水泥颗粒表面，形成皂膜，降低水的表面张力，经机械强力搅拌后，形成大量的泡沫，增大了水泥的分散性，使颗粒之间的摩擦阻力降低，提高砂浆的和易性。

砂浆中所掺入的微沫剂等有机塑化剂，应经砂浆性能试验合格后，方可使用。

(4) 水。水的质量指标应符合《混凝土用水标准》(JGJ 63—2006)中的规定，应采用不含有害物质的洁净水或饮用水。

2. 砌筑砂浆的技术性质

1）新拌砂浆的和易性

新拌砂浆应具有良好的和易性，使砂浆便于施工并保证施工质量的综合性能。和易性良好的砂浆在运输和施工过程中不易产生分层、泌水现象，能使灰缝填筑饱满密实，与砖石粘结牢固。新拌砂浆的和易性用流动性和保水性这两个指标来评定。

(1) 流动性。流动性又称为稠度，是指新拌制的砂浆在自重或外力作用下流动的性能。用砂浆稠度仪(图5.22)测定，以沉入度(mm)的大小来表示。沉入度即标准圆锥体在砂浆中贯入的深度。下沉深度越大，砂浆越稀，流动性越好。反之，则流动性越差。

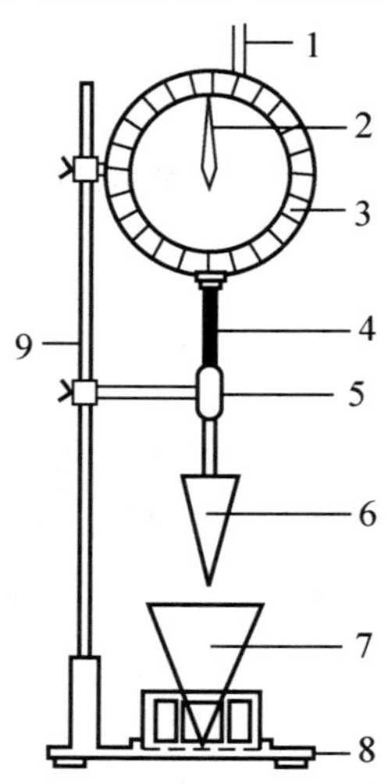


**图5.22 砂浆稠度测定仪**

1—齿条测杆；2—指针；3—刻度盘；4—滑竿；5—制动螺丝；6—试锥；7—盛浆容器；8—底座；9—支架

砂浆的沉入度大小与许多因素有关，如水泥的品种和用量、混合材料及外加剂掺量、砂的粗细、砂粒形状和级配以及拌和时间的影响。

砂浆流动性的大小要依据砌体材料的种类、施工时的天气情况来选择。多孔、吸水性强的砌体材料，在较高的温度下施工，要选择流动性大一些的；密实的、不吸水的砌体材料，在较低温度下施工，就可以选择流动性小一些的。建筑砂浆流动性的选择，可参考表5-36。

表5-36 砌筑砂浆的稠度

| 砌体种类 | 砂浆稠度/mm |
|---|---|
| 烧结普通砖砌体 | 70～90 |
| 轻骨料混凝土小型空心砌块砌体 | 60～90 |
| 烧结多孔砖、空心砖砌体 | 60～80 |
| 烧结普通砖平拱式过梁<br>空斗墙、筒拱<br>普通混凝土小型空心砌块砌体<br>加气混凝土砌块砌体 | 50～70 |
| 石砌体 | 30～50 |

(2) 保水性。保水性是砂浆保持水分的能力，也指砂浆中各组成材料不易分层离析的性质。如果保水性不好，在运输和使用过程中会发生泌水、流浆现象，施工较为困难，对砌体质量将会带来不利影响。保水性主要与胶凝材料的品种、用量有关。当用高强度等级水泥拌制低强度等级砂浆时，由于水泥用量少，保水性较差，可掺入适量石灰膏或其他外掺料来改善。

砂浆的保水性可用分层度来评定。

分层度的测定是将砂浆装入分层度筒内，测出其沉入度，静置30min后再测出筒下部100mm砂浆的沉入度，两次沉入度之差即为分层度，用mm表示(图5.23)。分层度以20mm为宜，大于30mm的砂浆，容易产生离析，不便于施工；分层度接近0的砂浆，容易发生干缩裂缝。

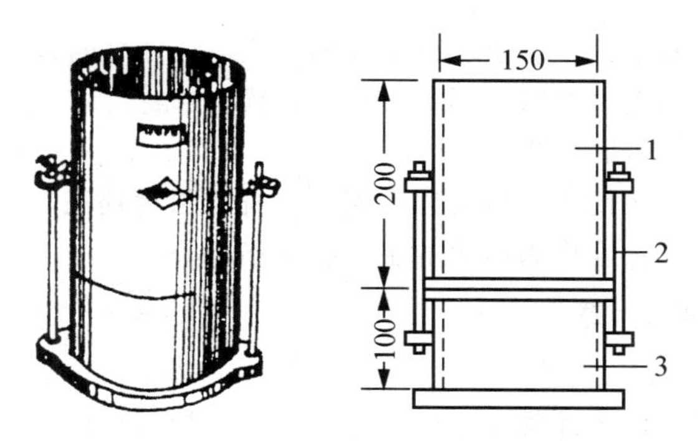


图5.23 砂浆分层度测定仪(单位：mm)

1—无底圆筒；2—连接螺栓；3—有底圆筒

2) 硬化砂浆的技术性能

(1) 砂浆的抗压强度和强度等级。

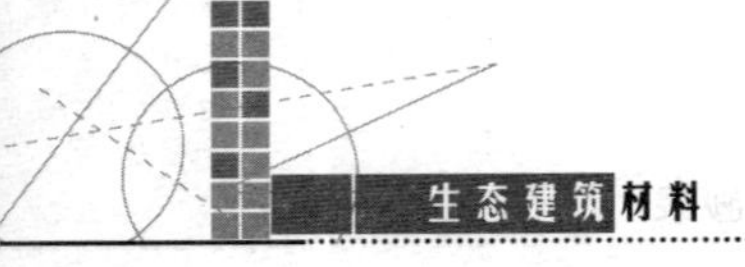



砂浆抗压强度试验采用边长为70.7mm×70.7mm×70.7mm的立方体试件，在规定条件下养护28d后进行强度测定。砂浆按28d抗压强度(MPa)划分以下强度等级：M2.5，M5.0，M7.5，M10，M15，M20这6个强度等级。

**知识链接**

标准养护条件：①对于水泥混合砂浆应为温度(20±3)℃，相对湿度60%～80%；②对于水泥砂浆和微沫砂浆应为温度(20±3)℃，相对湿度90%以上；③养护期间，试件应彼此间隔不少于10mm。

砂浆的实际强度主要取决于基层材料的吸水性。

① 基层为不吸水材料时，如石材，影响砂浆强度的因素与混凝土基本相同，主要取决于水泥强度与水灰比，可用式(5－43)表示：

$$f_{m,k}=\alpha_a \cdot f_{ce}(\frac{C}{W}-\alpha_b) \qquad (5-43)$$

式中：$f_{m,k}$——砂浆28d抗压强度，MPa；

$f_{ce}$——水泥28d实测强度，精确至0.1MPa；

$C/W$——灰水比；

$\alpha_a$、$\alpha_b$——系数，用普通水泥时可取$\alpha_a=0.29$，$\alpha_b=0.4$。

在成型这类砂浆抗压强度试件时，要用带底的试模。

② 基层为吸水材料时，如粘土砖和其他多孔材料，由于基层吸水性强，即使砂浆用水量不同，经基层吸水后保留在砂浆中的水分几乎是相同的。因而，砂浆的强度主要取决于水泥强度和水泥用量，而与用水量无关。强度计算公式为

$$f_{m,k}=\alpha \cdot f_{ce} \cdot Q_c/1\,000+\beta \qquad (5-44)$$

式中：$f_{m,k}$——砂浆28d抗压强度，MPa；

$Q_c$——每立方米砂浆中的水泥用量，$kg/m^3$；

$f_{ce}$——水泥28d实测强度，精确至0.1MPa；

$\alpha$，$\beta$——砂浆的特征系数，对于水泥混合砂浆，$\alpha=3.03$　$\beta=-15.09$。

注：各地区也可用本地区试验资料确定$\alpha$和$\beta$值，统计用的试验组数不得少于30组。

成型这类砂浆抗压强度试件时，用不带底的试模。

(2) 砂浆的粘结强度和耐久性。

砂浆的粘结强度、耐久性都与抗压强度相关，抗压强度提高，粘结强度和耐久性也随之提高。故工程上以抗压强度作为砂浆的主要技术指标。

### 3. 砌筑砂浆的配合比计算

1) 水泥混合砂浆配合比计算

根据《砌筑砂浆配合比设计规程》(JGJ 98—2000)规定，砌筑砂浆的配合比计算，按下列步骤进行。

(1) 计算砂浆的试配强度：

$$f_{m,o}=f_m+0.645\sigma \qquad (5-45)$$

式中：$f_{m,o}$——砂浆的试配强度，MPa，精确至0.1MPa；

$f_m$——砂浆抗压强度平均值，MPa，精确至0.1MPa；

$\sigma$——砂浆现场强度标准差，MPa，精确至0.01MPa。应根据统计资料确定。当不具有近期统计资料时，其砂浆现场强度标准差$\sigma$可按表5-37选用。

表5-37 砂浆强度标准差σ选用值（MPa）

| 砂浆强度等级 / 施工水平 | M2.5 | M5.0 | M7.5 | M10.0 | M15.0 |
| --- | --- | --- | --- | --- | --- |
| 优良 | 0.50 | 1.00 | 1.50 | 2.00 | 3.00 |
| 一般 | 0.62 | 1.25 | 1.88 | 2.50 | 3.75 |
| 较差 | 0.75 | 1.50 | 2.25 | 3.00 | 4.50 |

（2）计算水泥用量：

$$Q_C = 1\,000(f_{m,o} - \beta)/\alpha \cdot f_{ce} \tag{5-46}$$

式中：$Q_C$——每立方米砂浆的水泥用量，kg，精确至1kg；

$f_{m,o}$——砂浆的试配强度，MPa，精确至0.1MPa；

$f_{ce}$——水泥的实测强度，MPa，精确至0.1MPa；

$\alpha$，$\beta$——砂浆的特征系数，其中$\alpha=3.03$，$\beta=-15.09$。

（3）掺加料计算：

$$Q_D = Q_A - Q_C \tag{5-47}$$

式中：$Q_D$——每立方米砂浆的掺加料用量，kg，精确至1kg，石灰膏、电石灰膏使用时的稠度为(120±5)mm；使用其他稠度石灰膏时，可按表5-38进行换算。

$Q_A$——每立方米砂浆中水泥与掺加料的总量，kg，精确至1kg，宜在300～350kg/m$^3$之间。

表5-38 石灰膏不同稠度时的换算系数

| 石灰膏稠度/mm | 120 | 110 | 100 | 90 | 80 | 70 | 60 | 50 | 40 | 30 |
| --- | --- | --- | --- | --- | --- | --- | --- | --- | --- | --- |
| 换算系数 | 1.00 | 0.99 | 0.97 | 0.95 | 0.93 | 0.92 | 0.90 | 0.88 | 0.87 | 0.86 |

（4）砂的用量。每立方米砂浆中的砂用量，应以干燥状态(含水率小于0.5%)的堆积密度值作为计算值。

（5）用水量。每立方米砂浆中的用水量，根据砂浆稠度等级要求可选用240～310kg。

**知识链接**

确定用水量时应注意以下几点。

① 混合砂浆中的用水量，不包括石灰膏或电石膏中的水。

② 当采用细砂或粗砂时，用水量分别取上限或下限。

③ 稠度小于70mm时，用水量可小于下限。

④ 施工现场气候炎热或干燥季节，可酌量增加水量。

2）水泥砂浆配合比选用

水泥砂浆材料用量可按表 5－39 选用。

表 5－39　每立方米水泥砂浆材料用量

| 强度等级 | 每立方米砂浆水泥用量/kg | 每立方米砂的用量/kg | 每立方米砂浆用水量/kg |
|---|---|---|---|
| M2.5～M5 | 200～230 | $1m^3$ 砂子的堆积密度值 | 270～330 |
| M7.5～M10 | 220～280 | | |
| M15 | 280～340 | | |
| M20 | 340～400 | | |

注：①此表水泥强度等级为 32.5 级，大于 32.5 级水泥用量宜取下限。

② 根据施工水平合理选择水泥用量。

③ 当采用细砂或粗砂时，用水量分别取上限或下限。

④ 稠度小于 70mm 时，用水量可小于下限。

⑤ 施工现场气候炎热或干燥季节，可酌量增加用水量。

⑥ 试配强度按式 5－45 计算。

3）配合比试配、调整与确定

（1）试配时应采用工程中实际使用的材料；搅拌方法应与生产时使用的方法相同。

（2）按计算配合比进行试拌，测定拌合物的稠度和分层度，若不能满足要求，则应调整其用水量或掺加料，直到符合要求为止。然后确定其为试配时的砂浆基准配合比。

（3）试配时至少应采用 3 个不同的配合比，其中一个为基准配合比，另外两个配合比的水泥用量按基准配合比分别增加及减少 10%，在保证稠度、分层度合格的条件下可将用水量或掺加料用量作相应的调整。

（4）3 个不同的配合比，经调整后，应按国家现行标准《建筑砂浆基本性能试验方法》(JGJ 70—90)的规定成型试件，测定砂浆强度等级，并选定符合强度要求的且水泥用量较少的砂浆配合比。

（5）砂浆配合比确定后，当原材料有变更时，其配合比必须重新通过试验确定。

4）配合比设计举例

## ▶▶案例分析 5－4

要求设计用于砌筑砖墙的水泥石灰混合砂浆的配合比，砂浆等级 M7.5，稠度 70～90mm。原材料的主要参数：强度等级为 32.5 的普通硅酸盐水泥；中砂，干燥状态，堆积密度为 1 450kg/$m^3$；石灰膏的稠度为 110mm；施工水平一般。

**解：**

（1）计算试配强度 $f_{m,o}$：

$$f_{m,o}=f_m+0.645\sigma$$

$$f_m=7.5MPa;$$

查表 5－37 得 $\sigma=1.88MPa$。

$$f_{m,o}=7.5+0.645\times1.88=8.7MPa$$

(2) 计算水泥用量$Q_C$

$$Q_C=1\,000(f_{m,o}-\beta)/\alpha\cdot f_{ce}$$

$$f_{m,o}=8.7MPa;$$

$$\alpha=3.03,\ \beta=-15.09;$$

$$f_{ce}=32.5MPa。$$

$$Q_C=1\,000(8.7+15.09)/3.03\times32.5=242(kg/m^3)$$

(3) 计算石灰膏用量$Q_D$

$$Q_D=Q_A-Q_C$$

$$Q_A=330kg/m^3。$$

$$Q_D=330-242=88(kg/m^3)$$

石灰膏稠度110mm换算成120mm(查表5-38):

$$88\times0.99=87(kg/m^3)$$

(4) 根据砂的堆积密度，砂的用量$Q_S$为1 450kg/m³。

(5) 选择用水量$Q_W$为300kg/m³。

(6) 砂浆配合比为

水泥∶石灰膏∶中砂∶水=242∶87∶1450∶300=1∶0.36∶5.99∶1.24。

接下来进行试拌调整，强度检验，确定最终配合比。

## ▶▶案例分析5-5

配制用于砌筑空心粘土砖墙，强度等级为M10的水泥砂浆。采用实测28d抗压强度为35MPa的水泥，其堆积密度为1 280kg/m³；采用含水率为3.5%的中砂，其干燥堆积密度为1 450kg/m³；施工水平一般。

**解:**

(1) 计算砂浆试配强度$f_{m,o}$

$$f_{m,o}=f_m+0.645\sigma$$

式中：$f_m=10MPa$;

查表5-37得$\sigma=2.50MPa$。

$$f_{m,o}=10+0.645\times2.50=11.6MPa$$

(2) 水泥用量$Q_C$

查表5-39得 $Q_C=220kg/m^3$

(3) 砂的用量$Q_S$

干砂的堆积密度为1 450kg/m³，则含水率为3.5%时，砂的用量为

$$Q_S=1.035\times1\,450=1\,500kg/m^3$$

(4) 砂浆配合比为

质量比：　水泥∶砂=220∶1 500=1∶6.82

体积比：　水泥∶砂=(220/1 280)∶1=1∶5.82

## 5.10.2 抹面砂浆

凡涂抹在建筑物表面或构件表面的砂浆统称为抹面砂浆。抹面砂浆既能保护墙体，又具有一定装饰性。根据功能的不同，抹面砂浆分为普通抹面砂浆、装饰砂浆、防水砂浆和具有特殊功能的砂浆。

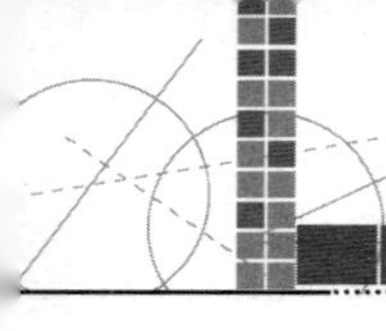



1. 普通抹面砂浆

普通抹灰砂浆施工时一般分二至三层施工，即底层、中层和面层。底层抹灰主要使砂浆和基底能牢固地粘结，因此，要求底层的砂浆应具有良好的和易性及较高的粘结力。中层抹灰主要作用是找平，又称找平层。面层抹灰则是为了达到表面平整、光洁、美观的效果。对砖墙及混凝土墙，梁、柱、顶板等底层，面层多用混合砂浆，在容易碰撞或潮湿的地方，如墙裙、踢脚板、地坪、窗台等处则采用水泥砂浆。

常用的一般抹灰砂浆稠度及砂最大粒径选择见表 5－40。

表 5－40　抹灰砂浆稠度和砂的最大粒径

| 抹灰层名称 | 人工抹灰时要求砂浆沉入度/mm | 砂的最大粒径/mm |
|---|---|---|
| 底层 | 100～120 | 2.5 |
| 中层 | 79～90 | 2.5 |
| 面层 | 70～80 | 1.2 |

常用的一般抹灰砂浆配合比见表 5－41。

表 5－41　常用抹灰砂浆配合比(参考)

| 材　料 | 配合比(体积比) | 应用范围 |
|---|---|---|
| 石灰：砂 | 1：2～1：4 | 用于砖石墙表面(檐口、勒脚、女儿墙和潮湿墙体除外) |
| 石灰：粘土：砂 | 1：1：4～1：1：8 | 干燥环境的墙表面 |
| 石灰；石膏：砂 | 1：0.4：2～1：1：3 | 用于不潮湿房间的墙及天花板<br>用于不潮湿房间的线脚及其他装饰工程 |
| 石灰；石膏：砂 | 1：2：2～1：2：4 | 用于檐口、勒脚、女儿墙以及比较潮湿的部位 |
| 石灰；水泥：砂 | 1：0.5：4.5～1：1：5 | 用于浴室、潮湿车间等墙裙、勒脚或地面基层 |
| 水泥：砂 | 1：3～1：2.5 | 用于地面、天棚或墙面面层 |
| 水泥：砂 | 1：2～1：1.5 | 用于混凝土地面随时压光 |
| 水泥：砂 | 1：0.5～1：1 | 用于吸音粉刷 |
| 水泥：石膏：砂：锯末 | 1：1：3：5 | 用于水磨石(打底用 1：2.5 水泥砂浆) |
| 水泥：白石子 | 1：2～1：1 | 用于剁假石(打底用 1：2～2.5 水泥砂浆) |
| 水泥：白石子 | 1：1.5 | 用于板条天棚底层 |
| 白灰：麻刀<br>石灰膏：麻刀<br>纸筋：白灰浆 | 100：2.5(质量比)<br>100：1.3(质量比)<br>灰膏 0.1m$^3$，纸筋 0.36kg | 用于板条天棚面层(或 100kg 石灰膏加 3.8kg 纸筋)<br>轻高级墙板、天棚 |

抹灰砂浆的配合比除指明质量比外，均以体积比表示。施工拌料时需经过换算，一般

可采用体积法进行计算。计算公式为

$$砂的用量V_S(m^3)=\frac{配合比中砂比例数}{配合比中比例总数-砂比例数\times砂孔隙率}$$

若砂用量计算的结果大于1m³时，取1m³；若计算结果小于1m³时，则取计算结果。

$$水泥用量V_C(m^3)=水泥比例数\times\frac{砂用量(m^3)}{砂比例数}$$

$$石灰膏用量V_D(m^3)=石灰膏比例数\times\frac{砂用量(m^3)}{砂比例数}$$

材料用量体积数分别乘以各材料的堆积密度即可得到配制1m³砂浆各组成材料的质量。

## ▶▶案例分析5-6

采用1∶1∶4水泥石灰砂浆进行抹灰。已知水泥堆积密度为1 200kg/m³，石灰膏堆积密度为1 350kg/m³，砂的堆积密度为1 500kg/m³，砂的表观密度为2 650kg/m³。将该砂浆的体积配合比换算为质量比。

**解**：砂用量 $V_S=\frac{4}{6-4\times(1-\frac{1\ 500}{2\ 650})}=0.938m^3$

砂质量 $m_S=0.938\times1\ 500=1407kg$

水泥用量 $V_C=1\times\frac{0.938}{4}=0.234\ 5m^3$

水泥质量 $m_C=0.234\ 5\times1\ 200=281.4kg$

石灰膏用量 $V_D=1\times\frac{0.938}{4}=0.234\ 5m^3$

石灰膏质量 $m_D=0.234\ 5\times1\ 350=316.6kg$

质量比： $m_C:m_D:m_S=281.4:316.6:1\ 407=1:1.13:5.0$

## ▶▶案例分析5-7

某安居工程，砖砌体结构，六层，共计18栋。该卫生间楼板现浇钢筋混凝土，楼板嵌固墙体内；防水层做完后，直接做了水泥砂浆保护层后进行了24h蓄水试验。交付使用不久，用户普遍反映卫生间漏水。现象：卫生间地面与立墙交接部位积水，防水层渗漏，积水沿管道壁向下渗漏。

【问题】

1. 试分析渗漏原因。
2. 卫生间蓄水试验的要求是什么？

【分析】

1. 楼板嵌固墙体内，四边支撑处负弯矩较大，支座钢筋的摆放位置不当，造成支座处板面产生裂缝。
2. 洞口与穿板主管外壁没用豆石混凝土灌实。
3. 管道周围虽然做附加层防水，但粘贴高度不够，接口处密封不严密。
4. 找平层在墙角处没有抹成圆弧，浇水养护不好。
5. 防水层做完后应做24h蓄水试验，面层做完后做二次24h蓄水试验，蓄水深度30～50mm。

### 2. 装饰砂浆

装饰砂浆用于室内外装饰，是以增加建筑物美感为主要目的的，同时使建筑物具有特殊的表面形式及不同的色彩和质感。

装饰砂浆所采用的胶结材料有普通水泥、矿渣水泥、白水泥、各种彩色水泥及石膏等；骨料则常用浅色或彩色的天然砂、大理石、花岗石的石屑或陶瓷的碎粒等。

装饰砂浆的表面可进行各种艺术处理，以达到不同风格及不同的建筑艺术效果。如水磨石、水刷石、斩假石、拉毛灰及人造大理石等。

1）水磨石

以彩色石碴、水泥和水，按比例拌和，成型，待面层经养护硬化后，用机械磨平抛光而成。多用于地面装饰，也可预制成楼梯踏步、窗台板、踢脚板等。

2）水刷石

用粒径约 5mm 的石碴、水泥和水拌和后做面层，在水泥凝结前，用毛刷沾水或用喷雾器喷水冲刷表面水泥浆，使其露出石碴，形成饰面，多作外墙饰面。

3）干粘石

在刚抹好的水泥砂浆面层上，拍入粒径约 5mm 左右的石碴，要求粘结牢固、不脱落，效果与水刷石相似，也多用于外墙饰面。

4）拉毛灰及拉条灰

拉毛灰是在抹表层砂浆的同时，用抹刀粘拉起凹凸状的表面，拉条灰是用特制的模具刮拉成各种立体的线条。

5）斩假石

多采用细石碴（内掺 3%的石屑）加水泥、水拌和后，抹在底层上压实抹平，养护硬化后用剁斧斩毛，形似天然石材。

常用装饰砂浆配合比见表 5－42。

表 5－42　常用装饰砂浆配合比

| 名　称 | 体积配合比 | | | 水泥/kg | 白石子/kg | 石屑/kg | 水/kg |
|---|---|---|---|---|---|---|---|
| | 水泥 | 白石子 | 石屑 | | | | |
| 水磨石或水刷石 | 1 | 2.0 | | 700 | 1 750 | | 269 |
| | 1 | 1.5 | | 810 | 1 520 | | 312 |
| | 1 | 1.0 | | 1 000 | 1 250 | | 372 |
| 剁假石 | 1 | | 2.0 | 700 | | 1 750 | 269 |
| | 1 | | 1.5 | 810 | | 1 520 | 312 |

注：表中白石子和石屑按堆积密度为 1 500kg/m³ 计算，如不符，应另行换算。

### 3. 防水砂浆

防水砂浆是水泥砂浆中掺入防水剂，用于制作刚性防水层的砂浆。适用于不受振动和具有一定刚度的混凝土及砖石砌体工程。

防水砂浆宜采用强度等级不低于 32.5 的普通水泥、42.5 的矿渣水泥或膨胀水泥，骨料宜采用中砂或粗砂，质量应符合混凝土用砂标准，使用洁净水。

常用的防水剂的品种主要有水玻璃类、金属皂类和氯化物金属盐类等。

水玻璃防水剂是以硅酸钠(即水玻璃)为基料，掺入砂浆中会与水泥水化过程中析出的氢氧化钙反应生成不溶性硅酸盐，填充毛细孔管道及砂浆孔隙，从而提高砂浆的抗渗性。常用的有二矾、三矾、四矾、五矾等多种水玻璃防水剂。由于该防水剂含有一定量的可溶性氧化物，会降低砂浆的密实度和强度，因此，工程上一般只利用它的速凝作用和粘附性作修补堵漏和表面处理用。

金属皂类防水剂是由硬脂酸、氨水、氢氧化钾(或碳酸钠)和水按一定比例混合加热皂化而成的有色浆状物。掺入水泥砂浆中，可使水泥颗粒和骨料间形成憎水性吸附层及生成不溶性物质，起填充微细毛孔和堵塞毛细孔的作用。

氯化物金属盐类防水剂是用氯化铁、氯化钙、氯化铝等金属盐和水按一定比例配制而成的有色液体，掺入水泥砂浆中，在凝结硬化过程中能形成不透水的复盐，起到填充密实作用，从而提高砂浆的抗渗作用。

常用的防水砂浆配合比见表5-43、表5-44。

表5-43 五矾促凝防水剂防水砂浆配合比

| 材料名称 | 水泥 | 砂 | 水 | 防水剂 | 备注 |
| --- | --- | --- | --- | --- | --- |
| 防水净浆 | 1 | | 0.30～0.35 | 0.01 | 质量比 |
| 防水砂浆 | 1 | 2.0～2.5 | 0.40～0.50 | 0.01 | 质量比 |

表5-44 氯化物金属类防水剂防水砂浆配合比

| 材料名称 | 水泥 | 砂 | 水 | 防水剂 | 备注 |
| --- | --- | --- | --- | --- | --- |
| 防水净浆 | 8 | | 6 | 1 | 体积比 |
| 防水砂浆 | 8 | 1(或3) | 6 | 1 | 体积比 |

### 5.10.3 特种砂浆

1. 绝热砂浆

采用水泥、石灰、石膏等胶凝材料与膨胀珍珠岩、膨胀蛭石、陶粒、陶砂或聚苯乙烯泡沫颗粒等轻质多孔材料，按一定比例配制的砂浆称为绝热砂浆。绝热砂浆导热系数小，保温隔热性能好，质量轻，主要用于屋面隔热层、隔热墙壁、冷库以及工业窑炉、供热管道隔热层等处。如在绝热砂浆中掺入或在绝热砂浆表面喷涂憎水剂，则这种砂浆的保温隔热效果会更好。

2. 耐酸砂浆

耐酸砂浆是以水玻璃与氟硅酸钠为胶凝材料，加入石英岩、花岗岩、铸石等耐酸粉料和细骨料拌制并硬化而成的砂浆。水玻璃硬化后具有很好的耐酸性能。耐酸砂浆多用作衬砌材料、耐酸地面和耐酸容器的内壁防护层。

3. 防射线砂浆

在水泥砂浆中掺入重晶石粉、重晶石砂，可配制具有防X射线和γ射线能力的砂浆。如在水泥中掺入硼砂、硼化物等可配制具有防中子射线能力的砂浆，用于射线防护工程中。

4. 自流平砂浆

自流平砂浆是指在自重作用下能自动流平的砂浆，常用于地坪和地面。自流平砂浆施工方便、质量可靠。其关键技术是掺用合适的化学外加剂、严格控制砂的级配、颗粒形态和选择具有合适级配的水泥或其他胶凝材料。良好的自流平砂浆可使地坪平整光洁，强度高，耐磨性好，无开裂现象。

5. 干拌砂浆

干拌砂浆是近年来出现的砂浆新品种，它有利于提高砌筑、抹灰、装饰、修补工程的施工质量，改善砂浆现场施工条件。干拌砂浆由水泥、钙质消石灰粉或有机胶凝材料、砂、掺合料与外加剂按一定比例混合干拌而成。特点是集中生产，质量稳定，施工方便，现场只需加水搅拌即可使用。干拌砂浆的强度等级分为Mb5、Mb10、Mb15、Mb20、Mb25、Mb30。强度等级较高的干拌砂浆用于砌筑高强混凝土空心砌块。施工时稠度可控制在60～80mm，分层度在10～20mm，和易性良好。

干拌砂浆多为袋装，每袋50kg。运输储存和使用方便，储存期可达3～6个月。干拌砂浆性能优良，品种多样，有砌筑砂浆、抹面砂浆和修补砂浆等。

## 5.11 商品砂浆对生态环境的保护

大规模集中商品砂浆是一种绿色环保型材料。主要优点表现在以下几个方面。

(1) 集中生产的商品砂浆提高了水泥的散装率。

(2) 商品砂浆的规模生产可减少原材料的浪费几率，提高工艺废渣的利用率。

(3) 商品砂浆的推广使用大大减低了粉尘、噪音等环境问题的出现。

### 项目小结

本项目以普通混凝土为学习重点，通过学习，可以获知有关混凝土的品种、组织结构、技术性能和影响性能诸多因素的知识。对新拌混凝土的和易性、硬化混凝土的力学性能和耐久性等基本原理必须十分清楚。

在混凝土组成材料中，水泥胶结材料是关键的、最重要的成分，应将已学过的水泥知识运用到混凝土中来。砂和石子是同一性状而只是粒径不同的骨料，而所起的作用基本相同，应掌握它们在配制混凝土时的技术要求。

混凝土配合比设计，要求掌握水灰比、砂率、用水量及其他一些因素对混凝土性能的影响。正确处理三者之间的关系及其定量的原则，熟练地掌握配合比计算及其调整方法。

外加剂已成为改善混凝土性能的有效措施之一，在国内外已得到广泛应用，被视为组成混凝土的第五种材料。应着重了解它们的类别、性质和使用条件，同时也应知道它们的作用机理。

砂浆实质上也是一种混凝土，在建筑工程中用量也很大。它与混凝土有很多的共性，注意了解各种砂浆的配制方法及用途。

## 复习思考题

### 一、填空题

1. 普通混凝土由______、______、______、______以及必要时掺入的______组成。

2. 普通混凝土用细骨料是指______的岩石颗粒。细骨料砂有天然砂和______两类，天然砂按产源不同分为______、______和______。

3. 普通混凝土用砂的颗粒级配按______mm 筛的累计筛余率分为______、______和______3 个级配区；按______模数的大小分为______、______和______。

4. 普通混凝土用粗骨料石子主要有______和______两种。

5. 石子的压碎指标值越大，则石子的强度越______。

6. 根据《混凝土结构工程施工及验收规范》(GBJ 50204)规定，混凝土用粗骨料的最大粒径不得大于结构截面最小尺寸的______，同时不得大于钢筋间最小净距的______；对于实心板，可允许使用最大粒径达______板厚的骨料，但最大粒径不得超过______mm。

7. 石子的颗粒级配分为______和______两种。采用______级配配制的混凝土和易性好，不易发生离析。

8. 混凝土拌合物的和易性包括______、______和______3 个方面的含义。其测定采用定量测定______，方法是塑性混凝土采用______法，干硬性混凝土采用______法；采取直观经验评定______和______。

9. 混凝土拌合物按流动性分为______和______两类。

10. 混凝土的立方体抗压强度是以边长为______mm 的立方体试件，在温度为______℃，相对湿度为______以上的潮湿条件下养护______d，用标准试验方法测定的抗压极限强度，用符号______表示，单位为______。

11. 混凝土的强度等级是按照其______划分，用______和______值表示。有______、______、______、______、______、______、______、______、______、______、______、______、______、______、______、______共 16 个强度等级。

12. 混凝土的轴心抗压强度采用尺寸为______的棱柱体试件测定。

13. 混凝土拌合物的耐久性主要包括______、______、______、______和______5 个方面。

14. 混凝土中掺入减水剂，在混凝土流动性不变的情况下，可以减少__________，提高混凝土的__________；在用水量及水灰比一定时，混凝土的__________增大；在流动性和水灰比一定时，可以__________。

15. 建筑砂浆按照用途分为__________、__________、__________和__________。按照胶凝材料不同分为__________、__________和__________。

16. 砌筑砂浆的和易性包括__________和__________两个方面的含义。砌筑砂浆的沉入度在__________、分层度在__________cm 以内的砂浆为和易性好的砂浆。

17. 砌筑砂浆的强度等级按其抗压强度分为__________、__________、__________、__________、__________、__________6 个强度等级。

18. 对抹面砂浆要求具有良好的__________、较高的__________。普通抹面砂浆通常分三层进行，底层主要起__________作用，中层主要起__________作用，面层主要起__________作用。

19. 抹面砂浆的配合比一般采用__________比表示，砌筑砂浆的配合比一般采用__________比表示。

20. 在普通混凝土配合比设计中，混凝土的强度主要通过控制参数__________，混凝土拌合物的和易性主要通过控制参数__________，混凝土的耐久性主要通过控制参数__________和__________来满足普通混凝土的技术要求。

## 二、 选择题

1. 普通混凝土用砂应选择(　　)较好。

A. 空隙率小　　B. 尽可能粗

C. 越粗越好　　D. 在空隙率小的条件下尽可能粗

2. 混凝土的水灰比值在一定范围内越大，则其强度(　　)。

A. 越低　　B. 越高　　C. 不变　　D. 无影响

3. 普通混凝土用砂的细度模数范围为(　　)。

A. 3.7～3.1　　B. 3.7～2.3　　C. 3.7～1.6　　D. 3.7～0.7

4. 混凝土的砂率越大，则混凝土的流动性(　　)。

A. 越差　　B. 越好　　C. 不变　　D. 基本不变

5. 提高混凝土拌合物的流动性，可采取的措施是(　　)。

A. 增加单位用水量

B. 提高砂率

C. 增大水灰比

D. 在保持水灰比一定的条件下，同时增加水泥用量和用水量

6. 测定混凝土立方体抗压强度时采用的标准试件尺寸为(　　)。

A. 100mm×100mm×100mm　　B. 150mm×150mm×150mm

C. 200mm×200mm×200mm　　D. 70.7mm×70.7mm×70.7mm

7. 测定砌筑砂浆抗压强度时采用的试件尺寸为(　　)。

A. 100mm×100mm×100mm　　B. 150mm×150mm×150mm

C. 200mm×200mm×200mm　　D. 70.7mm×70.7mm×70.7mm

8. 砌筑砂浆的流动性指标用(　　)表示。

A. 坍落度　　B. 维勃稠度　　C. 沉入度　　D. 分层度

9. 砌筑砂浆的保水性指标用(　　)表示。

A. 坍落度　　B. 维勃稠度　　C. 沉入度　　D. 分层度

10. 砌筑砂浆的强度，对于吸水基层时，主要取决于(　　)。

A. 水灰比　　B. 水泥用量

C. 单位用水量　　D. 水泥的强度等级和用量

## 三、简答题

1. 混凝土的特点如何？

2. 影响混凝土拌合物和易性的主要因素有哪些？比较这些因素应优先选择哪种措施提高和易性？

3. 影响混凝土抗压强度的主要因素有哪些？提高混凝土强度的措施如何？

4. 提高混凝土耐久性的措施有哪些？

5. 什么是混凝土减水剂？减水剂的作用效果如何？

6. 什么是混凝土配合比？配合比的表示方法如何？配合比设计的基本要求有哪些？

7. 混凝土配合比设计的方法有哪两种？这两种方法的主要区别在(写出基本计算式)哪里？

## 四、计算题

1. 某砂作筛分试验，分别称取各筛两次筛余量的平均值如下表所示。

| 方孔筛径 | 9.5mm | 4.75mm | 2.36mm | 1.18mm | 600μm | 300μm | 150μm | <150μm | 合计 |
|---|---|---|---|---|---|---|---|---|---|
| 筛余量/g | 0 | 32.5 | 48.5 | 40.0 | 187.5 | 118.0 | 65.0 | 8.5 | 500 |

计算各号筛的分计筛余率、累计筛余率、细度模数，并评定该砂的颗粒级配和粗细程度。

2. 采用普通水泥、卵石和天然砂配制混凝土，水灰比为0.52，制作一组尺寸为150mm×150mm×150mm的试件，标准养护28d，测得的抗压破坏荷载分别为510kN，520kN和650kN。

计算：(1)该组混凝土试件的立方体抗压强度。

(2)计算该混凝土所用水泥的实际抗压强度。

3. 某工程现浇室内钢筋混凝土梁，混凝土设计强度等级为C30，施工采用机械拌和和振捣，坍落度为30～50mm。所用原材料如下。

水泥：普通水泥42.5MPa，$\rho_C=3\ 100kg/m^3$；

砂：中砂，级配2区合格，$\rho'_S=2\ 650kg/m^3$；

石子：卵石5～40mm，$\rho'_G=2\ 650kg/m^3$；

水：自来水(未掺外加剂)，$\rho_W=1\ 000kg/m^3$

采用体积法计算该混凝土的初步配合比。

4. 某混凝土，其试验室配合比为$m_C : m_S : m_G=1 : 2.10 : 4.68$，$m_W/m_C=0.52$。现场

砂、石子的含水率分别为2%和1%，堆积密度分别为$\rho'_{S0}=1\ 600kg/m^3$和$\rho'_{G0}=1\ 500kg/m^3$。$1m^3$混凝土的用水量为$m_W=160kg$。

计算：(1)该混凝土的施工配合比。

(2) 1袋水泥(50kg)拌制混凝土时其他材料的用量。

(3) $500m^3$混凝土需要砂、石子各多少立方米？需要水泥多少吨？

5. 某工程砌筑烧结普通砖，需要M7.5混合砂浆。所用材料为普通水泥32.5MPa；中砂，含水率2%，堆积密度为$1\ 550kg/m^3$；稠度为12cm石灰膏，体积密度为$1\ 350kg/m^3$；自来水。试计算该砂浆的初步配合比。

# 项目 6

# 砌体材料和屋面材料

## 教学目标

本项目主要讲述砌墙砖、砌块及新型墙用板材。通过本项目的学习，应以达到以下目标。

(1) 掌握砌墙砖的分类、主要技术性质及应用。

(2) 掌握加气混凝土砌块和普通混凝土小型空心砌块的技术性质及应用。

(3) 了解非烧结砖、其他砌块、各种墙板的技术性质及应用。

(4) 了解砌体材料的发展趋势和有关墙体材料改革的动态。

## 教学要求

| 知识要点 | 能力目标 | 相关知识 |
| --- | --- | --- |
| 砌墙砖、砌块、墙用板材 | 会用简单的方法鉴别过火砖和欠火砖；<br>能根据相关标准判别砖的质量等级；<br>会通过砖的抗压试验判定砖的强度等级；<br>能判别普通砖、多空砖、空心砖、砌块和小型空心砌块的标识。掌握它们的技术指标和应用 | 砌墙砖的技术要求及质量检定 |
| 加气混凝土砌块、普通混凝土小型空心砌块 | | 普通混凝土砌块的性能及应用 |
| 非烧结砖、其他砌块 | | 各类墙用板的性能特点及应用；<br>各类屋面瓦材的性能特点及应用 |

## ▶▶案例导入

**【事故简介】**

2003年7月24日7时40分，黑龙江省北安市某小学教学楼加高接建工程发生楼体坍塌事故，造成16人死亡，6人受伤，直接经济损失220余万元。

**【发生经过】**

北安市某小学教学楼建于1987年，1988年11月建成投入使用。该楼为四层（一楼改为商业用房），局部五层砖混结构，建筑面积2469.88m$^2$。近年来，由于学生数量增多，教室不够用，该小学请示北安市教育局，要求在现教学楼四层基础上接建五层，以满足教学需要。北安市教育局经研究同意并向市发展计划局申请立项，市发展计划局批准了市教育局的基建计划。

该层工程主体砌筑结构于2003年7月1日开始施工，7月7日砌筑和混凝土工程结束。7月24日6时，楼南侧外墙施工现场有施工人员14人，楼内有施工人员4人。7时40分，施工人员正在吊篮脚手架中进行二层外墙抹灰剔除工作，工程项目经理在楼下巡视时发现，原建筑结构二层邻街南侧第2个墙垛突然出现多条竖向裂缝，项目经理立即要求吊篮中的工人撤离，因为未预见事件的严重性，所以没有采取所有人员全面撤离危险区域的应急措施。当项目经理给设计负责人打电话进行联系时，墙垛破坏，楼体大面积坍塌，现场施工人员18人和一楼营业门市房内4人，共计22人被埋人坍塌的瓦砾中，造成16人死亡、1人重伤、5人轻伤。

**【原因分析】**

原建筑拆除木窗，更换塑钢窗时，造成窗间墙截面减少；原建筑墙体砂浆强度及砖砌体强度不能满足设计要求；新接楼层后使荷载加大，导致楼体坍塌，是此次事故的技术原因，也是直接原因。

1987年承建某小学教学楼工程的北安城郊某建筑公司在施工中未对红砖等建筑材料进行试压检验，使该楼未达到设计要求的技术质量标准。工程竣工验收时有关单位和部门没有认真进行检查即通过验收，遗留下重大工程隐患。

**【结论与教训】**

根据事故调查组的调查和专家鉴定，确认这是一起特大楼体坍塌责任事故。

这起事故是由于建设单位和施工企业不执行《建筑法》和国家有关规定，违背基本建设法定程序，擅自决定开工，且施工管理混乱；设计单位、施工监理单位越权设计、越权监理；建设行政主管部门及有关部门不认真履行职责；以及原楼建设过程中也存在严重施工质量问题等一系列问题所造成的，事故教训是极其深刻的。

墙体是房屋构成的主要部分之一，它的主要作用是围护、承重和空间的分割。其重量和造价在整个房屋建筑中都占有很大的比例。

我国在建筑上应用烧土制品的历史悠久，如粘土砖、瓦，在距今两千多年前的战国就开始应用，作为土木工程材料的烧土制品至今仍在建筑中占有重要地位。改革开放以后，随着我国基本建设的迅速发展，传统材料无论在数量上还是在品种上、性能上，都无法满足日益增长的基本建设的需要。同时，为了满足节约耕地、保护环境的要求，我国提出了一系列限制使用粘土砖与支持鼓励新型墙体材料发展的政策，加速了砌体改革的过程，使各种新型砌体材料不断涌现，逐步取代传统的粘土制品。

目前，建筑工程中使用的墙体材料有砌墙砖、墙用砌块、混凝土预制大板、轻质隔墙板、薄壁复合墙板等。

# 6.1 烧结普通砖

烧结普通砖是以粘土、页岩、煤矸石或粉煤灰等为主要原料，经成型、焙烧而制成的块体材料。

烧结普通砖按照所用原料可分为烧结粘土砖、烧结煤矸石砖、烧结粉煤灰砖和烧结页岩砖等品种。其中烧结粘土砖是我国传统建筑物中最常用的墙体材料，烧结粘土砖具有透气性和热稳定性。以长江淤泥、煤矸石、粉煤灰等工业废渣为原料的烧结普通砖的开发和应用越来越受到重视。

## 6.1.1 烧结普通砖的生产

烧结普通砖所用的原材料有粘土(N)、粉煤灰(F)、煤矸石(M)、页岩(Y)等，其中以粘土使用最为广泛。

烧结普通砖的生产工艺为采土→调制→制坯→干燥→焙烧。

粘土制成坯体，经干燥然后入窑焙烧，温度升至 200℃，粘土中游离水分蒸发，温度达到 425～850℃时，高岭石等矿物中的结晶水脱出，并逐步分解；当温度升至 900～1 100℃时，粘土中的易熔成分开始熔化，出现玻璃体液相并填充于不熔颗粒的间隙中将其粘结。此时，坯体孔隙率下降，密实度增加，强度也相应提高，这一过程称为烧结。砖在焙烧过程中，若焙烧温度控制不当，则会产生欠火或过火砖，将导致砖的物理力学性质降低。欠火砖是焙烧温度低、火候不足的砖，其特征是黄皮黑心、声哑、强度低、耐久性差。过火砖是焙烧温度过高的砖，其特征是颜色较深、声音清脆、强度与耐久性均高，但是导热系数较大，而且产品多弯曲变形。

## 6.1.2 烧结砖的技术性质

### 1. 尺寸偏差

为了保证砌筑质量，要求砖的尺寸偏差必须符合《烧结普通砖》(GB/T 5101—2003)的规定。

烧结普通砖的外形为直角平行六面体，其公称尺寸为长 240mm、宽 115mm、高 53mm。

若考虑砖之间 10mm 厚的砌筑灰缝，则 4 块砖长、8 块砖宽、16 块砖厚均为 1m。$1m^3$ 的砖砌体需砖数为 4×8×16＝512 块，尺寸如图 6.1 所示。

其尺寸偏差应符合表 6 - 1 的规定。

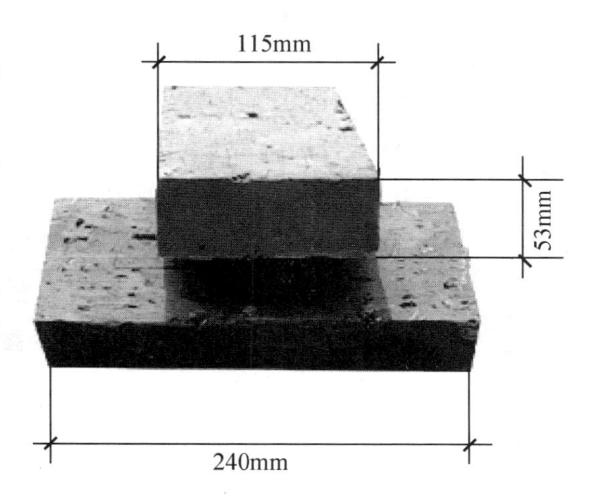


图 6.1 普通烧结砖的尺寸

表 6-1　烧结普通砖的尺寸允许偏差　　单位：mm

| 公称尺寸 | 优等品 | | 一等品 | | 合格品 | |
|---|---|---|---|---|---|---|
| | 样本平均偏差 | 样本极差≤ | 样本平均偏差 | 样本极差≤ | 样本平均偏差 | 样本极差≤ |
| 240 | ±2.0 | 6 | ±2.5 | 7 | ±3.0 | 8 |
| 115 | ±1.5 | 5 | ±2.0 | 6 | ±2.5 | 7 |
| 53 | ±1.5 | 4 | ±1.6 | 5 | ±2.0 | 6 |

### 2. 外观质量

砖的外观质量包括两条面高度差、弯曲、杂质突出高度、缺棱掉角、裂纹长度、完整面和颜色等项内容。外观质量应符合表 6-2 的规定。

表 6-2　烧结普通砖的外观质量标准　　单位：mm

| 项　目 | | 优等品 | 一等品 | 合格品 |
|---|---|---|---|---|
| 两条面高度差 | 不大于 | 2 | 3 | 4 |
| 弯曲 | 不大于 | 2 | 3 | 4 |
| 杂质凸出高度 | 不大于 | 2 | 3 | 4 |
| 缺棱掉角的三个破坏尺寸 | 不得同时大于 | 5 | 20 | 30 |
| 裂纹长度 | 不大于 | | | |
| a. 大面上宽度方向及其延伸至条面的长度 | | 30 | 60 | 80 |
| b. 大面上长度方向及其延伸至顶面的长度或条顶面上水平裂纹的长度 | | 50 | 80 | 100 |
| 完整面不得少于 | | 一条面和一顶面 | 一条面和一顶面 | — |
| 颜色 | | 基本一致 | — | — |

注：①为装饰而施加的色差、凹凸纹、拉毛、压花等不算作缺陷。

② 凡有下列缺陷之一者，不得称为完整面：

a. 缺损在条面或顶面上造成的破坏面尺寸同时大于 10mm×10mm。

b. 条面或顶面上裂纹宽度大于 1mm，其长度超过 30mm。

c. 压陷、粘底、焦花在条面或顶面上的凹陷或凸出超过 2mm，区域尺寸同时大于 10mm×10mm。

### 3. 强度等级

烧结普通砖根据抗压强度分为 5 个等级，MU30、MU25、MU20、MU15 和 MU10，抽取 10 块砖试样进行抗压强度试验，加荷速度为 5kN/S±0.5kN/s。试验后计算出 10 块砖的抗压强度平均值，根据试验和计算结果按照表 6-3 确定烧结普通砖的强度等级。

表 6-3　烧结普通砖的强度等级　　单位：MPa

| 强度等级 | 抗压强度平均值 $\bar{f}\geqslant$ | 变异系数 $\delta\leqslant0.21$ | 变异系数 $\delta>0.21$ |
|---|---|---|---|
| | | 强度标准值 $f_k\geqslant$ | 单块最小抗压强度值 $f_{min}\geqslant$ |
| MU30 | 30.0 | 22.0 | 25.0 |
| MU25 | 25.0 | 18.0 | 22.0 |
| MU20 | 20.0 | 14.0 | 16.0 |
| MU15 | 15.0 | 10.0 | 12.0 |
| MU10 | 10.0 | 6.5 | 7.5 |

表中：$\bar{f}$——10块试样的抗压强度平均值，MPa；

$f_k$——强度标准值，MPa；

$f_{min}$——单块最小抗压强度值，MPa；

$\delta$——砖的强度变异系数，按式(6-3)计算：

$$\delta=\frac{S}{\bar{f}} \tag{6-1}$$

$S$——10块试样的抗压强度标准差，MPa，

$$S=\sqrt{\frac{1}{9}}\sqrt{\sum_{i=1}^{10}(f_i-\bar{f})^2} \tag{6-2}$$

$f_i$——第 $i$ 块试样抗压强度测定值，MPa。

当变异系数 $\delta \leqslant 0.21$ 时，按抗压强度平均值($\bar{f}$)、强度标准值 $f_k$ 评定砖的强度等级。$f_k$ 按下式计算：

$$f_k=\bar{f}-1.8\times S \tag{6-3}$$

当变异系数 $\delta > 0.21$ 时，按抗压强度平均值($\bar{f}$)、单块最小抗压强度值($f_{min}$)评定砖的强度等级。

### 4. 泛霜

泛霜是指粘土原料中的可溶性盐类(如硫酸钠等)，随着砖内水分蒸发而在砖表面产生的盐析现象，一般为絮团状斑点的白色粉末，影响建筑的美观。GB/T 5101—1998规定，优等品无泛霜现象，一等品不允许出现中等泛霜，合格品不允许出现严重泛霜，如图6.2所示。

图6.2 砖的泛霜

### 5. 石灰爆裂

当生产粘土砖的原料中含有石灰石时，则焙烧时石灰石会煅烧成生石灰留在砖内，这时的生石灰为过火生石灰，砖吸水后生石灰消化产生体积膨胀，导致砖发生膨裂破坏，这种现象称为石灰爆裂。石灰爆裂严重影响烧结砖的质量，并降低砌体强度。所以标准中规定优等品砖不允许出现最大破坏尺寸大于2mm的爆裂区域；最大破坏尺寸大于2mm且小于等于10mm的爆裂区域，每组砖样不得多于15处，其中大于10mm的不得多于7处。

### 6. 抗风化性能

烧结普通砖的抗风化性是指能抵抗干湿变形、冻融变化等气候作用的性能。它是烧结普通砖的重要耐久性之一。对砖的抗风化性要求应根据各地区风化程度不同而定。

烧结普通砖的抗风化性通常以其抗冻性、吸水率及饱和系数等指标判别。饱和系数是指砖在常温下浸水 24h 后的吸水率与煮沸 5h 的吸水率之比。

### 7. 质量等级

尺寸偏差和抗风化性能合格的砖，根据外观质量、泛霜和石灰爆裂三项指标，划分为优等品(A)、一等品(B)与合格品(C)3 个产品等级。烧结普通砖的质量等级标准见表 6－4。

**表 6－4 烧结普通砖的质量等级**

| 项目 | 优等品 | | 一等品 | | 合格品 | |
|---|---|---|---|---|---|---|
| | 样本平均偏差 | 样本极差 | 样本平均偏差 | 样本极差 | 样本平均偏差 | 样本极差 |
| (1)尺寸偏差 | | | | | | |
| 长度 240mm | ±2.0 | 8 | ±2.5 | 8 | ±3.0 | 8 |
| 宽度 115mm | ±1.5 | 6 | ±2.0 | 6 | ±2.5 | 7 |
| 高度 53mm | ±1.5 | 4 | ±1.6 | 5 | ±2.0 | 6 |
| (2)外观质量 | | | | | | |
| 两条面高度差不大于/mm | 2 | | 3 | | 5 | |
| 弯曲不大于/mm | 2 | | 3 | | 5 | |
| 杂质凸出高度不大于/mm | 2 | | 3 | | 5 | |
| 缺棱掉角的三个破坏尺寸不得同时大于/mm | 15 | | 20 | | 30 | |
| 裂纹长度不大于 | 2 | | 4 | | 6 | |
| ①大面上宽度方向及其延伸至条面的长度/mm | 70 | | 70 | | 110 | |
| ②大面上长度方向及其延伸至顶面或条面上水平裂纹的长度/mm | 100 | | 100 | | 150 | |
| 完整面不得少于 | 一条面和一顶面 | | 一条面和一顶面 | | | |
| 颜色 | 基本一致 | | 基本一致 | | 基本一致 | |
| (3)泛霜 | 无泛霜 | | 不允许出现中等泛霜 | | 不允许出现严重泛霜 | |
| (4)石灰爆裂 | 不允许出现最大破坏尺寸＞2mm 的爆裂区域 | | ①最大破坏尺寸＞2mm 且≤10mm 的爆裂区域，每组样砖不得＞15 处；② 不允许出现最大破坏尺寸＞100mm 爆裂区域 | | ①最大破坏尺寸＞2mm 且≤15m 的爆裂区域，每组样砖不得＞15 处，其中＞10mm 得不能多于 7 处；②不允许出现最大破坏尺寸＞150mm 爆裂区域 | |

## ▶▶案例 6－1

某县城于 2009 年 7 月 8 号至 10 日遭受洪灾，某住宅楼底部单车库进水，12 日上午倒塌，墙体破坏后部分呈粉末状，该楼为五层半砖砌体承重结构。在残存北纵墙基础上随机抽取 20 块砖试验进行试验。自然状态下实测抗压强度平均值为 5.85 MPa，低于设计要求的 MU10 砖抗压强度。从砖厂成品堆中随机抽取了砖测试，抗压强度十分离散，高的达21.8 MPa，低的仅5.1 MPa。请对其砌体材料进行分析讨论。

【案例分析】

① 砖的质量差。设计要求使用MU10砖，而在施工时使用的砖大部分为MU7.5，现场检测结果砖的强度低于MU7.5。该砖厂土质不好，砖匀质性差。

② 砖的软化系数小，且被积水浸泡过，强度大幅度下降，故部分砖破坏后呈粉末状。

③ 砌筑砂浆强度低，无粘结力。

### 6.1.3 烧结砖的应用

烧结粘土砖具有一定的强度，除可用于砌筑承重或非承重墙体外，还可砌筑砖柱、砖拱、砖过梁、沟道、基础等。烧结粘土砖在应用时，应充分发挥其强度、耐久性和隔热性能均较高的特点。

优等品可用于清水墙和墙体装饰，一等品、合格品可用于混水墙，中等泛霜的砖就不能用于处于潮湿环境中的工程部位。

由于烧结普通砖能耗高、毁坏耕地、破坏生态平衡、污染环境，因此我国对实心粘土砖的生产、使用有严格限制。

**特别提示**

在2003年6月30日前，170个城市、2005年年底前所有省会城市禁用实心粘土砖。改变目前我国民用建筑以实心粘土砖为主导材料的同时，在沿海地区和大中城市要创造条件，将禁用范围逐步扩大到以粘土为主要原料的墙体材料，禁用实心粘土砖工作要向3个方面延伸。一是由大小城市向小城镇延伸，二是由城镇向农村住宅延伸，三是由民用建筑向工业建筑延伸。大力推进技术进步，加速淘汰落后工艺，加强墙体材料专项基金的监督；加强基础工作，特别是加强新型墙体材料应用技术的研究，加强信息交流，强化目标管理，落实目标责任制。

## 6.2 烧结多孔砖和烧结空心砖

用多孔砖和空心砖代替烧结普通砖可以使建筑物自重减轻30%左右，节约粘土20%～30%，节省燃料10%～20%，施工工效提高40%，并能改善砖的绝热和隔声性能。所以，推广使用多孔砖、空心砖也是加快我国墙体材料改革，促进墙体材料工业技术进步的措施之一。

### 6.2.1 烧结多孔砖

烧结多孔砖是指砖内孔洞率大于等于25%、砖内孔洞内径不大于22mm、孔多而小的烧结砖。常用于建筑物承重部位。

1）规格

多孔砖的常用尺寸为190mm×190mm×90mm（M型）和240mm×115mm×90mm（P型）两种规格。烧结多孔砖的外形如图6.3所示。

2）强度等级和质量等级

根据《烧结多孔砖》（GB 13544—2000）的规定，烧结多孔砖按10块砖样的抗压强度标准值可划分为MU30、MU25、MU20、MU15、MU10这5个强度等级。依据尺寸偏差、外观质量、孔型及孔洞排数、泛霜、石灰爆裂等指标，多孔砖划分为优等品（A）、一

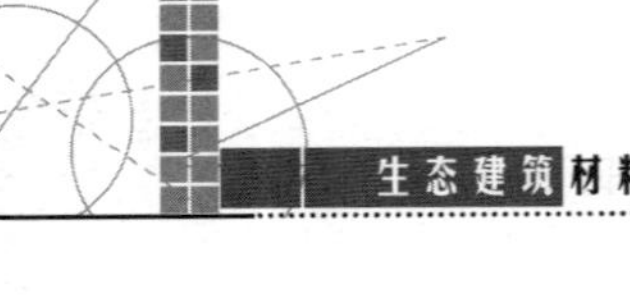

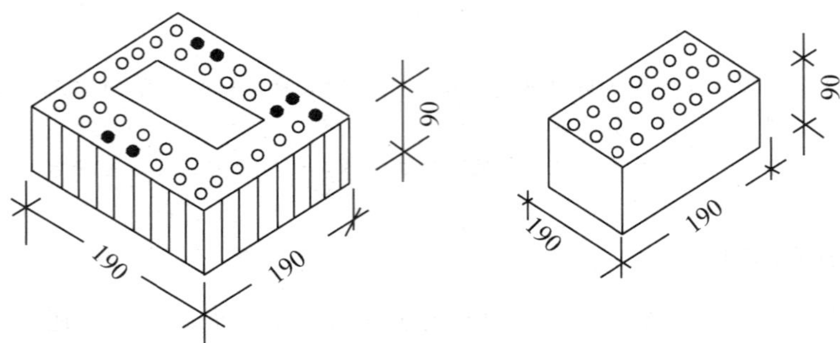


图 6.3 烧结多孔砖

等品(B)与合格品(C)3 个产品等级。

烧结多孔砖的尺寸偏差指标应该满足表 6-5 的规定。外观质量应符合表 6-6 的要求。此外国家标准还对泛霜、石灰爆裂、外观质量及缺陷等指标规定了与空心砖相同的要求，并要求优等品和一等品烧结多孔砖的孔洞必须采用交错排列的矩形孔或矩形条孔。

表 6-5 烧结多孔砖尺寸允许偏差

| 尺　寸 | 优等品 | | 一等品 | | 合格品 | |
|---|---|---|---|---|---|---|
| | 样本平均偏差 | 样本极差≤ | 样本平均偏差 | 样本极差≤ | 样本平均偏差 | 样本极差≤ |
| 290、240 | ±2.0 | 6 | ±2.5 | 7 | ±3.0 | 8 |
| 190、180、175、140、115 | ±1.5 | 5 | ±2.0 | 6 | ±2.5 | 7 |
| 90 | ±1.5 | 4 | ±1.7 | 5 | ±2.0 | 6 |

表 6-6 烧结多孔砖外观质量

| 项　　目 | 优　等　品 | 一　等　品 | 合　格　品 |
|---|---|---|---|
| 1. 颜色(一条面和一顶面) | 一致 | 基本一致 | |
| 2. 完整面　　不得少于 | 一条面和一顶面 | 一条面和一顶面 | |
| 3. 缺棱掉角的三个破坏尺寸　　不得同时大于 | 15 | 20 | 30 |
| 4. 裂纹长度　　不大于 | | | |
| a. 大面上深入孔壁 15mm 以上宽度方向及其延伸到条面的长度 | 60 | 80 | 100 |
| b. 大面上深入孔壁 15mm 以上长度方向及其延伸到顶面的长度 | 60 | 100 | 120 |
| c. 条顶面上水平裂纹 | 80 | 100 | 120 |
| 5. 杂质车在砖面上造成的凸出高度　　不大于 | 3 | 4 | 5 |

注：(1) 为装饰而施加的色差、凹凸纹、拉毛、压花等不算缺陷。

(2) 凡有下列缺陷者，不能称为完整面。

① 缺损在条面或顶面上造成的破坏面尺寸同时大于 20mm×30mm。

② 条面或顶面上裂纹宽度大于 1mm，其长度超过 70mm。

③ 压陷、焦花、粘底在条面或顶面上的凹陷或凸出超过 2mm，区域尺寸同时大于 20mm×30mm。

3）产品标志

烧结多孔砖的产品表示为“名称、品种、规格、强度等级、标准编号”，如“烧结多孔砖 M290×175×9015BGB13544”，表示该砖为烧结煤矸石多孔砖，品种为M型，，规格尺寸为290mm×175mm×90mm，强度等级为MU15的一等品砖，符合国标GB 13544的要求。

4）烧结多孔砖的应用

烧结多孔砖强度较高，主要用于砌筑六层以下建筑物的承重墙或高层框架结构填充墙（非承重墙）。由于为多孔构造，故不宜用于基础墙的砌筑。

## 6.2.2 烧结空心砖

烧结空心砖是以粘土、页岩、煤矸石、粉煤灰及其他废料为主原料，经过焙烧而成的孔洞率大于或等于35%的砖。其孔尺寸大而数量少，平行于大面和条面，一般用于砌筑非承重的墙体结构，如图6.4所示。

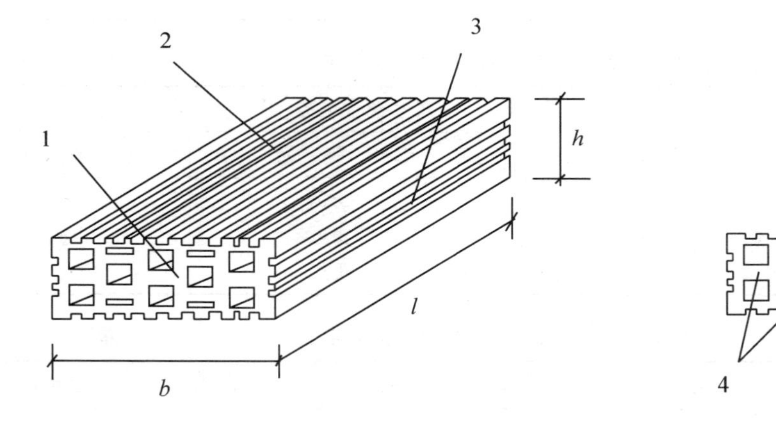


**图6.4 烧结空心砖的外形图**

1—顶面；2—大面；3—条面；4—肋；5—凹线槽；6—外壁；*l*—长度；*b*—宽度；*h*—高度

烧结空心砖与烧结多孔砖相比，孔洞个数少，孔洞率较大，一般孔洞率大于35%。砌筑时，孔洞水平方向放置，故又称为水平孔空心砖。

烧结空心砖根据表观密度分为800、900、1 100这3个密度级别，见表6-7。

**表6-7 烧结空心砖和空心砌块密度级别** 单位：$kg/m^3$

| 密度级别 | 五块密度平均值 |
|---|---|
| 800 | ≤800 |
| 900 | 801～901 |
| 1 100 | 901～1 100 |

烧结空心砖根据大面及条面的抗压强度，分为5.0、3.0、2.0这3个强度等级，见表6-8。每个密度级别的产品根据孔洞排数、尺寸偏差、外观质量、强度等级和物理性能划分为优等品(A)、一等品(B)、合格品(C)3个产品等级，见表6-9、表6-10、表6-11、表6-12。

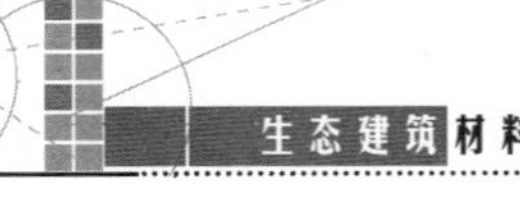


表 6-8　烧结空心砖的强度　单位：MPa

| 等级 | 强度等级 | 大面抗压强度 | | 条面抗压强度 | |
|---|---|---|---|---|---|
| | | 平均值不小于 | 单块最小值不小于 | 平均值不小于 | 单块最小值不小于 |
| 优等品 | 5.0 | 5.0 | 3.7 | 3.4 | 2.3 |
| 一等品 | 3.0 | 3.0 | 2.2 | 2.2 | 1.4 |
| 合格品 | 2.0 | 2.0 | 1.4 | 1.6 | 0.9 |

表 6-9　烧结空心砖孔洞要求

| 等　级 | 孔洞排数(排) | | 孔洞率/% | 壁厚/mm | 肋厚/mm |
|---|---|---|---|---|---|
| | 宽度方向 | 高度方向 | | | |
| 优等品 | ≥5 | ≥2 | ≥35 | ≥10 | ≥7 |
| 一等品 | ≥3 | — | | | |
| 合格品 | — | | | | |

表 6-10　烧结空心砖尺寸偏差要求　单位：mm

| 尺　寸 | 尺寸允许偏差 | | |
|---|---|---|---|
| | 优　等　品 | 一　等　品 | 合　格　品 |
| ＞200 | ±4 | ±5 | ±7 |
| 200～100 | ±3 | ±4 | ±5 |
| ＜100 | ±3 | ±4 | ±4 |

表 6-11　烧结空心砖外观质量要求　单位：mm

| 项　目 | 优等品 | 一等品 | 合格品 |
|---|---|---|---|
| 1. 弯曲　不大于 | 3 | 4 | 5 |
| 2. 缺棱掉角的 3 个破坏尺寸　不得同时大于 | 15 | 30 | 40 |
| 3. 未贯穿裂纹长度　不大于 | | | |
| a. 大面上宽度方向及其延伸到条面的长度 | 不允许 | 100 | 140 |
| b. 大面上宽长度方向或条面上水平方向的长度 | 不允许 | 120 | 100 |
| 4. 贯穿裂纹长度　不大于 | | | |
| a. 大面上宽度方向及其延伸到条面的长度 | 不允许 | 60 | 80 |
| b. 壁、肋沿长度方向、宽度方向及其水平方向的长度 | 不允许 | 60 | 80 |
| 5. 肋、壁内残缺长度　不大于 | 不允许 | 60 | 80 |
| 6. 完整面　不少于 | 一条面和一大面 | 一条面或一大面 | |
| 7. 欠火砖和酥砖 | 不允许 | 不允许 | 不允许 |

注：凡有下列缺陷之一者，不能称为完整面。

① 缺损在大面、条面上造成的破坏面尺寸同时大于 20mm×30mm。

② 大面、条面上裂纹宽度大于 1mm，其长度超过 70mm。

③ 压陷、粘底、焦花在大面、条面上的凹陷或凸出超过 2mm，区域尺寸同时大于 20mm×30mm。

表6-12 烧结空心砖的物理性能指标

| 项目 | 鉴别指标 |
| --- | --- |
| 冻融 | (1)优等品：不允许出现裂纹、分层、掉皮、缺棱掉角等冻坏现象。<br>(2)一等品、合格品<br>① 冻裂长度不大于表6-11中3、4的合格品规定。<br>② 不允许出现分层、掉皮、缺棱掉角等冻坏现象 |
| 泛霜 | (1)优等品：不允许出现轻微泛霜；<br>(2)一等品：不允许出现中等泛霜；<br>(3)合格品：不允许出现严重泛霜 |
| 石灰爆裂 | 试验后的每块式样应符合表6-14中3、4、5的规定，同时每组试样必须符合下列要求。<br>1. 优等品<br>在同一大面或条面上出现最大直径大于5mm不大于10mm的爆裂区域不多于一处的试样，不得多于1块<br>2. 一等品<br>① 在同一大面或条面上出现最大直径大于5mm不大于10mm的爆裂区域不多于一处的试样，不得多于3块。<br>② 各面出现最大直径大于10mm不大于15mm的爆裂区域不多于一处的试样，不得多于2块。<br>3. 合格品<br>各面不得出现最大直径大于15mm的爆裂区域 |
| 吸水率 | (1)优等品：不大于22%。<br>(2)一等品：不大于25%。<br>(3)合格品：不要求 |

烧结空心砖主要用于非承重墙体，如框架结构填充墙、非承重内隔墙。

**特别提示**

《墙体材料革新“十五”规划》指出，2005年全国新型墙体材料产量将达到3000亿块，比2000年增加900亿块，年均增长速度为8%；淘汰实心粘土砖生产企业2万家，累计节约土地110万亩，节能8 000万吨标准煤，利用废渣30 000万吨。

## 6.3 蒸养砖

蒸养砖属于硅酸盐制品，是以石灰和硅质材料(砂、粉煤灰、炉渣、煤矸石、页岩等)与水拌和，经成型、蒸养或蒸压而制得的砖。蒸养砖可以利用工业废料，减少环境污染，而且不破坏耕地，可常年稳定生产，蒸养砖是我国目前砖生产的又一发展方向。

蒸养砖的产品有灰砂砖、粉煤灰砖和炉渣砖等。蒸养砖属于水硬性材料。

1. 灰砂砖

灰砂砖是用石灰、砂为原料，经配料、拌和、压制成型、蒸压养护而制得的块体材料。图6.5的灰砂砖呈灰白色，表观密度为1 800～1 900kg/m$^3$，导热系数为0.61W/(m·K)。

根据国家标准《蒸压灰砂砖》(GB 11945—1999)的规定，按照抗压和抗折强度分为MU25、MU20、MU15和MU10这4个强度等级。根据尺寸偏差和外观质量分为优等品(A)、一等品(B)与合格品(C)3个产品等级。

灰砂砖不宜用于长期受热高于200℃的地方，在受急冷、急热或有酸性介质侵蚀的环境下，也应避免使用，也不宜用于受流水冲刷的部位。

图6.5 灰砂砖

### ▶▶案例6-2

新疆某石油基地库房砌筑采用蒸压灰砂砖，由于工期紧，灰砂砖紧俏，出厂4天的灰砂砖即砌筑。8月完工，后发现墙体有较多垂直裂缝，至11月底裂缝基本固定。

【原因分析】

(1) 首先是砖出厂到上墙时间太短，灰砂砖出釜后含水量随时间而减少，20多天后才基本稳定。出厂时间太短必然导致灰砂砖干缩大。

(2) 气温影响。砌筑时气温很高，而几个月后气温明显下降，从而导致温度变形。

(3) 灰砂砖表面光滑，砂浆与砖的粘结程度低。需要说明的是灰砂砖砌体的抗剪强度普遍低于普通粘土砖。

2. 蒸压粉煤灰砖

蒸压粉煤灰砖是以粉煤灰和石灰为主要原料，配以适量石膏和炉渣，加水拌和后压制成型，再经常压或高压蒸汽养护制成的实心砖，也称粉煤灰砖，如图6.6所示。

粉煤灰砖的规格同普通粘土砖均有，240mm×115mm×53mm。

根据部颁标准《粉煤灰砖》(JC 239—2001)的规定，粉煤灰砖按照抗压和抗折强度分为MU30、MU25、MU15和MU10这4个强度等级。根据外观质量、强度、抗冻性和干燥收缩分为优等品(A)、一等品(B)与合格品(C)3个产品等级。

粉煤灰砖的抗冻性要求为砖样经15次冻融循环后，其条面上的破坏面积大于$25cm^2$或顶面上的破坏面积大于$20cm^2$的砖样，不得多于一块。

粉煤灰砖适用于以下工程部位。

(1) 可用于一般工业与民用建筑的墙体和基础。

(2) 在易受冻融和干湿交替作用的工程部位必须使用一等砖，用于易受冻融作用的工程部位时要进行抗冻性试验，并用水泥砂浆抹面，或在设计上采取其他适当措施，以提高结构的耐久性。

(3) 用粉煤灰砖砌筑的建筑物，应适当增设圈梁及伸缩缝，或采取其他措施，以避免或减少收缩裂缝的产生。

(4) 长期受热高于200℃。受冷热交替作用，或有酸性侵蚀的工程部位，不得使用粉煤灰砖。

(5) 粉煤灰砖出窑后，应存放一段时间后再用，以减少相对伸缩值。

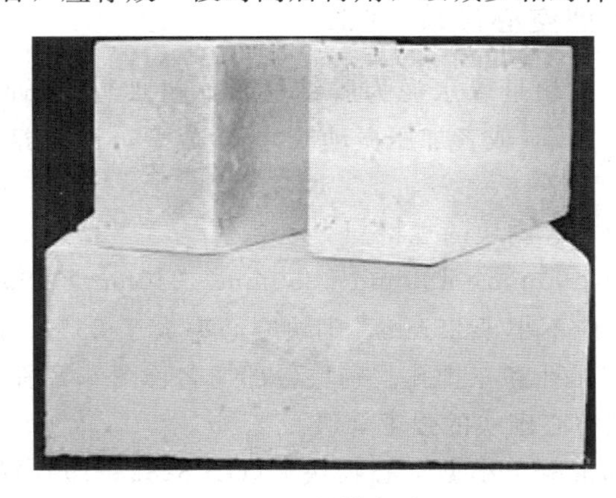

图6.6 粉煤灰砖

3. 蒸压炉渣砖

蒸压炉渣砖是以煤燃烧后的残渣为主要原料，配以一定数量的石灰和少量石膏，经加水搅拌混合、压制成型和蒸汽养护制成的实心砖，称为炉渣砖，如图6.7所示。

炉渣砖的规格同普通粘土砖，均为240mm×115mm×53mm。

炉渣砖按照抗压和抗折强度分为MU25、MU20、MU15和MU10这4个强度等级。根据外观质量、强度、抗冻性和干燥收缩分为优等品(A)、一等品(B)与合格品(C)3个产品等级。

炉渣砖的抗冻性要求为将吸水饱和的砖，经15次冻融循环后，单块砖的最大体积损失不超过2%，或试件抗压强度平均值的降低不超过25%，即为合格。

图6.7 炉渣砖

炉渣砖应用在以下工程部位。

(1) 由于蒸养炉渣砖的初期吸水速度较慢，故与砂浆的粘结性能差，在施工时应根据气候条件和砖的不同湿度，及时调整砂浆的稠度。当砌筑到一定高度后，要留有一定的间隔时间，以避免由于砌体游动而影响施工质量。

（2）对经常受干湿交替及冻融作用的工程部位，必须使用MU15以上等级度的炉渣砖，或采取水泥砂浆抹面等措施。

## 6.4 墙用砌块

砌块是用于砌筑的人造块材，外形多为直角六面体，也有各种异形的砌块，是一种新型的节能墙体材料。按照用途，分为承重砌块和非承重砌块；按照原材料，可分为混凝土小型砌块、人造骨料混凝土砌块、复合砌块等种类，其中以混凝土空心小型砌块产量最大，应用最广。

由于砌块的制作原料可以使用炉渣、粉煤灰、煤矸石等工业废渣，可以节省大量的土壤，有利于保护环境，因而是我国墙体材料改革的一个重要的途径。

### 6.4.1 普通混凝土小型空心砌块(NHB)

普通混凝土小型空心砌块是以水泥为胶结材料，粗骨料(普通碎石或卵石)、细骨料(砂)经加水搅拌，成模、振动(或者加压振动或冲压)成型，进而养护而成的空隙率≥25%的小型空心砌块。

（1）普通混凝土小型空心砌块的规格。

主要规格有390mm×190mm×190mm、390mm×240mm×190mm等。砌块外壁值应不小于30mm，最小肋厚应不小于25mm，砌块空心率大于25%。砌块的孔洞一般竖向设置，多为单排孔，也有双排孔和三排孔。砌块各部位名称图6.8所示。

（2）普通混凝土小型空心砌块的强度等级。

根据国家标准《普通混凝土小型空心砌块》(GB 8239—1997)的规定，混凝土小型砌块按照抗压强度分为MU20.0、MU15.0、MU10.0、MU7.5、MU5.0、MU3.5这6个强度等级，每种砌块所能承受的抗压强度见表6-13。

（3）普通混凝土小型空心砌块的质量等级。

根据尺寸偏差和外观质量，混凝土空心砌块分为优等品(A)、一等品(B)与合格品(C)3个产品等级。其外观质量要求与尺寸偏差见表6-14、表6-15。

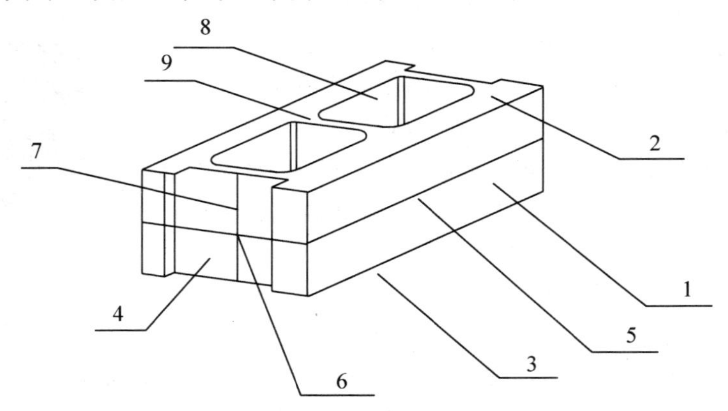


**图6.8 混凝土空心砌块**

1—条面；2—坐浆面；3—铺浆面；4—顶面；5—长度；6—宽度；7—高度；8—壁；9—肋

表6-13　普通混凝土小型空心砌块的强度等级(GB 8239—1997)

| 强度等级 | 平均值不小于/MPa | 单块最小值不小于/MPa |
|---|---|---|
| MU3.5 | 3.5 | 2.8 |
| MU5.0 | 5.0 | 4.0 |
| MU7.5 | 7.5 | 6.0 |
| MU10.0 | 10.0 | 8.0 |
| MU15.0 | 15.0 | 12.0 |
| MU20.0 | 20.0 | 16.0 |

表6-14　空心砌块的外观质量要求　单位：mm

| 项　　目 | 优等品 | 一等品 | 合格品 |
|---|---|---|---|
| 弯曲不大于 | 3 | 4 | 4 |
| 缺棱掉角的3个破坏尺寸，不得同时大于 | 15 | 30 | 40 |
| 未贯穿裂纹长度，不大于：<br>1. 大面上宽度方向及其延伸至条面的长度<br>2. 大面上长度方向及其延伸制顶面的长度或条顶面上水平裂纹的长度 | 不允许<br>不允许 | 100<br>120 | 140<br>160 |
| 贯穿裂纹长度，不大于：<br>1. 大面上宽度方向及其延伸至条面的长度<br>2. 壁、肋沿长度方向及其延伸至条面的长度 | 不允许<br>不允许 | 60<br>60 | 80<br>80 |
| 壁、肋内残缺长度，不大于 | 不允许 | 60 | 80 |
| 完整面，不少于 | 一条面和一大面 | 一条面和一大面 | — |
| 欠火砖或酥砖 | 不允许 | 不允许 | 不允许 |

注：凡有下列缺陷之一者，不能称之为完整面。

① 缺损在大面、条面上造成的破坏面尺寸同时大于20mm×30mm。

② 大面、条面上裂纹宽度大于1mm，长度超过70mm。

③ 压陷、粘底、焦花在大面、条面上凹或凸超过2mm，区域尺寸同时大于20mm×30mm。

表6-15　空心砌块的尺寸允许偏差　单位：mm

| 尺　　寸 | 优等品 | 一等品 | 合格品 |
|---|---|---|---|
| 大于200 | ±4 | ±5 | ±7 |
| 100～200 | ±3 | ±4 | ±5 |
| 小于100 | ±3 | ±4 | ±4 |

普通混凝土小型空心砌块可用于各种公用或住宅建筑以及工业厂房、仓库和农村建筑的内外墙体。在砌筑时一般不宜浇水，但是在气候特别干燥炎热时，可在砌筑前稍喷水湿润。砌筑灰缝宽度应控制在8～12mm之间。所埋设的拉结钢筋或网片，必须设置在砂浆层中。承重墙不得用砌块和砖混合砌筑。

## 6.4.2 蒸压加气混凝土砌块(ACB)

蒸压加气混凝土砌块是以钙质材料(石灰、水泥)和硅质材料(矿渣、粉煤灰)以及铝粉发气剂，经配料、搅拌、浇筑成型、切割和蒸压养护而成的多孔轻质块体材料。

根据《蒸压加气混凝土砌块》(GB/T 11968—2006)规定，其主要技术指标如下。

### 1. 加气混凝土砌块的尺寸规格

长度($L$)为 600mm，高度($H$)有 200mm、240mm、250mm、300mm，宽度($B$)有 100mm、125mm、150mm、180mm、200mm、240mm、250mm、300mm。

### 2. 砌块抗压强度和体积密度等级

1) 砌块的强度等级

加气混凝土砌块按抗压强度分级分为 A1.0、A2.0、A2.5、A3.5、A5.0、A7.5、A10.0 这 7 个强度等级，各等级的立方体抗压强度值不得小于表 6-16 的规定。

表 6-16　加气混凝土砌块的抗压强度(GB/T 11968—2006)

| 强度级别 | 立方体抗压强度/MPa | |
|---|---|---|
| | 平均值不小于 | 单块最小值不小于 |
| A1.0 | 1.0 | 0.8 |
| A2.0 | 2.0 | 1.6 |
| A2.5 | 2.5 | 2.0 |
| A3.5 | 3.5 | 2.8 |
| A5.0 | 5.0 | 4.0 |
| A7.5 | 7.5 | 6.0 |
| A10.0 | 10.0 | 8.0 |

2) 砌块的体积密度等级

按照砌块的干体积密度，划分为 B03、B04、B05、B06、B07、B08 这 6 个级别，各个级别的密度值应符合表 6-17 的规定。

表 6-17　加气混凝土砌块的干体积密度

| 体积密度级别 | | B03 | B04 | B05 | B06 | B07 | B08 |
|---|---|---|---|---|---|---|---|
| 体积密度 | 优等品(A)≤ | 300 | 400 | 500 | 600 | 700 | 800 |
| | 一等品(B)≤ | 330 | 430 | 530 | 360 | 730 | 830 |
| | 合格品(C)≤ | 350 | 450 | 550 | 650 | 750 | 850 |

3) 砌块等级

按照尺寸偏差、外观质量、密度范围、抗压强度等性能指标分为优等品(A)、一等品(B)、合格品(C)3 个等级。各级的体积密度和相应的强度应符合表 6-18 的规定。

表6-18　加气混凝土砌块的等级

| 体积密度级别 | | B03 | B04 | B05 | B06 | B07 | B08 |
|---|---|---|---|---|---|---|---|
| 强度等级 | 优等品(A) | A1.0 | A2.0 | A3.5 | A5.0 | A7.5 | A10.0 |
| | 一等品(B) | | | A3.5 | A5.0 | A7.5 | A10.0 |
| | 合格品(C) | | | A2.5 | A2.5 | A5.0 | A7.5 |

### 3. 砌块的抗冻性

蒸压加气混凝土的抗冻性、收缩性和导热性应符合表6-19的规定。

表6-19　干燥收缩、抗冻性和导热系数

| 体积密度等级 | | B03 | B04 | B05 | B06 | B07 | B08 |
|---|---|---|---|---|---|---|---|
| 干燥收缩值 | 标准法/(mm/m)，≤ | 0.5 | | | | | |
| | 快速法/(mm/m)，≤ | 0.8 | | | | | |
| 抗冻性 | 质量损失/%，≤ | 5.0 | | | | | |
| | 冻后强度/MPa，≥ | 0.8 | 1.6 | 2.0 | 2.8 | 4.0 | 6.0 |
| 导热系数 | (干态)/(W/m·k)，≤ | 0.10 | 0.12 | 0.14 | 0.16 | | |

注：①规定采用标准法、快速法测定砌块干燥收缩值，若测定结果发生矛盾不能判定时，则以标准测定的结果为准。
②用于墙体的砌块，允许不测导热系数。

加气混凝土砌块具有表观密度小、保温及耐火性能好、易于加工、抗震性能好等优点，主要用于非承重外墙、内墙、框架填充墙及一般工业建筑的围护结构。

**知识链接**

举世瞩目的上海世博会，不仅将全球实验室的科技梦想转化成现实，打造了“城市让生活更美好”的理念，同时也吸引了世界各国将建筑文化和建材创新带到中国。造型新颖、色彩绚丽的西班牙馆(图6.9)，建筑外形犹如波浪起伏，充满诱人动感，其外墙材料选用的是藤条装饰，钢管结构，即用钢丝斜向固定，像鱼鳞一样整齐排列，既牢固又美观。这些颜色不同、深浅各异的藤板，不是经过人为染色所致，而是通过开水煮出来的。这些深浅各异的藤板都是在孔子的故乡山东制作完成的，不经过任何染色，藤条用开水煮5h可变成棕色，煮9h接近黑色，这就是这些藤板色彩不一的“秘诀”。此外，通过藤条和钢结构的缝隙，还可以让自然光直接透入展馆内，使室内光线更显通亮剔透，幽雅清新。

图 6.9　上海世博会西班牙馆

**知识链接**

造成混凝土小型空心砌块、灰砂砖等砌体开裂的原因不同，前者致裂的主要原因是竖缝砂浆难以饱满以及特殊的构造要求未能跟上。后者由于其本身对温差敏感、表面光滑等特殊性，虽然外观、尺寸指标均较好，但在实际使用中对严格的灰砂砖砌体施工规程不熟悉，缺少使用经验，导致除存在粘土砖常见的裂缝外，还常见在较长墙段中及外墙窗台下的竖斜裂缝。其机理可以认为①刚出厂的灰砂砖稳定性差。灰砂砖主要由细砂和石灰组成，蒸压养护后，一般不到一周即已出厂，但根据生产经验，灰砂砖在出厂的一个月内释放的热量较大，存在着反复的化学反应过程，而且实际上一时难以完全反应，因此，体积极不稳定。②对含水率有苛刻的要求。据有关试验资料和使用经验表明，含水率控制在7%～10%之间，砌体可获得较好的粘结力和抗剪强度，否则影响明显。③砖体表面太光滑，粘结性能差，特别是当含水率不当致使砌体砂浆强度低劣粘结不良后，直接地导致了在缝间抗拉剪强度低下。预防的主要方法有①确保使用前的稳定期。②严格控制含水率。③严格按有关灰砂砖操作规程和构造要求施工，如在较长墙段中部及窗台下设统长构造筋等。④改善砖面造型(如生产糙面灰砂砖)。如能切实落实这四类措施，在目前大力推广使用墙改材料的今天，灰砂砖还是有广泛的生产和应用潜力的。

## 6.5 墙　　板

### 6.5.1 大型预制装配式墙板

在建筑工程中使用预制装配式大板有利于实现建筑业向工业化、机械化发展，它是改革传统墙体材料的一个发展趋势。

在装配式大板建筑中，多采用一间一块的内墙板、外墙板或隔墙板。几种不同类型的预制装配式大板列于表 6 - 20 中，供参考。

表6-20 几种装配式大型墙板的类型

| 墙板类型 | 材料 | 混凝土强度等级 | 规格 | 用途 |
|---|---|---|---|---|
| 普通混凝土墙板 | 水泥、砂、石 | >C15 | 一间一块，厚140mm | 承重内墙板 |
| 混凝土空心墙板 | 水泥、砂、石（或矿渣） | C20 | 一间一块，厚150mm，抽ϕ114孔；厚140mm，抽ϕ89孔 | 内、外墙板 |
| 粉煤灰硅酸盐墙板 | 胶结料：粉煤灰、生石灰粉、石膏<br>骨料：硬矿渣、膨胀矿渣 | C15 | 一间一块，厚140mm | 承重内墙板 |
| | | C10 | 一间一块，厚240mm | 自承重外墙板 |
| 加气混凝土夹层墙板（复合材料墙板） | 结构层：普通混凝土<br>保温层：加气混凝土<br>面层：细石混凝土 | C20<br>A3.5B05<br>C15 | 厚100、125mm<br>厚125mm<br>厚25、30mm | 自承重外墙板（一间一块） |
| 轻骨料混凝土墙板 | 水泥、膨胀矿渣珠<br>水泥、膨胀珍珠岩、页岩陶粒<br>水泥、粉煤灰陶粒 | >C7.5<br>C7.5～C10<br>C15<br>C10 | 一间一块，厚280mm<br>一间一块，厚280mm<br>一间一块，厚160mm<br>一间一块，厚200mm | 自承重外墙板<br>自承重外墙板<br>自承重内墙板<br>自承重外墙板 |

## 6.5.2 轻质隔墙条板

轻质隔墙条板是用轻质材料制成的，用作非承重的内隔墙的预制条板，它具有轻质、价廉、易施工的特点。通常可制成实心、空心、复合等多种形式。

轻质条板按胶结材料可分为石膏类和水泥类两大类。石膏类条板有石膏珍珠岩板、石膏纤维板和耐水增强石膏板等；水泥类条板有玻璃纤维增强水泥(GRC)珍珠岩板、水泥陶粒珍珠岩混凝土板等。

条板规格一般为：长2 500～3 500mm；

宽600mm；

厚50～120mm。

各种轻质板材的特点见表6-21。

表 6-21　各种轻质隔墙板的优缺点比较

| 材料类别 | 材料品种 | 隔墙板品名 | 优　点 | 缺　点 |
|---|---|---|---|---|
| 普通建筑石膏类 | 普通建筑石膏 | 普通石膏珍珠岩空心隔墙板；<br>石膏纤维空心隔墙板 | ①质轻、保温、防火性能好；<br>②可加工性好；<br>③使用性能好 | ①强度较低；<br>②耐水性较差 |
| | 普通建筑石膏、耐水粉 | 耐水增强石膏空心隔墙板；<br>耐水石膏陶粒混凝土实心隔墙板 | ①质轻、保温、防火性能好；<br>②可加工性好；<br>③使用性能好；<br>④强度较高；<br>⑤耐水性较好 | ①成本稍高；<br>②实心板稍重 |
| 水泥类 | 普通水泥 | 无砂陶粒混凝土实心隔墙板 | ①耐水性好；<br>②隔声性好 | ①双面抹灰量大；<br>②生产效率低；<br>③可加工性差 |
| | 硫铝酸盐或铁铝酸盐水泥 | GRC 珍珠岩空心隔墙板 | ①强度调节幅度大；<br>②耐水性较好 | ①原材料质量要求较高；<br>②成本较高 |
| | 菱镁水泥 | 菱苦土珍珠岩空心隔墙板 | ①强度较高；<br>②可加工性好 | ①耐水性很差；<br>②长期变形大 |

轻质条板接缝处易产生裂缝，选用粘结剂时应谨慎。厚度 60mm 及以下的板材宜用于隔音要求不高的卫生间、厨房间的隔断。

### 6.5.3　大型轻质复合板材

大型轻质复合板材是用面层材料、骨架和填充材料复合而成的一种轻质板材。具有质轻保温、施工方便、布局随意灵活等特点。

按组成及构造可分为轻质龙骨薄板类及水泥钢丝网架类复合板材。

1）轻质龙骨薄板类复合墙板

轻质龙骨薄板类复合墙板主要以纸面石膏板和纤维增强水泥板等各种轻质薄板为面层材料，以轻钢龙骨(或木龙骨)为骨架，中间填以保温材料，现场拼装而成的轻质板材，如图 6.10、图 6.11、图 6.12 所示。

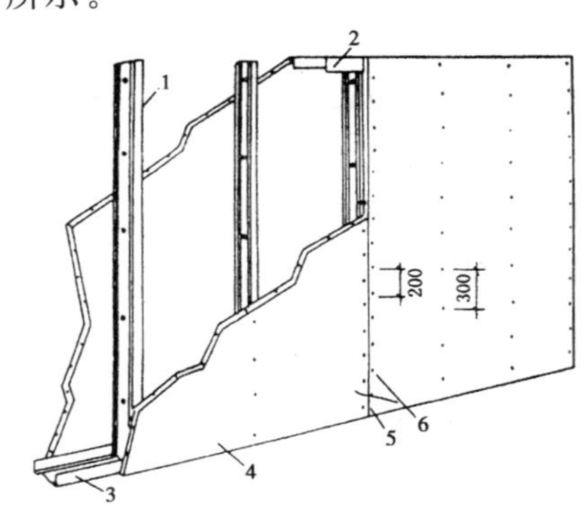


图 6.10　轻钢龙骨纸面石膏隔墙板(单位：mm)

1—竖龙骨；2—沿顶龙骨；3—沿地龙骨；4—石膏板；5—嵌缝；6—自攻螺钉

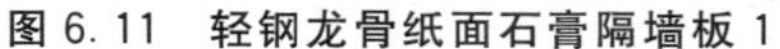

图 6.11 轻钢龙骨纸面石膏隔墙板 1

图 6.12 轻钢龙骨纸面石膏隔墙板 2

面层材料除常用纸面石膏板外，还可用玻纤增强水泥板(S-GRC)(图 6.13)、纤维增强水泥板(TK 板)、纤维水泥加压板(FC 板)、纤维水泥平板、纤维增强硬石膏压力板(AP 板)等。这些面层材料均具有较好的耐水、防火、隔声性能，且强度较高。常用轻质薄板的主要性能见表 6-22。

表 6-22 常用轻质薄板的主要性能

| 材料名称 | 原材料 | 表观密度 /($g/cm^3$) | 抗弯强度 /MPa | 吸水率 /% | 耐火极限 /min | 隔声量 /dB |
|---|---|---|---|---|---|---|
| 纸面石膏板 | 半水石膏面纸 | 0.75～0.90 | | 30 | 10～15 | 26～28 |
| 玻纤增强水泥板 (S-GRC 板) | 低碱水泥 抗碱玻纤 | 1.20 | 6.8～9.8 | 30～35 | — | — |
| 纤维增强水泥板 (TK 板) | 低碱水泥、中碱纤维、短石棉 | 1.66～1.75 | 9.5～15.0 | 28～32 | 47 | — |
| 纤维水泥加压板 (FC 板) | 普通水泥 天然人造纤维 | 1.50～1.75 | 20.0～28.0 | 17 | 77 | 50 |
| 纤维水泥平板 (埃特利特板) | 普通水泥 矿物纤维 | 0.90～1.40 | 8.5～16.0 | 40～45 | 75～120 | — |
| 纤维增强硬石膏压力板(AP 板) | 天然硬石膏 混合纤维 | 1.60 | 25.0～29.0 | 22～27 | — | — |
| 石棉水泥平板 | 普通水泥温石棉 | 1.60～1.80 | 20.0～30.0 | 22～25 | — | — |

复合墙板的隔声性能、耐火性能均随板的层数增加而改善。

纸面石膏板的复合墙板由于石膏板的资源丰富、生产工艺简单、价格较低，且具有调节室内微气候的特殊功能，因而是目前国内外建筑中使用最多的一种复合墙板。广泛应用于多层及高层住宅、宾馆、办公室的隔墙、贴面墙及曲面墙等。

其他薄板类复合墙板则因价格较高、产量较低，主要用于有特殊要求的建筑。如用于耐水、耐火等级要求较高的各类建筑的外墙、内隔墙及曲面墙等。

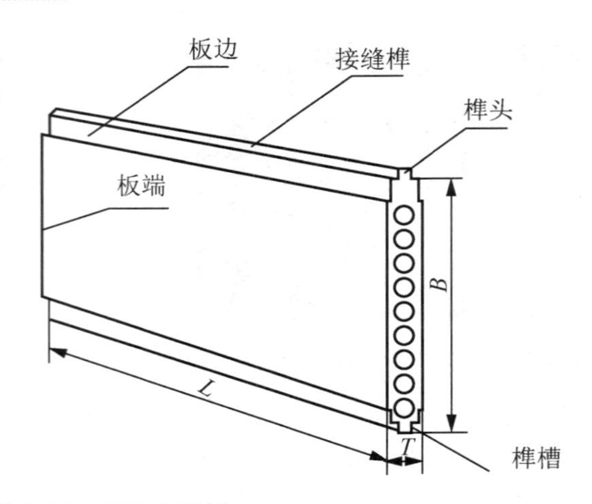


图 6.13　GRC 水泥板

2）水泥钢丝网架类复合墙板

水泥钢丝网架类复合墙板是以镀锌细钢丝的焊接网架为骨架，中间填充聚苯乙烯等保温芯材，现场拼装后，两面涂刷聚合物水泥砂浆面层材料而成的一种复合板材，如图 6.14 所示。它具有轻质、高强、保温、隔声、抗震性能好、耐火性较好的特点，适用于高层建筑的内隔墙、复合保温墙体的外保温层或低层建筑的承重内墙、外墙和楼板、屋面板等。

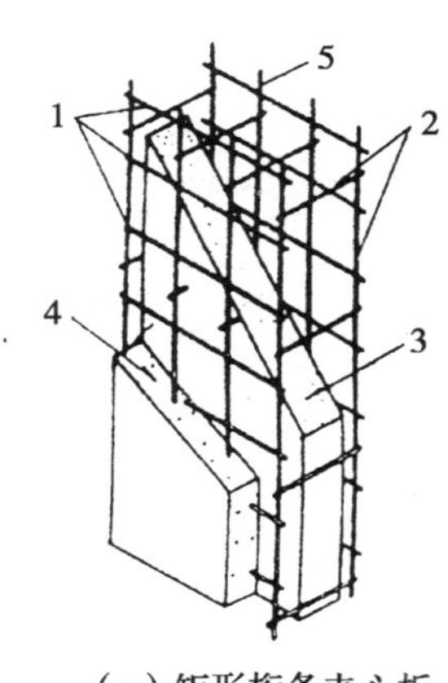


（a）矩形桁条夹心板

1—横丝；2—矩形桁条；3—轻质芯条；4—水泥砂浆；5—钢丝网架

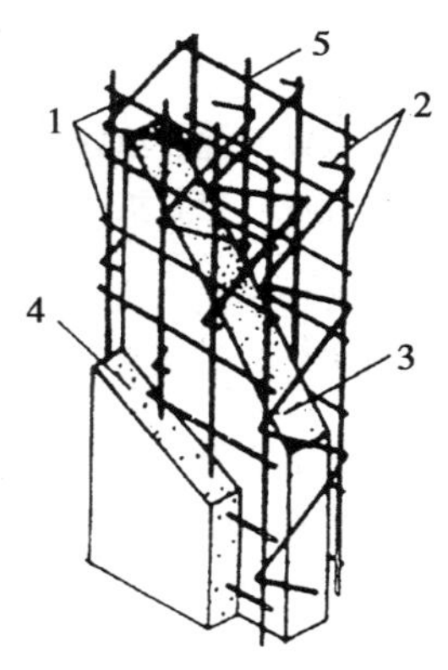


（b）之字形桁条夹心板

1—横丝；2—之字形桁条；3—轻质芯条；4—水泥砂浆；5—钢丝网架

图 6.14　水泥钢丝网架类复合墙板

产品品种有舒乐舍板（聚苯泡沫板为芯材）、GY 板（岩棉为芯材）、泰柏板（聚苯泡沫条芯板）等，其性能见表 6-23。复合墙板的主要规格为 1 250mm×2 700mm×110mm，按两片钢丝网架的中心间距计算约为 70mm，两面各铺抹 25mm 厚聚合物水泥砂浆，板的总厚度为 110mm。

表6-23 水泥钢丝网架类复合墙板的主要性能指标

| 项目名称 | 单位 | 性能指标 | | |
|---|---|---|---|---|
| | | 泰柏板 | 舒乐舍板 | GY板 |
| 面密度 | kg/m³ | <110 | <110 | <110 |
| 中心受压破坏荷载 | kN/m | 280 | 300 | 180～220 |
| 横向破坏荷载 | kN/m² | 1.7 | 2.7 | 2.7 |
| 热阻值(110mm厚) | m²·K/W | 0.84 | 0.879 | 0.8～1.1 |
| 隔声量 | dB | 45 | 55 | 48 |
| 耐火极限 | h | >1.3 | >1.3 | >2.5 |
| 资料来源 | | 北京亿利达轻体房屋有限公司 | 山东蓬莱聚氨酯工业公司 | 北京新型建材总厂 |

## 6.6 屋面材料

在屋面工程防水技术中，采用瓦材进行排水，这种技术在我国具有悠久的历史。在现代建筑工程中，采用瓦材进行防水、排水的技术措施仍在广泛应用。瓦材是建筑物的传统屋面防水工程所采用的防水材料，主要包括烧结类瓦材、水泥类瓦材和高分子类复合瓦材。

### 6.6.1 烧结类瓦材

1. 粘土瓦

粘土瓦是以杂质少、塑性好的粘土为主要原料，经成型、干燥、焙烧而成。按生产工艺分为压制瓦、挤出瓦和手工瓦，按用途分为平瓦和脊瓦，按颜色分为红瓦和青瓦。根据表面状态可分为有釉和无釉两类。粘土平瓦和粘土脊瓦的规格尺寸要求分别见表6-24和表6-25。

表6-24 粘土平瓦规格尺寸要求

| 型号 | 公称尺寸/mm(长×宽×厚) | 有效尺寸/mm(长×宽) | 搭接处长度/mm | | 瓦槽深度/mm |
|---|---|---|---|---|---|
| | | | 头尾 | 内外槽 | |
| Ⅰ | 400×240×(10～17) | 330×215 | 70±2 | 25±2 | ≥10 |
| Ⅱ | 380×225×(10～17) | 320×200 | 60±2 | | |
| Ⅲ | 360×220×(10～17) | 310×195 | 50±2 | | |

| 型号 | 边筋高度/mm | 瓦爪 | | | 每平方米屋面覆盖的片数 |
|---|---|---|---|---|---|
| | | 压制瓦 | 挤出瓦 | 后爪有效高度/mm | |
| Ⅰ | ≥3 | 具有四个瓦爪 | 保证两个后爪 | ≥5 | 14.0 |
| Ⅱ | | | | | 15.0 |
| Ⅲ | | | | | 16.5 |

表 6-25　粘土脊瓦规格尺寸要求

| 基本要求 | *L* | *L* | *B* | *H* | *h* |
|---|---|---|---|---|---|
| 尺寸 | ≥300 | 30±5 | ≥180 | >B/4 | ≥5 |

物理性能合格的产品，根据尺寸偏差和外观质量分为优等品(A)、一等品(B)、合格品(C)3个等级。各等级的瓦均不允许有欠火、分层缺陷存在。

粘土瓦是我国使用历史长且用量较大的屋面材料之一，主要用于民用建筑和农村建筑坡形屋面防水。但由于生产中需消耗土地、能耗大、制造和施工的生产率均不高，因此，已渐为其他品种的瓦材所取代。

2. 琉璃瓦

琉璃瓦是用难熔性粘土制坯，经干燥、上釉后焙烧而成。主要包括琉璃板瓦、琉璃筒瓦、琉璃滴水瓦和沟头等品种。琉璃瓦表面光滑、质地坚密、色彩美丽，常用的有黄、绿、黑、蓝、青、紫、翡翠等色。其造型多样，如制成飞禽走兽、龙飞凤舞等形象作为檐头和屋脊的装饰，是一种富有我国传统民族特色的高级屋面防水与装饰材料。

根据我国国家标准，琉璃瓦按外观质量(包括外形尺寸范围、尺寸允许偏差、磕碰、粘疤、缺釉、裂纹、釉泡、落脏、杂质、变形和色差等)分为优等品、一级品和合格品。物理性能方面，要求吸水率不得大于12%，弯曲破坏荷重不小于1 177N，光泽度平均值不小于50度，抗冻性能和耐急冷急热性能也必须满足相应的等级要求。

琉璃瓦耐久性好，但成本较高，一般只限于在古建筑修复、纪念性建筑及园林建筑中的亭、台、楼、阁中使用。

### 6.6.2　水泥类瓦材

1. 混凝土平瓦

混凝土平瓦是以水泥、砂或无机的硬质细骨料为主要原料，经配料混合，加水搅拌，机械滚压或人工揉压成型，进而养护而成，又称水泥平瓦，有400mm×240mm和385mm×235mm两种规格。

单片瓦的抗折荷重不得低于600N，单片瓦的吸水率不得大于12%，其抗渗性、抗冻性等均应符合规定要求。混凝土平瓦成本低、耐久性好，但自重大于粘土瓦。在配料中加入耐碱颜料，可制成彩瓦片。其应用范围同粘土瓦。

2. 纤维增强水泥瓦

纤维增强水泥瓦是以增强纤维和水泥为主要原料，经配料、打浆、成型、养护而成。目前市售的主要是石棉水泥瓦，分大波、中波、小波三种类型。由于纤维的增强作用，使水泥浆的脆性得以改善，抗折强度、抗冲刷与抗冻融能力增强。该瓦具有防水、防潮、防腐、绝缘及隔声等性能，主要用于工业建筑和临时性建筑，如厂房、库房、堆货棚、凉棚等。

3. 钢丝网水泥大波瓦

钢丝网水泥大波瓦是以普通硅酸盐水泥、砂，按一定配比，中间加一层低碳冷拔钢丝网加工而成。其规格有两种，一种长×宽×厚为1 700mm×830mm×14mm，波高80mm，每张瓦约 50kg；另一种长×宽×厚为 1 700mm×830mm×12mm，波高 68mm，每张瓦约 39～49kg，脊瓦每块约 15～16kg。要求的初裂荷载约为每块 2 200N。在 100mm 的静水压力下，24h 后瓦背面无严重印水现象。

由于钢丝网水泥大波瓦中配置了加强筋，所以其承载能力增强，抗振动和抗冲击能力均有所提高。此瓦适用于工厂散热车间、仓库或临时性的屋面及围护结构等处。

### 6.6.3 高分子类复合瓦材

1）玻璃纤维增强聚酯波形瓦

玻璃纤维增强聚酯波形瓦是以无捻玻璃纤维粗纱及其制品和不饱和聚酯树脂为主要原材料，经加工而成，其截面近似正弦波，又称玻璃钢波形瓦。

按其成型方法可分为手糊型和机制型；按性能可分为普通型、透光型和阻燃型，透光型按透光性能分为三级，阻燃型按阻燃性能分为二级；按波形尺寸可分为 63 型(波长 63mm)和 75 型(波长 75mm)。

玻璃纤维增强聚酯波形瓦具有重量轻、强度高、耐冲击、耐高温、耐腐蚀、介电性能好、透微波性好、不反射雷达波、透光率高、色彩鲜艳、成型方便、工艺简单等特点，适用于各种临时性建筑物的屋面防水，如车站月台、售货亭和凉棚、车棚、临时工棚等的屋面防水与采光。

2）R－PVC 塑料波形瓦

R－PVC 塑料波形瓦是以 PVC 树脂为主要原料，加入稳定剂、阻燃剂、改性剂、抗老化剂等高效助剂，经塑化、挤压或压延、压波等工序制成的一种新型建筑瓦材。其尺寸规格为 2100mm×(1 100～1 300)mm×(1.5～2)mm。该瓦材性能优良，色泽鲜艳(有红、绿、蓝、白、咖啡等色)，使用方便，广泛用于简易工棚、敞棚、厂房、城乡集贸市场、公共设施、风雨棚、农业温室及禽畜舍等建筑。

3）木质纤维波形瓦

木质纤维波形瓦是利用废木料制成的木纤维，加入酚醛树脂防水剂后经高温、高压蒸养而成的一种轻型屋面材料。其尺寸规格为 2 100mm×950mm×6mm，波高 40mm。该瓦的横向跨度集中破坏荷载大于 4 000N(支距为 1 000mm)。它轻质高强、耐冲抗震、防水隔热，适用于活动房屋、轻结构房屋、车间、仓库、料棚及临时设施等建筑物的屋面。

4）玻璃纤维沥青瓦

玻璃纤维沥青瓦是以玻璃纤维薄毡为胎料，以改性沥青涂敷而成的片状屋面瓦材。其表面可撒以各种彩色的矿物粒料，形成彩色沥青瓦。该瓦质量轻，互相粘结的能力强，抗风化能力好，施工方便。适用于一般民用建筑的坡形屋面。

### 6.6.4 异形屋面防水板材

目前，工程中常用的大跨度异形屋面防水板材有 EPS 轻型板和硬质聚氨酯夹心板等。

1）EPS 轻型板

EPS 轻型板是以 0.5～0.75mm 厚的彩色涂层钢板为面材，自熄聚苯乙烯为芯材，用热固化胶在连续成型机内加热加压复合而成的超轻型建筑板材。其质量为混凝土屋面的

1/20～1/30，保温隔热性好，导热系数为0.034W/(m·K)，施工简便(无湿作业，不需二次装修)，是集承重、保温、防水、装修于一体的新型围护结构材料。可制成平面形或曲面形板材，适合多种屋面形式，可用于大跨度屋面结构，如体育馆、展览厅、冷库等。

2）硬质聚氨酯夹心板

硬质聚氨酯夹心板是由镀锌彩色压型钢板(面材)与硬质聚氨酯泡沫(芯材)复合而成。压型钢板厚度为0.5mm、0.75mm、1.0mm。彩色涂层为聚酯型、硅改性聚酯型、氟氯乙烯塑料型，这些涂层均具有极强的耐候性。

复合板材的导热系数约为0.022W/(m·K)，表观密度为40kg/m$^3$，当板厚为40mm时，其平均隔音量为25dB。具有质量轻、强度高，保温、隔音效果好，色彩丰富，施工简便等特点，是承重、保温、防水三合一的屋面板材。可用于大型工业厂房、仓库、公共设施等大跨度建筑和高层建筑的屋面结构。

## 6.7 烧结材料与生态环境

### 1. 烧结砖瓦与生态环境

在我国，每生产1亿块砖，用20万立方米粘土。以我国目前生产6 000亿块砖计算，砖瓦行业需消耗粘土12亿立方米。造成土地资源的巨大破坏和浪费。

粘土砖瓦能耗的70%来自于干燥和烧结。在西方国家，砖瓦主要使用天然气，在热效率很高的窑内烧制。而我国，很多砖瓦厂仍然大量采用煤作为燃料，在间歇式窑内烧制，其效率很低。

粘土砖在使用过程中，由于粘土砖的保温效果差，建筑物的能源消耗主要用作室内温度调节。不保温的墙体材料造成的热损失高达1.2亿吨标准煤。

### 2. 烧结砖瓦的绿色化

无论从土地破坏、资源与能源的耗费以及环境污染任何一个角度来分析，小块粘土砖是不可持续发展的墙体材料。

烧结粘土砖正逐渐被空心砖和多孔砖取代，墙体材料的保温效果大幅度提高，并有用工业废渣部分或全部代替粘土原料进行生产的趋势，不仅可以节约粘土，减少土地的破坏，还能节约能源。江苏省南通市长江淤泥砖的生产和使用，获得住房和城乡建设部的充分肯定。

## 项目小结

由于墙体材料约占建筑物总质量的50%，用量较大，因此合理选用墙体，对建筑物的功能，造假以及安全等有重要意义。本章主要讲述了传统的粘土烧结类砖、瓦材料的品种，性能，承受荷载外，还需具有相应的防水，抗冻，绝热，隔声等功能，而且要自重轻价格适当，经久耐用。同时应就地取材尽量利用工业副产品或废料加工制成各种墙体，砌体，板材等。为了解决墙体多种功能的需要，应发展复合墙板。只有用新型的墙体材料取代粘土实心砖，才能使墙体料摆脱传统单一的秦砖汉瓦面貌，逐渐发展为节约能源，节省土地，保护环境的绿色建材。

## 复习思考题

一、 简述题

1. 烧结普通砖在砌筑前为什么要浇水使其达到一定的含水率？

2. 烧结普通砖按焙烧时的火候可分为哪几种？各有何特点？

3. 烧结多孔砖、空心砖与烧结实心砖相比，有何技术经济意义？

二、 计算题

有烧结普通砖一批，经抽样10块作抗压强度试验(每块砖的受压面积以120mm×115mm计)，结果见下表，确定该砖的强度等级。

| 砖 编 号 | 1 | 2 | 3 | 4 | 5 | 6 | 7 | 8 | 9 | 10 |
|---|---|---|---|---|---|---|---|---|---|---|
| 破坏荷载/kN | 254 | 270 | 218 | 183 | 238 | 259 | 225 | 280 | 220 | 250 |
| 抗压强度/MPa | | | | | | | | | | |

# 项目 7

# 建筑钢材

## 教学目标

本项目是建筑材料的重点，主要介绍了建筑钢材的分类、性质、技术标准及选用原则，通过学习应达到如下要求。

1. 了解钢的冶炼和分类，掌握建筑钢材的主要力学性能和工艺性能。
2. 掌握建筑钢材(钢结构用钢和钢筋混凝土结构用钢、钢丝)的标准和应用。
3. 了解钢材的化学成分对干脆性能的影响。
4. 了解钢材锈蚀的机理，掌握钢材锈蚀的防治措施。

## 教学要求

| 知识要点 | 能力目标 | 相关知识 |
| --- | --- | --- |
| 钢的冶炼和分类 | 能正确识别各类钢材 | 钢材的化学偏析概念 |
| 建筑钢材的力学性能和工艺性能 | 会进行低碳钢的拉伸试验，会对建筑工地钢筋进行冷拉时效处理，节约钢材；熟练掌握钢材的塑性和韧性的检测 | 低碳钢拉伸的4个阶段、冷弯性能、冷加工性能 |
| 建筑钢材的标准和选用 | 能根据钢结构用钢材和钢筋混凝土用钢筋、钢丝的性能特点，合理选用结构钢和钢筋混凝土用钢的品种；能正确书写钢筋的牌号，并根据牌号查的钢材的相关技术数据 | 碳素钢的牌号、技术性能及其应用；热轧钢的技术性能特点及应用 |
| 钢材的锈蚀与防治 | 掌握钢材锈蚀的防治措施 | 化学锈蚀、电化学锈蚀 |

## ▶▶案例导入

**工程概况**

某国际展览馆建筑面积达5万多平方米，主馆由A、B、C、D4个展馆组成。这4个展馆的建筑造型和结构体系完全相同，且相互独立。

单个展馆(图7.1)的平面尺寸为172m×73m，横向两端各悬挑2.6m，纵向两侧悬挑8.85m，东侧悬挑2.6m。屋面结构采用螺栓节点网架，下弦柱点支承，网架屋面材质为Q235B，屋架最高点的标高为23.157m，矢高2.38～4.5m。采用箱型柱，柱与屋面结构交接，采用过渡钢板加螺栓的平板压力支座，柱脚为外包式钢接柱脚。

图7.1 钢结构屋架

该网架结构中部为平面桁架体系，其外部在横向两端为正方四角锥网架，平面桁架之间在上下弦平面内用刚性连系杆与两侧四角锥网架体系，形成中部浅拱支撑结构体系。主馆网架结构使用滑移脚手架施工安装平台，采用高空散装法进行施工。

**坍塌事故概况**

某日，A馆作业时突然倒塌。A馆当时的施工状态为除西侧悬挑部分，大面积网架安装已经完成，形成受力体系，屋面系统尚未安装，处于自重受力状态。其他3个馆屋面系统已经安装完成，处于自重和屋面恒载受力状态。

A馆当时有两组工人在同时作业，一组在建筑物西侧吊装悬挑部分锥体，另一组在更换弯曲杆件。据当事人介绍，一名施工人员在用焊机切割更换一根上弦杆时，网架发生剧烈晃动，然后中间钢柱向内倾斜，网架中部出现下陷，随后由中间沿长度方向向两边波及，网架整体落地后，上弦向东侧倾倒，整个过程不到1min，另据目击者描述，网架坍塌过程中，纵向中部有两根杆件相继出现下摆现象，疑似为下弦杆。

经过事故现场进行勘察发现，网架坍塌部位主要集中在平面桁架部分。南北两端的柱大部分发生倾斜，很多钢柱与基础脱离，南面基础混凝土发生不同程度脆裂，部分柱锚被拉断；中间的平面桁架呈现由西向东多米诺骨牌式的跌倒状，杆件弯曲，多处螺栓节点被剪断；南北两端的三层网架基本上整体坍塌，东西两端的四角锥网架并未发生倒塌，但部分杆件弯曲变形；北端的钢柱随网架一同倒塌，南端的网架与支座脱离。

**坍塌事故原因分析**

(1) 施工操作方式不当，更换杆件时未采取加固措施。

施工人员在切割更换系杆时，施工单位并没有在事前提供更换方案，对原结构也无任何防护和保护措施，由此引起上弦杆平面外失稳而导致连续坍塌。

(2) 螺栓球存在假拧紧现象。

当采用手动扳手拧紧时，高强螺栓可能达不到紧密顶紧的程度，所以此种节点连接的可靠性极大地依赖于安装质量。

(3) 平面桁架未设置纵向斜腹杆，结构整体稳定性差。

《网架结构设计与施工规程》(JGJ 7—91)第2.0.6条建议，平面形状为矩形，多支点支撑网架，可根据具体情况选用正方四角锥网架、正放抽空四角锥网架、两向正交正放网架。通过比较可以发现，该工程所采用的网架结构同传统的两向正交正放网架相比，其在四周增设了三层网架和正放四角锥网架，且中间的平面桁架又抽除了纵向斜腹杆，横向桁架间仅在上、下弦平面和整体稳定性都发生了很大变化。由于追求建筑上简洁、通透的效果，建筑师反对使用正放四角锥网架，坚持采用桁架结构。同时，由于建筑通透感的要求，再加上部分夹角过小，螺栓不好配，设计人员遂将受力较小的纵向桁架斜腹杆抽除，以免结构显得凌乱。在这种情形下导致结构的安全储备太低。此次因为割断一根杆件就导致大规模垮塌事故发生，也正说明了这一点。

建筑钢材是指用于建筑工程的各种型材，如钢管、型钢、钢筋、钢丝、钢绞线等，是当前工程建设的重要材料。钢材材质均匀密实、强度高及具有良好的塑性和韧性，抵抗冲韧击和振动荷载作用的能力相当强，可焊可铆，便于加工装配等优点，但也存在易锈蚀、维护费用较大及耐火性差等缺点。

## 7.1 钢的冶炼加工和分类

### 7.1.1 钢的冶炼加工

钢是由生铁经冶炼而成的。生铁是将铁矿石、焦炭及助溶剂按一定比例装入炼铁高炉，在炉内高温条件下，焦炭中的碳和铁矿石中的氧化铁发生化学反应，促使铁矿石中的铁和氧分离，将铁矿石中的铁还原出来，生成的一氧化碳和二氧化碳有炉顶排出。生铁的含碳量大于2%，同时含有较多的硫、磷等杂质，因而生铁表现出强度较低、性脆、韧性较差等特点，在建筑上很少用。炼钢是对熔融的生铁进行高温氧化部分碳被氧化成一氧化碳气体逸出，使其中含碳量降低到2%以下，同时使其他杂质的含量降低到允许范围内。在炼钢后期投入脱氧剂，除去钢液中的氧，这个过程称为脱氧。

炼钢的方法根据炼钢炉种类的不同可分为氧气转炉法、平炉法及电炉法。

经冶炼后的钢液须经过脱氧处理后才能铸锭，因钢冶炼后含有以FeO形式存在的氧，对钢质量产生影响。通常加入脱氧剂，如锰铁、硅铁、铝等进行脱氧处理，将FeO中的氧去除，将铁还原出来。根据脱氧程度的不同，钢可分为沸腾钢(F)、镇静钢(Z)、半镇静钢(b)3种。

沸腾钢是加入锰铁进行脱氧且脱氧不完全的钢种。脱氧过程中产生大量的CO气体外逸，产生沸腾现象，故名沸腾钢。其致密程度较差，易偏析(钢中元素富集于某一区域的现象)，强度和韧性较低。

镇静钢是用硅铁、锰铁和铝为脱氧剂，脱氧较充分的钢种。镇静钢铸锭时平静入模，故称镇静钢。镇静钢结构致密，质量好，机械性能好，但成本较高。

半镇静钢是脱氧程度和质量介于沸腾钢和镇静钢之间的钢。

## 7.1.2 钢的分类

根据国家标准《钢分类》(GB/T 13304.1—2008)规定，按化学成分、质量和用途分类如下。

### 1. 按品质分类

(1) 普通钢(P≤0.045%，S≤0.050%)

(2) 优质钢(P，S均≤0.035%)

(3) 高级优质钢(P≤0.035%，S≤0.030%)

### 2. 按化学成分分类

(1) 碳素钢：①低碳钢(C≤0.25%)；②中碳钢(C≤0.25%～0.60%)；③高碳钢(C≤0.60%)。

(2) 合金钢：①低合金钢(合金元素总含量≤5%)；②中合金钢(合金元素总含量>5%～10%)；③高合金钢(合金元素总含量>10%)。

### 3. 按用途分类

1) 建筑及工程用钢

①普通碳素结构钢；②低合金结构钢；③钢筋钢。

2) 结构钢

(1) 机械制造用钢。

① 调质结构钢；②表面硬化结构钢，包括渗碳钢、渗氨钢、表面淬火用钢；③易切结构钢；④冷塑性成形用钢，包括冷冲压用钢、冷镦用钢。

(2) 弹簧钢。

(3) 轴承钢。

3) 工具钢

①碳素工具钢；②合金工具钢；③高速工具钢。

4) 特殊性能钢

①不锈耐酸钢；②耐热钢，包括抗氧化钢、热强钢、气阀钢；③电热合金钢；④耐磨钢；⑤低温用钢；⑥电工用钢。

5) 专业用钢

如桥梁用钢、船舶用钢、锅炉用钢、压力容器用钢、农机用钢等。

建筑工程中常用的钢种为非合金钢中的碳素结构钢和低合金钢中的一般低合金结构钢。

**知识链接**

(1) 黑色金属是指铁和铁的合金，如钢、生铁、铁合金、铸铁等。钢和生铁都是以铁为基础，以碳为主要添加元素的合金，统称为铁碳合金。

(2) 有色金属又称非铁金属，指除黑色金属外的金属和合金，如铜、锡、铅、锌、铝以及黄铜、青铜、铝合金和轴承合金等。另外在工业上还采用铬、镍、锰、钼、钴、钒、钨、钛等，这些金属主要用作合金附加物，以改善金属的性能，其中钨、钛、钼等多用于生产刀具用的硬质合金。以上这些有色金属都称为工业用金属，此外还有贵重金属，铂、金、银等，以及稀有金属，包括放射性的铀、镭等。

## 7.2 建筑钢材的主要技术标准

建筑钢材的主要技术性能有力学性能(抗拉性能、冲击韧性、硬度、耐疲劳性等)和工艺性能(冷弯性能和焊接性能)两种。

### 7.2.1 力学性能

1. 抗拉性能

抗拉性能是建筑钢材的重要力学性能。在建筑工程中，对进入现场的钢材首先要有质保书以提供钢材的抗拉性能指标，然后对钢材进行抗拉性能的复试，以确定其是否符合标准要求。拉伸中测试所得的屈服点、抗拉强度、伸长率则是衡量钢材力学性能好坏的主要技术指标。

对钢材进行拉伸试验时的试件如图 7.2 所示。

图 7.2 钢材的拉伸试件

$d_0$—试件直径；$l_0$—试件原始标距长度

拉伸试件有两种规格：标准长试件 $l_0=10d_0$

标准短试件 $l_0=5d_0$

钢材在拉伸时的性能，可用应力-应变关系曲线表示。低碳钢在拉力作用下产生变形，直至破坏，这个过程可以分为 4 个阶段，如图 7.3 所示。

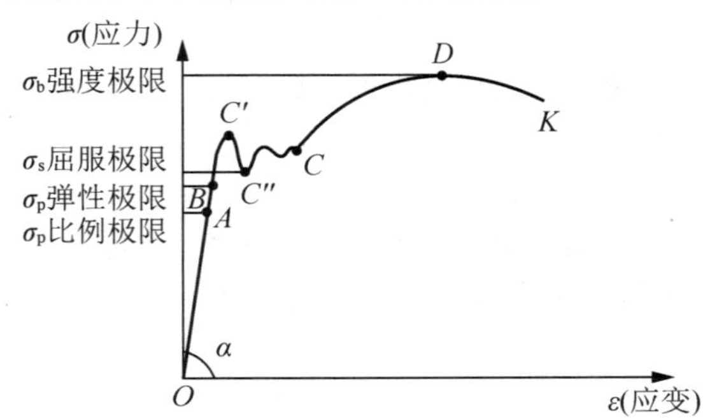


图 7.3 低碳钢拉伸时的应力－应变曲线

1）弹性阶段（$OB$）

弹性阶段中，$OA$ 段为直线段。在 $OA$ 段中，应变随应力增加而增大，应力与应变成正比例关系。即

$$\frac{\sigma}{\varepsilon}=\tan\alpha=E \tag{7-1}$$

$E$ 为钢材的弹性模量，反映了钢材刚度的大小，是计算结构变形的重要参数。工程上常用的碳素结构钢 Q235 的弹性模量 $E=2.0\times10^5\sim2.1\times10^5$ MPa。$A$ 点对应的应力称为比例极限，用符号 $\sigma_p$ 表示。

$AB$ 段为曲线段，应力与应变不再成正比例的线性关系，但钢材仍表现出弹性性质，$B$ 点对应的应力称为弹性极限，用符号 $\sigma_e$ 表示。在曲线中 $A$、$B$ 两点很接近，所以在实际应用时，往往将两点看作一点。

2）屈服阶段（$BC$）

应力过 $B$ 点后，曲线呈锯齿形。此时，应力在很小范围内波动，而应变显著增加，应力与应变之间不再成正比关系。当荷载消除后，钢材不会回复原有形状和尺寸，产生屈服现象，故 BC 段称屈服阶段。在 $BC$ 段中 $C'$ 点为上屈服点，$C''$ 点为下屈服点，工程上通常将 $C''$ 点对应的应力称为屈服极限，用符号 $\sigma_s$ 表示。当钢材在外力作用下达到屈服点后，虽未产生破坏，但已产生很大的变形而不能满足使用的要求，因此，$\sigma_s$ 是结构设计的依据。

3）强化阶段（$CD$）

应力超过 $C$ 点后，曲线呈上升趋势，此时钢材内部晶格发生变化，钢材恢复了抵抗变形的能力，应变随应力提高而增大，故称强化阶段。曲线最高点 $D$ 点对应的应力称为强度极限（即抗拉强度），用符号 $\sigma_b$ 表示。在工程设计中，强度极限不作为结构设计的依据，但应考虑屈服极限 $\sigma_s$ 与强度极限 $\sigma_b$ 的比值（屈强比），它反映了结构在超载情况下继续使用的安全度。屈强比 $\sigma_s/\sigma_b$ 表明结构在超载情况下继续使用的可靠性降低，但利用率提高。反之，可靠性提高，利用率降低，合理的屈强比为 0.60～0.75。

4）颈缩阶段（$DK$）

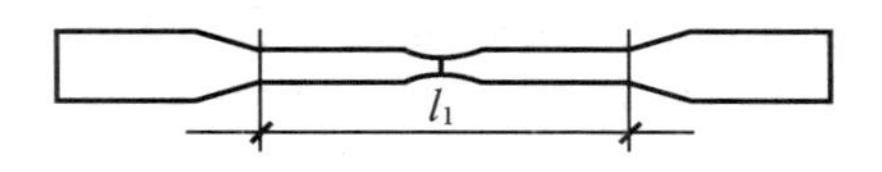


**图 7.4　钢材拉伸后示意图**

应力达到 $D$ 点后，曲线呈下降趋势，钢材标距长度内某一截面产生急剧缩小，形成颈缩，当应力达到 $K$ 点时钢材断裂。

将断裂后的试件拼接起来，测量出拉断后的试件的标距长度 $l_1$，如图 7.4 所示，按式（7-2）计算钢材的伸长率。

$$\delta=\frac{l_1-l_0}{l_0}\times100\% \tag{7-2}$$

式中：$\delta$——钢材的伸长率，%；

$l_0$——原始标距长度，mm；

$l_1$——拉断拼接后标距长度，mm。

伸长率是衡量钢材塑性的重要指标，同时也反映钢材的韧性、冷弯性能、焊接性能。拉伸试件分标准长试件和标准短试件，其伸长率分别用 $\delta_{10}$ 和 $\delta_5$ 表示。对同一种钢材，一般 $\delta_5 > \delta_{10}$。因为试件的原始标距越长，则试件在断裂处附近产生的颈缩变形量在总的伸长值中所占的比例相对减小，因而计算的伸长率便小一些。

2. 冲击韧性

冲击韧性是指材料在冲击荷载作用下，抵抗破坏的能力。根据《金属夏比(V 型缺口)冲击试验方法》(GB 2106—1980)规定，用 V 型缺口试件(10mm×10mm×55mm)在受摆锤冲击破坏时，单位断面面积上所消耗的能量(功)，即冲击韧性值($\alpha_k$)来表示。冲击韧性值 $\alpha_k$ 越大，表明钢材的冲击韧性越好，如图 7.5 所示。

$$\alpha_k = \frac{A_k}{F} \tag{7-3}$$

式中：$F$——试件断口处的截面积，$mm^2$；

$A_k$——冲断试件所消耗的功，J。

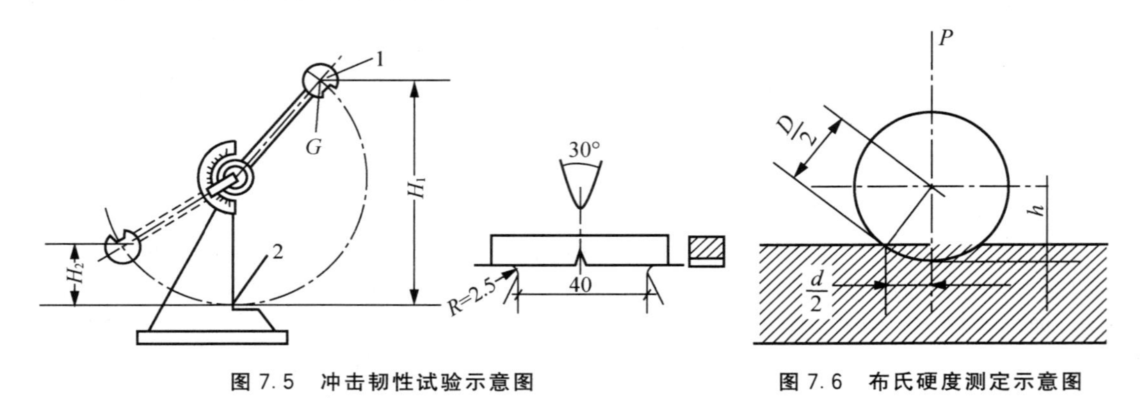


图 7.5 冲击韧性试验示意图

图 7.6 布氏硬度测定示意图

3. 硬度

硬度是指钢材表面抵抗变形或破裂的能力，是检验热处理工件质量的主要指标，测试的方法有布氏硬度法、洛氏硬度法、维氏硬度法 3 种，建筑钢材常用布氏硬度值 HB 表示，如图 7.6 所示。钢材的硬度和强度成一定的比例关系。

4. 耐疲劳性

在交变荷载多次反复作用下，钢材在应力远低于抗拉强度的情况下发生断裂破坏，这种现象称为钢材的疲劳破坏。疲劳破坏用疲劳极限($\sigma_s$)来表示，它是指疲劳试验中，试件在交变应力作用下，于规定的周期基数内不发生断裂所能承受的最大应力。设计承受反复荷载且须进行疲劳验算的结构时，应测定所用钢材的疲劳极限。

钢材的疲劳破坏是由拉应力引气的，是从局部形成细小裂纹，由于裂纹端部的应力集中而逐渐扩大，直到破坏。其破坏特点是断裂突然发生，断口可明显看到疲劳裂纹扩展区和残留部分的瞬时断裂区。疲劳极限不仅取决于钢材内部组织，而且也取决于应力最大处的表面质量及应力大小等因素。例如，钢筋焊接接头的卷边和表面微小的腐蚀缺陷，都可使疲劳极限显著降低。

### 7.2.2 工艺性能

1. 冷弯性能

冷弯性能是指钢材在常温下承受弯曲变形的能力，是建筑钢材的重要工艺性能。通常用弯曲角度及弯心直径与试件厚度的比值这两个指标来衡量，如图7.7所示。

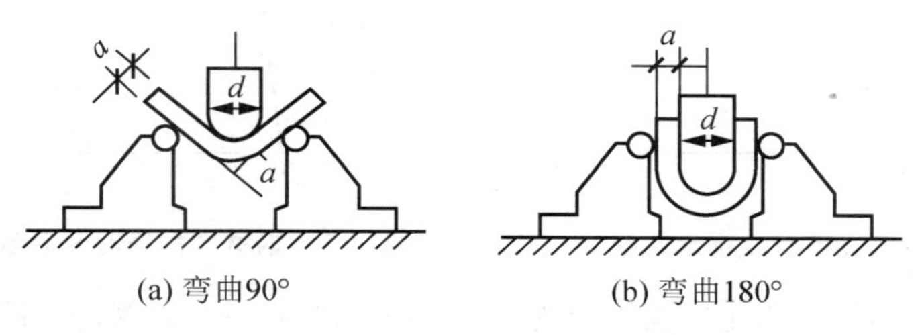


**图7.7 钢筋冷弯**

$d$—弯心直径；$a$—试件厚度

弯曲角度越大，弯心直径与试件厚度的比值越小，则表示对冷弯性能的要求越高。试件的弯曲处不发生裂缝、裂断或起层，即认为冷弯性能合格。冷弯试验是通过试件弯曲处的不均匀塑性变形来实现的，这种变形在一定程度比伸长率更能反映钢材是否存在内部组织的不均匀、内应力、夹杂物、未熔合和微裂纹等缺陷。因此，冷弯性能也反映了钢材的冶金质量和焊接质量。

2. 钢材的冷加工强化及时效强化

将钢材于常温下进行冷拉、冷拔、冷轧、冷扭、冷冲等机械加工，使其产生塑性变形，屈服极限提高，而塑性韧性降低称为冷加工强化。

常用的冷加工方法有冷拉、冷拔、冷轧等。

冷拉是对钢材进行拉伸，使应力超过屈服点(如图7.8中$N$点)，然后将荷载卸去，$\sigma-\varepsilon$曲线沿$NO'$，下降至$O'$点，钢材产生塑性变形($\overline{OO'}$)。如果此时对钢材再进行拉伸，形成新的$\sigma-\varepsilon$曲线($O'NDK$)，屈服极限在$N$点附近。由图7.8可见，钢材冷拉后屈服极限提高，抗拉强度基本不变，而塑性、韧性降低。

产生冷加工强化的原因是钢材在冷加工时晶格缺陷增多，晶格畸变，对位错运动的阻力增大，因而屈服强度提高，塑性和韧性降低。由于冷加工时产生的内应力，故冷加工钢材的弹性模量有所下降。

冷拔是常温下使钢筋通过比它直径小的钨合金拔丝孔进行强力拉拔，使其强度大幅度提高的一种方法。

冷加工后的钢材，通常须经时效处理后再使用。即将经过冷加工的钢材，放置一段时间(或进行加热)，使其屈服点进一步提高，抗拉强度稍见增长，塑性韧性降低。由于时效过程中内应力的消减，弹性模量基本恢复(图7-9)。

将经过冷加工后的钢材于常温下存放15～20d，或加热到100～200℃并保持一定时间。这一过程称时效处理，前者称自然时效，后者称人工时效。

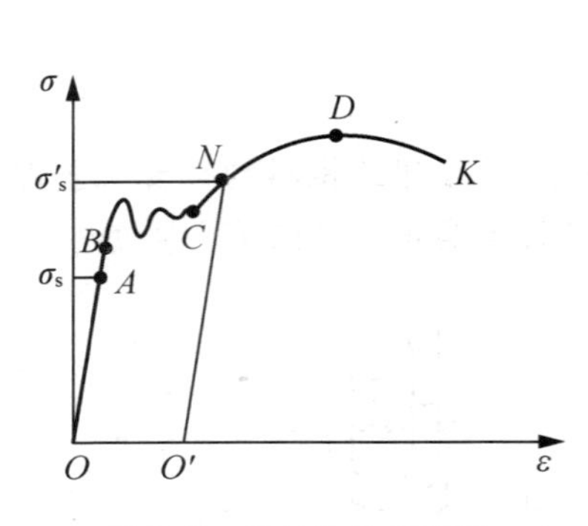


图 7.8　钢材冷拉示意图

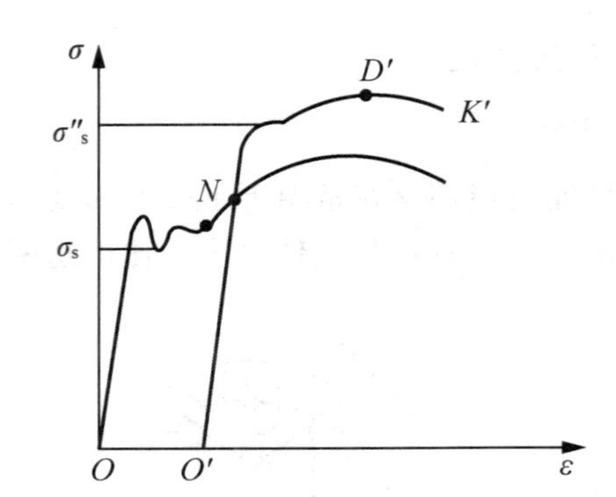


图 7.9　钢材冷拉经时效后示意图

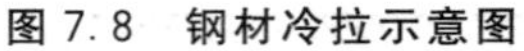

根据《混凝土结构工程施工及验收规范》(GB 50204—2002)规定，冷拉钢筋的力学性能应符合表 7-1 的要求。

冷拉Ⅰ级钢筋适用于钢筋混凝土结构中的受拉钢筋，冷拉Ⅱ级、Ⅲ级、Ⅳ级钢筋可用作预应力混凝土结构的预应力筋。由于冷拉钢筋塑性、韧性降低，故不宜用于负温或承受冲击振动或重复荷载作用的结构。

冷加工钢筋(冷拉、冷轧、冷拔)由于其产品的延性受损较大，应谨慎使用，随着我国钢铁工业生产技术水平和生产能力的提高，热轧钢筋的产量和性能足以满足市场的需要，因此在最新的《混凝土结构设计规范》(GB 50010—2002)中未将冷加工钢筋产品列入正规的设计规范，推荐使用的钢筋种类是 HRB400、HRB335 和预应力钢绞线、钢丝。

表 7-1　冷拉钢筋的力学性能

| 钢筋级别 | 钢筋直径/mm | 屈服强度/MPa | 抗拉强度/MPa | 伸长率$\delta_{10}$/% | 冷弯 | |
|---|---|---|---|---|---|---|
| | | 不小于 | | | 弯曲角度 | 弯曲直径 |
| Ⅰ级 | ≤12 | 280 | 370 | 11 | 180° | 3*d* |
| Ⅱ级 | ≤25 | 450 | 510 | 10 | 90° | 3*d* |
| | 28～40 | 430 | 490 | 10 | 90° | 4*d* |
| Ⅲ级 | 8～40 | 500 | 570 | 8 | 90° | 5*d* |
| Ⅳ级 | 10～28 | 700 | 835 | 6 | 90° | 5*d* |

注：① *d* 为钢筋直径(mm)。

② 表中冷拉钢筋的屈服强度值，系现行国家标准《混凝土结构设计规范》中冷拉钢筋的强度标准值。

③ 钢筋直径大于 25mm 的冷拉Ⅲ级、Ⅳ级钢筋，冷弯弯曲直径应增加 1*d*。

当对冷加工钢筋进行处理时，一般强度较低的钢可采用自然时效，较高的钢筋则应采用人工时效处理。

### 3. 钢材的热处理

热处理是指将钢材按一定工艺要求进行加热、保温和冷却，以改变其组织结构，从而获得所需要的性能的一种工艺措施。热处理的方法有退火、正火、淬火和回火。

1）退火

退火是将钢材加热到一定温度，保温后缓慢冷却的一种热处理工艺。其目的是细化晶粒，改善组织，降低硬度，提高塑性，消除组织缺陷和内应力，防止变形、开裂。在钢材进行冷加工以后，为减少冷加工中所产生的各种缺陷，消除内应力，常用退火工艺。

2）正火

正火是退火的一种变态或特例，两者仅冷却速度不同，正火是在空气中冷却，不需要占用设备，生产效率高。正火后钢的硬度、强度较高，而塑性减小。正火的主要目的是细化晶粒，消除组织缺陷等。因此，在生产中应尽量使用正火代替退火工艺。

3）淬火和回火

淬火的加热温度在组织转变温度以上，保温使其组织完全转变，即投入选定的冷却介质(如水或矿物油等)中急冷，使其转变为不稳定组织，淬火即完成。随后进行回火，加热温度在转变温度以下(150～650℃内选定)。保温后按一定速度冷却至室温。其目的是促进淬火后的不稳定组织转变为所需要的组织，消除淬火产生的内应力。我国生产的热处理钢筋，即系采用中碳低合金钢经油浴淬火和铅浴高温(500～650℃)回火制得的。

《预应力混凝土用热处理钢筋》(GB/T 20065—2006)规定，该钢筋只有3个规格，即公称直径6mm、8.2mm、10mm。这种钢筋不能冷拉和焊接，且对应力腐蚀及缺陷敏感性较强。热处理钢筋具有强度高、预应力值稳定、韧性好、粘结力高等特点，适用于预应力混凝土构件如吊车梁、预应力混凝土轨枕或其他各种预应力混凝土结构等。其力学性能应符合表7-2的要求。

表7-2 热处理钢筋的力学性能指标

| 公称直径/mm | 牌　号 | 屈服强度$\sigma_{0.2}$/MPa | 抗拉强度$\sigma_b$/MPa | 伸长率$\delta_{10}$/% |
|---|---|---|---|---|
| | | 不小于 | | |
| 6 | $40Si_2Mn$ | 1 325 | 1 470 | 6 |
| 8.2 | $48Si_2Mn$ | | | |
| 10 | $45Si_2Cr$ | | | |

## 4. 钢材的焊接

焊接是把两块钢材局部加热并使其接缝部分迅速呈熔融或半熔融状态，并使之牢固地联结起来。焊接性能(又称可焊性)指钢材在通常的焊接方法与工艺条件下获得良好焊接接头的性能。可焊性好的钢材易于用一般焊接方法和工艺施焊，焊接时不易形成裂纹、气孔、夹渣等缺陷，焊接接头牢固可靠，焊缝及其附近受热影响区的性能不低于母材的力学性能。

焊接联结是钢结构的主要联结方式，在现代建筑的钢结构中，焊接结构占90%以上。钢材的焊接方法最主要有电弧焊和电渣压力焊两种。焊件的质量主要取决于选择正确的焊接工艺和适当的焊接材料，以及钢材本身的可焊性。

**特别提示**

钢结构建筑的防火防袭击

钢结构建筑有许多优点，与钢筋混凝土相比，有更好的抗震、防腐、耐久、环保和节能效果，可实现构架的轻量化和构件的大型化，施工亦较为简便。但同时也存在不少缺点，其中较突出的一点是防火问题。美国纽约的世贸大厦为钢结构，2001 年 9 月 11 日被恐怖主义者袭击、倒塌(图 7.10)，给人们提出了钢结构防火、防袭击破坏的新课题。

图 7.10　世贸大厦倒塌

## 7.3　钢材的主要化学成分及组织对钢材性能的影响

### 7.3.1　钢材的组织

建筑钢材属晶体材料，晶体结构中原子以金属键方式结合，形成晶粒，晶粒中的原子按照一定的规则排列。如纯铁在 910℃以下为体心立方晶格，称为 $\alpha$-铁，910～1 390℃之间为面心立方晶格，称为 $\gamma$-铁。每个晶粒表现出的特点是各向异性，但由于许多晶粒是不规则聚集在一起的，因而宏观上表现出的性质为各向同性。

建筑钢材中的铁和碳原子的结合有 3 种形式，固溶体、化合物和机械混合物。工程上常用的碳素结构钢在常温下形成的基本组织为铁素体、渗碳体和珠光体。

铁素体是碳溶于 $\alpha$-铁中的固溶体，其含碳量少，强度较低，塑性好。

渗碳体是铁碳化合物 $Fe_3C$，其含碳量高，强度高，性质硬脆，塑性较差。

珠光体是铁素体和渗碳体形成的机械混合物，性质介于二者之间。

### 7.3.2　钢材的化学成分

钢中的主要成分为铁元素，但还含有少量的碳、硅、锰、磷、硫、氧、氮等元素，这些微量元素对钢材性质的影响互不相同。

碳(C)：含碳量小于 1%时，随含碳量增加，钢材的强度和硬度提高，塑性、韧性和焊接性能降低，同时，钢的冷脆性和时效敏感性提高，抗大气锈蚀性降低。

硅(Si)：可提高钢材强度，对塑性和韧性影响不明显。

锰(Mn)：可提高钢材强度，改善热加工性质。

磷(P)：可提高钢材强度，降低塑性韧性，易偏析，使钢材产生冷脆性。

硫(S)：为钢中有害元素，易偏析，使钢材产生热脆性。

氧(O)、氮(N)：为钢中有害元素，偏析严重，使钢材的塑性韧性降低，甚至产生微裂纹导致断裂，且随钢材强度提高，危害性增大。

## 7.4 建筑钢材的种类和选用

建筑工程中常用的钢筋为碳素结构钢和低合金结构钢。

### 7.4.1 钢结构用钢

1. 碳素结构钢

1）碳素结构钢的牌号

根据《碳素结构钢》(GB/T 700—2006)标准规定，碳素结构钢牌号由字母和数字组合而成，按顺序为：屈服点符号、屈服极限值、质量等级及脱氧程度。共有5个牌号，Q195、Q215、Q235、Q255、Q275；按质量等级分为A，B，C，D四级；按脱氧程度分为沸腾钢(F)、镇静钢(Z)、半镇静钢(b)、特殊镇静钢(TZ)四类，Z和TZ在钢号中可省略。

例如，Q235－AF表示为屈服极限为235MPa、质量等级为A的沸腾钢；Q215－B表示为屈服极限为215MPa、质量等级为B的镇静钢。

2）主要技术标准

各牌号钢的主要力学性质见表7－3。

表7－3 碳素结构钢力学性质要求

| 牌号 | 等级 | 拉伸试验 | | | | | | | | | | | | | 冲击试验 | |
|---|---|---|---|---|---|---|---|---|---|---|---|---|---|---|---|---|
| | | 屈服点$\sigma_s$/MPa | | | | | | 抗拉强度$\sigma_b$/MPa | 伸长率$\delta_s$/% | | | | | | 温度/℃ | V形冲击功(纵向)/J |
| | | 钢材厚度(直径)/mm | | | | | | | 钢材厚度(直径)/mm | | | | | | | |
| | | ≤16 | >16～40 | >40～60 | >60～100 | >100～150 | >150 | | ≤16 | >16～40 | >40～60 | >60～100 | >100～150 | >150 | | |
| | | 不小于 | | | | | | | 不小于 | | | | | | | 不小于 |
| Q195 | — | 195 | 185 | — | — | — | — | 315～390 | 33 | 32 | — | — | — | — | — | — |
| Q215 | A | 215 | 205 | 195 | 185 | 175 | 165 | 335～410 | 31 | 30 | 29 | 28 | 27 | 26 | — | — |
| | B | | | | | | | | | | | | | | 20 | 27 |

续表

| 牌号 | 等级 | 拉伸试验 | | | | | | | | | | | | | 冲击试验 | |
|---|---|---|---|---|---|---|---|---|---|---|---|---|---|---|---|---|
| | | 屈服点$\sigma_s$/MPa | | | | | | 抗拉强度 $\sigma_b$/MPa | 伸长率$\delta_s$/% | | | | | | 温度 /℃ | V形冲击功(纵向)/J |
| | | 钢材厚度(直径)/mm | | | | | | | 钢材厚度(直径)/mm | | | | | | | |
| | | ≤16 | >16~40 | >40~60 | >60~100 | >100~150 | >150 | | ≤16 | >16~40 | >40~60 | >60~100 | >100~150 | >150 | | |
| | | 不小于 | | | | | | | 不小于 | | | | | | | 不小于 |
| Q235 | A | 235 | 225 | 215 | 205 | 195 | 185 | 375~460 | 26 | 25 | 24 | 23 | 22 | 21 | — | — |
| | B | | | | | | | | | | | | | | 20 | 27 |
| | C | | | | | | | | | | | | | | 0 | |
| | D | | | | | | | | | | | | | | -20 | |
| Q255 | A | 255 | 245 | 235 | 225 | 215 | 205 | 410~510 | 24 | 23 | 22 | 21 | 20 | 19 | — | — |
| | B | | | | | | | | | | | | | | 20 | 27 |
| Q275 | — | 275 | 265 | 255 | 245 | 235 | 225 | 490~610 | 20 | 19 | 18 | 17 | 16 | 15 | — | — |

注：牌号 Q195 的屈服点仅供参考，不作为交货条件。

冷弯性能应符合表 7-4 的要求。

**表 7-4　碳素结构钢冷弯的要求**

| 牌　　号 | 试 样 方 向 | 冷弯试验 $B=2a$　180° | | |
|---|---|---|---|---|
| | | 钢材厚度(直径)/mm | | |
| | | 60 | >60~100 | >100~200 |
| | | 弯心直径 $d$ | | |
| Q195 | 纵 | 0 | — | — |
| | 横 | 0.5$a$ | | |
| Q215 | 纵 | 0.5$a$ | 1.5$a$ | 2$a$ |
| | 横 | $a$ | 2$a$ | 2.5$a$ |
| Q235 | 纵 | $a$ | 2$a$ | 2.5$a$ |
| | 横 | 1.5$a$ | 2.5$a$ | 3$a$ |
| Q255 | | 2$a$ | 3$a$ | 3.5$a$ |
| Q275 | | 3$a$ | 4$a$ | 4.5$a$ |

注：$B$ 为试样宽度，$a$ 为钢材厚度(直径)。

钢的牌号和化学成分(熔炼分析)应符合表 7-5 规定。

表 7-5 碳素结构钢的化学成分

| 牌号 | 等级 | 化学成分/% | | | | | 脱氧方法 |
|---|---|---|---|---|---|---|---|
| | | C | Mn | Si | S | P | |
| | | | | 不大于 | | | |
| Q195 | — | 0.06～0.12 | 0.25～0.50 | 0.30 | 0.050 | 0.045 | F，b，Z |
| Q215 | A | 0.09～0.15 | 0.25～0.55 | 0.30 | 0.050 | 0.045 | F，b，Z |
| | B | | | | 0.045 | | |
| Q235 | A | 0.14～0.22 | 0.30～0.65 | 0.30 | 0.050 | 0.045 | F，b，Z |
| | B | 0.12～0.20 | 0.30～0.70 | | 0.045 | | |
| | C | ≤0.18 | 0.35～0.80 | | 0.40 | 0.40 | Z |
| | D | ≤0.17 | | | 0.35 | 0.35 | TZ |
| Q255 | A | 0.18～0.28 | 0.40～0.70 | 0.30 | 0.050 | 0.045 | F，b，Z |
| | B | | | | 0.045 | | |
| Q275 | — | 0.28～0.38 | 0.50～0.80 | 0.35 | 0.050 | 0.045 | b，Z |

注：Q235A，B级沸腾钢锰含量上限为0.60%。

从表7-3、表7-4、表7-5可看出，碳素结构钢随钢号递增而含碳量提高，强度提高，塑性和冷弯性能降低。

3）选用

Q195、Q215强度较低、塑性韧性较好，易于冷加工和焊接，常用作铆钉、螺丝、铁丝等。

Q235强度较高，塑性韧性也较好，可焊性较好，是建筑工程中的主要用钢。

Q255、Q275强度高、塑性韧性较差，可焊性较差，且不易冷弯，多用于机械零件。

2. 低合金结构钢

建筑工程上使用的钢材要求强度高，塑性好，并易于加工，碳素结构钢的性能不能完全满足建筑工程的需要。在碳素结构钢基础上掺入少量(掺量小于5%)的合金元素(如锰、钒、钛、铌、镍等)即成为低合金结构钢。

与碳素结构钢相比，低合金结构钢具有强度高，塑性、韧性好，耐腐蚀，耐低温，易于加工及施工等优点。因此，低合金结构钢在建筑工程中得到了广泛的应用。

根据《低合金高强度结构钢》(GB 1591—1994)规定，低合金高强度结构钢按力学性能和化学成分分为Q295、Q345、Q390、Q420、Q460这5个钢号，按硫、磷含量分A、B、C、D、E这5个质量等级，质量等级依次提高。钢号按屈服点符号、屈服极限值和质量等级顺序排列。

例如，Q420B的含义为，屈服极限为420MPa、质量等级为B的低合金高强度结构钢。

低合金高强度结构钢的化学成分和力学性能见表7-6和表7-7。

表 7-6　低合金高强度结构钢的化学成分(GB1591—1994)

| 牌号 | 质量等级 | 化学成分/% | | | | | | | | | | |
|---|---|---|---|---|---|---|---|---|---|---|---|---|
| | | C≤ | Mn | Si≤ | P≤ | S≤ | V | Nb | Ti | Al≥ | Cr≤ | Ni≤ |
| Q295 | A | 0.16 | 0.80～1.50 | 0.55 | 0.045 | 0.045 | 0.02～0.15 | 0.015～0.060 | 0.02～0.20 | — | | |
| | B | 0.16 | 0.80～1.50 | 0.55 | 0.040 | 0.040 | 0.02～0.15 | 0.015～0.060 | 0.02～0.20 | — | | |
| Q345 | A | 0.20 | 1.00～1.60 | 0.55 | 0.045 | 0.045 | 0.02～0.15 | 0.015～0.060 | 0.02～0.20 | — | | |
| | B | 0.20 | 1.00～1.60 | 0.55 | 0.040 | 0.040 | 0.02～0.15 | 0.015～0.060 | 0.02～0.20 | — | | |
| | C | 0.20 | 1.00～1.60 | 0.55 | 0.035 | 0.035 | 0.02～0.15 | 0.015～0.060 | 0.02～0.20 | 0.015 | | |
| | D | 0.18 | 1.00～1.60 | 0.55 | 0.030 | 0.030 | 0.02～0.15 | 0.015～0.060 | 0.02～0.20 | 0.015 | | |
| | E | 0.18 | 1.00～1.60 | 0.55 | 0.025 | 0.025 | 0.02～0.015 | 0.015～0.060 | 0.02～0.20 | 0.015 | | |
| Q390 | A | 0.20 | 1.00～1.60 | 0.55 | 0.045 | 0.045 | 0.02～0.20 | 0.015～0.060 | 0.02～0.20 | — | 0.30 | 0.70 |
| | B | 0.20 | 1.00～1.60 | 0.55 | 0.040 | 0.040 | 0.02～0.20 | 0.015～0.060 | 0.02～0.20 | — | 0.30 | 0.70 |
| | C | 0.20 | 1.00～1.60 | 0.55 | 0.035 | 0.035 | 0.02～0.20 | 0.015～0.060 | 0.02～0.20 | 0.015 | 0.30 | 0.70 |
| | D | 0.20 | 1.00～1.60 | 0.55 | 0.030 | 0.030 | 0.02～0.20 | 0.015～0.060 | 0.02～0.20 | 0.015 | 0.30 | 0.70 |
| | E | 0.20 | 1.00～1.60 | 0.55 | 0.025 | 0.025 | 0.02～0.20 | 0.015～0.060 | 0.02～0.20 | 0.015 | 0.30 | 0.70 |
| Q420 | A | 0.20 | 1.00～1.70 | 0.55 | 0.045 | 0.045 | 0.02～0.20 | 0.015～0.060 | 0.02～0.20 | — | 0.40 | 0.70 |
| | B | 0.20 | 1.00～1.70 | 0.55 | 0.040 | 0.040 | 0.02～0.20 | 0.015～0.060 | 0.02～0.20 | — | 0.40 | 0.70 |
| | C | 0.20 | 1.00～1.70 | 0.55 | 0.035 | 0.035 | 0.02～0.20 | 0.015～0.060 | 0.02～0.20 | 0.015 | 0.40 | 0.70 |
| | D | 0.20 | 1.00～1.70 | 0.55 | 0.030 | 0.030 | 0.02～0.20 | 0.015～0.060 | 0.02～0.20 | 0.015 | 0.40 | 0.70 |
| | E | 0.20 | 1.00～1.70 | 0.55 | 0.025 | 0.025 | 0.02～0.20 | 0.015～0.060 | 0.02～0.20 | 0.015 | 0.40 | 0.70 |
| Q460 | C | 0.20 | 1.00～1.70 | 0.55 | 0.035 | 0.035 | 0.02～0.20 | 0.015～0.060 | 0.02～0.20 | 0.015 | 0.70 | 0.70 |
| | D | 0.20 | 1.00～1.70 | 0.55 | 0.030 | 0.030 | 0.02～0.20 | 0.015～0.060 | 0.02～0.20 | 0.015 | 0.70 | 0.70 |
| | E | 0.20 | 1.00～1.70 | 0.55 | 0.025 | 0.025 | 0.02～0.20 | 0.015～0.060 | 0.02～0.20 | 0.015 | 0.70 | 0.70 |

表 7-7　低合金高强度结构钢拉伸、冲击和冷弯性能

| 牌号 | 质量等级 | 屈服点 $\sigma_b$/MPa | | | | 抗拉强度 $\sigma_b$/MPa | 伸长率 $\delta_s$/% | 冲击功，$\alpha_k$，(纵向)/J | | | | 180°弯曲试验 $d$=弯心直径；$a$=试样厚度(直径) | |
|---|---|---|---|---|---|---|---|---|---|---|---|---|---|
| | | 厚度(直径，边长)/mm | | | | | | +20℃ | 0℃ | -20℃ | -40℃ | 钢材厚度(直径)/mm | |
| | | ≤16 | >16～35 | >35～50 | >50～100 | | | | | | | ≤16 | >16～100 |
| | | 不小于 | | | | | 不小于 | | | | | | |
| Q295 | A | 295 | 275 | 255 | 235 | 390～570 | 23 | | | | | d=2a | d=3a |
| | B | 295 | 275 | 255 | 235 | 390～570 | 23 | 34 | | | | d=2a | d=3a |
| Q345 | A | 345 | 325 | 295 | 275 | 470～630 | 21 | | | | | d=2a | d=3a |
| | B | 345 | 325 | 295 | 275 | 470～630 | 21 | | | | | d=2a | d=3a |
| | C | 345 | 325 | 295 | 275 | 470～630 | 22 | 34 | 34 | 34 | 27 | d=2a | d=3a |
| | D | 345 | 325 | 295 | 275 | 470～630 | 22 | | | | | d=2a | d=3a |
| | E | 345 | 325 | 295 | 275 | 470～630 | 22 | | | | | d=2a | d=3a |

续表

| 牌号 | 质量等级 | 屈服点 $\sigma_b$/MPa 厚度(直径，边长)/mm 不小于 | | | | 抗拉强度 $\sigma_b$/MPa | 伸长率 $\delta_s$/% | 冲击功，$\alpha_k$，(纵向)/J | | | | 180°弯曲试验 $d$=弯心直径；$a$=试样厚度(直径) 钢材厚度(直径)/mm | |
|---|---|---|---|---|---|---|---|---|---|---|---|---|---|
| | | ≤16 | >16～35 | >35～50 | >50～100 | | 不小于 | +20℃ | 0℃ | −20℃ | −40℃ | ≤16 | >16～100 |
| Q390 | A | 390 | 370 | 350 | 330 | 490～650 | 19 | | | | | d=2a | d=3a |
| | B | 390 | 370 | 350 | 330 | 490～650 | 19 | | | | | d=2a | d=3a |
| | C | 390 | 370 | 350 | 330 | 490～650 | 20 | 34 | 34 | 34 | 27 | d=2a | d=3a |
| | D | 390 | 370 | 350 | 330 | 490～650 | 20 | | | | | d=2a | d=3a |
| | E | 390 | 370 | 350 | 330 | 490～650 | 20 | | | | | d=2a | d=3a |
| Q420 | A | 420 | 400 | 380 | 360 | 520～680 | 18 | | | | | d=2a | d=3a |
| | B | 420 | 400 | 380 | 360 | 520～680 | 18 | | | | | d=2a | d=3a |
| | C | 420 | 400 | 380 | 360 | 520～680 | 19 | 34 | 34 | 34 | 27 | d=2a | d=3a |
| | D | 420 | 400 | 380 | 360 | 520～680 | 19 | | | | | d=2a | d=3a |
| | E | 420 | 400 | 380 | 360 | 520～680 | 19 | | | | | d=2a | d=3a |
| Q460 | C | 460 | 440 | 420 | 400 | 550～720 | 17 | | | | | d=2a | d=3a |
| | D | 460 | 440 | 420 | 400 | 550～720 | 17 | | 34 | 34 | 27 | d=2a | d=3a |
| | E | 460 | 440 | 420 | 400 | 550～720 | 17 | | | | | d=2a | d=3a |

## 7.4.2 钢筋混凝土用钢材

### 1. 热轧钢筋

根据《钢筋混凝土用热轧光圆钢筋》(GB 1499.1—2008)和《钢筋混凝土用热轧带肋钢筋》(GB 1499.2—2008)规定，热轧钢筋根据屈服强度和抗拉强度分为四级，I级、II级、Ⅲ级、Ⅳ级。分别用强度等级代号HPB235、HRB335、HRB400、HRB500表示。牌号中的H、R、B分别表示为热轧(Hot rolled)、带肋(Ribbed)和钢筋(Bars)。HPB为热轧光圆钢筋。各级钢筋的力学性质见表7-8。

热轧钢筋的级别越高，强度越高，塑性韧性越差。在热轧钢筋中，HPB235钢筋为光圆钢筋，强度较低，塑性好，易于加工成型，可焊性好；HRB335、HRB400、RRB400为月牙肋钢筋，强度较高，塑性、可焊性好，为钢筋混凝土结构的主要用筋；HRB500级钢筋，强度高，塑性韧性有保证，但可焊性较差。

HPB235、HRB335、HRB400级钢筋在钢筋混凝土中作为受力筋及构造筋使用，HRB335、HRB400、RRB400级钢筋经冷拉后可作为预应力筋使用。

表 7-8　热轧钢筋的力学性能和工艺性能

| 国标编号 | 表面形状 | 强度等级 | 公称直径/mm | 屈服强度 $R_{el}$/MPa | 抗拉强度 $R_{没}$/MPa | 断后伸长率 $A$/% | 冷弯 | |
|---|---|---|---|---|---|---|---|---|
| | | | | 不小于 | | | 弯曲角度 | 弯心直径 |
| GB13013 | 光圆 | HPB235 | 8～20 | 235 | 370 | 25 | 180° | $a$ |
| GB1499 | 月牙肋 | HRB335 | 6～25 | 335 | 490 | 16 | | $3a$ |
| | | | 28～50 | | | | | $4a$ |
| | | HRB400 | 6～25 | 400 | 570 | 14 | | $4a$ |
| | | | 28～50 | | | | | $5a$ |
| | | HRB500 | 6～25 | 500 | 630 | 12 | | $6a$ |
| | | | 28～50 | | | | | $7a$ |
| GB13014 | | RRB400 | 8～25 | 440 | 600 | 14 | 90° | $3a$ |
| | | | 28～40 | | | | | $4a$ |

注：①$a$ 为钢筋的公称直径。

② 其中 RRB400 为余热处理钢筋。

### 2. 冷轧带肋钢筋

冷轧带肋钢筋是将热轧盘条经冷轧或冷拔减径后，在其表面冷轧成二面或三面带肋的钢筋。按抗拉强度分为 CRB550、CRB650、CRB800、CRB970、CRB1170 这 5 个牌号。冷轧带肋钢筋的牌号由 CRB 和钢筋的抗拉强度最小值构成，CRB 分别为冷轧(Cold)、带肋(Ribbed)、钢筋(Bar)3 个词的英文首位字母。其中 CRB550 是用于非预应力混凝土的，其余用于预应力混凝土，其力学性能和工艺性能应符合，《冷轧带肋钢筋的力学性能和工艺性能指标》(GB 13788—2000)，见表 7-9 的要求。CRB650、CRB800、CRB970、CRB1170 其力学性能和工艺性能应符合表 7-10 的要求。

表 7-9　冷轧带肋钢筋的力学性能和工艺性能

| 表面形状 | 强度等级牌号 | 公称直径/mm | 抗拉强度 $R_{没}$/MPa | 断后伸长率 $A_{11.3}$/% | 弯曲试验 180° |
|---|---|---|---|---|---|
| | | | 不小于 | | 弯心直径 |
| 月牙肋 | CRB550 | 4～12 | 550 | 8.0 | $3d$ |

表 7-10 预应力混凝土用冷轧带肋钢筋的力学性能和工艺性能

| 牌号 | 公称直径/mm | 抗拉强度 $R_{没}$/MPa | 断后伸长率 $A_{100mm}$/% | 弯曲试验 | | 应力松弛性能 | | |
|---|---|---|---|---|---|---|---|---|
| | | | | 反复弯曲次数 | 弯曲半径/mm | 初始应力(×$R_{没}$) | 1 000h 后应力松弛率% | 10h 后应力松弛率% |
| | | 不小于 | | | | | 不大于 | |
| CRB650 | 4.0 | 650 | 4.0 | 3 | 10 | 0.7 | 8 | 5 |
| | 5.0 | | | | 15 | | | |
| | 6.0 | | | | | | | |
| CRB800 | 4.0 | 800 | | | 10 | | | |
| | 5.0 | | | | 15 | | | |
| | 6.0 | | | | | | | |
| CRB970 | 4.0 | 970 | | | 10 | | | |
| | 5.0 | | | | 15 | | | |
| | 6.0 | | | | | | | |
| CRB1170 | 4.0 | 1170 | | | 10 | | | |
| | 5.0 | | | | 15 | | | |
| | 6.0 | | | | | | | |

### 3. 预应力钢丝

预应力筋除了上面冷轧带肋钢筋中提到的 4 个牌号，CRB650、CRB800、CRB970 和 CRB1170 及热处理钢筋外，根据《混凝土结构工程施工质量验收规范》(GB 50204—2002)规定，预应力筋还有钢丝、钢绞线等。

1）钢丝

预应力筋混凝土用钢丝为高强度钢丝，使用优质碳素结构钢经冷拔或再经回火等工艺处理制成。其强度高，柔性好，适用于大跨度屋架、吊车梁等大型构件及 V 形折板等，使用钢丝可节省钢材，施工方便，安全可靠，但成本较高。

根据《预应力混凝土用钢丝》(GB/T 5223—2002)规定，按加工状态分为冷拉钢丝(代号为 WCD)和消除应力钢丝两种；按外形分为光面钢丝(代号为 P)、螺旋肋钢丝(代号为 H)和刻痕钢丝(代号为 I)3 种；按松弛性能分为低松弛钢丝(代号为 WLR)和普通松弛钢丝(代号为 WNR)两种。

经低温回火消除应力后，钢丝的塑性比冷拉钢丝要高，刻痕钢丝是经压痕轧制而成，刻痕后与混凝土握裹力大，可减少混凝土产生裂缝。

2）钢绞线

钢绞线是用 2、3 或 7 根钢丝在绞线机上，经绞捻后，再经低温回火处理而成。钢绞线具有强度高、柔性好、与混凝土粘结力好、易锚固等特点。主要用于大跨度、重荷载的预应力混凝土结构。其力学性能应符合《预应力混凝土用钢绞线尺寸及拉伸性能》(GB/T 5224—2003)，见表 7-11。

表 7－11　预应力混凝土用钢绞线尺寸及拉伸性能

| 钢绞线结构 | 钢绞线公称直径/mm | 强度级别/MPa | 整根钢绞线的最大负荷/kN | 屈服负荷/kN | 伸长率/% | 1 000h 松弛率不大于/% | | | |
|---|---|---|---|---|---|---|---|---|---|
| | | | | | | Ⅰ级松弛 | | Ⅱ级松弛 | |
| | | | | | | 初始负荷 | | | |
| | | | 不小于 | | | 70%公称最大负荷 | 80%公称最大负荷 | 70%公称最大负荷 | 80%公称最大负荷 |
| 1×2 | 10.00 | 1 720 | 67.9 | 57.7 | | | | | |
| | 12.00 | | 97.9 | 83.3 | | | | | |
| 1×3 | 10.80 | | 102 | 86.7 | | | | | |
| | 12.90 | | 147 | 125 | | | | | |
| 1×7 | 9.5 | 1 860 | 102 | 86.6 | | | | | |
| | 11.1 | | 138 | 117 | 3.5 | 8.0 | 12 | 2.5 | 4.5 |
| | 12.7 | | 184 | 156 | | | | | |
| | 15.2 | 1 720 | 239 | 203 | | | | | |
| | | 1 860 | 259 | 220 | | | | | |
| | 12.7 | 1 860 | 209 | 178 | | | | | |
| | 15.2 | 1 820 | 300 | 255 | | | | | |

注；Ⅰ级松弛即普通松弛级，Ⅱ级松弛即低松弛级。

预应力混凝土钢丝与钢绞丝具有强度高、柔性好、无接头等优点，且质量稳定，安全可靠，施工时不需冷拉及焊接，主要用作大跨度桥梁、屋架、薄腹梁、吊车梁、轨枕等预应力钢筋。

## ▶▶案例 7－1

南方某海港码头建成后发现部分纵梁底部混凝土脱落，钢筋全部外露，如图 7.11 所示。纵梁底部严重锈裂，而 л 型板面基本完好，如图 7.12 所示。请讨论该码头钢筋混凝土腐蚀破坏的原因。

图 7.11　纵梁底部严重锈裂

图 7.12　л 型板面基本完好

【案例分析】

该码头纵梁钢筋锈蚀，是因其处于浪溅区，海水氯盐入侵混凝土，使钢筋周围氯离子含量超过钢筋致锈的临界值，引起钢筋锈蚀。而锈蚀使混凝土膨胀开裂，以致脱落，又进一步加剧了钢筋的锈蚀。

(1) 从混凝土其他方面来看，码头梁混凝土的水灰比为0.50和0.55。较大的水灰比使混凝土孔径和孔隙率增大，利于氯离子渗透，扩散至钢筋表面。

(2) 混凝土单位体积胶凝材料用量偏低。该工程混凝土未掺外加剂，水泥用量分别为350kg/m$^3$。

(3) 混凝土保护层厚度不足。该混凝土保护层设计厚度为5.5mm，且由于施工偏差，部分构件实际保护层还低于设计值。

知识链接

## 建桥用的金属材料漫谈

人类最早用来建桥的金属材料是铁，我国早在汉代(公元65年)，就曾在四川泸州用铁链建造了规模不大的吊桥。世界上第一座铸铁桥为1779年在英国建造的Coalerookdale桥，该桥1934年已禁止车辆通行。1878年英国人曾用铸铁在北海的Tay湾上建造全长3 160m、单跨73.5m的跨海大桥，采用梁式桁架结构，在石材和砖砌筑的基础上以铸铁管做桥墩，建成不到两年，一次台风夜袭，加之火车冲击荷载的作用，铸铁桥墩脆断，桥梁倒塌，车毁人亡，教训惨痛。此后人们研究比较了钢材与铸铁，发现钢材不仅具有高的抗压强度，还具有高的抗拉强度和抗冲击韧性，更适于建桥，于1791年首先使用钢材建造人行桥。德国人将英国的Iron铸铁拱桥按比例缩为1/4，以钢材建造。人类总结了两百多年使用钢材建桥的经验，现在悬索桥已成为特大跨径桥梁的主要形式。

知识链接

## 苏通大桥

苏通大桥(图7.13)总长8 206m，其中主桥采用100＋100＋300＋1 088＋300＋100＋100(其中主桥长约1 088m)＝2 088m的双塔双索面钢箱梁斜拉桥。斜拉桥主孔跨度1 088m，列世界第一；主塔高度300.4m，列世界第一；斜拉索的长度577m，列世界第一；群桩基础平面尺寸113.75m×48.1m，列世界第一。专用航道桥采用140＋268＋140＝548m的T形钢构梁桥，为同类桥梁工程世界第二；南北引桥采用30m、50m、75m预应力混凝土连续梁桥。2010年3月26日，在美国土木工程协会(ASCE)举行的2010年度颁奖大会上，苏通大桥工程获得2010年度土木工程杰出成就奖，这也是中国工程项目首次获此殊荣。

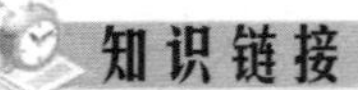

图 7.13　苏通大桥

4. 混凝土用钢纤维

在混凝土中掺入钢纤维，能大大提高混凝土的抗冲击强度和韧性，显著改善其抗裂性、抗剪、抗弯、抗拉、抗疲劳的性能。

钢纤维的原料可以使用碳素结构钢、合金钢和不锈钢，生产方式有钢丝切断、薄板剪切、熔融抽丝和铣削。表面粗糙或表面刻痕、形状为波形或扭曲形、端部带钩，过端部有大头的钢纤维与混凝土的胶结较好，有利于混凝土增强。钢纤维直径应控制在 0.45～0.70mm，长度与直径比控制在 50～80。增大钢纤维的长径比，可提高混凝土的增强效果；但过于细长的钢纤维容易在搅拌时形成纤维球而失去增强作用。钢纤维按抗拉强度，分为 1 000、600 和 380 这 3 个等级，见表 7－12。

表 7－12　钢纤维的强度等级

| 强 度 等 级 | 1 000 级 | 600 级 | 380 级 |
|---|---|---|---|
| 抗拉强度 $f$/MPa | $>1\,000$ | $600<f<1\,000$ | $380\leqslant f\leqslant 600$ |

## 7.4.3　钢结构用型钢

1. 热轧型钢

钢结构工程常用的热轧型钢有角钢(等边和不等边)、I 字钢、槽钢、T 形钢、Z 形钢等，应针对联结方法(焊接、铆接或螺栓联结)、工作条件(环境温度及介质)等因素予以选择，对于承受动荷载的结构、处于低温环境的结构，应选择韧性好、脆性临界温度低，疲劳极限较高的钢材。对于焊接结构，应选择可焊性较好的钢材。

我国建筑用热轧型钢主要采用碳素结构钢低合金钢。在碳素结构钢中主要采用 Q235－A(含碳量约为 0.14%～0.22%)，其强度较适中，塑性和可焊性较好，而且冶炼容易、成本低廉，适合土木工程使用。在低合金钢中主要采用 Q345(16Mn)及 Q390(15Mn)，可用于大跨度、承受动荷载的钢结构中。

2. 冷弯薄壁型钢

冷弯薄壁型钢通常用2～6mm薄钢板冷弯或模压而成，有角钢、薄壁型钢及方形、矩形等空心薄壁型钢，可用于轻型钢结构。冷弯薄壁型钢的表示方法与热轧型钢相同。

3. 钢板和压型钢板

用光面轧辊轧制而成的扁平钢材称为钢板。按轧制温度的不同，钢板又可分热轧和冷轧两类。土木工程用钢板的钢种主要是碳素结构钢，可用于某些重型结构。大跨度桥梁等也采用低合金钢。

按厚度来分，热轧钢板可分为厚板(厚度大于4mm)和薄板(厚板为0.35～4mm)两种；冷轧钢板只有薄板(厚度0.2～4mm)。厚板可用于型钢的连接与焊接，组成钢结构承力构件，薄板可用作屋面或墙面等围护结构，或作为薄壁型钢的原料。

薄钢板经辊轧或冷弯可制成截面成V形、U形、梯形或类似形状的波纹，并可采用有机涂层、镀锌等表面保护层的钢板，称压型钢板，在建筑上常用作屋面板、楼板、墙板及装饰板等。还可将其与保温材料等复合，制成复合墙板等，用途十分广泛。

**知识链接**

造船用钢一般是指船体结构用钢，它指按船级社建造规范要求生产的用于制造船体结构的钢材。常作为专用钢订货、排产、销售，一船包括船板、型钢等。目前我国几大钢铁企业均有生产，而且可按用户需要生产不同国家规范的船用钢材。

## 7.5 钢材的腐蚀与预防

1. 钢材锈蚀

1) 化学锈蚀

钢材与干燥气体及非电解质液体的反应而引起的腐蚀，称为化学腐蚀。通常是由于氧化作用，使钢材形成体积疏松的氧化物而被锈蚀。在干燥环境中，化学腐蚀进行缓慢，但在潮湿环境和温度较高时，腐蚀速度加快，这种腐蚀亦可由空气中的二氧化碳或二氧化硫作用，以及其他腐蚀性物质的作用而产生。

2) 电化学锈蚀

钢材与电解质溶液接触产生电流，形成原电池而产生锈蚀，称为电化学锈蚀，电化学锈蚀是主要的钢筋锈蚀形式。这是两种不同电化学势的金属之间的电势差，使负极金属发生溶解的结果。当凝聚在钢材表面的水分中溶入二氧化碳或硫化物气体时，即形成一层电解质水膜，钢材本身是铁和铁碳化合物，以及其他杂质化合物的混合物。它们之间形成以铁为负极，以碳化铁为正极的原电池，由于电化学反应生成铁锈。

钢铁在酸碱盐溶液及海水中发生的腐蚀、地下管线的土壤腐蚀、在大气中的腐蚀、与其他金属接触处的腐蚀，均属于电化学锈蚀。

2. 预防钢材腐蚀的措施

混凝土中的钢筋处于碱性介质条件下，而氧化保护膜为碱性，故不致锈蚀。但要注意，若在混凝土中掺入大量混合料，或因碳化反应使混凝土内部中性化，或由于在混凝土外加剂中带入一些卤素离子，特别是氯离子，会使锈蚀迅速发展。混凝土配筋的防腐蚀措施主要有提高混凝土密实度、确保保护层厚度、限制氯盐外加剂及加入防锈剂等方法。对于预应力钢筋，一般含碳量较高，又经过冷加工强化或热处理，较易发生腐蚀，应予以重视。

钢结构中型钢的防锈，主要采用表面涂覆的方法。例如表面刷漆，常用底漆有红丹、环氧富锌漆、铁红环氧底漆等。面漆有灰铅漆、醇酸磁漆、酚醛磁漆等。薄壁型钢及薄钢板制品可采用热浸镀锌或镀锌后加涂塑料复合层。

## 7.6 钢材与生态环境

钢材是人类使用的主要材料之一，与非金属材料相比，具有品质均匀稳定、强度高、塑性韧性好、可焊接和铆接等优异性能。面临的挑战主要是提高总体竞争力并减轻钢铁工业的环境负荷，使钢铁工业步入健康清洁、生产绿色，创造良性循环。

钢铁工业是能源资源密集型产业，其能源消耗占世界能源的10%，新水消耗约占世界工业总用水量的10%，我国钢铁工业污染物排放总量约占工业污染总负荷的10%。解决问题的关键是实现可持续发展，推广清洁生产技术和发展清洁制造流程。

### 7.6.1 钢材生态设计

钢材由于广泛以合金的形势使用，往往在一种金属材料中存在多种元素，这使金属再生循环变得困难。在钢铁的废屑或废料重熔冶炼过程中，除去合金元素和杂质是相当困难的步骤。因此，从生态设计的观点看，对钢材使用的设计，有如下要求：①减少合金元素而保持高性能；②以调整显微组织作为加入合金元素的替代方法来获取所需性能；③再生产过程中易于分离和无二次污染。

1. 简单、通用合金的设计

以往针对不同的用途开发不同的材料，使材料的种类一直在增加。再生循环过程中种类繁多的材料混杂在一起，就使废料的再生循环利用变得非常困难。因此，从提高钢材的再生循环性能出发，全部零部件由单一合金系来制造最为理想。而且合金系中组元越少，合金的再生循环性能越好，因此出现了超级通用合金和简单合金的概念。这类简单合金就是使用合金元素种类最少、组成元素简单的合金系，且能满足各种用途要求的标准的合金系。这种合金系能满足对材料要求的通用特性，如耐热性、耐腐蚀性和高强度等。合金在具体用途中的性能要求则可以通过调整合金分配比来达到，由有限数量的组元构成，且可通过改变成分配比在大范围内改变性能。这类合金系主要有 Fe－Cr－Ni－钢、Ti 合金等。这种设计合金的思路叫做省合金化设计或最小合金化法。

不含对人体及生态环境有害的元素、不含枯竭性元素的低合金钢就是这样一种简单合金。通过选择适当的化学成分和热加工工艺，低合金钢可以获得大范围变化的显微组织和力学性能。而简单的组元和类似的化学成分又能保证在再循环过程中回收的废钢具有大致相同的成分，因而易于再循环利用，这类低合金钢中，Fe－C－Si－Mn系是最有希望的生物合金之一。通过控制显微组织，Fe－C－Si－Mn系低合金钢可以获得更大范围内变化的力学性能，从而满足不同用途时的材料性能要求。

2. 合金元素的生态设计

环境协调性金属合金材料的成分设计原则之一是尽量不使用环境协调性不好的合金化元素。这里环境协调不好有双重含义，一是指地壳中蕴含量不大的枯竭性元素，二是指对生态环境特别对人体有较大毒害作用的元素。合金元素中对人体毒害作用最大的是Cr(以$Cr^{6+}$离子状态存在时)，其次是As、Pb、Ni、Hg等。含有这些合金元素的材料废弃后，会造成空气、水域和土壤的污染，直接危害人体或通过生物链对人体造成毒害。因此，在材料设计过程中就要考虑到废弃材料的最终处理对生态环境的影响，其中，无铅钎焊合金和无铬表面处理钢的研究就是基于这样一种考虑的结果。

(1) 再生循环时残留合金元素的选择。合金元素的选择应充分考虑到金属材料在再生循环时残留元素的控制。

废弃材料在再生过程中，由于某些合金元素的化学特性，会受到金属冶炼和提纯工艺的限制很难去除。一般来讲，在金属精炼过程中，杂质金属是靠形成氧化物得以去除，由于各种元素形成氧化物的能力受热力学和动力学条件限制，元素被去除的难易程度差别比较大，这主要取决于杂质元素和氧的亲和力的强弱，即氧化势大小。如果杂质元素氧化势大于集体金属，更易形成氧化物，则容易被去除，若杂质元素与氧的亲和力基于基体金属，更难于氧化，则难以被除去。如钢水中间的铝杂质几乎能全部被去除，而铝溶液中的铁杂质则很难去除干净。当然去除的杂质还与沸点、蒸气压等诸多因素有关。

对于钢铁材料而言，可将杂质元素分成以下4类。

① 几乎全部残留于钢水中的元素，有Cu、Ni、Co、Mo、W、Sn、As。

② 不能完全去除的元素，有Cr、Mn、P、S、C、H、N。

③ 与沸点和蒸气压等无关的元素，有Zn、Cd、Ph、Sb。

④ 从钢中几乎能全部去除的元素，有Si、Al、V、Ti、Zr、B、Mg、Ca、Nb、Re等。

废合金钢经过多次再生循环后，Cu、Ni、Mo、Sn、Sb等残留元素的浓度会发生富集增高，接近极限，影像材料的性能。

(2) 采用资源丰富、廉价易得的元素代替昂贵稀有的合金元素。由金属的资源量调查表明，地球上多数稀有金属可采掘年数只有几十年。金属元素矿石是以氧化物、碳化物等化合物形式存在，矿石中金属元素含量各不同，从经济和技术的角度考虑，一般以采掘和提取比较容易的高品质矿石来保障资源供给，在高品质矿藏枯竭后，即使提取技术进步，也难以避免生产效率低下、尾矿增多、开采量过大等一系列问题。采取提高碳含量(比平均含量高约0.1%)来产生二次硬化效应可降低碳素钢合金含量(1%)，节约W和Mo资源，同时还减少了环境污染，因为冶炼过程中含碳量高可减少$CO_2$的排放量。

Si是地球上含量最丰富的元素之一，常以氧化物的形势存在，其制取方便。以往在钢

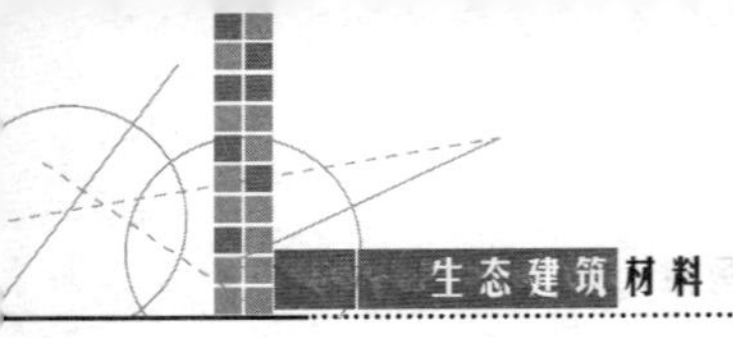


中，Si 属受限制使用的元素，近来的研究表明，钢中加入 Si 后(含量 1.0%～2.0%)，可提高钢的二次硬化效应，并使二次硬化的峰值浓度向低浓度方向移动，抗氧强度提高，还降低对材料的韧—脆转变温度，可代替部分贵重金属 W 和 Mo 等资源，对环境协调发展具有重要作用。

3) 高效钢材的设计

从 90%以上钢材强度来看，目前生产的最高强度只有理论强度的 1/7～1/6。而各个行业对金属结构材料提出了越来越高的使用效率要求，高层建筑、大跨度重载桥梁等都希望结构用钢具有较高的强度，以减少材料的使用量，达到节能的目的。

### 7.6.2 未来钢筋的角色

由于全球“经济一体化”进程的加速，国际贸易进一步扩大的趋势日甚一日。作为基本材料的钢铁和作为主要能源的石油，也将在这一过程中扩大交易量。在这种条件下，大型钢铁企业可以凭借自己的资金优势、技术优势、人才优势不断延伸其经营链，例如，与造船、集装箱、水泥制造、建筑业结合，形成生产链。同时大型钢铁企业生产大量气体，经过转换处理，有可能得到大量的氢，大量的氢与相邻的石油化工结合，可能形成具有活力的生产链。从工程技术角度上看，受到熔融还原工艺的启发，以煤一铁矿一纯氧为源头的炼铁工艺，很有可能发展成为一种铁一煤化工过程，这个过程一方面因生产钢铁制品而立足，同时，由于可以产生巨量的气体而有可能转换为大量的氢——一种气态的能源，进而或与石化工业结合或经储存、输送作为清洁能源使用。未来钢铁厂可能承担的角色主要有以下几种：

(1) 铁-煤化工的起点，新清洁能源的供应者。

(2) 未来的海港生态工业，贸易园区的起点。

(3) 城市废弃物的处理站和生活热源供应站。

(4) 排放过程再资源化循环、再生能源化转换、无害化处理协调循环的载体过程。

## 项目小结

钢材是建筑工程中最重要的金属材料。在工程中应用的钢材主要是碳素结构钢和低合金高强度结构钢。钢材具有强度高，塑性及韧性好，可焊可铆，易于加工、装配等优点，已被广泛地应用于各工业领域中。在建筑工程中，钢材用来制作钢结构构件及做混凝土结构中的增强材料，已成为常用的重要的结构材料。尤其在当代迅速发展的大跨度、大荷载、高层的建筑中，钢材已是不可或缺的材料。

近年迅速发展的低合金高强度结构钢，是在碳素结构钢的基本成分中加入 5%以下的合金元素的新型材料。其强度得到显著提高，同时具有良好的塑性、冲击韧性耐蚀性、耐低温冲击等优良性能，所以在预应力钢筋混凝土结构的应用中，取得良好的技术经济效果，因而使大力推广的钢种。

为了更好地利用钢材，因此，在本项目学习中，应掌握钢材的成分、组成结构、制作对性能的影响，了解各品种钢材的特性及其正确合理的应用方法，如何防止锈蚀，使结构物经久耐用。

钢材也是工程中耗量较大而价格昂贵的材料，所以如何经济合理的利用钢材，以及设法用其他较廉价的材料来代替钢材，以节约金属材料资源，降低成本，也是非常重要的课题。

## 复习思考题

### 一、名词解释

1. 低碳钢的屈服点 $\sigma_s$
2. 高碳钢的条件屈服点 $\sigma_{0.2}$
3. 钢材的冷加工和时效
4. 碳素结构钢的牌号 Q235－B. F
5. CRB650
6. HRB400

### 二、简答题

1. 低碳钢拉伸过程经历了哪几个阶段？各阶段有何特点？低碳钢拉伸过程的指标如何？

2. 什么是钢材的冷弯性能？怎样判定钢材冷弯性能合格？对钢材进行冷弯试验的目的是什么？

3. 对钢材进行冷加工和时效处理的目的是什么？

4. 钢中含碳量的高低对钢的性能有何影响？

5. 为什么碳素结构钢中 Q235 号钢在建筑钢材中得到广泛的应用？

6. 预应力混凝土用钢绞线的特点和用途如何？结构类型有哪几种？

7. 什么是钢材的锈蚀？钢材产生锈蚀的原因有哪些？防止锈蚀的方法有哪些？

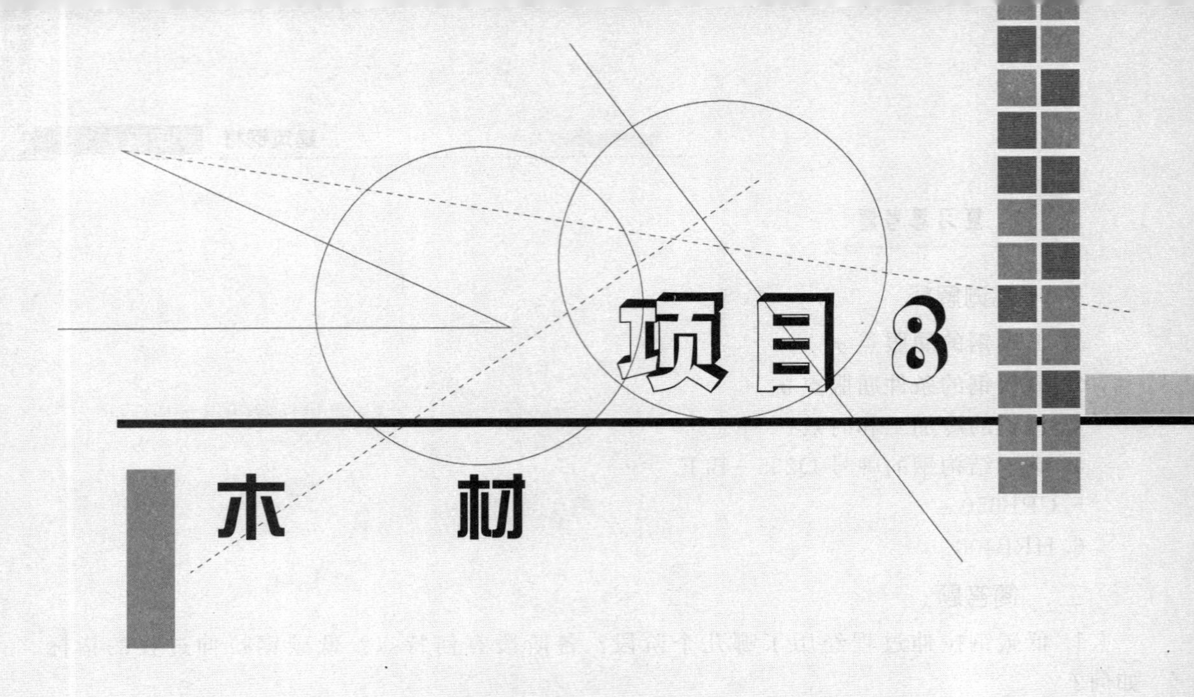

# 项目8 木材

## 教学目标

本项目主要介绍了木材的分类和构造，以及木材的物理力学性质及应用。通过学习应达到以下要求：

（1）掌握木材的物理力学性质；

（2）掌握影响木材强度的主要原因；

（3）熟悉木材在建筑工程中的应用；

（4）了解木材的构造与防火。

## 教学要求

| 知识要点 | 能力目标 | 相关知识 |
| --- | --- | --- |
| 木材的构造和物理力学性质 | 会进行不同含水率的木材强度测定 | 针叶树与宽叶树的特点，木材的含水率、强度 |
| 木材的腐蚀与防治 | 会根据木材腐蚀的原理正确进行木材的防腐处理 | 木材腐蚀的原因及防腐措施 |
| 木材在建筑工程中的应用 | 能根据建筑物所处的地理环境合理选用木材 | 木材的综合利用，包括胶合板、细木工板 |

## ▶▶案例导入

图 8.1　木结构

图 8.2　榫头结构

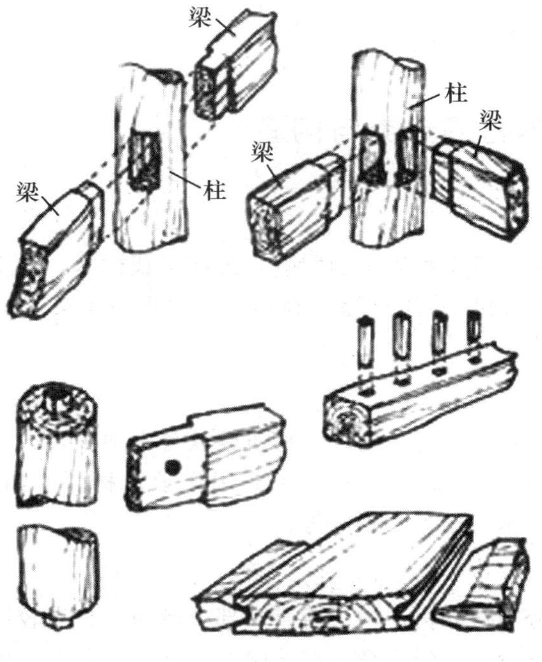

图 8.3　榫头结构示意

图 8.4　木结构实物

我国古代的能工巧匠在木结构(图 8.1)中运用榫头结构(图 8.2)，以当时的生产力水平来说，榫头结构(图 8.3)没有完整的理论计算体系，但在实际工程施工中能工巧匠们对这种结构运用自如，这分展示了我国劳动人民的聪明才智。榫头结构的发明比古代四大发明的意义更重大，它奠定了我国木结构在世界建筑史的地位，图 8.4 所示为木结构实物。纵观古代建筑，其高度不是很高，主要原因就是榫头结构不能承受很大的水平荷载(风荷载和地震荷载)。在现代建筑中，木结构运用的不是很多，但在模板工程、装饰工程中却大量使用。

木材是具有悠久历史的传统建筑材料。木材与水泥、钢材曾被列为建筑工程的三大材料。随着现代建筑材料迅速发展和森林资源的保护，人类研究和生产了很多新型建筑材料来取代木材，但由于木材其独特的性质，在建筑工程上仍占有一定的地位。

木材有以下优点。

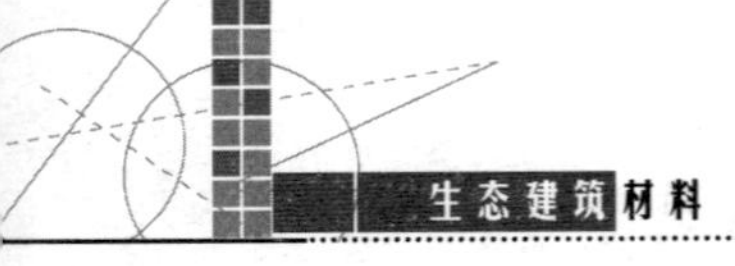



(1) 轻质高强。木材的表观密度小但强度高(顺纹抗拉强度可达50～150MPa)，比强度值大，属轻质高强材料。

(2) 具有良好的弹性和韧性，抵抗冲击和振动荷载作用的能力比较强。

(3) 加工方便，可锯、刨、钉、钻。

(4) 在干燥环境或水中有良好的耐久性。

(5) 绝缘性能好。

(6) 保温性能好。

(7) 有美丽的天然纹理。

木材的缺点如下。

(1) 木材有各向异性。

(2) 易燃易腐。

(3) 湿胀干缩变形大。

这些缺点在采取一定的加工处理后能有所改善。

## 8.1 木材的分类与构造

### 8.1.1 木材的分类

木材是一种天然资源，其生长受环境等多种因素的影响，过度采伐树木，会直接破坏生态及环境。因此，应尽量节约木材的使用并注意综合利用。木材由树木砍伐后加工而成，树木可分为针叶树和阔叶树两大类。

1. 针叶树

树叶细长如针，多为常绿树。树干通直，部分较长，材质较软易于加工，故又称为软木树，胀缩变形小，耐腐蚀性较好，强度较高。工程上主要用作承重构件，如梁、柱、桩、屋架、门窗等。属此类树种的有杉木，松木，柏木等。

2. 阔叶树

树叶宽大，叶脉成网状，绝大部分为落叶树。树干通直，部分较短，材质较硬，不易加工，故又称为硬木树，胀缩翘曲变形较大，强度高，有美丽的纹理。工程上主要用于装饰或制作家具等。属此类树种的有樟木、榉木、柚木、水曲柳、柞木、桦木等。

### 8.1.2 木材的构造

1. 宏观构造

宏观构造是用眼睛和放大镜观察到的木材的组织。

通常通过3个不同的锯切面来进行剖析，即横切面(垂直于树轴的面)、径切面(通过树轴的纵切面)和弦切面(平行于树轴的纵切面)。

从横切面上观察，木材由树皮、木质部和髓心3个部分组成(图8.5)，其中木质部又分为边材和心材(靠近树皮的色浅部分为边材，靠近髓心的色深部分为心材)，是木材的主要取材部分。

从横切面上看到木质部深浅相间的呈同心圆环分布的，称为年轮，在同一年轮中，春天生长的部分，色较浅，材质较软，称为春材(或早材)；夏天生长的部分，色较深，材质较硬，称为夏材(或晚材)。

从横切面上还可看到从髓心向四周辐射的线条，称为髓线。树种不同，髓线宽细不同，髓线宽大的树种易沿髓线产生干裂。

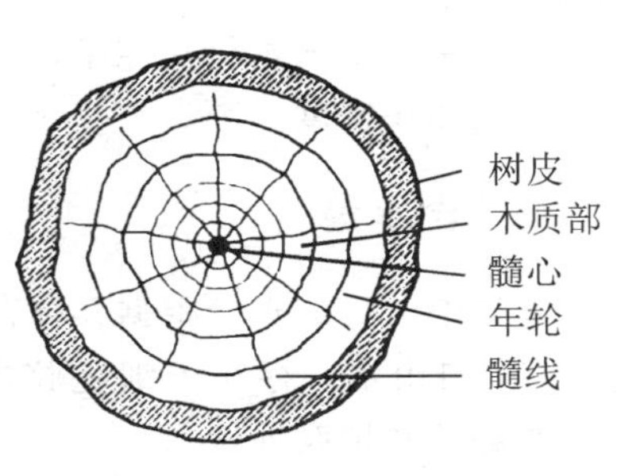

图 8.5　木材横切面

2. 微观构造

微观构造是在显微镜下观察到的木材的组织(图 8.6、图 8.7)。

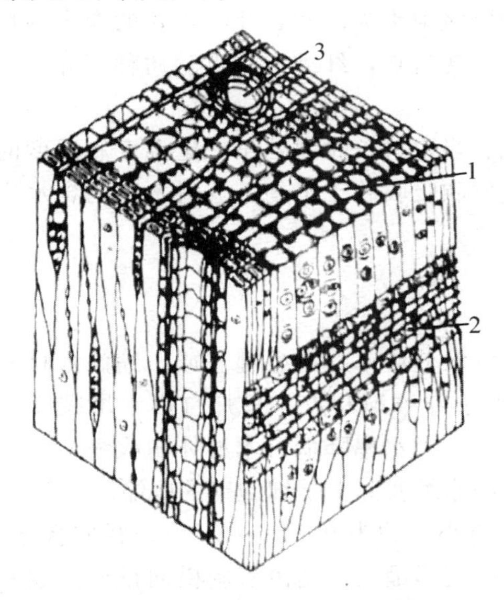

图 8.6　马尾松的显微构造

1—管包；2—髓线；3—树脂道

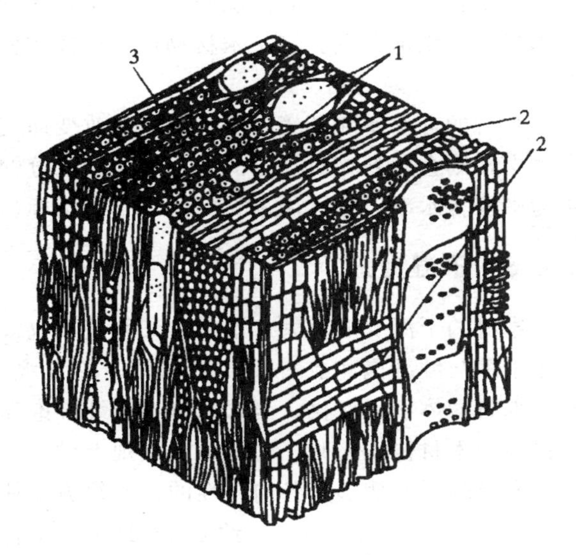

图 8.7　柞木的显微构造

1—导管；2—髓线；3—木纤维

木材组织由无数的管状细胞结合而成，细胞绝大部分纵向排列，少数横向排列。每个细胞分为细胞壁和细胞腔两部分。细胞壁由细纤维组成，细胞壁的厚薄对木材的表观密度、强度、变形都有影响。细胞组织的构造在很大程度上决定了木材的性质。细胞壁愈厚，木材的表观密度愈大、强度愈高，湿胀干缩变形也愈大。

一般阔叶树细胞壁比针叶树厚，夏材比春材厚。

木材细胞的种类有管胞、导管、树脂道、木纤维等。髓线由联系很弱的薄壁细胞所组成。针叶树主要由管胞和木纤维组成，阔叶树主要由导管、木纤维及髓线组成。

## 8.2　木材的主要性质

### 8.2.1　体积密度

各树种木材的分子构造基本相同，因而木材体积密度，一般平均值为 500kg/$m^3$。木材的体积密度则随木材孔隙率、含水量以及其他一些因素的变化而不同。通常以含水率为15%时的体积密度为准。

### 8.2.2 含水量

木材中所含的水分根据其存在形式可分为以下3类。

(1) 自由水。存在于细胞腔中和细胞的间隙中的水。自由水含量影响木材的表观密度、燃烧性和抗腐蚀性。

(2) 吸附水。被吸附在细胞壁内细纤维间的水，吸附水直接影响到木材强度和体积的变化。

(3) 化合水。即木材化学组成中的结合水。它在常温下不变化，对木材的性能无影响。

当木材细胞腔和细胞间隙中无自由水，而细胞壁吸附水为饱和，此时木材的含水率称为木材的纤维饱和点。它是木材物理力学性质变化的转折点，纤维饱和点随树种而异，一般在25%～30%之间。

木材的含水率随环境温度、湿度的改变而变化。当木材长时间处于一定温度和湿度的空气中，则会达到相对稳定的含水率，即水分的蒸发和吸收趋于平衡，这时木材的含水率称为平衡含水率，是选用木材的一个重要指标。

### 8.2.3 干湿变形

木材的干湿变形较大，木材的细胞壁吸收或蒸发水分使木材产生湿胀或干缩。木材的湿胀干缩与纤维饱和点有关，当木材中的含水率大于纤维饱和点、只是自由水增减变化时，木材的体积无变化；当含水率小于纤维饱和点时，含水率降低，木材体积收缩，含水率提高，木材体积膨胀。因此，从微观上讲，木材的胀缩实际上是细胞壁的胀缩。

木材的干湿变形是各向异性的，顺纹方向胀缩最小，约为0.1%～0.2%；径向次之，约为3%～6%；弦向最大，约6%～12%，木材弦向变形最大，是由管胞横向排列而成的髓线与周围联结较差所致；径向因受髓线制约而变形较小。一般阔叶树变形大于针叶树；夏材因细胞壁较厚，故胀缩变形比春材大。

### 8.2.4 木材的强度

木材的强度可分为抗压、抗拉、抗剪、抗弯强度等，木材强度具有明显的方向性。

抗压强度、抗拉强度、抗剪强度有顺纹、横纹之分，而抗弯强度无顺纹、横纹之分。其中顺纹抗拉强度最大，可达50～150MPa，横纹抗拉强度最小。若以顺纹抗压强度为1，则木材各强度之间的关系见表8-1。

表8-1 木材各强度之间关系

| 抗压 | | 抗拉 | | 抗弯 | 抗剪 | |
|---|---|---|---|---|---|---|
| 顺纹 | 横纹 | 顺纹 | 横纹 | | 顺纹 | 横纹切断 |
| 1 | 1/10～1/3 | 2～3 | 1/20～1/3 | 1.5～2.0 | 1/7～1/3 | 0.5～1 |

注：以顺纹抗压为1。

木材的强度除取决于本身的组织构造外，还与下列因素有关。

1. 含水率

当含水率在纤维饱和点以上变化时，木材的强度基本不变；当含水率在纤维饱和点以下时，木材的强度随含水率降低而提高。含水率大小对木材的各种强度影响不同，如含水率对顺纹抗压及抗弯强度影响较大，而对顺纹抗拉和顺纹抗剪强度影响较小。

根据现行标准GB 1938—1991规定，木材的强度以含水率为12%时的测定值$\sigma_{12}$为标准值，其他含水率为$W$%时测得的强度$f_W$，可按下式换算

$$\sigma_{12}=\sigma_W\left[1+\alpha(W-12)\right]$$

式中：$\sigma_{12}$——含水率为12%时的木材强度，MPa；

$\sigma_W$——含水率为$w$%时的木材强度，MPa；

$W$——试验时木材含水率，%；

$\alpha$——校正系数，随荷载种类和力作用方式而异，见表8-2。

表8-2　木材的含水率校正系数

| 强度类型 | 抗压强度 | | 顺纹抗拉强度 | | 抗弯强度 | 顺纹抗剪强度 |
|---|---|---|---|---|---|---|
| | 顺纹 | 横纹 | 阔叶树 | 针叶树 | | |
| 校正系数 | 0.05 | 0.045 | 0.015 | 0 | 0.04 | 0.03 |

2. 荷载作用时间

荷载作用持续时间越长，木材抵抗破坏的强度越低。木材的持久强度(长期荷载作用下不引起破坏的最大强度)一般仅为短期极限强度的50%～60%。

3. 温度

木材的强度随环境温度升高而降低。研究表明，当温度从25℃升高至50℃时，木材的顺纹抗压强度会降低20%～40%。当温度在100℃以上时，木材中部分组织会分解、挥发，木材颜色变黑，强度明显下降。因此如果环境温度长期超过60℃，不宜使用木结构。

4. 疵病

木材在生长、采伐、保存及加工过程中，所产生的内部和外部的缺陷，统称为疵病。木材的疵病主要有腐朽、木节(死节、漏节、活节)、斜纹、乱纹、干裂、虫蛀等，都会导致木材的强度降低。

## ▶▶案例8-1

请观察以下如图8.8和图8.9所示的两种木材的纹理，何为针叶树？何为阔叶树？并讨论它们的用途。

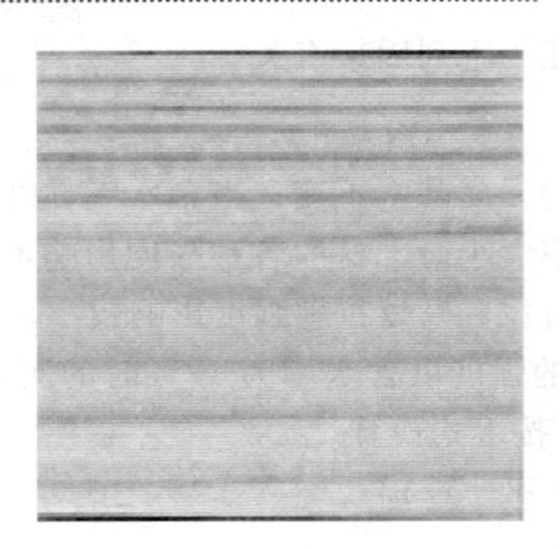

图 8.8　A 木材纹理

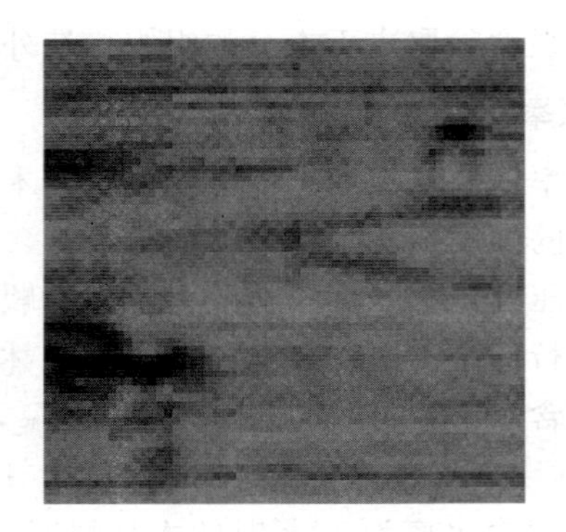

图 8.9　B 木材纹理

【案例分析】

A 木属针叶树，纹理顺直，材质均匀，且其通直高大，易得大材，木质较软且易加工，胀缩变形较小，在土木工程中可作承重构件。B 木属阔叶树，纹理图案较多，材质坚硬，通直部分较短，强度高，胀缩变形较大，宜作小尺寸的装修、装修构件或家具。

# 8.3　木材的防护

## 8.3.1　木材的腐朽与防腐

### 1. 木材的腐朽

木材是天然的有机材料，易受真菌或昆虫的侵害而腐朽变质。

木材中常见的真菌的种类极多，有霉菌、变色菌、腐朽菌 3 种。霉菌、变色菌不破坏木材细胞壁，所以霉菌、变色菌只使木材变色，影响外观，而不影响木材的强度。腐朽菌则以细胞壁为养料，是造成木材腐朽的主要原因。腐朽菌生存和繁殖必须同时具备水分、温度、空气这 3 个条件。

木材除受真菌侵蚀外，还会遭受昆虫的蛀蚀，如白蚁、天牛等。它们在树皮或木质内部生存、繁殖，致使木材强度降低，甚至结构崩溃。

### 2. 木材的防腐

木材防腐的途径是破坏真菌生存和繁殖条件。常用的方法有干燥法和化学防腐法两种。

干燥法是将木材干燥至含水率 20%以下，置于干燥通风的环境中。

化学防腐法主要有以下 3 类。

(1) 水溶性防腐剂，主要有氟化钠、硼铬合剂、氯化锌及铜铬合剂等，这类防腐剂主要用于室内木构件防腐。

(2) 油剂防腐剂，主要有林丹、五氯酚合剂等。这类防腐剂毒杀效力强，毒性持久，但有刺激性臭味，处理后材面呈黑色，故多用于室外、地下或水下木结构。

(3) 复合防腐剂，主要品种有硼酚合剂、氟铬酚合剂、氟硼酚合剂等。这类防腐剂对菌、虫毒性大，对人、畜毒性小，药效持久，因此应用日益广泛。

### 8.3.2　木材的阻燃与防火

木材是木质纤维材料，其燃烧点很低，仅为220℃，极易燃烧。当木材受到高温作用时，会分解出可燃气体并放出热量，当温度达到260℃时，木材在无火源的情况下，会自行发焰燃烧，因此，在木结构设计中，将260℃定为木材的着火危险温度。

因此，对木材进行阻燃及防火处理是个相当重要的问题。对木材进行阻燃处理，是通过抑制热分解、热传递、隔断可燃气体和空气的接触等途径，从而达到阻滞木材的固相燃烧和气相燃烧的目的。木材的防火处理是对木材表面进行涂刷或浸注防火涂料，在高温或火中产生膨胀，或者形成海绵状的隔热层，或者形成大量灭火性气体、阻燃气体，以达到防火的目的。

常用的阻燃剂和防火剂有磷酸铵、硼酸、氯化铵、溴化铵、氢氧化镁、含水氧化铝、CT－01－03微珠防火涂料、A60－1型改性氨基膨胀防火涂料、B60－1膨胀型丙烯酸水性防火涂料等。

## 8.4　木材的应用

### 8.4.1　建筑木材的分类

建筑用木材根据材种(按制材规定可提供的木材商品种类及加工程度)，可分为原木和锯材两种。原木是指去除根、皮、梢，并按一定尺寸规格和直径要求锯切和分类的圆木段，可分为加工用原木、直接用原木和特级原木。锯材是指原木经纵向锯解加工而成的材种，分为普通锯材和特等锯材。

根据现行标准规定，加工用原木与普通锯材根据各种缺陷的容许限度分为一、二、三等。

建筑上承重结构用木材，按受力要求分成Ⅰ级、Ⅱ级、Ⅲ级三级。Ⅰ级用于受拉或受弯构件，Ⅱ级用于受弯或受压弯的构件，Ⅲ级用于受压构件及次要受弯构件。

木材在建筑上可用于结构工程中，做桁架、屋顶、梁、柱、门窗、楼梯、地板及施工中所用的模板等。

**知识链接**

四面见线：一般指木材的质量要求。即把板材看成长方体，最长的四条边上没有树皮、夹皮、死结、活结眼等木材毛病，看上去是一条线过去。

齐边、毛边：一般指木材的长度或宽度要求。毛边指经过粗略的修整后大于客户要求长度或宽度，齐边指经过复杂一点的修整后等于客户要求的长度或宽度。

四面砂光：指木材订购的要求。即把木板看成一个长方体，长度最长的四个面要用专业的木材加工设备砂光机进行砂光。

## 8.4.2 人造木材

天然木材的生长受到自然条件的制约，木材的物理力学性质也受到很多因素的影响。与天然木材相同，人造木材具有很多特点，可以节约优质木材、消除木材各向异性的缺点、能消除木材疵病对木材的影响、不易变形、小直径原木可制得宽幅板材等。因此，人造木材在建筑工程中(尤其是装饰工程中)得到广泛的应用。

### 1. 胶合板

胶合板是将原木蒸煮软化后经旋切机切成薄木单片，经干燥、上胶、按纹理互相垂直叠加再经热压而成。层数有3～13层(均为单数)不等，如图8.10所示，其特点是面积大、可弯曲、轻而薄、变形小、纹理美丽、强度高、不易翘曲等。依胶合质量和使用胶料不同，分为四类。其名称、特性和用途见表8-3。

表8-3 胶合板分类、特性及适用范围

| 种类 | 分类 | 名称 | 胶种 | 特性 | 适用范围 |
|---|---|---|---|---|---|
| 阔叶材普通胶合板 | Ⅰ类 | NFQ(耐气候、耐沸水胶合板) | 酚醛树脂胶或其他性能相当的胶 | 耐久、耐煮沸或蒸汽处理、耐干热、抗菌 | 室外工程 |
| | Ⅱ类 | NS(耐水胶合板) | 脲醛树脂或其他性能相当的胶 | 耐冷水浸泡及短时间热水浸泡、抗菌、不耐煮沸 | 室外工程 |
| | Ⅲ类 | NC(耐潮胶合板) | 血胶、带有多量填料的脲醛树脂胶或其他性能相当的胶 | 耐短期冷水浸泡 | 室内工程(一般常态下使用) |
| | Ⅳ类 | BNS(不耐水胶合板) | 豆胶或其他性能相当的胶 | 有一定胶合强度但不耐水 | 室内工程(一般常态下使用) |
| 松木普通胶合板 | Ⅰ类 | Ⅰ类胶合板 | 酚醛树脂胶或其他性能相当的合成树脂胶 | 耐水、耐热、抗真菌 | 室外工程 |
| | Ⅱ类 | Ⅱ类胶合板 | 脱水脲醛树脂胶、改性脲醛树脂胶或其他性能相当的胶 | 耐水、抗真菌 | 潮湿环境下使用的工程 |
| | Ⅲ类 | Ⅲ类胶合板 | 血胶和加少量填料的脲醛树脂胶 | 耐湿 | 室外工程 |
| | Ⅳ类 | Ⅳ类胶合板 | 豆胶和加多量填料的脲醛树脂胶 | 不耐水湿 | 室内工程(干燥环境下使用) |

图8.10 胶合板

胶合板的尺寸规格(单位为 mm)有以下分类。阔叶树材胶合板的厚度为 2.5，2.7，3.0，3.5，4，5，6，…，24。自 4mm 起，按 1mm 递增；针叶树材胶合板的厚度为 3，3.5，4，5，6，…，6。自 4mm 起，按 1mm 递增。宽度有 915、1 220、1 525 这 3 种规格。长度有 915、1 525、1 830、2 135、2 440 这 5 种规格。常用的规格为 1 220mm×2 440mm×(3～3.5)mm。

### 2. 纤维板

纤维板是将树皮、刨花、树枝干及边角料等经破碎浸泡、研磨成木浆，使其植物纤维重新交织，再经湿压成型、干燥处理而成。根据成型时温度与压力不同，可分为硬质纤维板、半硬质纤维板和软质纤维板 3 种。

纤维板具有构造均匀，含水率低，不易翘曲变形，力学性质均匀，隔声、隔热、电绝缘性能较好，无疵病，加工性能好等特点。常用规格见表 8－4。

表 8－4　纤维板常用规格　　单位：mm

|  | 硬质纤维板 | 软质纤维板 |
|---|---|---|
| 长宽厚 | 1 830、2 000、2 135、2 440、3 050、5 490<br>610、915、1 000、1 220<br>3、4、5、8、10、12、16、20 | 1 220、1 835、2 130、2 330<br>610、915<br>10、12、13、15、19、25 |

硬质纤维板密度大，强度高，可用于建筑物的室内装修、车船装修和制作家具，也可用于制造活动房屋及包装箱。半硬质纤维板可作为其他复合板材的基材及复合地板。软质纤维板密度低，吸湿性大，但其保温、吸声、绝缘性能好，故可用于建筑物的吸声、保温及装修。

### 3. 细木工板

细木工板上下二层为夹板、中间为小块木条压挤连接作芯材复合而成的一种板材，如图 8.11 所示。

图 8.11　细木工板

细木工板按制作方法可分为热压和冷压两种。冷压是芯材和夹板胶合，只经过重压，所以表面夹板易翘起；热压是芯材和夹板经过高温、重压、胶合等工序制作而成，板材不易脱胶，比较牢固。

细木工板按面板材质和加工工艺质量，分为一、二、三 3 个等级，其常用尺寸为 2 440mm×1 220mm×16mm。

细木工板具有较大的硬度和强度，质轻，耐久且易加工。适用于制作家具底材或饰面板，也是装修木作工程的主要材料。但若采用质量较差的细木工板，则空隙太大，费工较多，容易变形。因此，使用时应谨慎选用。

**知识链接**

细木制品所用木材应符合以下规定。

(1) 木材含水率≤12%(胶拼件木材含水率 8%～10%)。

(2) 木材斜纹程度＝倾斜长度/水平长度×100%≤20%。

(3) 不得使用腐朽或尚在虫蚀的木材。

(4) 外表用材活节直径≤1/5 材宽或厚，且最大直径≤5mm。

(5) 外表用料不得有死节、虫眼和裂缝。

(6) 内部用料的活节直径≤1/4 材宽或厚，且最大直径≤20mm。

(7) 内部用料裂缝长度不大于构件长度：贯通裂 10%，非贯通裂 15%。

(8) 内部用料钝棱局部厚度≤1/4 材厚，宽度≤1/5 材宽。

(9) 涂饰部位或存放物品部位不得有树脂囊。

(10) 外表用材树种应单一，材性稳定，纹理相近，对称。

(11) 同一胶拼件的树种，质地应相似。

(12) 包镶板件用衬条，应尽可能使用质地相似的树种。

埋件应按规定作防腐处理，细木制品成后宜立即刷防潮底油一遍。

4. 刨花板

刨花板是将木材加工后的剩余物、木屑等，经切碎、筛选后拌入胶料、硬化剂、防水剂等，经成型、热压而成的一种人造板材。

刨花板具有板面平整挺实、强度高、板幅大、质轻、保温、较经济、加工性能好等特点。如经过特殊处理后，还可制得防火、防霉、隔声等不同性能的板材。

刨花板常用规格为 2 440mm×1 220mm×(6，8，10，13，16，19，22，25，30，…)mm。

刨花板适用于制作各种木器或家具，制作时不宜用钉子钉，因刨花板中木屑、木片、木块结合疏松，易使钉孔松动。因此，在通常情况下，应采用木螺丝或小螺栓固定。

5. 木丝板

木丝板是将木材碎料刨锯成木丝，经化学处理，用水泥、水玻璃胶结压制而成，表面木丝纤维清晰，有凹凸，呈灰色。

木丝板具有质轻，隔热，吸声，隔音，韧性强，美观，可任意粉刷、喷漆、调配色彩，耐用度高，不易变质腐烂，防火性能好，施工简便，价低等特点。

木丝板规格尺寸为长 1 800～3 600mm，宽 600～1 200mm，厚 4、6、8、10、12、16、…mm，自 12mm 起，按 4mm 递增。

木丝板主要用于天花板、壁板、隔断、门板内材、家具装饰侧板、广告或浮雕底板等。

6. 中密度纤维板（MDF）

中密度纤维板是以木质粒片在高温蒸汽热力下研化为木纤维，再加入合成树脂，经加压、表面砂光而制得的一种人造板材。

中密度纤维板具有密度均匀、结构强、耐水性高等特点。规格有，2 440mm×1 220mm、1 830mm×1 220mm、2 135mm×1 220mm、2 135mm×915mm、1 830mm×915mm 等，厚度有：3.6mm、6mm、9mm、10mm、12mm、15mm、16mm、18mm、19mm、25mm。

中密度纤维板主要用于隔断、天花板、门扇、浮雕板、踢脚板、家具、壁板等，还可用作复合木地板的基材。

木材节约和代用是缓解木材供需矛盾、实现木材资源可持续利用的重要途径。我国是世界上木材资源相对短缺的国家，森林覆盖率只相当于世界平均水平的 3/5，人均森林面积不到世界平均水平的 1/4。随着木材消费量的不断增加，供需矛盾日益突出。加快发展木材节约和代用，对满足市场需求、抑制森林超限额采伐、保持生态平衡、促进森林资源可持续利用、维护我国积极保护自然环境的国际形象，具有重要意义。

木材节约和代用是发展循环经济、建设节约型社会的必然要求。目前我国木材综合利用率仅约为 60%，而发达国家已经达到 80%以上，木材防腐比例仅占商品木材产量的 1%，远远低于 15%的世界平均水平。木材生产和消费方式不合理，加工水平落后，回收利用机制不健全，造成了严重的资源浪费。必须把木材节约和代用作为发展循环经济、建设节约型社会的一项紧迫任务，作为资源节约综合利用的一项重要内容，加大工作力度，充分挖掘潜力，提高木材综合利用率和循环利用率，减少木材不合理消耗。

7. 木地板

(1) 普通木地板：为空铺地板，如图 8.12、图 8.13 所示。

① 结构：龙骨、水平支撑、地板三部分。

② 规格：宽度 90～120mm，厚度 12～25mm，长 1 000～1 200mm。

③ 种类：上漆与不上漆。

④ 特点：自重轻、弹性好，脚感舒适，导热性小，冬暖夏凉，铺设方便。

图 8.12　木地板龙骨

图 8.13　龙骨刨平

(2) 硬木地板：上下两层。下层为毛板，上层为硬木地板。也可以在两层之间加铺一层油纸防潮。

(3) 用途。

普通木地板：公用与民用住宅的地面。

硬木地板：高级住宅、会议室、室内运动场的地面。

(4) 强化木地板，如图 8.14 所示。

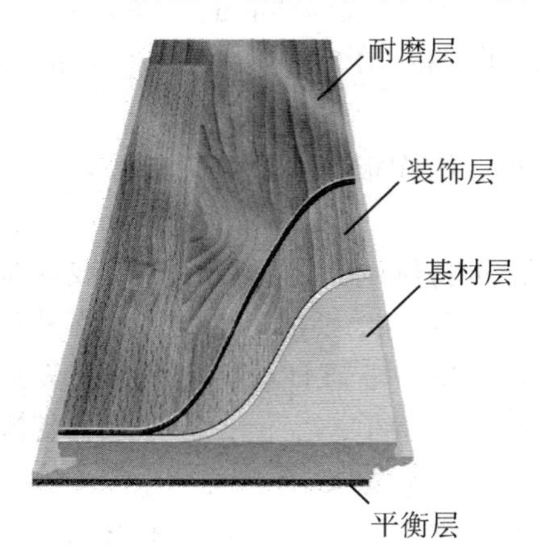


图 8.14　强化木地板

① 防潮底层。阻止地面水分向地板内侵蚀，并保持地板内部的力平衡，防潮，防止强化木地板变形。

材料：牛皮纸，不加填料，浸渍酚醛树脂以提高机械强度。

② 中间层，基材，高密度纤维板，密度大于 $0.8g/cm^3$ 以上。

③ 装饰层，电脑制作的印刷纸。

装饰纸：印有仿珍贵树种的木纹或其他图案，起装饰作用。

底层纸：使装饰纸有一定的厚度和机械强度。

④ 耐磨层，含有三氧化二铝 $Al_2O_3$，碳化硅 SiC。

**知识链接**

国内强化地板十大品牌

(1) 圣象地板(中国驰名商标，中国名牌基材，国家免检产品)。
(2) 信步地板(中国名牌基材，国家免检产品)。
(3) 升达(中国驰名商标，中国名牌，国家免检产品)。
(4) 菲林格尔(中国名牌基材，国家免检产品)。
(5) 德尔(国家免检产品)。
(6) 安信(国家免检产品)。
(7) 瑞嘉(国家免检产品)。
(8) 宏耐(国家免检产品)。
(9) 扬子(国家免检产品)。
(10) 福人(中国驰名商标，国家免检产品)。

(5) 实木复合地板，如图 8.15 所示。

实木复合地板是利用优质阔叶材或其他装饰性很强的合适材料作表层，以材质软的速生材或以人造材作基材，经高温高压制成多层结构。

① 实木复合地板的分类。

实木复合地板可分为三层实木复合地板、多层实木复合地板和细木工贴面地板。三层实木复合地板由三层实木交错层压而成，表层为优质硬木规格板条镶拼板，芯层为软木板条，底层为旋切单板。多层实木复合地板是以多层胶合板为基材，其表层以优质硬木片镶拼板或刨切单板为面板，涂布脲醛树脂胶，经热压而成。细木工贴面地板是以细木工板作为基材板层，表面用名贵硬木树种作为表层，经过热压机热压而成。

② 实木复合地板的特点。

规格尺寸大、不易变形、不易翘曲，板面具有较好的尺寸稳定性，整体效果好，铺设工艺简捷方便，阻燃、绝缘、隔潮、耐腐蚀等。实木复合地板也存在缺点：胶粘剂中含有一定的甲醛，必须严格控制，严禁超标。实木复合地板结构不对称，生产工艺复杂，成本较高。主要应用于室内地面。

图 8.15　多层实木复合地板

# 8.5　木材与生态环境

木材是一种纯天然产品，其生长过程对生态环境而言，起着调节温度的作用。木材是森林的主要产品，是一种可以永续利用的再生资源，但树木生长比较缓慢，如大量增加森林树木采伐量，就会造成生态环境的恶化，威胁人类的生存。

## 8.5.1　木材及其制品的环境污染

1. 固体废弃物

木材固体废弃物包括林地残材，加工厂废料等。木材加工过程中会产生各种不同的废料，木材中树皮一般用于制造肥料，生产树皮人造板或作为燃料，废料水解、干馏制取化学产品。

2. 水污染

木材工业的水污染主要是人造板的工艺污染，一般木材工业废水含有木材的可溶物、胶粘剂、酚类、甲醛和防腐剂等。

3. 大气污染

人造板中大量使用尿醛、酚醛和三聚氰胺甲醛树脂作为粘合剂及饰面浸滞材料。

制造热压过程、堆放过程中和使用中，大量游离甲醛会散出，污染室内和大气环境。

### 8.5.2 木材及其制品生态化

1. 木材及制品生态化的开发方向

木材及其制品生态化的目标是即保持环境适应的特点和原有的优点，又使材料变异小，可靠性高并能提高使用寿命。

(1) 脱离原来以开发高强度、耐久性超群的木材为目标的固有的材料发展方向，开发智能材料。实现开发思想的大转变，适应木材材料。

(2) 最大限度地提高木材利用的工程技术。

(3) 保留木材的可燃性、可被微生物分解的环境适应性的优点，以现代手段采用积极控制使用条件，确保使用时的高可靠性。

2. 木材生态化研究

木材的环境适应性是所有人工材料无法比拟的，但是木材性能不稳定，易受光、热、微生物发生变化；强度和硬度不够，影响其使用寿命；木结构的不均匀性和干缩的各向异性导致产品开裂。为此，研究工作者致力于提高木材的使用性能和使用寿命。

(1) 节约木材资源是木材工业可持续发展和生态化的重要措施。

(2) 高功能化，提高耐久性。

(3) 环境保护。

## 项目小结

木材是传统的三大建筑材料（水泥、钢材、木材）之一。但由于木材生长周期长，大量砍伐对保持生态平衡不利，且因木材也存在易燃、易腐以及各异性等缺点，所以在工程中应尽量以其他材料代替，以节省木材资源。

木材因树种不同、取材位置不同而造成的材质不均匀，致使其各项性能差悬殊。在同一木材中，不同方向的抗拉、抗压、抗剪强度也各不相同，这是由于木材的构造决定的。只有正确认识木材的这些特点，掌握木材的工程性能，方可在选材、制造和工程施工中扬长避短，做到物尽其用，杜绝浪费。

除了直接使用木材制造构件和制品外，还应将采伐、制材和加工中的剩余物质或废弃物充分加以利用，发展人造板材。而且各类人造板材还具有幅面大、不易翘曲、不易裂开等优点，是解决我国木材供应不足的重要途径之一。

## 复习思考题

一、 填空题

1. 木材的种类很多，一般按树种可分为____________和____________两大类。

2. 木材的含水量包括三个部分，它们分别是____________、____________和__________。

3. 木材含水率在纤维饱和点以下时，含水率降低，吸附水____________，细胞壁____________，木材强度____________。当含水率超过纤维饱和点时，只是自由水变化，木材强度____________。

## 二、名词解释

1. 木材的纤维饱和点。
2. 木材的平衡含水率。
3. 木材的标准含水率。

## 三、简答题

1. 木材按树种分为哪几类？其特点如何？
2. 木材含水率的变化对其性能有何影响？
3. 什么是胶合板？胶合板的特点和用途各如何？
4. 木材的强度有哪几种？影响强度的因素有哪些？

# 项目9

# 防水材料

## 教学目标

本项目主要介绍了沥青、防水卷材、防水涂料等内容。通过学习应达到如下要求：

（1）掌握沥青的组分及特点；

（2）掌握石油沥青的技术性质及使用；

（3）熟悉沥青防水卷材、高聚物改性沥青防水卷材、合成高分子防水卷材的特征、外观质量要求和应用；

（4）了解沥青防水涂料等的性能特点。

## 教学要求

| 知识要点 | 能力目标 | 相关知识 |
|---|---|---|
| 石油沥青和煤沥青 | 会通过物理方法鉴别石油沥青和煤沥青；会检测石油沥青的粘性、稳定敏感性和大气稳定性；会根据工程需要正确掺配使用沥青 | 石油沥青的组分、技术性质；沥青的掺配；改性沥青的技术性质 |
| 防水卷材 | 会根据防水卷材的外观要求判断沥青防水卷材、高聚物改性沥青防水卷材、合成高分子防水卷材是否符合要求；能根据工程结构部位合理选用防水卷材 | 防水卷材的技术要求；三大防水卷材的性能特点及其应用 |
| 防水涂料 | 能根据建筑物的防水等级，合理选用防水涂料及涂膜厚度 | 各类防水涂料的特点及其应用 |

## ▶▶案例导入

某安居工程，砖砌体结构，6层，共计18栋。该卫生间楼板现浇钢筋混凝土，楼板嵌固墙体内；防水层做完后，直接做了水泥砂浆保护层后进行了24h蓄水试验。交付使用不久，用户普遍反映卫生间漏水。现象如图9.1所示，卫生间地面与立墙交接部位积水，防水层渗漏，积水沿管道壁向下渗漏。

【问题】

(1) 试分析渗漏原因。

(2) 卫生间蓄水试验的要求是什么？

【分析】

(1) 楼板嵌固墙体内，四边支撑处负弯矩较大，支座钢筋的摆放位置不当，造成支座处板面产生裂缝。

图9.1 卫生间防水地面

(2) 洞口与穿板主管外壁没用豆石混凝土灌实。

(3) 管道周围虽然做附加层防水，但粘贴高度不够，接口处密封不严密。

(4) 找平层在墙角处没有抹成圆弧，浇水养护不好。

(5) 防水层做完后应做24h蓄水试验，面层做完后做两次24h蓄水试验，蓄水深度30～50mm。

建筑防水材料是指用于满足建筑物或构筑物防水、防渗、防潮功能的材料。建筑防水是保证建筑物发挥其正常功能和寿命的一项重要措施，是建筑材料中较为重要的材料体系之一。目前，防水材料主要包括刚性防水材料、柔性防水材料。刚性防水材料是以水泥、砂、石为原料或掺入少量外加剂、高分子聚合物等材料，通过合理调整配合比、抑制孔隙率、改善孔结构、增加各原材料界面间的密实性等方法，配制而成的具有一定抗渗能力的水泥砂浆或混凝土类材料。或通过补偿收缩、提高混凝土的抗裂防渗能力等方法，使混凝土构筑物达到防水抗渗的要求。柔性防水就是在建筑物基层上铺帖防水卷材或涂布防水涂料，使之形成防水隔离层。随着建筑业的发展，防水材料发生了巨大的变化，特别是各种高分子材料的出现，传统的沥青基防水材料已逐渐向新型的高聚物改性沥青防水卷材和合成高分子防水材料方向发展。

# 9.1 沥　　青

沥青是一种有机胶结材料，是由一些极其复杂的高分子的碳氢化合物构成的混合物。在常温下为液态、半固态或固态，颜色呈黑色至褐色，能溶解于二硫化碳等有机溶剂中，具有不导电、防潮、防水、防腐性，广泛用于防潮、防水及防腐工程和水工建筑物与道路工程。

沥青按其产源可分为地沥青和焦油沥青两大类。

地沥青又有天然沥青及石油沥青之分。地壳中的石油，在各种自然因素的作用下，经过轻质油分蒸发、氧化和缩聚作用，最后形成的天然产物，称为天然沥青。石油沥青是原油经炼制加工出石油产品后的残留物，再经加工而得到的沥青，称为石油沥青。

焦油沥青包括煤沥青、页岩沥青。干馏煤得到煤焦油，对煤焦油进行再加工而得到煤沥青。页岩沥青是由油页岩经过提炼石油后的残渣加工制得的，性质介于石油沥青和煤沥青之间。建筑工程中使用最多的是石油沥青和煤沥青。

### 9.1.1 石油沥青

1. 石油沥青的组分

石油沥青是由多种极其复杂的碳氢化合物和这些碳氢化合物的非金属衍生物所组成的混合物。它的组成元素主要是碳(80%～87%)和氢(10%～15%)，其次是一些非烃元素，如氧、硫、氮(<5%)，此外还含有一些其他金属元素。

在研究沥青的组成时，根据其物理、化学性质相近的归类为若干组，称为组分。一般可分为油分、树脂和地沥青质三大组分。

我国现行《公路工程沥青及沥青混合料试验规程》(JTJ 052—2000)规定有三组分和四组分两种分析法。

按三组分分析法所得各组分的性状见表 9-1。

表 9-1 石油沥青的组分及其主要特征

| 性状 | 外观特征 | 平均分子量 | 碳氢比/原子比 | 含量/% | 物化特征 |
|---|---|---|---|---|---|
| 油分 | 淡黄透明液体 | 200～700 | 0.5～0.7 | 45～60 | 几乎可溶于大部分有机溶剂，具有光学活性，常发现有荧光，相对密度约 0.925 |
| 树脂 | 红褐色粘稠半固体 | 800～3 000 | 0.7～0.8 | 15～30 | 温度敏感性高，溶点低于 100℃，相对密度大于 1.000 |
| 沥青质 | 深褐色固体微粒 | 1 000～5 000 | 0.8～1.0 | 5～30 | 加热不熔化，分解为硬焦炭，使沥青呈黑色，相对密度 1.100～1.500 |

2. 石油沥青的主要技术性质

1) 粘滞性

粘性是指沥青材料在外力的作用下，抵抗发生粘性变形的能力。表示出沥青的软硬、稀稠的程度，是划分沥青牌号的主要性能指标。

常采用的粘滞度有以下几种。

(1) 针入度，固体或半固体的粘稠石油沥青的粘性可用针入度表示。沥青的针入度是在规定温度和时间内，附加一定质量的标准针垂直贯入试样的深度，以 0.1mm 为 1 度来表示，如图 9.2 所示。

《石油沥青针入度测定方法》(GB 4509—1999)规定，标准针、连杆与附加砝码的总质量为(100±0.1)g，试验温度为 25℃，针入度贯入时间为 5s。

针入度在一定程度上反映粘稠石油沥青的粘性，是划分沥青牌号的重要依据。

(2) 粘度，液体状态的沥青的粘性用粘度表示。沥青的标准粘度是试样在规定温度下，自标准粘度计规定直径的流孔流出 50ml 所需的时间，以 s 表示，如图 9.3 所示。

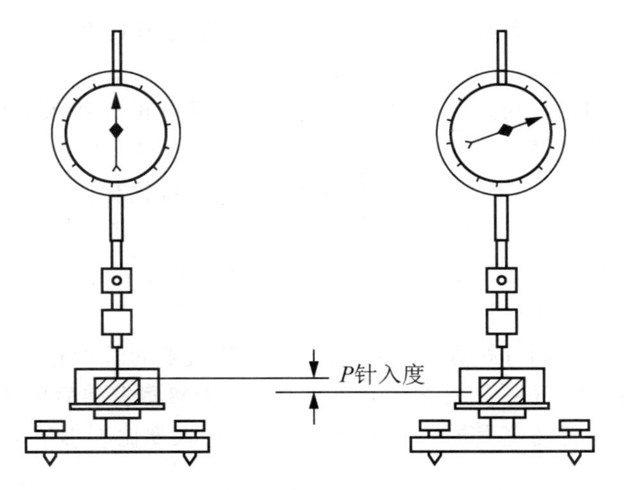


图 9.2 沥青的针入度测度

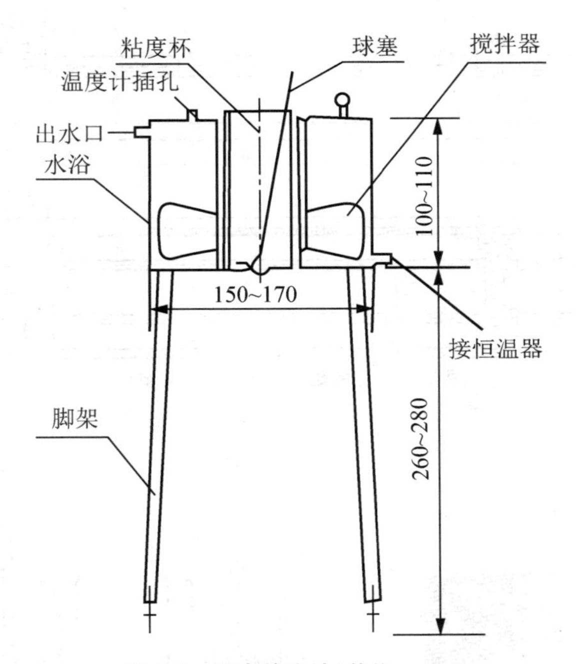


图 9.3 沥青粘度计(单位：mm)

2）塑性

塑性是指沥青材料在外力作用下发生变形而不破坏的能力。目前以沥青的延度指标来反映沥青的塑性。沥青的延度是规定形状的试样在规定的温度下，以一定速度拉伸至断裂时的长度，以 cm 表示，如图 9.4、图 9.5 所示。

沥青的低温抗裂性、耐久性与其延度密切相关，沥青的延度值越大，柔性和抗裂性越好。沥青的延度取决于沥青的胶体结构和流变性质。

3）温度敏感性

温度敏感性是指沥青的粘滞性和塑性随温度升降而变化的性能。沥青的温度敏感性大小用软化点来表示。软化点是沥青材料由固态转变为具有一定流动性的膏体时的温度。

软化点的大小采用“环与球”法测定软化点。将沥青试样注入规定尺寸的金属环内，上置规定尺寸和质量的钢球，放于水(或甘油)中，以(5±0.5)℃/min 的速度加热，测定至钢球下坠达规定距离(25.4mm)时的温度即为沥青的软化点，以℃表示，如图 9.6、图 9.7所示。

针入度、延度、软化点是评价石油沥青的三大主要技术指标。

4) 大气稳定性

大气稳定性是指石油沥青在稳定、阳光、空气等因素的长期作用下性能的稳定程度，它反映沥青的耐久性。大气稳定性可以用沥青式样在加热蒸发前后的蒸发损失率和针入度比来表示。一般石油沥青的蒸发损失率不超过 1%，针入度比不小于 75%。

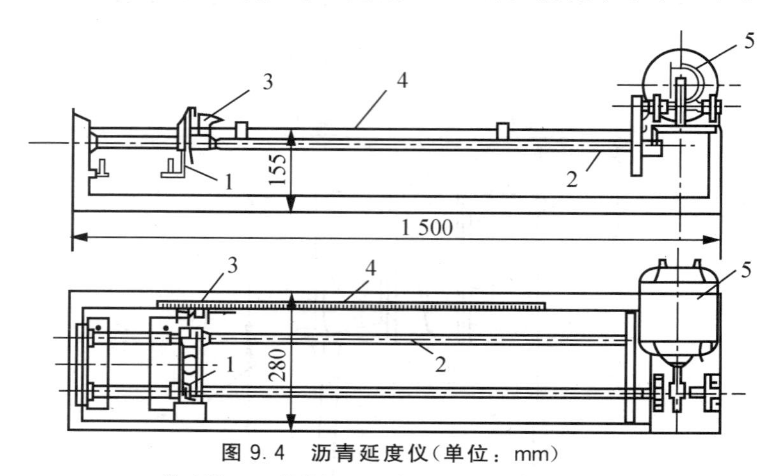


图 9.4 沥青延度仪(单位：mm)

1—滑动器；2—螺旋杆；3—指针；4—标尺；5—电动机

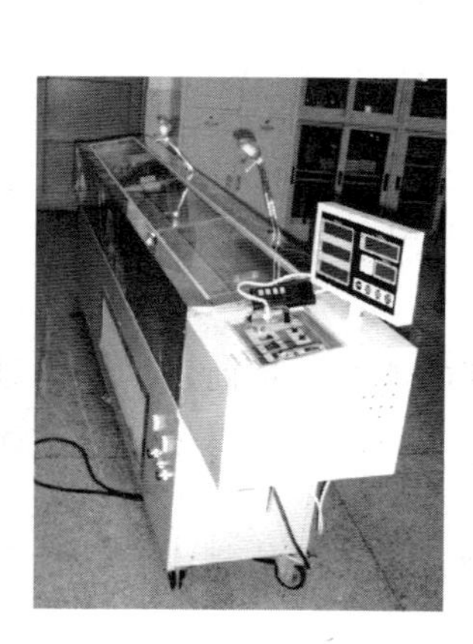

图 9.5 沥青延度仪

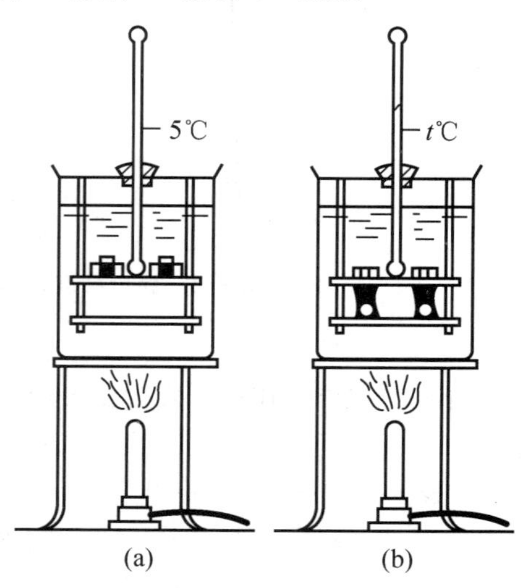


图 9.6 软化点测定(单位：mm)

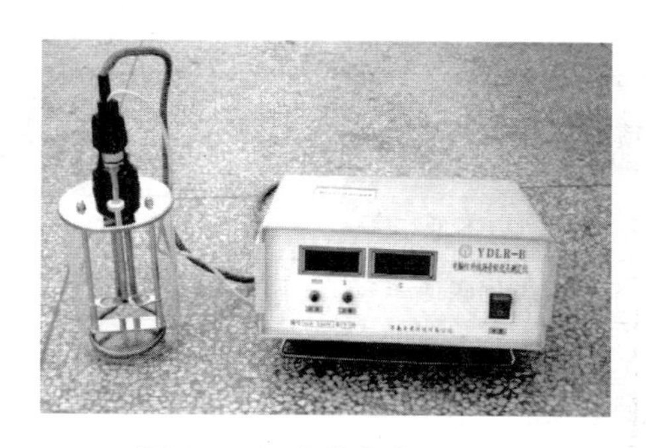


图9.7 沥青软化点测定仪

5）闪点

在规定条件下加热到石油沥青的蒸汽与火焰接触发生闪光时的最低温度称为闪点，闪点为安全施工指标；再加热熔化施工时，不能超过闪点温度，否则容易起火，而且，加热温度过高，也会促使沥青老化。

3. 石油沥青的标准、选用及掺配

1）石油沥青的标准

根据我国现象标准石油沥青划分为道路石油沥青、建筑石油沥青和普通石油沥青。道路石油沥青、建筑石油沥青的主要牌号和技术要求见表9－2、表9－3。

表9－2 道路石油沥青技术要求

| 试验项目 \ 标号 | | A－200 | A－180 | A－140 | A－100甲 | A－100乙 | A－60甲 | A－60乙 |
|---|---|---|---|---|---|---|---|---|
| 针入度(25℃，100g，5s)(0.1mm) | | 200～300 | 160～200 | 120～160 | 90～120 | 80～120 | 50～80 | 40～80 |
| 延度(5cm/min，25℃)不小于/cm | | — | 100 | 100 | 90 | 60 | 70 | 40 |
| 软化点(环球法)/℃ | | 30～45 | 35～45 | 38～48 | 42～52 | 42～52 | 45～55 | 45～55 |
| 溶解度(三氯乙烯)不小于/% | | 99.0 | | | | | | |
| 蒸发损失试验 | 质量损失不大于/% | 1 | | | | | | |
| | 针入度比不小于/% | 50 | 60 | 60 | 65 | 65 | 70 | 70 |
| 闪点(COC)不小于/℃ | | 180 | 200 | 230 | 230 | 230 | 230 | 230 |

表9－3 建筑石油沥青技术要求

| 项　目 | 质量指标 | |
|---|---|---|
| | 10号 | 30号 |
| 针入度(25℃，100g，5s)　(0.1mm) | 10～25 | 25～40 |
| 延度(25℃)　不小于/cm | 1.5 | 3 |

续表

| 项目 | 质量指标 | |
|---|---|---|
| | 10号 | 30号 |
| 软化点(环球法)(℃)不低于 | 95 | 70 |
| 溶解度(三氯甲烷、三氯乙烯、四氯化碳或苯)　不小于/% | 99.5 | |
| 蒸发损失(160℃，5h)　不小于/% | 1 | |
| 蒸发后针入度比　不小于/% | 65 | |
| 闪点(开口)(℃)　不低于 | 230 | |
| 脆点 | 报告 | |

从表9-2、表9-3可以看出，石油沥青都是以针入度指标来划分牌号的，而每个牌号还必须同时满足相应的延度和软化点等指标的要求。牌号越大，则针入度越大(粘性越差)，延度越大(塑性越好)，软化点越低(耐热性越差)。

2）石油沥青的选用

选用沥青材料时，应根据工程性质及当地的环境条件和材料的使用部位等因素来选用不同类型和牌号的沥青。

道路石油沥青主要用于道路路面及厂房地面。道路石油沥青牌号越高，则粘性越小，延性越好，而温度稳定性也随之降低。

建筑石油沥青的粘性较大(针入度较小)，耐热性较好(软化点较高)，但延度较小(塑性较小)。主要用作制造油纸、油毡、防水涂料和嵌缝油膏。它们绝大部分用于屋面及地下防水、沟槽防水、防腐蚀及管道防腐等工程。

在选用沥青作为屋面防水材料时，主要考虑耐热性要求，一般要求软化点较高，并满足必要的塑性。为避免夏季流淌，一般屋面用沥青材料的软化点还应比本地区屋面最高温度高20℃以上。但也不宜过高，否则，冬季低温易硬脆甚至开裂。对于夏季炎热地区，当屋面坡度大而易发生流淌时，应选用10号、30号建筑石油沥青或其混合物。

普通石油沥青含蜡量高，温度敏感性大，建筑工程中不宜单独使用。

3）石油沥青的掺配

施工中，若采用某一种牌号的石油沥青不能满足工程技术要求，可用两种或三种不同牌号的沥青进行掺配使用。

两种沥青掺配的比例可用式(9-1、9-2)估算：

$$Q_1=\frac{T_2-T}{T_2-T_1}\times 100 \quad (9-1)$$

$$Q_2=100-Q_1 \quad (9-2)$$

式中：$Q_1$——较软沥青用量，%；

$Q_2$——较硬沥青用量，%；

$T$——要求配制的沥青软化点，℃；

$T_1$——较软沥青软化点，℃；

$T_2$——较硬沥青软化点，℃。

## ▶▶案例9-1

江苏省南通市某二级公路沥青混凝土路面使用1年后就出现较多网状裂缝，其中施工厚度较薄及下凹处裂缝更为明显。据了解，当时对下卧层已作认真检查，已处理好软弱层，而所用的沥青延度较低。请分析原因。

**【案例分析】**

沥青混凝土路面网状裂缝有多种成因。其中路面结构夹有软弱层的因素从提供的情况亦可初步排除。沥青延度较低会使沥青混凝土抗裂性差，这是原因之一。而另一个更主要的原因是沥青厚度不足，层间粘结差，该地区多雨，于下凹处积水，水分渗入亦加速裂缝形成。

## ▶▶案例9-2

某工程需要用软化点为85℃的石油沥青，现有10号及60号两种，应如何掺配以满足工程需要？由试验测得10号石油沥青软化点为95℃；60号石油沥青软化点为45℃。试计算掺配用量。

**解：**

60号石油沥青用量(%)$=\frac{95-85}{95-45}\times 100=20$

10号石油沥青用量(%)$=100-20=80$

根据估算的掺配比例和在其邻近的比例(5%～10%)进行不少于三组的试配试验(混合熬制均匀)，测定掺配后沥青的软化点，然后绘制"掺配比例-软化点"曲线，即可从曲线上确定所要求的掺配比例。同样地，可采用针入度指标按上法进行估算及试配。

石油沥青过于粘稠，需要稀释后使用，通常可以采用石油产品系统的轻质油类，如汽油、煤油和柴油等进行稀释。

## 9.1.2 煤沥青

煤沥青是由煤焦油经分馏加工提取轻油、中油、重油等以后所得的残渣。煤沥青的组成主要是芳香族碳氢化合物及其氧、硫和氮的衍生物的混合物。

### 1. 煤沥青的技术性能

(1) 煤沥青的温度稳定性较差。

(2) 煤沥青抗老化能力低。

(3) 煤沥青与石料粘附性较好

(4) 煤沥青的塑性和耐久性差。

(5) 煤沥青含有害的成分较多，臭味较重，应注意防护。

### 2. 石油沥青与煤沥青的鉴别

煤沥青的主要技术性质比石油沥青差，主要适用于木材防腐、制造涂料等。煤沥青不能与石油沥青混合使用，使用时应分开，鉴别方法见表9-4。

表 9-4 煤沥青与石油沥青的简易鉴别方法

| 鉴别方法 | 石油沥青 | 煤沥青 |
|---|---|---|
| 相对密度 | 接近于 1.0 | 接近于 1.25 |
| 气味 | 常温下无刺激性臭味 | 常温下有刺激性臭味 |
| 燃烧 | 灰黑色烟或无烟 | 黄色烟雾 |
| 溶解试验 | 可溶于汽油或煤油 | 不易溶于汽油或煤油 |
| 敲击 | 固体石油沥青有韧性、不易碎 | 硬煤沥青易破碎 |
| 斑点试验 | 溶于苯的溶液滴入滤纸上其斑点为均匀棕色 | 溶于苯的溶液滴入滤纸上与两个圈，外圈深黄，内圈小且有黑色微粒 |

## 9.1.3 改性沥青

在建筑工程中使用的沥青应具有一定的物理性质。在低温条件下应有良好的弹性和塑性；在高温条件下要有足够的强度和稳定性；在加工和使用条件下具有抗老化能力；还应与各种矿料和结构表面有较强的粘附力，以及对变形的适应性和耐疲劳性。而普通石油沥青的性能难于满足上述要求，为此，常用橡胶、树脂和矿物填料对沥青进行改性，以满足使用要求。

1. 改性沥青的分类

改性沥青是在沥青中掺加橡胶、树脂、高分子聚合物、磨细的橡胶粉或其他填料等外掺剂(改性剂)，或采取对沥青轻度氧化加工等措施，使其性能得以改善后的一种沥青。根据不同目的所采用的改性沥青及改性沥青混合料技术的分类如图 9.8 所示。

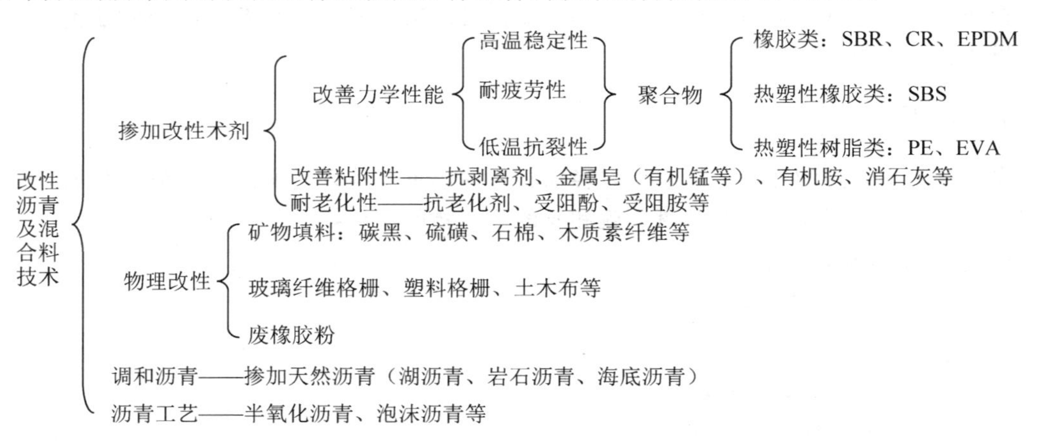


图 9.8 道路改性沥青及改性沥青混合料技术

按改性剂的不同，改性沥青可分为以下几类。

(1) 热塑性橡胶类。

(2) 橡胶类。

(3) 树脂类。

沥青改性剂种类很多，一般可分为橡胶和树脂两大类。橡胶类包括天然橡胶和合成橡胶。天然橡胶能增加混合料的粘聚力，有较低的低温敏感性，与集料有较好的粘附性；氯丁胶乳和丁苯胶乳 SBR 能增加混合料的弹性、粘聚力，减小感温性；块状共聚物 SBS 将改善混合料的柔性，增强其抵抗永久变形的能力并减小温度敏感性；再生橡胶粉可增加混合料的柔性、粘附性，提高抗滑、抗疲劳性和阻碍反射裂缝的形成。合成树脂包括聚乙烯(PE)、聚丙烯(PP)、乙烯-醋酸乙烯酯(EVA)、乙丙橡胶等，可增加沥青的稳定性，提高抵抗永久变形的能力，降低低温敏感性。

2. 改性沥青的技术标准

《公路改性沥青路面施工技术规范》(JTJ 036—2003)提出的聚合物改性沥青技术要求见表9-5。

表9-5 聚合物改性沥青技术要求

| 指　　标 | SBS类(Ⅰ类) | | | | SBR类(Ⅱ) | | | EVA，PE类(Ⅲ) | | | |
|---|---|---|---|---|---|---|---|---|---|---|---|
| | Ⅰ-A | Ⅰ-B | Ⅰ-C | Ⅰ-D | Ⅱ-A | Ⅱ-B | Ⅱ-C | Ⅲ-A | Ⅲ-B | Ⅲ-C | Ⅲ-D |
| 针入度(25℃，100g，5s) min(0.1mm) | 100 | 80 | 60 | 40 | 100 | 80 | 60 | 80 | 60 | 40 | 30 |
| 针入度指数 $PI$min | -1.0 | -0.6 | -0.2 | +0.2 | -1.0 | -0.8 | -0.6 | -1.0 | -0.8 | -0.6 | -0.4 |
| 延度(5℃，5cm/min) min/cm | 50 | 40 | 30 | 20 | 60 | 50 | 40 | — | | | |
| 软化点 $T_{R\&B}$min℃ | 45 | 50 | 55 | 60 | 45 | 48 | 50 | 48 | 52 | 56 | 60 |
| 运动粘度(135℃) max/Pa·s | 3 | | | | | | | | | | |
| 闪电　min/℃ | 230 | | | | 230 | | | 230 | | | |
| 溶解度　min/% | 99 | | | | 99 | | | — | | | |
| 离析，软化点差 max/℃ | 2.5 | | | | — | | | 无改性剂明显析出、凝聚 | | | |
| 弹性恢复/25℃ | 55 | 60 | 65 | 70 | — | | | — | | | |
| 粘韧性/N·m | — | | | | 5 | | | — | | | |
| 韧性/N·m | — | | | | 2.5 | | | — | | | |
| RTFOT后残留物 | | | | | | | | | | | |
| 质量损失　max/% | 1.0 | | | | 1.0 | | | 1.0 | | | |
| 针入度比(25℃)min/% | 50 | 55 | 60 | 65 | 50 | 55 | 60 | 50 | 55 | 58 | 60 |
| 延度(5℃)　min/cm | 30 | 25 | 20 | 15 | 30 | 20 | 10 | | | | |

注：①针入度指数 $PI$ 由实测15℃、25℃、30℃等3个不同温度的针入度按式 $\lg P-AT+k$ 直线回归求得参数A后由下式求得，但直线回归的相关系数 $R$ 不得低于0.997。　$PI=(20-500A)/(1+50A)$

② 表中135℃运动粘度由布洛克菲尔德旋转粘度计(Brookfield型)测定，若在不改变改性沥青物理力学性质并符合安全条件的温度下易于泵送和拌和，或经试验证明适当提高泵送和拌和温度时能保证改性沥青的质量，容易施工，可不要求测定。有条件时应用毛细管法测定改性沥青在60℃时的动力粘度。

③ 当SBS改性沥青在现场制作后立即使用或贮存期间进行不间断搅拌或泵送循环时，对离析试验可不作要求。

④ 老化试验以旋转薄膜加热试验(RTFOT)方法为准。容许以薄膜加热试验(TFOT)代替，但必须在报告中注明，且不得作为仲裁结果。

⑤ 对不同类型复合的改性沥青，根据改性剂的类型和剂量比例，按照工程上改性的目的和要求，参照表中指标综合确定应该达到的技术要求。

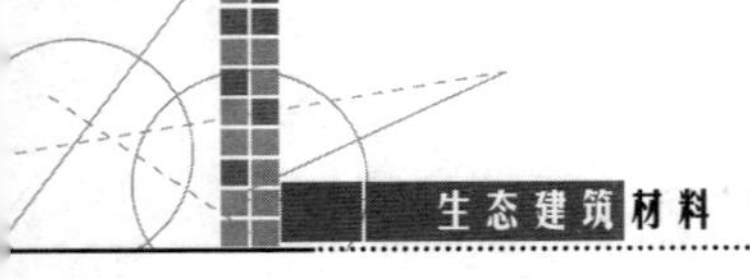


我国目前使用的聚合物改性剂主要有SBS(属热塑性橡胶类)、SBR(属橡胶类)、EVA及PE(热塑性树脂类)三类。

Ⅰ类(SBS热塑性橡胶类)聚合物改性沥青中，Ⅰ-A型及Ⅰ-B型适用于寒冷地区，Ⅰ-C型适用于较热地区，Ⅰ-D型适用于炎热地区及重交通量路段。

Ⅱ类(SBR橡胶类)聚合物改性沥青中，Ⅱ-A适用于寒冷地区，Ⅱ-B和Ⅱ-C适用于较热地区。

Ⅲ类聚合物改性沥青，如乙烯-醋酸乙烯酯(EVA)、聚乙烯(PE)改性沥青，适用于较热和炎热地区。通常要求软化点温度比最高月使用温度的最大空气温度高20℃左右。

## 9.2 建筑防水材料

按照材料的组成不同，常用的高分子防水卷材可分为沥青防水卷材、高聚物改性沥青防水卷材和合成高分子防水卷材。

### 9.2.1 沥青防水卷材

沥青防水卷材是用原纸、纤维织物、纤维毡等胎体浸涂沥青，表面撒布粉状、粒状或片状材料制成的可卷曲的片状防水材料。根据卷材选用的胎基不同，可分为沥青纸胎防水卷材、沥青玻璃布胎防水卷材、沥青玻璃纤维胎防水卷材、沥青石棉布胎防水卷材、沥青麻布胎防水卷材和沥青聚乙烯胎防水卷材等。

1. 石油沥青纸胎防水卷材

石油沥青纸胎防水卷材包括石油沥青纸胎油毡和油纸。

石油沥青纸胎油毡是采用低软化点石油沥青浸渍原纸，然后用高软化点石油沥青涂盖油纸两面，再涂或撒隔离材料所制成的一种纸胎防水卷材。幅宽分915mm和1 000mm两种规格，每卷面积(20±0.3)$m^2$。根据《石油沥青纸胎油毡、油纸》(GB 326—2005)规定，按1$m^2$原纸的质量克数，分为200、350、500这3种标号。每一标号的油毡按物理性能分为优等品、一等品和合格品3个等级。其中，200号油毡适用于简易防水、临时性建筑防水、建筑防潮及包装；350号油毡适用于屋面、地下、水利等工程的多层防水。

由于石油沥青纸胎防水卷材低温柔性差，温度敏感性大，胎体易腐烂，耐用年限较短，逐渐被淘汰。

2. 石油沥青玻璃布胎和纤维胎防水卷材

石油沥青玻璃布胎防水卷材简称玻璃布油毡，它是以玻璃纤维布为胎基，浸涂石油沥青，并在两面涂撒矿物隔离材料所制成的可卷曲片状防水材料。玻璃布油毡幅宽1 000mm，每卷面积(10±0.3)$m^2$。按物理性能可分为一等品和合格品。

玻璃布油毡与纸胎油毡相比，其拉伸强度、低温柔度、耐腐蚀性等均得到了明显提高，适用于地下工程作防水、防腐层，并用于屋面做防水层及金属管道(热管道除外)作防腐保护层。

石油沥青玻璃纤维毡胎防水卷材简称玻纤胎油毡，它是采用玻璃纤维薄毡为胎基，浸涂石油沥青，在其表面涂撒矿物粉料或覆盖聚乙烯膜等隔离材料而制成的可卷曲的片状防水材料，油毡幅宽为1 000mm。其品种按油毡上表面材料分为膜面、粉面和砂面3个品种。根据《石油沥青纸胎油毡、油纸》(GB 326—2005)规定，按每$10m^2$标称质量(kg)分为15、25、35这3种标号。按物理性能分为优等品(A)、一等品(B)和合格品(C)3个等级。

沥青玻纤胎油毡的耐腐蚀性和柔性好，耐久性也比纸胎沥青油毡高。适用于地下和屋面防水工程，使用中可产生较大的变形以适应基层变形，尤其适用于形状复杂(如阴阳角部位)的防水面施工，且容易粘贴牢固。

### 9.2.2 高聚物改性沥青防水卷材

高聚物改性沥青防水卷材是以玻纤毡、聚酯毡、黄麻布、聚乙烯膜、聚酯无纺布、金属箔或两种材料复合为胎基，以掺量不少于10%的聚合物改性沥青、氧化沥青为浸涂材料，以片岩、彩色砂、矿物砂、合成膜或铝箔等为覆面材料制成的防水卷材。

高聚物改性沥青防水卷材包括弹性体、塑性体和橡塑共混体改性沥青防水卷材三类。其中，弹性体(SBS)改性沥青防水卷材和塑性体(APP)改性沥青防水卷材应用较多。

#### 1. 弹性体改性沥青防水卷材（SBS卷材）

SBS改性沥青防水卷材是以SBS热塑性弹性体作改性剂，以聚酯胎(PY)或玻纤胎(G)为胎基，两面覆盖聚乙烯膜(PE)、细砂(S)、粉料或矿物粒(片)料(M)所制成的防水卷材，属中高档防水材料如图9.9、图9.10所示。

图9.9 SBS防水卷材

图9.10 SBS防水卷材展开图

卷材所使用玻纤毡胎或聚酯无纺布两种胎体，使用矿物粒(如板岩片等)、砂粒(河砂或彩砂)、聚乙烯膜等3种表面材料，共形成6个品种(见表9-6)。

SBS防水卷材幅宽1 000mm，聚酯胎的厚度有3mm、4mm两种。玻纤胎的厚度有2mm、3mm、4mm 3种。每卷面积有$15m^2$、$10m^2$和$7.5m^2$ 3种。

表9-6 塑性体改性沥青防水卷材品种

| 上表面材料 | 聚　酯　胎 | 玻　纤　胎 |
|---|---|---|
| 聚乙烯膜 | PY—PE | G—PE |
| 细砂 | PY—S | G—S |
| 矿物粒(片)料 | PY—M | G—M |

SBS改性沥青防水卷材具有拉伸强度高、伸长率大、自重轻，既可以用热熔施工，又可用冷粘结施工等特点。其最大优点是具有良好的耐高温、耐低温以及耐老化性能。适用于工业与民间建筑的屋面、地下及卫生间等的防水防潮，以及游泳池、隧道、蓄水池等防水工程。

2. 塑性体改性沥青防水卷材（APP卷材）

APP卷材是以玻纤毡或聚酯毡胎基，无规聚丙烯或聚烯烃类聚合物为改性剂，两面涂盖隔离材料制成的防水卷材，属中高档防水卷材。

APP卷材使用玻纤毡胎(G)或聚酯胎(PY)等两种胎体，形成6个品种(表9-6)。其幅宽规格、长度规格、厚度规格与SBS改性沥青防水卷材相同，标号分类方法也相同。

APP改性沥青防水卷材具有分子结构稳定、老化期长，具有良好的耐热性、拉伸强度高、伸长率大、施工简便、无污染等特点。主要用于屋面、地下或水中防水工程，尤其多用于有强烈阳光照射或炎热环境中的防水工程。

### 9.2.3 合成高分子防水卷材

合成高分子防水卷材是以合成橡胶、合成树脂或两者的共混体为基料，加入适当的化学助剂和添加剂等，经过塑炼混炼、压延或挤出成型、硫化、定型等工序加工而成的无胎加筋或不加筋的弹性或塑性的片状可卷曲的一类防水材料。

目前，我国开发的合成高分子防水卷材品种主要有橡胶型、塑料型、橡塑共混型三大系列，常见的有三元乙丙橡胶防水卷材、氯化聚乙烯防水卷材、氯化聚乙烯一橡胶共混防水卷材。

1. 三元乙丙橡胶防水卷材（EPDM卷材）

三元乙丙橡胶防水卷材是以乙烯、丙烯和少量双环戊二烯3种单体共聚合成的三元乙丙橡胶为主要原料，掺入适量的丁基橡胶，加入硫化剂、软化剂、促进剂、补强剂等，经精确配料、密炼、拉片、挤出或压延成型、硫化等工序加工而成的高弹性防水卷材，简称EPDM卷材。

三元乙丙橡胶防水卷材质量轻、耐老化性能好、抗拉强度高、延伸率大、对基层伸缩或开裂的适应性强，耐高低温性能好，使用寿命长，是一种高效防水材料。

EPDM卷材改变了过去多层热施工的传统做法，提高了工效，减少了环境污染。适用于防水要求高，耐久年限长的建筑屋面、厨房及卫生间、楼房地下室、地下铁道、地下停车站的防水，以及桥梁、隧道工程的防水，蓄水池、污水处理池等方面的防水隔水等。

三元乙丙橡胶防水卷材的规格尺寸和物理性能指标见表9-7和表9-8。

表9-7 三元乙丙橡胶防水卷材的规格尺寸

| 规　格 | 厚　度/mm | 宽　度/m | 长　度/m |
| --- | --- | --- | --- |
| 尺　寸 | 1.0、1.2、1.5、2.0 | 1.0、1.2 | 20 |

表9-8 三元乙丙橡胶防水卷材的物理性能指标

<table>
<tr><th rowspan="2">序号</th><th rowspan="2" colspan="2">项 目</th><th colspan="2">指 标</th></tr>
<tr><th>一等品</th><th>合格品</th></tr>
<tr><td>1</td><td colspan="2">抗伸强度，常温/MPa ≥</td><td>8</td><td>7</td></tr>
<tr><td>2</td><td colspan="2">扯断伸长率/% ≥</td><td colspan="2">450</td></tr>
<tr><td>3</td><td colspan="2">直角形撕裂强度，常温/N/cm ≥</td><td>280</td><td>245</td></tr>
<tr><td rowspan="2">4</td><td rowspan="2">不透水性</td><td>0.3MPa×30min</td><td>合格</td><td>—</td></tr>
<tr><td>0.1MPa×30min</td><td>—</td><td>合格</td></tr>
<tr><td>5</td><td colspan="2">脆性温度/℃ ≤</td><td>-45</td><td>-40</td></tr>
<tr><td rowspan="3">6</td><td rowspan="3">热空气老化<br>(80℃×168h)</td><td>抗伸强度变化率/%</td><td>-20～40</td><td>-20～50</td></tr>
<tr><td>扯断伸长率变化率，减少值不超过/%</td><td colspan="2">30</td></tr>
<tr><td>撕裂强度变化率/%</td><td>-40～40</td><td>-50～50</td></tr>
<tr><td rowspan="2">7</td><td rowspan="2">臭氧老化</td><td>500pphm；168h×40℃，伸长率40%，静态</td><td>无裂纹</td><td>—</td></tr>
<tr><td>100pphm；168h×40℃，伸长率40%，静态</td><td>—</td><td>无裂纹</td></tr>
<tr><td rowspan="2">8</td><td rowspan="2">直角形撕裂强度/(N/cm)</td><td>-20℃ ≤</td><td>490</td><td></td></tr>
<tr><td>60℃ ≥</td><td>74</td><td></td></tr>
</table>

**知识链接**

三元乙丙防水卷材胶粘剂是决定防水效果的关键因素，通常认为好的卷材可保证防水效果，却忽视了胶粘剂的关键作用。当今市场上有完善的配套胶接缝应用技术的厂家不多，厂家在介绍材料时只说材料的性能和价格，却避而不谈胶粘剂，有些厂家根本就不生产胶粘剂。现市场大多数采用401、404等氯丁胶系列，这些胶粘剂剥离强度低，耐水性、耐老化性差，不能随着时间的推移提高强度，无法确保防水质量。好的防水胶应与配套接缝胶粘剂和密封胶同时使用，既要保证初期粘度高又要保证后期强度上的快，并同时具有粘结强度高，耐热、耐酸碱盐、抗气候老化，使胶与卷材达到同步老化合二为一的作用。卡莱尔产胶粘剂质量较好，但胶与卷材为极性与非极性体，在初粘强度和最终强度及低温粘结性能方面还有一些弊端，国产S801-2#接缝胶现各种指标为市场防水胶粘剂中性能最好的产品，有效地解决了各种防水施工中的各种问题。

### 2. 聚氯乙烯（PVC）防水卷材

聚氯乙烯防水卷材是以聚氯乙烯树脂(PVC)为主要材料，掺入适量的添加剂，以挤出制片法或压延法制成的可卷曲的片状防水材料。属非硫化型、高档弹性防水材料。

软质PVC卷材适用于大型屋面板、空心板作防水层，也可作刚性层下的防水层及旧建筑物混凝土构件屋面的修缮，以及地下室或地下工程的防水、防潮、水池、贮水槽及污水处理池的防渗，有一定耐腐蚀要求的地面工程的防水、防渗。

PVC防水卷材根据其基料的组成及特性又可分为S型和P型。

S型是以煤油与聚氯乙烯树脂溶料为基料的柔性卷材。

P 型是以增塑聚氯乙烯为基料的塑性卷材。

在卷材的实际生产中，S 型卷材的 PVC 树脂掺有较多的废旧塑料，因此 S 型卷材性能远低于 P 型卷材。

以 P 型产品为代表的 PVC 卷材的特点是拉伸强度高，伸长率大，对基层的伸缩和开裂变形适应性强，具有良好的水蒸气扩散性，耐老化，耐高低温。与三元乙丙橡胶防水卷材相比，PVC 防水卷材性能稍差，但其优势是原料丰富，价格较低。

### 3. 氯化聚乙烯-橡胶共混防水卷材

氯化聚乙烯-橡胶共混防水卷材是以氯化聚乙烯树脂和丁苯橡胶的混合体为基料，加入各种适量化学助剂和填充料，制成的防水卷材，属硫化型高档防水卷材。

此类防水卷材兼有塑料和橡胶的特点，这种合成高分子聚合物的共混改性材料，在工业上被称为高分子合金，其综合防水性能得到提高，主要特性如下。

(1) 耐老化性能优异。

(2) 具有良好的粘结性能和阻燃性能。

(3) 拉伸强度高、伸长率大。

(4) 具有良好的高低温特性。该卷材能在－40～80℃温度范围内正常使用，高低温性能良好。

(5) 稳定性好，使用寿命长。

(6) 施工方便简单。

氯化聚乙烯-橡胶共混防水卷材最适宜用单层冷粘外露防水施工法作屋面的防水层，也适用于有保护层的屋面或楼地面、地下、游泳池、隧道、涵洞等中高档建筑防水工程。

**知识链接**

(1) 拉伸性能试验。将材料按各标准规定的尺寸裁样，如 PVC 材料要裁成 I 型样，而沥青防水卷材大多是裁成 500mm×50mm 的长方形样。裁好样后，将试样夹在一定量程的拉力机的两个夹具上，按标准规定的拉伸速度进行试验，同时要记录试样标距初始长度，拉伸至样品断裂记录此时的最大拉力值及断裂时标距长度。通过计算可得到材料的拉伸强度及断裂延伸率。

(2) 不透水性能试验。将材料制成与透水压力盘尺寸相符的试验样品后，安装在不透水仪器上，按标准规定的压力和加压时间，进行试验。在试验进行的过程中要时刻观察材料有无渗水情况，并进行记录和描述。

(3) 耐热性能试验。将材料按标准要求制成试样后，将样品放在恒温烘箱内，设定规定的温度恒温到一定时间后，取出观察材料在规定温度下是否有产生流淌、滑动等现象、或测量样品在放入恒温箱前后样品的尺寸变化情况。一般用加热伸缩率来表示。

(4) 低温柔度。将材料按标准要求制成试样后，将样品放在按标准规定的温度恒温的低温箱内，到规定时间后，取出材料在规定直径的抗弯仪上弯曲，然后用放大镜观察样品表面有无裂纹等现象。用来检测材料在低温状态下材料的变形能力。

(5) 固体含量。固体含量是检测防水涂料的一项指标。它的检测方法是将材料按其配比配好料后，涂在已经烘至恒重的表面皿上，称量，在标准条件下放置 24h 后，再放入烘箱内加热到一定温度、时间后，取出表面皿，再称量。然后计算材料中的固体含量。

### 9.2.4 防水涂料

防水涂料是一种流态或半流态物质，涂布在基层表面，经溶剂或水分挥发或个组分间的化学反应，形成有一定弱性和一定厚度的连续薄膜，是基层表面与水隔绝，起到防水和防潮作用。

随着防水涂料的高速发展，我国已分别为沥青类防水涂料、高聚物改性沥青类防水涂料和合成高分子类防水涂料的主要品种制定了国家和行业标准，规定了它们的试验方法和技术指标。1994年4月公布了国家标准《屋面工程技术规范》(GB 50345—2004)，对我国防水涂料的质量要求、涂膜防水工程设计要点、施工方法、工程验收和维护都作出了明确的规定。

防水涂料按其状态与形成，可分为乳液型、溶剂型、反应型三大类型，各类型的性能特点见表9-9。按成膜物质的主要成分可分为沥青类、高聚物改性沥青类和合成高分子类。

表9-9 各类型防水涂料的性能特点

| 种类 | 成膜特点 | 施工特点 | 贮存及注意事项 |
| --- | --- | --- | --- |
| 乳液型 | 通过水分蒸发，高分子材料经过固体微粒靠近、接触、变形等过程而成膜，涂层干燥较慢，一次成膜的致密性较溶剂型涂料低 | 施工安全，操作简单，不污染环境，可在较为潮湿的找平层上施工，一般不宜在5℃以下的气温下施工。生产成本较低 | 贮存期一般不宜超过半年，产品无毒，不燃，生产及贮存使用均比较安全 |
| 溶剂型 | 通过溶剂的挥发，经过高分子材料的分子链接触、搭接等过程而成膜，涂层干燥快，结膜较薄而致密 | 溶剂苯有毒，对环境有污染，人体易受侵害，施工时，应具备良好的通风环境，以保证人身的安全 | 涂料贮存的稳定性较好，应密封存放，产品易燃，易爆、有毒，生产、运输、贮存和施工时均应注意安全，注意防火 |
| 反应型 | 通过液态的高分子预聚物与固化剂等辅料发生化学反应而成膜，可一次形成致密的较厚的涂膜，几乎无收缩 | 施工时，需在现场按规定配方进行准确配料，搅拌应均匀，方可保证施工质量，价格较贵 | 双组分涂料每组分需分别桶装，密封存放，产品有异味，生产运输贮存和施工时均注意防火 |

防水涂料有以下基本性能特点。

(1) 防水涂料在固化前呈粘稠状液体，经涂布固化后能形成无接缝的防水涂膜。防水涂料的这一性能特点决定了其不仅能在水平面上，而且能在立面、阴阳角以及穿结构层管道、凸起物、狭窄场所等各种复杂表面、细部构造处进行防水施工，并形成无接缝的完整的防水、防潮的防水膜。

(2) 涂膜防水层应具有良好的耐水、耐候、耐酸碱特性和优异的延伸性能，能适应基层局部变形的需要。对于基层裂缝，损坏后亦易于修补，即可以在渗漏处进行局部修补；对于结构缝、管道根部等一些容易造成渗漏的部位，也极易进行增强、补强、维修处理。

(3) 涂膜防水层的拉伸强度可通过加贴胎体增强材料得以提高。

(4) 防水涂料可以刷涂、刮涂或机械喷涂，施工进度快，操作简单，使用时无需加热，既减少环境污染，又便于操作，改善劳动条件。

(5) 防水涂料如与防水密封材料配合使用，则可较好地防止渗水漏水，延长使用寿命。

(6) 涂膜防水工程一般均依靠人工来涂布，故其厚度很难做到均匀一致，因此在施工时，必须严格按照操作工艺规程进行重复多遍地涂刷，以保证单位面积内的最低使用量，确保涂膜防水层的施工质量。

(7) 防水涂料固化后所形成的涂膜防水层自重轻，故一些轻型、薄壳的异型屋面均采用涂膜防水。

1. 溶剂型沥青防水涂料（冷底子油）

溶剂型沥青防水涂料是一种沥青溶液，是将石油沥青溶解于有机溶剂(如汽油、煤油、柴油等)中制得的胶体溶液。这类沥青溶液在常温下能够均匀地涂刷在木材、金属、混凝土、砂浆等结构基面上，形成一层粘附牢固的沥青薄膜而起到防水作用。但是，由于此类涂料所形成的涂膜较薄，沥青又未经过改性，故一般不单独作防水涂料使用，仅作某些防水涂料的配套材料使用，且常用于防水层的底层，因此又称为冷底子油。

2. 氯丁橡胶改性沥青防水涂料

氯丁橡胶改性沥青防水涂料是以氯丁橡胶和沥青为基料，经加工而成的一种防水涂料，其品种可分为溶剂型和水乳型两种。

溶剂型氯丁橡胶沥青防水涂料，又称氯丁橡胶—沥青防水材料，是氯丁橡胶和石油沥青溶化于甲苯或二甲苯中而形成的一种混和胶体溶液，其主要成膜物质是氯丁橡胶和石油沥青。该涂料是在我国新型防水材料中出现较早的一个品种，20 世纪 60 年代就开始在工程上大面积使用。但是，由于溶剂型氯丁橡胶沥青防水涂料中含有甲苯等有机溶剂易燃、有毒、施工不便，故产量已越来越小。

水乳型氯丁橡胶沥青防水涂料，又称氯丁胶乳沥青防水涂料，是以阳离子型氯丁胶乳与阳离子型沥青乳液混合构成，氯丁橡胶及石油沥青的微粒，借助于阳离子型表面活性剂的作用，稳定分散在水中而形成的一种乳状液。该种防水涂料兼有橡胶和沥青的双重特性，与溶剂型同类涂料相比，两者都以氯丁橡胶和石油沥青为主要成膜物质，故性能相似，但水乳型氯丁橡胶沥青防水涂料以水代替有机溶剂，不但成本降低，而且具有无毒、无燃爆、施工中无环境污染等优点，主要产品属阳离子水乳型。

3. 再生橡胶沥青防水涂料

再生橡胶沥青防水涂料是一种国内外应用比较普遍的防水涂料，可分为两大类型。

一类为溶剂型再生橡胶沥青防水涂料，主要品种有 JG－1 型防水涂料。此类防水涂料具有高温不流淌、低温不脆裂、操作简便等优点。贮存期较长，只要密封严密，便可长期贮存。JG－1 型防水涂料的最大特点是可在负温下进行施工。

另一类为水乳型再生橡胶沥青防水涂料，主要有 JG－2 型、SR 型、XL 型等品种。一般为双组分型，两个组分一般称为 A 液和 B 液，A 液为再生橡胶乳液，B 液为阴离子型乳化沥青，也有将 A 液和 B 液混合后出厂，即可直接使用。

水乳型再生橡胶沥青防水涂料与溶剂型再生防水涂料相比，由于用水取代了汽油，因而具有水乳型涂料的一些优点。

(1) 能在各种复杂表面形成无接缝防水膜，具有一定柔韧性和耐久性。

(2) 无毒、常温下冷施工、不污染、操作方便。

(3) 可在稍湿基层表面施工。

(4) 原材料来源广泛，价格低。

水乳型再生橡胶沥青防水涂料存在以下缺点。

(1) 一次涂刷成膜较薄，要经过多次涂刷才能达到要求的厚度。

(2) 产品易受工厂生产条件、涂料成膜及贮存条件而波动。

(3) 气温低于5℃时不宜施工。

(4) 必须与密封材料配合使用。

再生橡胶沥青防水涂料适用于各类工业与民用建筑混凝土基层屋面、楼层浴厕间、厨房间、以沥青珍珠岩为保温层屋面的防水，地下混凝土建筑防潮，旧油毡屋面翻修和刚性自防水屋面的维修。

### 4. 聚氨酯防水涂料

聚氨酯防水涂料又称聚氨酯涂膜防水材料，是由异氰酸酯基的聚氨酯预聚体和含有多羟基或氨基的固化剂以及其他助剂的混合物，按一定比例混合所形成的一种反应型涂膜防水材料。

聚氨酯防水涂料具有很强的耐油、耐磨、耐臭氧、耐海水侵蚀及一定的耐碱性能，柔软、富于弹性，对基层伸缩和开裂的适应性强，粘结性能好，并且由于固化前是一种无定型的粘稠物质，对于形状复杂的屋面、管道纵横部位、阴阳角、管道根部及端部收头都容易施工，因此是目前世界上最常用和有发展前途的高分子防水材料。缺点是原材料为较昂贵的化工材料，成本较高，售价较贵，不易维修，完全固化前变形能力比较差，施工中易受损伤，并且有一定的可燃性和毒性，施工时需注意安全。

聚氨酯防水涂料可用于各种屋面做防水层，也可用于外墙、地下室、浴室、盥洗室、厨房的室内外防水，气密性仓库等特殊防水，贮水池、游泳池、地铁、地下建筑、地下管道的防水和防腐，道路、桥梁、混凝土构件的伸缩防水等。我国聚氨酯防水涂料主要生产厂家产品的技术性能指标见表9－10。

**表9－10 聚氨酯防水涂料的技术性能**

| 项目 | 指标 | | | |
|---|---|---|---|---|
| | Ⅰ | Ⅱ | Ⅲ | Ⅳ |
| 抗拉强度/MPa | ≥0.8 | ≥2 | ≥2.4 | ≥1.6 |
| 断裂延伸率/% | ≥400 | ≥500 | ≥287 | ≥300 |
| 粘结强度/MPa | ≥0.6 | — | ≥2.54 | ≥0.6 |
| 高温性能/℃，不流淌 | 85±2 | 90 | 120 | — |
| 不透水性，不透水 | 动水压<br>0.3MPa，30min | 静水压<br>0.03MPa，10h | 动水压<br>0.3MPa，30min | 动水压<br>0.3MPa，2h |

注：Ⅰ为北京三原建筑粘合材料厂JYM－115型聚氨酯防水涂料；Ⅱ为石家庄市油漆厂产品；Ⅲ为南京建设防水材料厂产品；Ⅳ为淮阴有机化工厂产品。

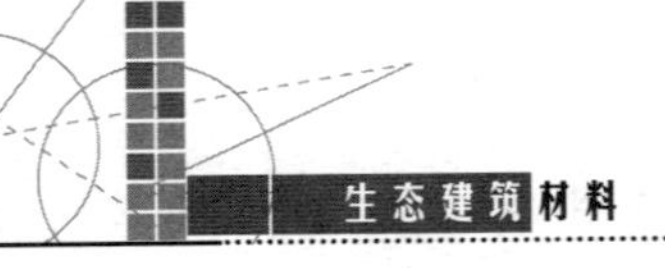


聚氨酯防水涂料有双组分型和单组分型两类，通常使用的是双组分型防水涂料，涂料的甲、乙两组分不能混合在一起保管，要单独贮存。另外，甲组分易吸湿，应注意其封装的严密性。

5. 丙烯酸酯防水涂料

丙烯酸酯防水涂料是以纯丙烯酸共聚物、改性丙烯酸或纯丙烯酸酯乳液为主要成分，加入适量填料、助剂及颜料等配制而成，属合成树脂类单组分防水涂料。

丙烯酸酯防水涂料的优点是具有优良的耐候性、耐热性和耐紫外线性，在−30～80℃范围内性能基本无变化，延伸性能好，可达250%，能适应基层一定幅度的开裂变形。一般为白色，也可通过着色使之具有各种色彩，兼具防水、装饰和隔热效果；以水作为分散介质，无毒、无味、不燃，安全可靠；可在常温下冷施工作业，也可在稍潮湿而无积水的表面施工，操作简单，维修方便，不污染环境。丙烯酸酯防水涂料的技术性能指标见表9－11。

丙烯酸酯屋面防水材料在工程使用上沾灰及耐水性不足，对基层的平整度要求比较高，需分层多次涂刷，上下覆盖，才能避免产生直通针眼、气孔等。

丙烯酸酯防水涂料适用于各类建筑防水工程，如混凝土、轻质混凝土、沥青和油毡、金属表面、外墙、卫生间、地下室、冷库等。也可用做防水层的维修和作防水层的保护层。

表9－11 丙烯酸酯防水涂料的技术性能指标见表

| 试验项目 | | 指标 | |
|---|---|---|---|
| | | Ⅰ类 | Ⅱ类 |
| 拉伸强度/MPa ≥ | | 1.0 | 1.5 |
| 断裂伸长率/% ≥ | | 300 | 300 |
| 低温柔性(绕Φ10mm棒) | | −10℃，无裂纹 | −20℃，无裂纹 |
| 不透水性(0.3MPa，0.5h) | | 不透水 | |
| 固体含量/% ≥ | | 65 | |
| 干燥时间/h | 表干时间 ≤ | 4 | |
| | 实干时间 ≤ | 8 | |
| 老化处理后的拉伸强度保持率/% | 加热处理 ≥ | 80 | |
| | 紫外线处理 ≥ | 80 | |
| | 碱处理 ≥ | 60 | |
| | 酸处理 ≥ | 40 | |
| 老化处理后的断裂伸长率/% | 加热处理 ≥ | 200 | |
| | 紫外线处理 ≥ | 200 | |
| | 碱处理 ≥ | 200 | |
| | 酸处理 ≥ | 200 | |
| 加热伸缩率/% | 伸长 ≤ | 1.0 | |
| | 缩短 ≤ | 1.0 | |

**特别提示**

《建筑工程施工质量验收统一标准》规定，地下防水工程为一个子分部工程。地下防水工程验收时，施工单位应按照本规范第802条规定，将验收文件和记录提供总监理工程师(建设单位项目负责人)审查，检查无误后方可作为存档资料。分项工程检验批的质量应按主控项目和一般项目进行验收。工程观感质量由验收人员通过现场检查，并应共同确认。

**知识链接**

## 美国永凝液DPS防水材料——混凝土保护剂

DPS，是Deep Penetration Sealer(深渗透结晶型防水材料)的缩写，在国内的国家标准定义中，是水性(或水剂、水基)渗透结晶型无机防水材料。

美国永凝液DPS防水材料不只是混凝土防水材料，更是混凝土保护剂。它耐酸耐碱、耐腐蚀，能抵抗高温变化，更可以抗氯离子对混凝土的破坏侵蚀。

美国混凝土永凝液DPS防水材料是水基渗透结晶型防水材料(水基的优点是结构层中有水时还可以继续反应，直到“吸干”水分为止)。

1. 防水机理

它的防水机理是与混凝土中的游离碱产生化学反应，生成稳定的枝蔓状晶体胶质，能有效地堵塞混凝土内部微细裂缝和毛细空隙，使混凝土结构具有持久的防水功能和更好的密实度及抗压强度。渗透深度达20～30mm，同时还能有效地阻止酸性物质、油渍和机油对混凝土的侵蚀，可用于任何情况的混凝土基面。

2. 优点

① 不需要找平层和保护层，直接在混凝土基层上喷两遍即可，每个工人可施工1 000$m^2$/天。②抗渗等级达到S11以上。③保质期50年以上，不会老化、变质。④可在潮湿作业面施工，养护期很短，不怕雨淋。⑤浇注完底板以后做防水施工，可节省很长时间的工期。⑥完全环保无毒，可做游泳池污水池等内墙。⑦价格低于其他材料。

3. 执行标准

DBJ 01-01-54-2001；JCT 1018—2006 II型(水性渗透结晶型防水材料)。

**【参数】**

pH值：11±1。

外观：无色无味。

密度：1.07±0.05。

可燃性：不可燃。

冰点：0℃。

沸点：100℃。

表面张力：≤36N/$m^2$。

凝胶化时间：≤400min；没有初凝。

渗透深度：3cm 左右(强度 C25 的混凝土)。

抗渗等级：≥S11 级。

抗压强度：≥100%。

48h 吸水率：≤65%。

抗透水压力比：≥200%。

抗冻性：−20～20℃，15 次表面无粉化，裂纹。

耐热性：80℃，72h，表面无粉化，裂纹。

耐碱性：饱和氢氧化钙溶液浸泡 168h，表面无粉化，裂纹。

耐酸性：1%盐酸溶液浸泡 168h，表面无粉化，裂纹。

钢筋腐蚀：无腐蚀。

抗氯离子渗透性：≤1 000C。

知识链接

防水涂料对于家装是必不可少的，如果不小心买到假的或者质量差的，那后果是很麻烦的。下面为大家介绍几种防水材料常用指标的检测方法，可免除买材料时候的无后顾之忧。

1. 成膜厚度检查

应采用针穿刺法每 100m$^2$ 刺 3 个点，用尺测量其高度，取其平均值，成膜厚度应大于 2mm。穿刺时应用彩笔做标记、以便修补。

2. 断裂延伸率检查

在防水施工中，监理人员可到施工现场将搅拌好的料，分多次涂刷在平整的玻璃板上(玻璃板应先打蜡)，成膜厚度 1.2～1.5mm，放置 7d 后，在 1%的碱水中浸泡 7d，然后在(50±2)℃烘箱中烘 24h，做压力型拉伸实验，要求延伸保持率达到 80%(无处理为 200%)。如达不到标准，说明在施工中乳液掺加比例不足。

3. 耐水性检查

将涂料分多次涂刷在水泥块上，成膜厚度 1.2～1.5mm，放置 7d，放入 1%碱水中浸泡 7d，不分层、不空鼓为合格

4. 不透水性检查

在有条件下，应用仪器检测，其方法是将涂料按比例配好，分多次涂刷在玻璃板上(玻璃板先打蜡)，厚度为 1.5mm，静放 7d，然后放人烘箱内(50±2)℃烘 24h，取出后放置 3h，做不透水实验，不透水性为 0.3MPa。保持 30min 无渗漏为合格。

若条件不具备，可用目测法检查防水效果，方法是将涂料分 4～6 次涂刷到无纺布上，干透后(约 24h)成膜厚度为 1.2～1.5mm，做成缓盒子形状吊空，但不得留有死角，再将 1%碱水加入盒内，24h 无渗漏为合格。

5. 粘结力检查

G 型聚合物防水砂浆，可直接成形“8”字模，24h 后出模。放人水中浸泡 6d，室内温度(25±2)℃干养护 21d，做粘结实验。G 型防水砂浆，灰∶水∶胶＝1∶0.11∶0.14，G 型防水砂浆为 2.3MPa。将 R 型涂料和成芝麻酱状，将和好的涂料涂到两个半“8”字砂浆块上，放置 7d 做粘结实验，R 型配比(高弹)，粉∶胶＝1∶1.4；(中弹)，粉∶胶＝1∶0.8～1。R 型为 0.5MPa，大于等于粘结指标为合格。

6. 低温柔度检查

在玻璃板上打蜡，将施工现场搅拌好的涂料分多次涂刷在玻璃板上，成膜厚度1.2～1.5mm，干透后从玻璃板上取下，放置室内(25±2)℃7d，然后剪下长120～150mm，宽20mm的条状，将冰箱温度调至－25℃，将试片放入冰箱内30min，用直径10mm圆棒正反各缠绕一次，无裂纹为合格。如有裂纹说明乳液低温柔度不够。

注：G型防水砂浆只做常规检查、不透水性、粘结强度检验。样品应在施工现场抽样做试片，涂刷试片应用十字交叉法。每遍涂刷成膜厚度为0.25～0.35mm。

## 9.3 沥青材料与生态环境

沥青混合料对环境的影响有以下几个方面。

### 1. 公路路面铺盖中的沥青烟雾的影响

根据沥青和沥青混合料的不同，施工温度一般可达120～160℃，因此沥青释放出含有害成分的有毒烟雾，能致癌和引起呼吸道疾病。

### 2. 废旧沥青混合料对环境的污染

废旧沥青只是沥青发生部分老化，即在温度和空气中氧的作用下，沥青中的芳烃、胶质和沥青质产生部分氧化脱氢生成水，而余下的重油组分的活性基团相互聚合或缩合生成跟高分子量物质的过程。目前公路大修产生的废旧沥青混合料的处理方式主要有推荐、填埋及焚烧。这些处理方式都会对环境造成不同程度的污染。

### 3. 路面废旧沥青的再生利用

目前我国的公路建设飞速发展，每年投资规模超过2 000亿元。20世纪90年代以后建成的高速公路已进入大、中修期。每年有12%的沥青路面需要翻修，旧沥青废弃量将达到每年220万吨，如能加以利用，每年可以节约材料费3.5亿元。

根据目前国内外废旧沥青混合料再生方法来看，主要有以下4种。

(1) 就地冷却再生。

(2) 就地热法再生。

(3) 工厂冷却再生。

(4) 工厂热法再生。

## 项目小结

防水材料是建筑工程中最重要的功能材料之一。沥青材料及其制品是传统的建筑防水材料，通常适用于防水等级不高的防水工程；高聚物改性沥青合成高分子材料及其制品是目前建筑工程中推广适用的新型防水材料，一般用于防水要求较高的工程中。防水材料按形态可分为防水卷材、防水涂料和密封材料等。

建筑工程中应用的沥青防水材料主要是石油沥青，少量使用煤沥青。石油沥青可划分为油分、树脂和地沥青质三个主要组分，呈三种胶体结构，不同的组分及结构的沥青性能有所不同。石油沥青的技术性质主要包括粘性、塑性、温度敏感性和大气稳定性等。石油沥青根据针入度、延度和软化点指标划分为多种牌号。

沥青基制品主要有：沥青防水卷材（如石油沥青油脂、石油沥青纸胎油毡、石油沥青玻璃布胎油毡等）、沥青防水涂料（如冷底子油、玛帝脂、水乳型沥青防水涂料等）。

聚合物改性沥青防水材料、合成高分子防水材料具有较高的低温弹性和塑性、高温稳定性和抗老化性，综合防水性能好。建筑工程中常用的高聚物改性沥青防水材料主要有：SBS 改性沥青防水卷材、APP 改性沥青防水卷材、再生橡胶防水卷材、乳液性氯丁橡胶沥青防水涂料等。合成高分子防水材料主要有：三元乙丙橡胶防水卷材、PVC 防水卷材、氯化聚乙烯-橡胶共混防水卷材、聚氨酯防水涂料等。

沥青混合料是有沥青和矿质混合料组成的复合材料，经拌和、摊铺和碾压等施工工艺后形成沥青路面，广泛应用于各种道路的面层结构。

## 复习思考题

一、 填空题

1. 沥青按产源分为__________和__________两类。

2. 石油沥青是一种__________胶凝材料，在常温下呈__________、__________或__________状态。

3. 石油沥青的组分主要包括__________、__________和__________3 种。

4. 石油沥青的粘滞性，对于液态石油沥青用__________表示，单位为__________；对于半固体或固体石油沥青用__________表示，单位为__________。

5. 石油沥青的塑性用__________或__________表示；该值越大，则沥青塑性越__________。

6. 石油沥青按用途分为__________、__________和__________3 种。

7. 石油沥青的牌号主要根据其__________、__________和__________等质量指标划分，以__________值表示。道路石油沥青的牌号有__________、__________、__________、__________、__________、__________和__________7 个；建筑石油沥青的牌号有__________和__________两个；普通石油沥青的牌号有__________、__________和__________。

8. 同一品种石油沥青的牌号越高，则针入度越__________，粘性越__________；延伸度越__________，塑性越__________；软化点越__________，温度敏感性越__________。

9. 煤沥青按蒸馏程度不同可分为__________、__________和__________，建筑工程中主要使用__________。

10. 防水卷材根据其主要防水组成材料分为__________、__________和__________三大类。

11. SBS 改性沥青防水卷材的，是以__________或__________为胎基、__________为改性剂，两面覆以__________材料所制成的建筑防水卷材，属于__________体改性沥青防水卷材；APP改性沥青防水卷材的，是以____________或__________为胎基、____________为改性剂，两面覆以____________材料所制成的建筑防水卷材，属于____________体改性沥青防水卷材。

12. SBS改性沥青防水卷材和APP改性沥青防水卷材，按胎基分为____________和____________两类，按表面隔离材料分为____________、____________及____________3种，按物理力学性能分为____________型和____________型。

## 二、 名词解释

1. 石油沥青的粘滞性
2. 石油沥青的针入度
3. 石油沥青的塑性
4. 沥青的老化：
5. SBS改性沥青防水卷材
6. APP改性沥青防水卷材
7. 冷底子油

## 三、 简答题

1. 建筑石油沥青、道路石油沥青和普通石油沥青的应用各如何？
2. 煤沥青与石油沥青相比，其性能和应用有何不同？
3. 简述SBS改性沥青防水卷材、APP改性沥青防水卷材的应用。
4. 冷底子油在建筑防水工程中的作用如何？

# 项目 10

# 高分子材料

## 教学目标

本项目主要介绍高分子(塑料)的基本知识、常用的塑料品种及建筑塑料制品，通过学习应达到如下要求。

(1) 掌握塑料的组分、分类及特点。

(2) 掌握建筑中常用的塑料制品的性能和特点。

(3) 了解塑料制品的品种。

## 教学要求

| 知识要点 | 能力目标 | 相关知识 |
|---|---|---|
| 高分子材料的基本知识 | 能根据塑料的性能分析塑料与其他材料的不同 | 掌握合成树脂、填料、助剂的概念，塑料的特点 |
| 常用建筑塑料制品 | 重点掌握聚氯乙烯塑料的性能和特点 | 常用塑料品种的主要应用范围 |
| 建筑塑料制品的应用 | 熟悉常用的建筑塑料制品及其应用范围 | 塑料扣板、塑料地板、塑料门窗 |

## ▶▶案例导入

### 辽宁中日合资大连JMS医疗器具有限公司火灾

**【基本情况】**

辽宁中日合资大连JMS医疗器具有限公司是大连医疗器械厂、大连理工大学和日本医用品供应株式会社共同合资创办的企业，总投资额为1000万美元。公司1988年10月开始建设，1990年4月竣工投产，主要生产一次性输液器、输血器、注射器等，整个生产过程都是在无菌条件下进行的，主要生产线设备重点部位的自动化、标准化程度较高。

1993年7月5日下午1：10，化成车间两名当班工人同时闻到焦糊味，立即检查自己操作的注塑机，没发现问题。此时两人发现车间东侧门缝向室内窜黑烟，打开门一看，门外走廊北侧的半成品库房内有浓烟和火苗，两人即用灭火器灭火，同时报警。大连经济技术开发区消防大队下午1：29接到报警，迅速出动3辆消防车前往火场，由于车间面积大，四周无窗，有毒气体浓度大，难以排出，给火灾的扑救带来较大困难。市消防支队闻讯后，又先后调集了公安、企业消防队的13辆消防车参加扑救，于6时许将大火扑灭。

**【火灾损失】**

烧毁部分生产原料、半成品、成品和无菌包装箱、塑料包装袋、空调设备、内部装修，750平方米的建筑被彻底烧毁，还使5 300多平方米的建筑因过烟而受到严重污染，直接经济损失1 364万元，间接经济损失727.5万元。

**【火灾原因】**

由日光灯电源线接触镇流器，长时间在镇流器的温度作用下，电源线绝缘逐渐老化造成短路所致。

**【主要经验教训】**

(1) 在建筑设计、施工中，设计单位和建设单位未执行有关消防技术规范和标准。按国家对洁净厂房、库房的防火要求，该公司库房和车间应设自动喷淋灭火设备、自动报警设施以及排烟设施，而该公司均未按要求设置。自动报警设备发生故障后，该公司不是积极修复，而是关掉电源，致使报警系统处于停止工作状态达一年多，未能在这起火灾中及时准确地报警，使小火酿成大灾。

(2) 对公安消防监督机构提出的监审意见没有认真落实。对公司厂房进行防火审核时，当地公安消防部门曾对建筑的防火分区、防火隔断、空调系统防火设计、安全疏散、消防车通道等提出防火要求，但该公司一项也没有落实。如消防监督机构要求车间与仓库之间设置防火墙，可该公司却采用塑面轻质墙板进行了简单的分隔，大火时这种防火隔断根本不起作用，致使火势得以扩大蔓延。起火的库房、车间内所有的空调管道也没有按防火要求设置防火末阀，起火后，高温有毒气体通过空调管道蔓延到整个建筑各个部位。

(3) 违章乱搭乱建。按防火要求，该厂房应设消防人员灭火专用通道，但该公司擅自将疏散通道进行间隔，作为半成品仓库使用，致使消防人员灭火受阻，贻误了时机。

(4) 违章装修。该公司在装修过程中，大量使用有机高分子材料做吊顶，大大加快了燃烧速度。

(5) 拒绝消防监督机构检查验收。工程竣工后，该公司不仅没有主动报请消防监督机构进行验收，还以无菌车间非生产人员不得进人为由，将消防人员拒之门外，拒绝消防检查。平时消防监督人员和消防中队指战员到该车间进行防火检查和实施演练时，该公司也以此为由加以阻止，致使消防人员对车间的内部情况和布局均不熟悉。

(6) 忽视消防安全工作。公司对日常消防安全工作不重视，职工缺乏必要的训练，以致起火时，在场职工仅知道使用灭火器，而不会利用灭火效果更好的室内消火栓，使初起火灾没能得到有效控制。

生态建筑材料的发展方向是轻质、高强、高效、节能。随着科学技术的发展，高分子材料在建筑工程上的用途和用量不断增加，品种也越来越多，已成为生态建筑材料中的一支新军。当今世界，高分子材料已和钢材、石油一起成为衡量社会经济发展水平的三大标志性材料。

高分子材料是指分子量大于10 000以上的化合物(又称聚合物)材料。是以聚合物、适当的填料和助剂配制而成的有机材料。与传统材料相比，高分子材料具有质轻、比强度高、化学稳定性好、导热系数小、装饰性和加工性能好及耗能较低的特点。近年来，我国已开始普遍推广使用各种塑料管道卫生设备、塑料装饰板、塑料门窗等建筑材料。其主要形式有塑料、橡胶、粘结剂、密封材料等。

## 10.1 高分子材料的特点

高分子材料与钢材和混凝土材料相比，其性能差别很大，主要有以下几方面的特点。

### 1. 表观密度小

高分子材料的表观密度一般在0.9～2.2g/$cm^3$之间，约为铝的1/2，铜的1/6，钢的1/8～1/4，混凝土的1/3～2/3。

### 2. 比强度高

高分子材料的比强度接近或超过钢材，约为混凝土的5～15倍，是一种很好的轻质高强材料。

### 3. 可加工性好

高分子材料可以采用多种方法加工成型，制成薄板、管材、门窗异型材等各种形状的产品，并且便于切割、粘结和焊接加工。

### 4. 耐化学腐蚀性好

化学稳定性好，在酸碱盐及蒸汽等作用下具有较好的稳定性。因此高分子材料常常被用作化工厂的输水和输液管道、建筑物的门窗等。

### 5. 导热系数小、电绝缘性优良

高分子材料的导热系数一般只有(0.024～0.69)W/m·K，只有金属的1/100。特别是泡沫塑料的导热性最小，与空气相当。常用在隔热保温工程中。高分子材料具有良好的电绝缘性，是良好的绝缘材料。

### 6. 装饰性好

高分子材料装饰效果好，色彩丰富。

### 7. 耐热性、耐火性差，受热变形大

塑料的耐热性一般不高，在高温下承受荷载时往往软化变形，甚至分解、变质，普通的热塑性塑料的热变形温度为60～120℃，只有少量品种能在200℃左右长期使用。

## 10.2 高分子材料的组成

高分子材料并不是一种纯物质，它是由许多材料配制而成的。其中树脂是高分子材料的主要成分，为了改进塑料的性能，还要在聚合物中添加各种辅助材料，如填充剂、增塑剂、润滑剂、稳定剂、着色剂等。

### 1. 合成树脂

合成树脂是高分子材料的基本组成，是决定高分子材料性质的主要成分，在高分子材料中的含量可达30%～100%。合成树脂按生产时的化学反应不同，可分为聚合树脂和缩合树脂两类。聚合树脂是由一种或一种以上的不饱和化合物(单体)，经热、光及催化剂的作用聚合而成的树脂。

树脂与塑料是两个不同的概念。树脂是一种未加工的原始聚合物，它不仅用于制造塑料，而且还是涂料、胶粘剂以及合成纤维的原料。而塑料除了极少一部分含100%的树脂外，绝大多数的塑料，除了主要组分树脂外，还需要加入其他物质。

### 2. 填充料

填充料是塑料的另一重要组分，约占塑料重量的40%～70%。它可以提高高分子材料的强度、耐热性、耐磨性、硬度，降低高分子材料的成本。例如酚醛树脂中加入木粉后可大大降低成本，使酚醛塑料成为最廉价的塑料之一，同时还能显著提高机械强度。填料可分为有机填料和无机填料两类，前者如木粉、碎布、纸张和各种织物纤维等，后者如玻璃纤维、硅藻土、石棉、炭黑等。

### 3. 添加剂

添加剂是为改善高分子材料性质而掺入的某些助剂，如增塑剂、固化剂、稳定剂、抗老化剂、抗静电剂、阻燃剂、着色剂、发泡剂等。

增塑剂：掺入增塑剂可提高高分子材料的可塑性，便于加工制作，同时又能使高分子材料制品具有柔软性。

固化剂：固化剂的作用是使合成树脂中的线型分子交联成体型结构，使其固化。

抗老化剂：可提高高分子材料抗热氧老化和光氧老化的能力。

阻燃剂：可提高高分子材料阻止燃烧的能力，并降低高分子材料的燃烧速度或使火焰自熄。

着色剂：使高分子材料具有各种所需的颜色。

## 10.3 高分子材料(塑料)常用的品种

### 1. 热塑性塑料

1) 聚氯乙烯(PVC)

聚氯乙烯是以由氯乙烯单体经聚合而成的聚氯乙烯树脂为主要原料的多功能塑料。通过加入不同量的增塑剂，可制得硬质和软质聚氯乙烯。

硬质聚氯乙烯机械性能好，耐老化性能较好，具有自熄性、良好的耐腐蚀性，易加工，价格低，但耐热性较差，长期耐热温度不大于60℃(玻璃化温度为80℃左右)，是建筑工程中应用最为广泛的一种塑料，如制造给排水管道、塑料门窗、电线配管、装饰面板、楼梯扶手等。

软质聚氯乙烯具有较好的伸长率、拉伸强度，经挤压成型可得板材、片材、型材，作装饰材料，如塑料地板、灯片等。

近年来，我国已研制了高聚合度聚氯乙烯(聚合度达4 000～8 000)，具有价低、性能优异的特点，可用于门窗框、家电、各种软管、各种性能电缆料、伸缩绝缘带、汽车内部材料以及压延透明膜等，如图10.1所示。

2) 聚乙烯(PE)

聚乙烯树脂是由乙烯单体经聚合而成。以聚乙烯树脂为主要原料制成的聚乙烯塑料机械性能好，易燃烧(设计时宜加阻燃剂)，柔性好，耐溶剂性好，能耐大多数酸碱作用，主要用于卫生洁具及给排水管材等，如图10.2所示。

图10.1　PVC软管

图10.2　PE排水管

聚乙烯按密度可分为高密度聚乙烯(HDPE)、低密度聚乙烯(LDPE)、线型低密度聚乙烯(LLDPE)三种。

3) 聚苯乙烯(PS)

聚苯乙烯树脂由苯乙烯单体经聚合而成，由聚苯乙烯树脂制成的塑料呈无色透明或白色。聚苯乙烯塑料透明性好，透光率可达88%以上，机械强度较好，但抗冲击性较差，性脆，易燃，能溶于甲苯、苯等有机溶剂中。在建筑工程中可用作保温材料、制作成片材(可用于隔断、吊顶灯片等)。目前，PS板产量仅次于聚氯乙烯和聚乙烯，如图10.3所示。

图10.3　PS板

4) 聚丙烯(PP)

聚丙烯树脂由丙烯单体聚合而成，为结晶性聚合物，以聚丙烯树脂为主要成分的聚丙烯塑料的机械性能和耐热性都优于聚乙烯，耐溶剂性好，易燃烧，耐低温较差，有一定的脆性。主要用于生产管材(如目前用做上水管的无规共聚丙烯管材PPR管)和卫生洁具。

5) ABS塑料

ABS塑料是由丙烯腈、乙二烯和苯乙烯3种单体经共聚而成的塑料，是一种经改性的聚苯乙烯，具有较好的抗冲性、耐低温性、耐热性、耐候性及抗静电性。可用作结构材料，是通用工程塑料中应用最为广泛的一种，也可制作成管道、异型板材、门窗框架、高级卫生洁具、模板等用于建筑工程中。

6）聚甲基丙烯酸甲酯(PMMA)

聚甲基丙烯酸甲酯(又称有机玻璃)是由丙酮、氰化物及甲醇反应后生成的甲基丙烯酸甲酯单体经聚合而成，具有良好的透明性，透光率可达92%以上，耐老化性能优良，能溶于氯仿，但表面硬度较无机玻璃低、易划伤。在建筑上可用于隔断、护墙板、广告牌、面盆、浴缸等。

7）聚碳酸酯塑料(PC)

聚碳酸酯塑料是一种力学性能和耐热性能俱佳的非结晶型热塑性工程塑料，有不碎玻璃之称。该塑料具有特高的冲击强度，在－40～120℃温度范围内，其冲击强度是玻璃的250倍，是有机玻璃的150倍，而且透光率好，3mm厚透光率为86%；质轻，仅为玻璃的50%左右；隔热性能好，与玻璃相比可节约10%的能源；具有自熄性，阻燃；抗紫外线能力强且施工方便，可进行冷弯，最大弯曲半径约为板厚的100倍。其常制作成板材，用于办公大楼、宾馆、体育馆、娱乐中心、教学楼、医院、工业厂房等采光大棚，公路隔音墙，车库，车站雨棚，广告牌，出租车防盗及警用防暴盾牌等。

2. 热固性塑料

1）酚醛塑料(PF)

酚醛塑料是由苯酚与甲醛经缩合反应而成的酚醛树脂加入填充料后所制得的一种热固性塑料。它具有耐热、耐化学腐蚀及绝缘性能好的特点，有电木之称，性脆、坚硬、阻燃。建筑上采用酚醛塑料制作成各种饰面板，采用酚醛树脂生产涂料或粘结剂，用于粘贴人造板材。

2）脲醛塑料(UF)

脲醛树脂由尿素和甲醛经缩合反应而得。低分子量时为液态，常用于生产涂料或粘结剂；高分子量时为固体(又称电玉)，用于制作建筑小附件及娱乐用品，经发泡处理可制得填充用保温材料。它具有无色、无味、无毒、着色性好、粘结强度高，有自熄性、耐菌性等特点。

3）不饱和聚酯塑料(UP)

聚酯树脂是以多元酸和二元醇合成的不饱和树脂，再加入不饱和单体共聚而成。它具有化学稳定性高，强度高、粘结性好，弹性、耐热性、耐水性及工艺性能优良等特点，可用于生产玻璃钢、卫生洁具、人造大理石、人造花岗石及塑料涂布地板等。

4）聚氨酯塑料(PV)

聚氨酯塑料是一种性能优良的热固性塑料，根据组成不同可分为单组分和双组分两种。双组分的聚氨酯塑料为软性，单组分的为硬性。它具有良好的机械性能，耐老化性能好，耐热性好，耐磨性、耐污性好等特点，可用于制作建筑涂料、防水材料、粘结剂、塑料地板等。

5）玻璃纤维增强塑料(GRP)

玻璃纤维增强塑料又称玻璃钢，是采用聚酯(UP)、环氧(EP)等树脂涂布玻璃纤维布而制成的轻质高强塑料制品。它具有质轻、高强(抗拉强度可达100～150MPa，此强度超过钢材)、化学稳定性好、价低等特点，但刚度不如金属，会产生较大的变形。由于纤维布层与层之间，纤维布平面内经纬向不同，玻璃钢表现出为各向异性。玻璃钢常用作采光材料、围护材料和装饰材料，如透明波形板、半透明的中空夹层板、采光罩、各种复合板、门窗、浮雕、贴面板等，还可制作浴缸、管道及各种容器，如图10.5、图10.6所示。

图 10.5　GRP 浴缸

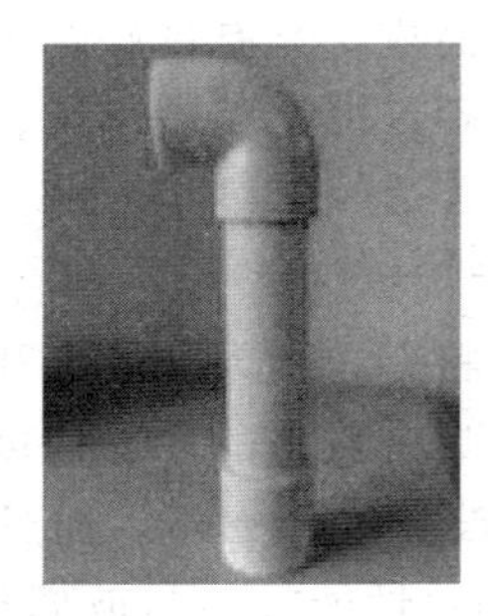

图 10.6　GRP 管道

**▶▶案例 10－1**

广东某企业生产硬聚氯乙烯下水管，在广东省许多建筑工程中被使用，由于其质量优良而受到广泛的好评，当该产品外销到北方时，施工队反应在冬季进行下水管安装时，经常发生水管破裂的现象。

**【案例分析】**

经技术专家现场分析，认为主要是由水管的配方所致，因为该水管主要是在南方建筑工程上使用，由于南方常年的温度都比较高，该PVC的抗冲击强度可以满足实际使用要求，但到北方，冬天温度会下降到零下几十度，这时PVC材料变硬、变脆，抗冲击强度已达不到要求。北方市场的PVC下水管需要重新进行配方，生产厂家经改进配方，在PVC配方中多加抗冲击改性剂，解决了水管易破裂的问题。

## 10.4　塑料型材在建筑工程中的应用

塑料在土木工程的各个领域均有广泛的应用。它既可用做防水、隔热保温、隔声和装饰材料等功能材料；也可制成玻璃纤维或碳纤维增强塑料，用做结构材料；塑料也可加工成型材在建筑中应用，如图10.7所示。

### 1. 塑料门窗

塑料门窗是由硬质聚氯乙烯型材经切割、焊接、拼装、修整而成的门窗制品，现有推拉门窗和平开门窗等几大类系列产品。塑料门窗具有优越的物理化学性能，是继木门窗、钢窗和铝合金门窗以后的第四代门窗。在塑料门窗中为增强型材的刚性，往往需对超过一定长度的型材空腔内添加钢衬，这样制成的门窗也称为塑钢门窗。塑料门窗的应用始于20世纪50年代，至今已有60多年的应用历史，应用技术十分成熟。

塑料门窗除了具有优良的物理化学性能以外，还有以下3个特点。

(1) 节约能源。塑料门窗的节能是多方面的。首先，使用塑料门窗比使用钢窗、铝合金窗节约采暖和制冷能耗30%以上。其次，铝合金、钢等在生产、冶炼加工过程中，要消

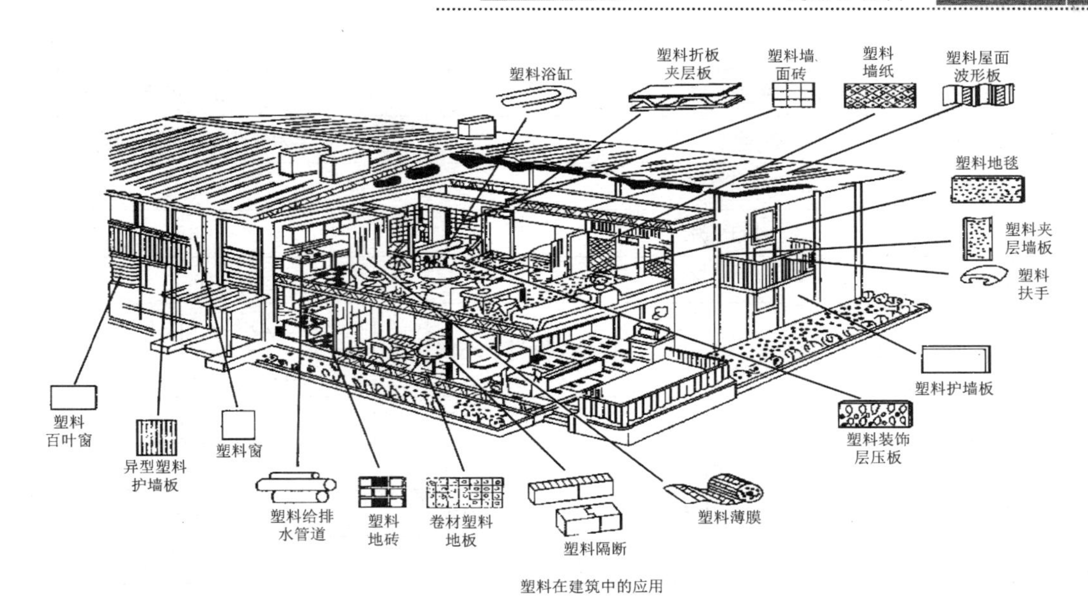


图 10.7　塑料在建筑工程中的应用

耗大量的能源—电，而 PVC 树脂的生产能耗根据测算比钢材节约 80%，比铝合金节约 90%。

(2) 保护环境。铝在冶炼过程中产生的废气、废渣会形成严重的污染源，铝型材在生产过程中的废液又会形成再次污染，而塑料型材的整个生产过程都是清洁工艺。此外，塑料门窗老化后及废窗均能回收，可以再加工利用，对环境形成充分的保护。

(3) 节省资源。我国是一个资源相对贫乏的国家，尤其是森林资源人均储存量仅 $10m^3$ 左右，相当于世界平均水平的 7.8%。所以，使用木门窗浪费了我国宝贵的森林资源，直接危害生态环境。另外，铝作为有色金属资源，其储量在我国乃至世界也相对有限。

塑料门窗用型材的性能除了对外观质量、外形及尺寸有一定要求之外，为了保证塑料门窗的使用性能，塑料门窗用型材的力学性能、耐热性能、耐火性能、耐老化性能及低温性能均必须满足一定的要求，例如，门、窗框用硬聚氯乙烯型材的性能应符合表 10－1 的要求。

表 10－1　门、窗框用硬聚氯乙烯型材的物理力学性能

| 项　目 | | 指　标 |
|---|---|---|
| 硬度(HRR) | 不小于 | 85 |
| 拉伸强度 | 不小于/MPa | 36.8 |
| 断裂伸长率 | 不小于/% | 100 |
| 弯曲弹性模量 | 不小于/MPa | 1 961 |
| 低温落锤冲击 | 不大于破裂个数 | 1 |
| 维卡软化点 | 不小于/℃ | 83 |

续表

| 项目 | | | 指标 | |
| --- | --- | --- | --- | --- |
| 加热后状态 | | | 无气泡、裂痕、麻点 | |
| 加热后尺寸变化率 | 不大于/% | | 2.5 | |
| 氧指数 | 不小于/% | | 35 | |
| 高低温反复尺寸变化率 | 不大于/% | | 0.2 | |
| 简支梁冲击强度 不小于/(kJ/$m^2$) | | 外门、外窗 | (23±2)℃ | (−10±1)℃ |
| | | | 12.7 | 4.9 |
| | | 内门、内窗 | 4.8 | 6.9 |
| 耐候性 | 简支梁冲击强度 不小于/(kJ/$m^2$) | 外门、外窗 | 8.8 | |
| | | 内门、内窗 | 6.9 | |
| | 颜色变化 | | 无显著变化 | |

### 2. 塑料管

塑料管是指采用塑料为原料，经挤出、注塑、焊接等工艺成型的管材和管件。

塑料管材与金属管材相比，具有生产成本低、容易模制、质量轻、运输和施工方便、表面光滑、流体阻力小、不生锈、耐腐蚀、适应性强、韧性好、强度高、使用寿命长、能回收加工再利用等优点，因而在土木工程中得到了广泛应用。

塑料管材按主要原料可分为聚氯乙烯(RPVC或UPVC)管、聚乙烯(PE)管、聚丙烯(PP)管、ABS(丙烯腈-丁二烯-苯乙烯共聚物)管、聚丁烯(PB)管、玻璃钢(FRP)管以及铝塑等复合塑料管。

UPVC管是以聚氯乙烯树脂为主要原料，加入添加剂，用双螺杆挤出机挤出成型，管件采用注射工艺成型。具有重量轻、能耗低、耐腐蚀性好、电绝缘性好、导热性低，许用应力可达10MPa以上，安装维修方便的特点。其缺点是机械强度只有钢管的1/8；使用温度一般在−15～65℃；刚性较差，只有碳钢的1/62；热膨胀系数较大，达到$5.9\times10^{-5}$/℃，因而安装过程中必须考虑温度补偿装置。该管适用于给水、排水、灌溉、供气、工矿业工艺管道、电线等。

PE管是以聚乙烯为主要原料，加入抗氧化剂、炭黑及着色料等制造而成。其特点是密度小，比强度高，耐低温性能和韧性好，脆化温度可达−80℃。由于其具有优良的低温性能和韧性，能抵抗车辆和机械振动，冻融作用及操作压力突然变化的破坏，因而，可采用盘管进行插入或犁埋施工，施工方便，工程费用低；而且由于管壁光滑，介质流动阻力小，输送介质的能耗低，并且不受输送介质中液态轻的化学腐蚀。中、高密度PE管材适用于城市燃气和天然气管道，低密度PE管适宜用作饮用水管、电缆导管、农业喷洒管道、泵站管道等。PE管还可应用于采矿的供水、排水管和风管等。PE管用于输送液体、气体、食用介质及其他物品时，常温下使用压力为低密度PE管0.4MPa，高密度管为0.8MPa。

PP管是以丙烯-乙烯共聚物为原料，加入稳定剂，经挤出成型而成，其表面硬度高，表面光滑，使用温度小于100℃。PP管表面硬度虽高，使用时仍需防止擦伤，在装运和施工过程中仍应防止与坚硬的物体接触，更要避免碰撞。按照标准，PP管在20℃使用20年的设计应力为5.5MPa。PP管多用作化学废液的排放管、盐水排放管，并且由于其材质轻、吸水性小以及耐土壤腐蚀，常用于农田灌溉、水处理及农村供水系统。PP管具有耐热、防腐、坚硬、使用寿命长和价格低廉等特点。

ABS(丙烯腈-丁二烯-苯乙烯共聚物)综合了丙烯腈、丁二烯、苯乙烯三者的特点，通过不同的配方，可以满足制品性能的多种要求。用于管材和管件的ABS，丁二烯最少含量为6%、丙烯腈为15%、苯乙烯为25%。ABS管的质量轻，有较高的耐冲击强度和表面强度，在−40～100℃范围内能保持韧性、坚固性和刚度；在受到高的屈服应变时、能恢复到原尺寸而不损坏、具有极高的韧性、能避免严寒条件下装卸运输的损坏。因此，ABS管适用于工作温度较高的管道，可用于使用温度在90℃以下的管道，并常用作卫生洁具的下水管道、输气管、排污管、地下电气导管、高腐蚀工业管道；用于地埋管线，可取代不锈钢管和钢管等管材。由于ABS管导热性差，当受阳光照射时会使管道向上弯曲、热源消失时又复原，所以在ABS管中配料时应添加炭黑，并避免阳光长期照射，此外架设管道时，应注意管道支撑，并增加固定支撑点。

## 10.5 胶 粘 剂

胶粘剂是具有良好的粘结性能，可以把两种物体的表面通过薄膜紧密联接而达到一定物理化学性能要求的物质。

随着现代化学工业的发展，建筑业胶粘剂的品种和性能获得了很大发展，越来越广泛地应用于建筑构件、材料的连接，建筑工程的维修、养护、装饰和堵漏等工程中。目前建筑胶粘剂的基料主要有聚醋酸乙烯(PVAC)及其共聚物、丙烯酸酯聚合物、环氧树脂及聚氨酯等。

### 1. 聚醋酸乙烯胶粘剂

聚醋酸乙烯胶粘剂是由醋酸和乙炔合成醋酸乙烯，再经乳液聚合而成的一种乳白色的具有酯类芳香的乳状液体，又称白乳胶，如图10.8所示。

聚醋酸乙烯胶粘剂可在常温下固化，使用方便，固化较快，粘结强度高，粘聚层有较好的韧性和耐久性，不易老化，无毒，无污染，价低，但耐水性、耐热性较差，只能作室温下非结构胶用。它主要用于非金属材料，如墙纸、木材、玻璃、陶瓷、混凝土的粘结。

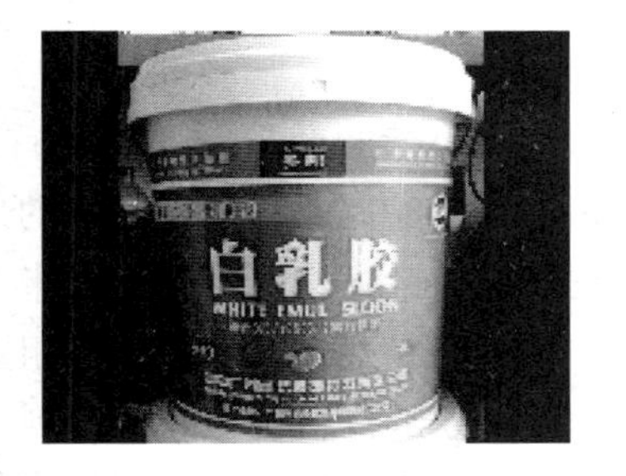

图10.8 聚醋酸乙烯胶粘剂

### 2. 醋酸乙烯-乙烯共聚乳液(VAE)

由于在醋酸乙烯-乙烯共聚乳液分子长链中引进了乙烯基，使高分子主链变得柔韧，不会产生由于低分子外加增塑剂引起的迁移、挥发、渗出等问题。其成膜温度和玻璃化温度比聚醋酸乙烯(PVAC)乳液低，它对臭氧、氧、紫外线稳定，耐冻融，抗酸碱性能优良，价格适中。

用醋酸乙烯-乙烯共聚乳液作为胶料配成的聚合物水泥混凝土或砂浆有非常明显的技术经济效益，可广泛用于土木工程中。

#### 3. 丙烯酸系胶粘剂

丙烯酸系胶粘剂是以丙烯酸酯为基料制成的胶粘剂。其原料来源充足，无毒，无污染，附着力高，固化快，用途广泛。这类非乳化剂乳液新产品的开发使该类材料在建筑中得到广泛的应用。

丙烯酸系胶粘剂主要有聚甲基丙烯酸酯胶，具有室温快速固化、强度高、韧性好、可油面粘接、耐水、耐热、耐老化等特点，但气味较大，储存稳定性较差。牌号有 SA－102、SA－200。

$\alpha$-氰基丙烯酸酯，室温瞬间固化，强度较高，使用方便，无色透明，毒性很小，耐油，脆性大，耐热、耐水、耐溶剂，但耐候性较差，价格较高。牌号有 502、504、508 这 3 种。

#### 4. 环氧树脂胶粘剂

环氧树脂胶粘剂是由环氧树脂、固化剂、填料、增韧剂等组成的胶粘剂。配方不同时，可得到不同品种和用途的胶粘剂。环氧胶粘剂具有粘结强度高、韧性好、耐热、耐酸碱、耐水等特点，适用于金属、塑料、橡胶、陶瓷等多种材料的粘结。

#### 5. 不饱和聚酯树脂（UP）胶粘剂

不饱和聚酯是一种热固性树脂，未固化时为一种高粘度的液体，一般为室温固化，固化时需加固化剂和促进剂。它具有工艺性能好、可室温固化、固化时收缩率较大等特点，主要用于制造玻璃钢，也可粘结陶瓷、金属、木材、混凝土等材料。

**特别提示**

《室内装饰装修材料胶粘剂中有害物质限量》(GB 18583—2001)的强制性国家标准。

## 10.6 高分子材料与生态环境

1909 年，美国的贝克兰首次合成了酚醛塑料，20 世纪 30 年代尼龙问世。酚醛塑料和尼龙的出现为此后各种塑料的发明和生产奠定了基础。20 世纪 50 年代，塑料开始用做建筑工程材料，建筑塑料经过半个世纪的研究发展，已经很好地解决了原料配方、门窗型设计、挤出成型、五金配件和组装工艺设备等一系列技术问题。

高分子材料作为建筑材料无论是从本身的生产，还是从在建筑物上的使用来讲，与传统的土木工程材料相比有许多优点，具有良好的节能效果。然而，高分子材料很难自然降解，在其使用废弃之后，必须进行有效处理。焚烧处理会产生有害有毒气体，污染环境；填埋处理又极难降解。

### 10.6.1 塑料废弃物的污染

建筑塑料的生产能耗低，在建筑物上使用，节约资源能源，然而，塑料是从石油或煤炭中提取的化学石油产品，一旦生产出来就很难自然降解。因此，塑料在给人们的生产、生活带来方便的同时，塑料废弃物也给环境带来了难以承受的压力，人们把塑料给环境带来的灾难称为白色污染。

目前，很多国家都采取焚烧(热能源再生)或再加工制造(制品再生)的办法处理废弃塑料。

### 10.6.2 可降解塑料

至今，世界上对可降解塑料还没有统一的国际标准化定义，但美国材料试验协会(ASTM)通过的有关塑料术语的标准对可降解塑料定义如下。在特定环境条件下，其化学结构发生明显变化，并用标准的测试方法能测定其物质性能变化的塑料。其含义有以下三个方面。

(1) 化学上(分子水平)，其废弃物的化学结构发生了显著变化，最终降解为二氧化碳和水。

(2) 物理上(材料水平)，其废弃物在较短时间内力学性能下降，应用功能丧失。

(3) 形态上，其废弃物在较短的时间内破裂，粉化成为环境无害物。

## 项目小结

本项目主要介绍高分子材料的定义、性质。要求掌握建筑塑料、建筑涂料、胶黏剂的组成、分类、性质和常用品种。

通用塑料主要有五大类，分别是聚乙烯(PE)、聚氯乙烯(PVC)、聚丙烯(PP)、聚苯乙烯(PS)、丙烯腈-丁二烯-苯乙烯共聚物(ABS)。其中聚氯乙烯塑料(PVC)是建筑工程中应用最广的塑料品种。

建筑塑料的品种繁多，按其形状主要可分为塑料板材、片材、管材、异型材等。

一般了解涂料和胶粘剂的具体成分。

## 复习思考题

一、 填空题

1. 建筑塑料具有________、________、________等特点，是工程中应用最广泛的化学建材之一。

2. 塑料一般由________和根据需要加入的各种________组成；塑料按树脂在受热时所发生的变化不同分为________和________。

3. 各种涂料的组成基本上由________、________、________等组成。涂料按主要的组成成分和使用功能分为________和________两大类。

4. 建筑涂料按主要成膜物质的化学成分分为________、________及________三类。

5. 胶粘剂一般由__________、__________、__________、__________和__________等组分组成。胶粘剂按化学成分分为__________和__________两类。

## 二、问答题

1. 建筑塑料的特性如何？

2. 建筑工程中常用的胶粘剂有哪几种？

3. 请列举一些常见的建筑塑料制品，并简述其构造、性能特点及应用范围。

# 项目 11

# 保温材料和吸声材料

## 教学目标

本项目主要介绍建筑工程中常用的两类功能性建筑材料，保温材料和吸声材料。通过学习应达到以下要求。

(1) 掌握导热、吸声和保温的概念。

(2) 掌握保温材料和吸声材料的性能特点及其影响因素，理解材料保温、吸声的原理。

(3) 熟悉常用的保温材料和吸声材料品种及其适用范围。

## 教学要求

| 知识要点 | 能力目标 | 相关知识 |
| --- | --- | --- |
| 保温材料 | 熟悉常用的保温材料及其适用范围 | 保温材料的概念 |
| 吸声材料 | 熟悉常用的吸声材料及其适用范围 | 吸声材料的概念、影响吸声材料性能的因素 |

## ▶▶案例导入

2010年11月15日14时15分，上海市静安区胶州路728号胶州教师28层公寓中部发生火灾(图11.1)，造成重大人员伤亡。

图 11.1 某公寓火灾图片

【案例分析】

随着事故原因的曝光，外墙保温聚氨酯材料被推到了风口浪尖。归根结底，不合格聚氨酯材料是导致火灾事故的根本原因。大火烧出了一些外墙保温材料防火性能不过关的致命问题。“穿棉衣”、“戴棉帽”、安太阳能设备、中水回用，老房子经过改造能变成节能保温房，冬天住着特暖和，一年少花一半钱。但这些美好设想的实现是有前提的，那就是建筑材料质量要有保证，首先得过消防这道关。据调查，上海失火大楼外墙保温采用的保温系统共采用了3个公司的建筑节能环保材料，而这3家公司的材料除了LD-R型抗裂无机保温材料为不燃材料之外，其余皆为易燃材料，其中有的燃点仅在130℃左右，与普通纸张相同，有的燃点是346℃，仅比木料燃点高一点儿，还有的燃点不过218℃。有三种材料属易燃物品，这就难怪此次“11·15”大火短时间造成多人伤亡。

建筑功能材料是为了满足建筑物某一特殊功能要求为主要目的建筑材料，包括建筑保温材料、建筑声学材料与建筑装饰材料等几大系列，涉及面广。随着现代建筑的节能减排要求的不断提高，对建筑物的使用功能提出了更多、更新、更严的要求，而使用功能在很大程度上是要靠建筑功能材料来实现的，因而，建筑功能材料已成为生态建筑材料中不可缺少的重要组成部分。

# 11.1 保温材料

建筑物中起保温、隔热作用的材料，称为保温材料。通常为轻质、疏松、多孔材料，对热流具有阻抗性，主要用于墙体及屋面、热工设备及管道、冷藏设备或冬季工程。材料的保温性能用导热系数λ来评定，在选用保温绝热材料时，应满足的基本要求是导热系数不宜大于0.23W/(m·K)，表观密度不宜大于600kg/m$^3$，抗压强度应大于0.3MPa。

## 11.1.1 导热系数

材料传导热量的能力称为导热性，用导热系数表示。保温材料的保温性能通过导热系数大小衡量。

$$\lambda=\frac{Q\delta}{(\tau_n-\tau_w)FZ} \tag{11-1}$$

式中：$\lambda$——材料的导热系数，W/(m·K)；

$Q$——总的传热量，J；

$\delta$——壁体的厚度，m；

$\tau_n$，$\tau_w$——壁体内、外表面的温度，K 或℃；

$Z$——传热时间，s；

$F$——传热面积，$m^2$。

### 11.1.2 导热系数的影响因素

#### 1. 材料的物质构成

材料的导热系数受自身组成物质的化学组成和分子结构的影响。化学组成和分子结构比较简单的物质比结构复杂的物质有较大的导热系数。

#### 2. 孔隙率

由于固体物质的导热系数比空气的导热系数大得多，因此，材料的孔隙率越大，一般来说，材料的导热系数就越小。材料的导热系数不仅与孔隙率有关，而且还与孔隙的大小、分布、形状及连通状况有关。封闭孔隙比粗大连通孔隙的导热系数小。

#### 3. 温度和湿度

材料的导热系数随温度的升高而增大，因为温度升高，材料中固体分子的热运动增强，同时，材料孔隙中空气的导热和孔壁间的辐射作用也有所增加。材料受潮吸水后，会使其导热系数增大。这是因为水的导热系数 0.581 5W/(m·K)比空气的导热系数 0.023 26W/(m·K)要大 20 倍。若水结冰，则由于冰的导热约为空气导热系数的 90 倍，从而使材料的导热系数增加更多。保温材料在施工及保管过程中必须在干燥条件下进行。

#### 4. 对流方向

对于纤维状材料，热流方向与纤维排列方向垂直时材料表现出的导热系数要小于平行式的导热系数。这是因为前者可对空气的对流等起有效的阻止作用。

### 11.1.3 热容量和比热

热容量为材料受热时吸收热量、冷却时放出热量的性能。材料的比热表示单位质量的材料，温度升高或降低 1K 时吸收或放出的热量，单位为 J/(kg·K)。其公式为

$$C=\frac{Q}{m(\tau_2-\tau_1)} \tag{11-2}$$

式中：$C$——材料的质量比热，J/(kg·K)；

$Q$——材料吸收或放出的热量，J；

$\tau_1$——材料受热或冷却前的温度，K；

$\tau_2$——材料受热或冷却后的温度，K；

$m$——材料的质量，kg。

材料的导热系数和比热是设计建筑物围护结构(墙体、屋盖、地面)进行热工计算的重要参数。选用导热系数小而比热大的建筑材料，可提高围护结构的绝热性能并保持室内温度的稳定。几种典型工程材料的热工性质指标见表11-1。

表11-1 几种典型材料的热工性质指标

| 材料 | 导热系数/W/(m·K) | 比热/[J/(kg·K)]×10³ |
|---|---|---|
| 铜 | 370 | 0.38 |
| 钢 | 55 | 0.45 |
| 花岗岩 | 2.9 | 0.80 |
| 普通混凝土 | 1.8 | 0.88 |
| 烧结普通砖 | 0.55 | 0.84 |
| 松木(横纹) | 0.15 | 1.63 |
| 冰 | 2.20 | 2.05 |
| 水 | 0.60 | 4.19 |
| 静止空气 | 0.025 | 1.00 |
| 泡沫塑料 | 0.03 | 1.30 |

### 11.1.4 常用保温材料

1. 膨胀蛭石

蛭石是一种复杂的镁、铁含水铝硅酸盐矿物，由云母类矿物经风化而成，具有层状结构，层间有结晶水。将天然蛭石经晾干、破碎、预热后快速通过煅烧带(850～1 000℃)、速冷而得到膨胀蛭石。

蛭石的品位和质量等级是根据其膨胀倍数、薄片平面尺寸和杂质含量的多少划分的。但是由于蛭石的外观和成分变化很大，很难进行确切的分级，因此主要以其体积膨胀倍数为划分等级的依据，一般划分为一级品、二级品、三级品3个等级，如图11.2所示。

2. 膨胀珍珠岩

珍珠岩是一种白色(或灰白色)多孔粒状物料，是由地下喷出的酸性火山玻璃质熔岩(珍珠岩、松脂岩、黑曜岩等)在地表水中急冷而成的玻璃质熔岩，二氧化硅含量较高，含有结晶水，具有类似玉髓的隐晶结构。显微镜下观察基质部分，有明显的圆弧裂开，形成珍珠结构，并具有波纹构造、珍珠和油脂光泽，故称珍珠岩。将珍珠岩原矿破碎、筛分、预热后快速通过煅烧带，可使其体积膨胀约20倍，如图11.3所示。

3. 石棉

石棉是天然石棉矿经过加工而成的纤维状硅酸盐矿物的总称，是常见的耐热度较高的保温隔热材料，具有优良的防火、绝热、耐酸、耐碱、保温、隔音、防腐、电绝缘性和较高的抗拉强度等特点。

图 11.2 膨胀蛭石

图 11.3 膨胀珍珠岩

4. 岩矿棉

岩矿棉是一种优良的保温隔热材料，根据生产所用的原料不同，可分为岩棉和矿渣棉。由熔融的岩石经喷吹制成的纤维材料称为岩棉，由熔融矿渣经喷吹制成的纤维材料称为矿渣棉。将岩矿棉与有机胶结剂结合可以制成矿棉板、毡、管壳等制品，堆积密度为 $45\sim150kg/m^3$，导热系数为 0.039～0.044W/(m·K)。

5. 玻璃纤维

玻璃纤维一般分为长纤维和短纤维。连续的长纤维一般是将玻璃原料熔化后滚筒拉制，短纤维一般由喷吹法和离心法制得。短纤维（$150\mu m$ 以下）由于相互纵横交错在一起，构成了多孔结构的玻璃棉，其表观密度为 $100\sim150kg/m^3$，导热系数低于 0.035W/(m·K)。

6. 泡沫塑料

泡沫塑料是以各种树脂为基料，加入少量的发泡剂、催化剂、稳定剂以及其他辅助材料，经加热发泡而成的一种轻质、保温、隔热、吸声、防震材料。它保持了原有树脂的性能，并且比同种塑料具有表观密度小（一般为 $20\sim80kg/m^3$）、导热系数低、隔热性能好、加工使用方便等优点，因此广泛用作建筑上的绝热隔音材料。

7. 微孔硅酸钙

微孔硅酸钙是一种新颖的保温隔热材料，用65%的硅藻土、35%的石灰，加入两者总重5.5～6.5倍的水，为调节性能，还可以加入占总质量5%左右的石棉和水玻璃，经拌和、成型、蒸压处理和烘干等工艺而制成的。其主要水化产物为托贝莫来石或硬硅钙石。

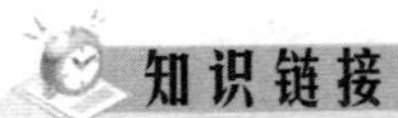

## 知识链接

### 聚氨酯正在成为国内的屋面保温主导材料

(1) 聚氨酯硬泡具有一材多用的功能，同时具备保温、防水、隔音、吸振等诸多功能。

(2) 聚氨酯硬泡保温性能卓越，是目前国内所有建材中导热系数最低(≤0.024)、热阻值最高的保温材料，导热系数仅为EPS发泡聚苯板的一半。

(3) 聚氨酯硬泡体连续致密的表皮和近于100%的高强度互联壁闭孔的特点，使其具有理想的不透水性。采用喷涂法可施工可达到防水保温层连续无接缝，形成无缝屋盖和整体外墙保温壳体，防水抗渗性能优异。

(4) 聚氨酯硬泡具有超强的自粘性能(无需任何中间粘结材料)，与屋面及外墙粘结牢固，抗风揭和抗负风压性能良好；整体喷涂施工，完全消除“热节”和“冷桥”；柔性渐变技术可有效阻止防水层开裂；机械化作业、自动配料、质量均一、施工快、周期短。

(5) 聚氨酯硬泡化学性质稳定，使用寿命长，对周围环境不构成污染；离明火自熄，且燃烧时只炭化不滴淌，炭化层尺寸和外形基本不变，能有效隔断空气的进入，阻止火势的蔓延，防火安全性能好。

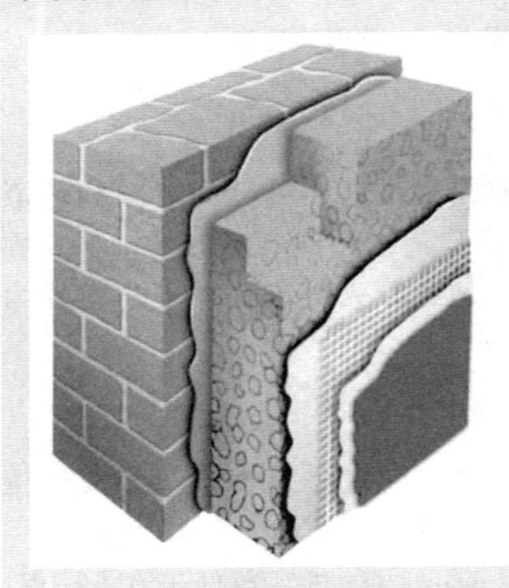

图 11.4　聚氨酯硬泡保温材料

作为目前唯一的保温防水一体化新型建材，聚氨酯硬泡保温材料(图11.4)在国内建筑业的应用尚处于初始阶段。可喜的是，为加快建筑保温材料的革新，促进聚氨酯硬泡在建筑节能领域的推广应用，建设部专门成立了聚氨酯建筑节能应用推广工作组，以推进聚氨酯硬泡保温防水材料在国内建筑节能行业的应用。

常用保温材料的性能参数见表11-2。

表 11-2　常用保温材料的性能参数

| 材料名称 | 表观密度/(kg/m³) | 导热系数/W/(m·K) | 最高使用温度/℃ |
|---|---|---|---|
| 石棉碳酸镁 | <350 | 0.070 | 350 |
| 矿棉 | 114～130 | 0.325～0.041 | 600 |
| 玻璃面 | 100～150 | 0.035～0.058 | 有碱 350 |
| 超细玻璃棉 | 18 | 0.028～0.037 | 无碱 600 |
| 珍珠岩 | 40～300 | 0.025～0.048 | 800 |
| 膨胀蛭石 | 80～200 | 0.046～0.070 | 1 000～1 100 |
| 泡沫混凝土 | 300～500 | 0.082～0.186 | 600 |

续表

| 材料名称 | 表观密度/(kg/m³) | 导热系数/W/(m·K) | 最高使用温度/℃ |
|---|---|---|---|
| 加气混凝土 | 400～700 | 0.093～0.164 | 600 |
| 泡沫玻璃 | 150～160 | 0.058～0.128 | 500 |
| 软木(加胶料) | 260 | 0.058 | 120 |
| 泡沫塑料 | 20～50 | 0.031～0.047 | 75～80 |

## ▶▶案例 11－1

某工程顶层欲加保温层，以下两图为两种保温材料的剖面，如图11.5(a)、(b)。请问选择何种材料？

(a) (b)

图11.5 保温材料剖面图

【案例分析】

保温层的目的是防止外界温度变化对住户的影响，材料保温性能的主要描述指标为导热系数和热容量，其中导热系数越小越好。观察两种材料的剖面，可见图11.5(a)中材料为多孔结构，图11.5(b)中材料为密实结构，多孔材料的导热系数较小，适于作保温层材料。

**特别提示**

我国的低效生产模式产生巨大的能源浪费，已经危及国家利益。在这样的背景下，节能减排势必推行。2005年“十一五”规划中，原建设部已经确定了建筑节能总体目标，到2010年全国新建建筑全部执行节能省地标准，建筑节能、节水改造逐步开展，全国城镇建筑总能耗要基本实现节能50%。到2020年北方和沿海经济发达地区和超大城市要实现建筑节能65%的目标以及节地、节水、节材目标。建筑节能的重头戏就是外墙保温，可以形容为冰棍箱外面包棉衣。然而央视大火与上海静安寺公寓大火暴露出这件棉衣的薄弱之处。遂搜查资料将目前常用保温材料的防火性能进行对比，希望以后工程人员能认真选择材料，减少此类悲剧的再次发生。

常用的外墙保温材料包含膨胀聚苯板(EPS)、挤压聚苯板(XPS)和聚氨酯3种，其中聚苯为可燃品，通过添加阻燃剂获得阻燃性，而聚氨酯本身具有优异的阻燃性能，遇火时在表面开成炭化结焦层，有效防止火势蔓延。聚苯板添加的阻燃剂一般在两年后就挥发，从而变成易燃品。而一般建筑施工期都在两年左右，因此聚苯板在竣工之时或许就成了一个易燃品。

然而目前工程中采用最多的外墙保温材料还是聚苯板，为什么呢？聚苯板价格在300～400元/m²，而聚氨酯则需要1 000元/m²，目前规范对材料没有限制的情况下，减少这些看不见地方的成本开支必然是建设方的不二选择。

# 11.2 吸声材料

吸声材料是一种能在较大程度上吸收由空气传递的声波能量的建筑材料。主要用于电影院、剧院、演播室、礼堂、教室等，为了保证有良好的音质，抑制噪声影响，必须采用吸声材料。

## 11.2.1 吸声材料的性能要求

吸声材料的吸声性能好坏用吸声系数表示，吸声系数的大小与声音的频率、入射方向有关。

吸声系数是指声波入射到材料表面时，其能量被吸收的百分数，即被吸收的声能(包括吸声声能和透射声能)与入射的声能之比，算式如下：

$$\alpha=\frac{E_{\alpha}+E_{\zeta}}{E_{i}}=1-\frac{E_{r}}{E_{i}} \tag{11-3}$$

式中：$\alpha$——吸声系数；

$E_i$——入射声能(有 $E_i=E_\alpha+E_r+E_i$)；

$E_r$——反射声能；

$E_\alpha$——吸声声能；

$E_\zeta$——透射声能。

吸声系数是评定材料吸声性能的主要指标，吸声系数越大，材料的吸声性能越好。一般把吸声系数 $\alpha>0.2$ 的材料称为吸声材料。吸声系数 $\alpha>0.8$ 的材料，称为强吸声材料，也常称为高效吸声材料。

为发挥吸声材料的作用，材料的气孔应是开放的，且应相互连通，气孔越多，吸声性能就越好。大多数吸声材料强度较低，因此，吸声材料应设置在护壁台以上，以免撞坏。吸声材料易于吸湿，安装时应考虑到膨胀的影响，还应考虑防火、防腐、防蛀等问题。尽可能使用吸声系数较高的材料，以便使用较少的材料达到较好的效果。

## 11.2.2 吸声材料的类型

### 1. 多孔吸声材料

多孔性吸声材料是比较常用的一种吸声材料，它具有良好的中、高频吸声性能。

多孔性吸声材料具有大量内、外连通的微孔和连续的气泡，通气性良好。当声波入射到材料表面时，声波很快地顺着微孔进入材料内部，引起孔隙内的空气振动，由于摩擦，空气粘滞阻力和材料内部的热传导作用，使相当一部分生能转化为热能而被吸收。多孔材料吸声的先决条件是声波易于进入微孔，不仅在材料内部，在材料表面上也应当是多孔的，如图 11.6 所示。

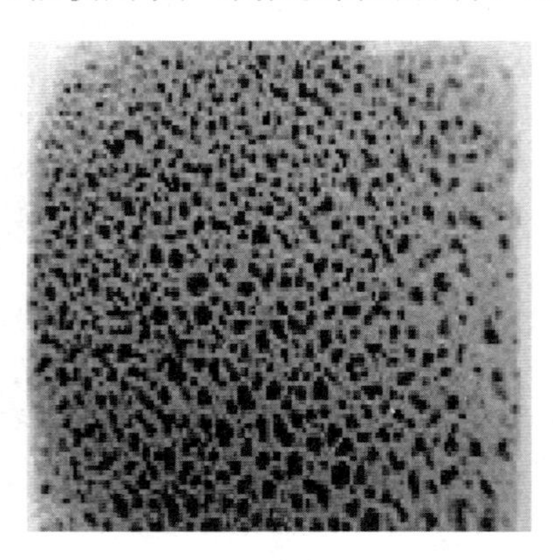

图 11.6 灰泥多孔吸声材料

这类材料的物理结构特征是材料内部有大量的、互相贯通的、向外敞开的微孔，即材料具有一定的透气性。工程上广泛使用的有纤维材料和灰泥材料两大类。前者包括玻璃棉和矿渣棉或以此类材料为主要原料制成的各种吸声板材或吸声构件等；后者包括微孔砖和颗粒性矿渣吸声砖等。

吸声机理和频谱特性：多孔吸声材料的吸声机理是当声波入射到多孔材料时，引起孔隙中的空气振动。由于摩擦和空气的粘滞阻力，使一部分声能转变成热能；此外，孔隙中的空气与孔壁、纤维之间的热传导，也会引起热损失，使声能衰减。

多孔材料的吸声系数随声频率的增高而增大，吸声频谱曲线由低频向高频逐步升高，并出现不同程度的起伏，随着频率的升高，起伏幅度逐步缩小，趋向一个缓慢变化的数值。

多孔吸声材料因材质松软，强度和刚度较低，特别是纤维材料如玻璃棉、岩棉、矿渣棉等，为了防止纤维散落和表面装饰效果，往往需要在材料的表面覆盖一层护面材料。

常用护面材料有以下几种：

(1) 网罩——塑料窗纱、塑料网、铁丝网、钢板网、铝板网等。

(2) 织物护面材料——玻璃纤维布、阻燃装饰布等。

(3) 薄膜——塑料薄膜、铝箔等。

(4) 穿孔板、胶合板、硬质木纤维板、塑料板、石膏板、TK 板、硅酸钙板、FC 板、钢板、铝板等。孔的形状大多为圆孔，还有长方形孔及菱形孔。

从声学的角度看来，由于护面层本身也具有声学作用，因此对其内的纤维材料的吸声特性也会有一定的影响。多孔材料使用的护面材料的品种规格很多，应根据使用场合和环境等对材料的要求加以选择。

### 2. 薄板振动吸声结构

薄板振动吸声结构是在声波作用下发生振动，板振动时由于板内部和龙骨间出现摩擦损耗，使声能转变为机械振动，而起吸声作用。由于低频声波比高频声波容易激起薄板产生振动，所以具有低频吸声特性，同时还有助声波的扩散。建筑中常用的薄板振动吸声结构的共振频率约在 80～300Hz 之间，在此共振频率附近的吸声系数最大，约为 0.2～0.5，而在其他频率附近的吸声系数就较低。

建筑中常用胶合板、薄木板、硬质纤维板、石膏板、石棉水泥板或金属板等，把它们周边固定在墙或顶棚的龙骨上，并在背后留有空气层，即成薄板振动吸声结构。

### 3. 共振吸声结构

共振吸声结构具有封闭的空腔和较小的开口孔隙，当孔隙内空气受到外力激荡，会按一定的频率振动。每个单独的共振器都有一个共振频率，在其共振频率附近，由于空气分子在声波的作用下像活塞一样进行往复运动，因摩擦而消耗声能。为了获得较宽频带的吸声性能，常采用组合共振吸声结构或穿孔板组合共振吸声结构。常见的有以下两种基本类型。

1) 穿孔板组合共振吸声结构

穿孔板组合共振吸声结构具有适合中频的吸声特性。这种吸声结构与单独的共振吸声器相似，可看作是多个单独共振器并联而成。穿孔板厚度、穿孔率、孔径、孔距、背后空气层厚度以及是否填充多孔吸声材料等，都直接影响吸声结构的吸声性能。这种吸声结构由穿孔的胶合板、硬质纤维板、石膏板、石棉水泥板、铝合板、薄钢板等，将周边固定在龙骨上，并在背后设置空气层而构成。这种吸声结构在建筑中使用比较普遍，如图 11.7、图 11.8 所示。

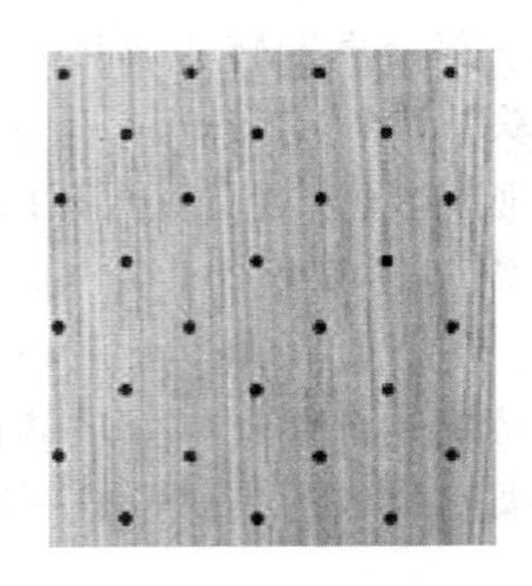

图 11.7　木材穿孔板 1

图 11.8　木材穿孔板 2

2）柔性吸声材料

具有密闭气孔和一定弹性的材料，如氯乙烯泡沫塑料，表面仍为多孔材料，但因具有密闭气孔，声波引起的空气振动不易直接传递至材料内部，只能相应地产生振动，在振动过程中，由于克服材料内部的摩擦而消耗了声能，引起声波衰减。这种材料的吸声特性是在一定的频率范围内出现一个或多个吸收频率，如图 11.9、图 11.10 所示。

图 11.9　塑料泡面柔性吸声材料

图 11.10　聚酯纤维柔性吸声材料

## 11.2.3　常用的吸声材料

常用吸声材料的性能参数见表 11－3。

表 11－3　常用吸声材料的性能参数

| 材料名称 | 厚度/cm | 表观密度/(kg/m³) | 平均吸声系数 |
| --- | --- | --- | --- |
| 水泥膨胀珍珠岩板 | 2.0 | 350 | 0.48 |
| 矿棉 | 8.0 | 240 | 0.70 |
| 玻璃棉 | 5.0 | 80 | 0.38 |

续表

| 材料名称 | 厚度/cm | 表观密度/(kg/m³) | 平均吸声系数 |
|---|---|---|---|
| 超细玻璃棉 | 5.0 | 20 | 0.65 |
| 泡沫玻璃 | 4.0 | 1 260 | 0.37 |
| 软木板 | 2.5 | 260 | 0.41 |
| 木丝板 | 3.0 | | 0.54 |
| 穿孔纤维板 | 1.6 | | 0.60 |

## 11.3 保温、吸声材料与生态环境

### 1. 保温材料与生态环境

随着城市现代化建设的发展和人民生活水平的日益提高，降低建筑物使用能耗，提高能源利用效率，提高居住环境的舒适性，推进建筑节能工作的开展，已越来越被政府和社会各界重视。

我国建筑领域能耗比较高的一个重要原因在于保温性能差，保温设计不合理，且保温材料选用不当。在建筑中合理采用各种保温材料，一方面可提高建筑物的隔热保温效果，降低采暖空调能源损耗，另一方面又可以极大改善建筑物使用者的生活、工作环境。因此，大力开发和利用各种高品质的保温材料，不仅具有重要的社会意义，更是节约能源、保护生态环境的迫切要求。

**知识链接**

原建设部出台的《关于发展节能省地型住宅和公共建筑的指导意见》中提出了建筑节能具体目标。到2010年，全国城镇新建建筑实现节能50%，建筑节能改造逐步展开，大城市完成应改造面积的25%，中等城市完成15%，小城市完成10%；到2020年，北方和沿海经济发达地区和特大城市新建建筑实现节能65%的目标，绝大部分既有建筑完成节能改造。

据不完全统计，到2010年地我国城镇新建建筑实现节能61%，建筑节能改造逐步展开，大城市完成应改造面积的28%，中等城市完成19%，小城市完成11%。

### 2. 吸声材料与生态环境

应该说吸声材料自身天然的就是一种环境友好型的材料。噪声对人们的听力、睡眠、生理、心理及周围环境等方面造成很大的影响和危害。寻求吸声材料与生态环境最佳和谐关系，应该从两方面来考虑。第一，最为功能性建筑材料，吸声材料应该最大限度的满足人们对良好环境的需要。吸声材料应该从声音的传播方式和传播规律出发，结合材料的物理化学性能来进行其吸声、隔声的设计。第二，吸声材料在承担吸声责任的同时，应该是对生态环境不造成危害、对人类健康不产生负面影响的材料。

## 项目小结

绝热、吸声、隔声材料是提高建筑物使用功能质量和改善人们生活环境所必须的建筑材料，目前大多应用在音乐厅、电影院、大会堂、播音室及大噪音车间等处。但随着人们对生产环境及生活质量要求的提高，这类材料将会得到更大的发展。

绝热材料主要由轻质、疏松、多孔或纤维状材料组成。材料或制品的保温、隔热性能可用导热系数表征，导热系数越小的材料，其绝热性能越好。绝热材料受潮后，值增加、绝热性能下降，因此，绝热材料应用时应特别注意防潮。本项目介绍了常用的有机和无机类绝热材料、制品及其导热系数，供选用是参考。

吸声材料对入射声能有较大的吸收作用。材料的吸声性能可用吸声系数评定，吸声系数越大的材料，其吸声效果越好。在建筑物内部选用适当的吸声材料，能改善声波在室内的传播质量和减少噪音的危害。材料的吸声特性除材料本身性质以外，还与声波的入射角和频率有关。

能减弱或隔断声波传递的材料为隔声材料。材料的隔声原理与材料的吸声原理不同。

## 复习思考题

### 一、 名词解释

1. 导热系数
2. 吸声系数

### 二、 简答题

1. 绝热材料导热系数的影响因素有哪些？
2. 建筑工程对保温、绝热材料的基本要求有哪些？
3. 常见吸声材料的结构形式有哪些？
4. 影响吸声系数的因素有哪些？

# 项目12

# 建筑装饰材料

## 教学目标

本项目主要介绍装饰材料的分类、装饰材料基本要求和石材、玻璃、陶瓷、涂料等四类装饰材料。通过学习要求了解石材、玻璃、陶瓷、涂料四类装饰材料的性能特点及应用。

## 教学要求

| 知识要点 | 能力目标 | 相关知识 |
| --- | --- | --- |
| 装饰材料分类及基本要求 | 能说出装饰材料可能含有的有害物质 | 装饰材料的基本要求 |
| 装饰石材 | 了解花岗岩和大理石的技术标准，能够初步判断石材的好差 | 花岗岩、大理石的定义、技术标准 |
| 装饰涂料 | 能够根据涂料性能正确选用内墙涂料和外墙涂料 | 掌握水性涂料、溶剂型涂料的概念 |
| 装饰玻璃 | 了解装饰玻璃的种类，能够初步判定玻璃的好坏，会计算玻璃的标准箱 | 了解压花玻璃、磨砂玻璃等装饰玻璃的品种 |
| 建筑陶瓷 | 能对常见的陶瓷产品进行质量评定 | 内墙砖、外墙砖、地面砖的性能差别 |

## ▶▶案例导入

某写字楼结构形式为框架剪力墙结构，建筑高度80m；建筑中间部位设有变形缝和防火分区，外墙采用隐框玻璃幕墙，总面积8 000$m^2$；幕墙设计方案如下：预埋件安装位置图纸设计后交给土建施工单位施工，玻璃单元组件在公司生产车间安装，用硅酮结构胶粘接玻璃和铝合金框，使其承受玻璃的自重产生的剪切力和拉力；粘接前对硅酮结构胶进行了相容性试验；连接竖框的芯柱长度，首层和顶层为200mm，标准层为500mm；每层的连接方式为下部为铰接，螺栓孔为长圆孔，上部为滑动连接，螺栓孔为圆孔；幕墙全部采用吸热反射中空钢化玻璃，为防止镀膜层破坏，将其放置内侧朝向室内，中空层厚度8mm。

施工方案如下：由于玻璃幕墙安装与主体结构施工出现交叉作业，在主体结构的施工层下方设置了防护网；高度2.7m，挑出宽度3m；根据施工面分别采用了外脚手架和吊篮施工，利用吊篮作为竖向运输工具，脚手架经过设计，并与框架结构的填充墙可靠连接。局部采用落地式钢管脚手架单排布置。施工人员进场后开始安装钢支座，安装立柱时，发现土建单位给出的基准点，被现场材料覆盖，施工人员根据幕墙所下的预埋件位置进行测量放线，此时发现，个别预埋件的误差太大，经设计同意改为后置埋件，然后进行支座校正、焊接紧固。避雷系统采用镀锌钢片直片安装，安装玻璃单元时，为防止玻璃破损，直接从生产车间将玻璃运至现场安装。幕墙与楼板接缝处采用20厚铝板封堵并填充保温材料。幕墙单元板块共有4 000块，之间的缝隙采用硅酮耐候胶嵌缝，进行自检，清洁质检人员对玻璃进行抽检，抽检量为180块。

验收时，施工单位交付了：

1. 墙工程的竣工图或施工图、结构计算书、设计变更文件及其他设计文件。
2. 幕墙工程所用各种材料、附件及紧固件、构件及组建的产品合格证书、性能检测报告、进场验收记录和复验报告。
3. 进口硅酮结构胶的商检证、国家检测机构出具的硅酮结构胶相容性。
4. 打胶、养护环境的温度、湿度记录；双组分硅酮结构胶的混匀性试验记录及拉断实验记录。
5. 防雷装置测试记录。
6. 隐蔽工程验收文件。
7. 幕墙构件和组建的加工制作记录；幕墙安装施工记录。
8. 淋水实验纪录。
9. 其他质量保证资料。

由监理单位、建设单位和施工单位协商确定该玻璃幕墙工程划分了5个检验批，每个检验批每160$m^2$抽查一处，共检查了600$m^2$，检查结果合格，同意签字验收。

**【问题】**

在上述幕墙设计、施工和验收方案中存在哪些问题?

**【案例分析】**

1. 玻璃单元组件应在专门的注胶间内加工而不是在公司生产车间安装。
2. 用中性硅酮结构胶粘接玻璃和铝合金框。
3. 结构胶不能长期承受玻璃的自重产生的剪切力，铝合金框下部应安装二根不锈钢或铝合金托条加弹性橡胶块支撑玻璃。
4. 粘接前对硅酮结构胶要进行相容性试验和剥离粘接性试验。
5. 连接竖框的芯柱长度，首层和顶层至少应为215mm，标准层至少应为515mm。
6. 每层的连接方式应为下部为滑动连接铰接，螺栓孔为长圆孔，上部为铰接，螺栓孔为圆孔。

7. 吸热反射中空钢化玻璃，镀膜层放置在朝向中空气体层，中空层厚度应为 9mm。

8. 玻璃幕墙安装与主体结构施工出现交叉作业，在主体结构的施工层下方设置的防护网；高度应为 3m，挑出宽度应为 6m。

9. 采用外脚手架施工局部采用落地式钢管脚手架应双排布置。脚手架经过设计，不得与框架结构的填充墙可靠连接，应与框架主体结构可靠连接。

10. 采用吊篮施工，不得利用吊篮作为竖向运输工具。

11. 施工人员进场后应先放线，复检预埋件，偏差修正处理才能进行下步程序。

12. 不得根据幕墙所下的预埋件位置进行测量放线；应根据幕墙分格大样图和土建单位给出的标高点、进出位线及轴线位置进行测量放线。

13. 后置埋件必须做现场拉拔试验并出具检测报告。

14. 不得直接从生产车间将玻璃运至现场安装，应静至养护一段时间观察结构胶是否固化粘接牢固后，才能安装。

15. 幕墙与楼板接缝处应采用不低于 1.5 厚镀锌钢板封堵，并填充防火的保温材料。

16. 幕墙单元板块共有 4 000 块，之间的缝隙应采用中性硅酮耐候胶嵌缝，质检人员对玻璃进行抽检，抽检量应为抽检量应为总数的 5%以上，应是 200 块以上。

17. 施工单位交付的验收资料缺少剥离粘结性实验报告、后置埋件的现场拉拔检测报告。

18. 幕墙的风压变形性能、气密性能、水密性能检测报告及其他设计要求的性能检测报告。

19. 在变形缝处幕墙的设计应考虑结构变形的需要设置变形缝，防火分区处的玻璃应采用防火玻璃。

建筑装饰材料是指用于建筑物内外表面，起到美观和保护建筑物主体结构及其他功能的材料。

建筑是跳动的音符，如何让现代建筑具有动感，这就要靠建筑装饰材料。现代建筑装饰根据建筑物的风格、造型、用途、环境等不同因素来选用材料的颜色、光泽、形状尺寸、透明性、质地、质感等条件来进行动感创造，并不是简单的多种材料的堆积。同时，还应考虑经济要求。这就要求从事建筑设计、施工、管理的人员对建筑装饰材料有一个理性和感性的认识。随着现代建筑材料工业的迅猛发展，装饰材料的品种和数量日益增多，各种新型节能材料品种繁多。本项目介绍一些常用建筑装饰材料的性能及应用。

## 12.1 建筑装饰材料的分类及基本要求

### 12.1.1 建筑装饰材料的分类

现代建筑装饰材料的品种繁多，通常有以下两种分类。

1）按化学成分分类

装饰材料可分为金属材料、非金属材料和复合材料三大类。

2）按装饰部位分类

把装饰材料分为外墙装饰材料、内墙装饰材料、地面装饰材料和顶棚装饰材料四大类，见表 12－1。

表 12-1　建筑装饰材料按装饰部位分类

| 类　型 | 常用部位 | 常用材料 |
| --- | --- | --- |
| 外墙装饰材料 | 包括外墙、阳台、台阶、雨篷等建筑物全部外露部位装饰用材料 | 天然花岗岩、陶瓷装饰制品、玻璃制品、地面涂料、金属制品、装饰混凝土、装饰砂浆 |
| 内墙装饰材料 | 包括内墙面、墙裙、踢脚线、隔断、花架等内部构造所用的装饰材料 | 壁纸、墙布、内墙涂料、装饰织物、塑料饰面板、大理石人造石板、内墙釉面砖、人造板材、玻璃制品、隔热吸声装饰板 |
| 地面装饰材料 | 指地面、楼面、楼梯等结构的装饰材料 | 地毯、地面涂料、天然石材、人造石材、陶瓷地砖、木地板、塑料地板 |
| 顶棚装饰材料 | 指室内及顶棚装饰材料 | 石膏板、矿棉装饰吸声板、珍珠岩装饰吸声板、玻璃棉装饰吸声板、钙塑泡沫装饰吸声板、聚苯乙烯泡沫塑料吸声板、纤维板、涂料 |

### 12.1.2　建筑装饰材料的基本要求

现代建筑装饰材料的基本要求除了颜色、光泽、透明度、质地、质感以及形状尺寸等美感方面外，还应根据不同的装饰目的和部位，具有一定的环保、节能、强度、防火性、阻燃性、抗冻性、耐水性、耐腐蚀性等特性。对不同使用部位的装饰材料，具体要求如下。

外墙装饰材料的功能及要求。使建筑物的色彩与周围环境协调统一，同时起到保护墙体结构、延长构件使用寿命的作用。

内墙装饰材料的功能及要求。保护墙体和保证室内的使用条件，创造一个舒适、美观、整洁的工作和生活环境。内墙装饰的另一功能是具有反射声波、吸声、隔音等作用。由于人对内墙面的距离较近，所以质感要细腻逼真。

地面装饰材料的功能及要求。地面装饰的目的是保护基底材料，并达到装饰功能。最主要的性能指标是具有良好的耐磨性。

顶棚装饰材料的功能及要求。顶棚是内墙的一部分，色彩宜选用浅淡、柔和的色调，不宜采用浓艳的色调，还应与灯饰相协调。

## 12.2　常用的建筑装饰材料

### 12.2.1　饰面石材

建筑用饰面石材有天然石材和人造石材两类。天然石材按照地质形成原因可分为岩浆岩(火成岩)、变质岩、沉积岩三大类。建筑工程上常用的饰面天然石材有天然大理石(marble)、天然花岗石(granite)和石板(slate)等。

1. 天然大理石

天然大理石是由石灰岩或白云岩经地壳内高温高压作用形成的变质岩。主要化学成分是碳酸钙，约占50%以上，一般质地较软。

我国大理石储量和品种数量都居世界前列。颜色有纯白、灰白、纯黑、黑白花、浅绿、淡红、米黄等。其名称多以产地和颜色命名，如杭灰、余杭白、安庆绿、桂林黄、汉白玉、咖啡色、秋景、彩云、雪浪等，如图 12.1、图 12.2、图 12.3 所示。

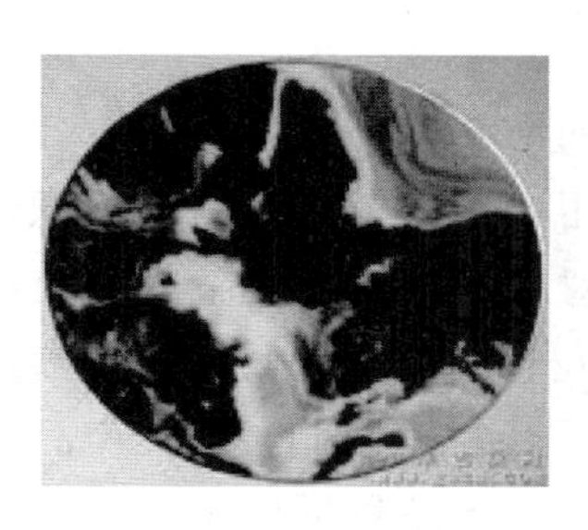

图 12.1　天然大理石

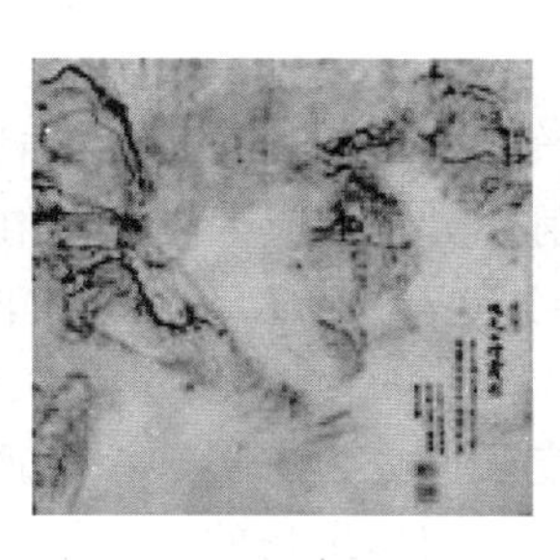

图 12.2　天然大理石

图 12.3　汉白玉

天然大理石的技术要求，根据《天然大理石建筑板材》(GB/T 19766—2005)的规定，分为普通板材(N)和异形板材(S)两种，按板材的规格尺寸的允许偏差、平度允许公差、角度允许公差、外观质量、镜面光泽度分为优等品(A)、一等品(B)、合格品(C)3 个等级。天然大理石的表观密度为 2 500～2 700kg/$m^3$，抗压强度为 100～300MPa，但硬度较低(莫氏硬度为 3～4)，耐磨性较差，吸水率小于 1%。

天然大理石纹理美丽，多制成板材使用，但易风化，故不宜用于室外。因空气中含二氧化硫，遇水形成硫酸与大理石中的碳酸钙反应，生成易溶于水的石膏，使大理石表面失去光泽，形成表面点蚀，降低了建筑装饰效果(个别品种如汉白玉、艾叶青可用于室外)。

天然大理石材可用于宾馆、影剧院、图书馆、商场、车站、及其他公共建筑内的墙面和柱面。

### 2. 天然花岗岩

天然花岗岩是由石英、长石、云母和少量暗色矿物组成，主要化学成分为二氧化硅，约占 65%～75%。属晶质结构，块状构造。花岗石质地坚硬密实，按晶粒大小分为粗晶、细晶、微晶 3 种。以晶粒细而均匀、云母含量少、石英含量多的花岗石品质为好。花岗岩花色品种繁多，且以红色系列为主。其名称以产地及颜色命名，如中国红、中华红、泰山青、天山蓝、墨玉等，如图 12.4、图 12.5、图 12.6 所示。

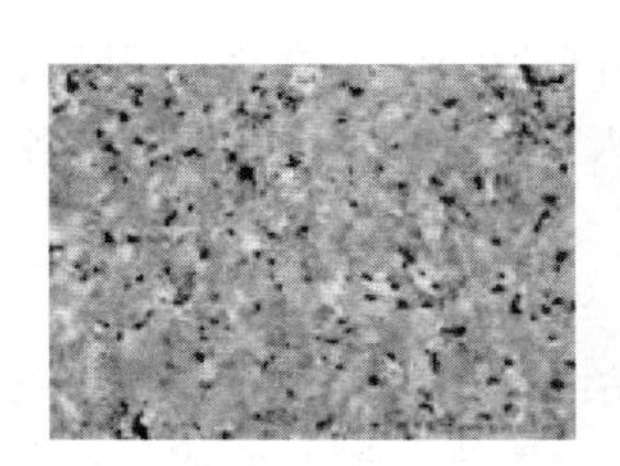

图 12.4　枫叶红花岗岩

图 12.5　花岗岩踏步

图 12.6　花岗岩板材

根据《天然花岗石建筑板材》(GB/T 18601—2009)规定，天然花岗石板材可分为普通板材(N)和异形板材(S)。按表面加工程度分为细面(RB)、镜面(PL)、粗面(RU)3种;按板材规格尺寸允许偏差、平面度允许公差、角度允许公差、外观质量分为优等品(A)、一等品(B)、合格品(C)3个等级。花岗石的表观密度为2 600~2 700kg/$m^3$,抗压强度为120~250MPa,吸水率0.1%~0.3%。花岗岩耐磨性、耐压性、耐火性、耐酸性、耐风化、耐腐蚀及抗冻性好。

花岗岩板材适用于公共建筑物内外墙面、地坪及柱面的饰面。

天然石材中含有一定的放射性元素,是天然石材在使用中必须予以关注的问题。部分放射性元素指标超标,会在使用过程中对环境造成污染,对人体健康造成危害。我国《建筑材料放射性核素限量》(GB 6566—2010)中规定,天然石材产品(花岗石和部分大理石),根据镭当量浓度和放射性比活度限值分为三类,A类产品不受使用限制,B类产品不可用于居室的内饰面,但可用于其他一切建筑物的内外饰面,C类产品只可用于一切建筑物的外饰面。

3. 板石

板石属沉积岩,主要矿物组成为方解石,主要化学成分为碳酸钙。此外,它还含有白云石、石英、粘土等矿物。天然板石通常呈灰白色或浅灰色,一般具有片理构造。

板石的密度为2.6~2.8g/$cm^3$,表观密度为2 000~2 600kg/$m^3$,抗压强度为20~120MPa,吸水率一般为2%~10%。

板石来源广泛,容易开采和加工,价格较低,不属高档饰面材料,有较好的耐久性和一定的强度,表面具有自然纹理形状,工程上可用作建筑物墙面或路面装饰。

4. 园林石材

我国造园艺术历史悠久,源远流长,早在周文王时期就有营建宫苑的记载,到清代皇家苑园无论在数量或规模上都远远超过历代,为造园史上最兴旺发达的时期。清代以来有公认的四大园林名石,即太湖石、英石、灵璧石及黄蜡石。

其中太湖石在我国江南园林中应用最多。天然太湖石为溶蚀的石灰岩。主要产地为江苏省太湖东山、西山一带。因长期受湖水冲刷,岩石受腐蚀作用形成玲珑的洞眼,有青、灰、白、黄等颜色。太湖石可呈现刚、柔、玲透、浑厚、顽拙或千姿百态、飞舞跌宕、形状万千。可以独立装饰,也可以联族装饰,还可以用于建造假山或石碑,成为我国园林中独具特色的装饰品,起到衬托和分割空间的艺术效果。

5. 人造石材

人造石材与天然石材相比较,具有质轻(约为天然石材的一半)、高强、耐酸、耐碱、耐污染等特点,并具有天然石材的质感和花纹,其图案可人为控制,且可加工成各种几何外形,是现代建筑装饰的理想材料。

人造石材按所用材料可分为以下几类。

(1) 水泥型人造石材。水泥型人造石材是以各种水泥为粘结剂,碎大理石、花岗石、工业废渣及普通砂为粗细骨料,经配料、搅拌、成型、加压、蒸养、磨光、抛光而成。这种人造石材价廉,表面光泽度较高,抗风化能力、耐火性、防潮性较好,但易龟裂,耐蚀性较差。

(2) 树脂型人造石材。树脂型人造石材是以不饱和聚酯树脂(UP)为粘结剂,石碴、石粉为填料，经搅拌、浇铸成型，在固化剂作用下固化，再经脱模、烘干、抛光等工序而制成。它具有光泽好、色彩丰富的特点，品种有人造大理石、人造花岗石、人造玛瑙、人造玉石等。

(3) 复合型人造石材。复合型人造石材是以无机材料为底层，以高分子材料(如聚酯树脂)制作面层或浸渍无机坯体，以复合方式制作的人造石材。复合型石材综合了上述两种石材的优点，既有良好的物理力学性能，成本也较低。

(4) 烧结型人造石材。烧结型人造石材的生产方法与陶瓷生产工艺相似。采用斜长石、石英、辉石、方解石粉、赤铁矿粉及高岭土为原料，按粘土40%、石粉60%的比例制浆，然后制坯，用半干压法成型，在窑炉中以1 000℃左右的高温焙烧而成，如工程中使用较多的广场砖。生产这种石材能耗较大，造价较高，产品破损率较高。

(5) 水磨石板。水磨石板是以水泥、石渣和砂为主要原料，经搅拌、成型、养护、研磨、抛光等工序制作而成的一种人造板材。如采用彩色水泥及各种色渣可制得彩色水磨石板。

水磨石板根据《建筑水磨石制品》(JC 507—1993)规定，按表面加工细度分为粗磨制品、细磨制品和抛光制品三类。根据尺寸偏差和缺陷种类分为优等品、一等品和合格品3个等级。吸水率小于8%，抗折强度平均值不低于5.0MPa，其中单块值不得低于4.0MPa。

水磨石板具有高强度，坚固耐久，美观，不易起尘，有较好的防水性、耐磨性，施工简便等特点。适用于墙面、地面、窗台、踢脚、台面、踏步等部位的装饰。

**知识链接**

赵州桥(图12.7)原名安济桥。石拱桥是用石块拼砌成弯曲的拱作为桥身，上面修成平坦的桥面，以行车走人。而赵州桥的特点是“敞肩式”，即在大拱的两肩上再辟小拱，是石拱桥结构中最先进的一种。

图12.7 赵州桥

## ▶▶案例12-1

图12.8、图12.9为同一栋楼外墙所用的两种不同材质的装饰石材，使用时间相同。大理石石材颜色已变暗且出现裂缝，而花岗岩石材完好如新。请从材料的组成结构分析二者性能差异的原因。

图 12.8 大理石

图 12.9 花岗岩

【案例分析】

大理石主要成分是方解石(碳酸钙和碳酸镁)，呈弱碱性。在酸雨等腐蚀介质的作用下，发生化学反应，颜色变暗淡，板材的结构逐步疏松，并发展为裂缝。而花岗岩主要为石英(结晶二氧化硅)、长石(架状铝硅酸盐)及少量云母(片状铝硅酸盐)，为酸性石材，结构致密具有高抗酸腐蚀能力。

## 12.2.2 装饰玻璃制品

玻璃是一种无定形的硅酸盐制品，没有固定的熔点，在物理和力学性能上表现为各向同性的均质材料，主要化学成分是 $SiO_2$(70%左右)、$Na_2O$(15%左右)、CaO(10%左右)和少量的 MgO、$Al_2O_3$、$K_2O$ 等。玻璃都是由以上矿物原料和化工原料经高温熔融，然后急剧冷却而形成的。

玻璃能透光、透视，又能围护与分割空间，同时兼有装饰作用，是现代建筑中不可缺少的装饰材料。随着玻璃制造业高速发展，建筑玻璃已从单一的窗用采光材料发展成具有控光、保温隔热、隔音及内外装饰作用的多功能材料。

现代建筑中使用的玻璃制品种类繁多，最主要有平板玻璃、饰面玻璃、安全玻璃、功能玻璃和玻璃砖等。

1. 平板玻璃

平板玻璃是建筑玻璃中用量最大的一类，主要利用其透光透视特性，用做建筑物的门窗、橱窗及屏风等装饰，主要包括普通平板玻璃、浮法玻璃和磨砂玻璃。

图 12.10 普通玻璃

1) 普通平板玻璃

凡用石英砂岩、硅砂、钾长石、纯碱、芒硝等原料，按一定比例配制，经熔窑高温熔融，通过垂直引上或平拉、延压等方法生产出来的无色、透明平板玻璃，统称为普通平板玻璃，又称白片玻璃或净片玻璃，如图 12.10 所示。

根据国标《普通平板玻璃》(GB 11614—2009)，普通平板玻璃的厚度分为 2mm、3mm、4mm、5mm 这 4 类，按外观质量分为特选品、一等品和二等品(表 12-2)。

普通平板玻璃的价格相对较低，可切割，因而普通平板玻璃主要用于建筑工程的门窗等。也可作为钢化玻璃、磨光玻璃、夹丝玻璃、防火玻璃、中空玻璃、光栅玻璃等的原片玻璃。

表 12－2　普通平板玻璃外观等级标准

| 缺陷种类 | 说　　明 | 指　　标 | | |
|---|---|---|---|---|
| | | 特选品 | 一等品 | 二等品 |
| 波筋（包括波纹辊子花） | 允许看出波筋的最大角度 | 30° | 45°<br>50mm 边：60° | 60°<br>100mm 边：90° |
| 气泡 | 长度 1mm 以下的 | 集中的不允许 | 集中的不允许 | 不限 |
| | 长度大于 1mm 的，每 $1m^2$ 面积允许个数 | ≤6mm：6 个 | ≤8mm：8 个<br>8～10mm：2 个 | ≤10mm：10 个<br>10～20mm：2 个 |
| 划伤 | 宽度 0.1mm 以下的，每 $1m^2$ 面积允许条数 | 长度≤50mm：4 条 | 长度≤100mm：4 条 | 不限 |
| | 宽度＞0.1mm 的，每 $1m^2$ 面积允许条数 | 不许有 | 宽 0.1～0.4mm<br>长＜100mm：1 条 | 宽 0.1～0.8mm<br>长＜100mm：2 条 |
| 砂粒 | 非破坏性的，直径 0.5～2mm，每 $1m^2$ 面积允许个数 | 不许有 | 3 个 | 10 个 |
| 疙瘩 | 非破坏性的透明疙瘩，波及范围直径不超过 3mm，每 $1m^2$ 面积允许个数 | 不许有 | 1 | 3 |
| 线道 | | 不许有 | 30mm 边部允许有宽 0.5mm 以下的 1 条 | 宽 0.5mm 以下的 2 条 |

2）浮法玻璃

浮法玻璃即高级平板玻璃，由于其生产方法不同于普通平板玻璃，是采用玻璃液浮在金属液上成型的浮法制成，所以叫做浮法玻璃。

根据《浮法玻璃》（GB 11614—1999），浮法玻璃的厚度分为 2mm、3mm、4mm、5mm、6mm、8mm、10mm、12mm、15mm、19mm 这 10 类，其形状为矩形，尺寸一般不小于 1 000mm×1 200mm，不大于 2 500mm×3 000mm。按等级分为优等品、一级品和合格品 3 等，质量指标见表 12－3。

浮法玻璃的表面平滑，光学畸变小，物象质量高，其他性能与普通平板玻璃相同，但强度稍低，价格较高。适用于高级建筑的门窗、中空玻璃原片、夹层玻璃原片、制镜玻璃、有机玻璃模具以及火车、汽车、船舶的风窗玻璃等。

3）磨砂玻璃

磨砂玻璃又称毛玻璃，是用普通平板玻璃、磨光玻璃、浮法玻璃经机械喷砂，手工研磨(磨砂)或氢氟酸溶蚀(化学腐蚀、剧毒)等方法将表面处理成均匀毛面制成。毛玻璃表面粗糙，使透过的光线产生漫反射，造成透光不透视。一般用于建筑工程的卫生间、办公室等的门窗及隔断等。

表 12-3　浮法玻璃的主要质量指标

<table>
<tr><td rowspan="2">厚度偏差</td><td colspan="2">厚度/mm</td><td colspan="6">容许偏差/mm</td></tr>
<tr><td colspan="2">2、3、4<br>5、6<br><br>8、10<br>12、15、19</td><td colspan="6">±0.20<br>+0.20<br>-0.30<br>±0.35<br>±0.40</td></tr>
<tr><td rowspan="3">尺寸偏差</td><td colspan="2">厚度/mm</td><td colspan="6">容许偏差/mm</td></tr>
<tr><td colspan="2" rowspan="2">3、4、5、6<br>8、10、12</td><td colspan="3">≤1 500/mm</td><td colspan="3">>1 500/mm</td></tr>
<tr><td colspan="3">±3<br>±4</td><td colspan="3">±4<br>±5</td></tr>
<tr><td>弯曲度</td><td colspan="8">不得超过0.3%</td></tr>
<tr><td rowspan="2">透光率</td><td>厚度/mm</td><td>3</td><td>4</td><td>5</td><td>6</td><td>8</td><td>10</td><td>12</td></tr>
<tr><td>透光率/%</td><td>87</td><td>86</td><td>84</td><td>83</td><td>80</td><td>78</td><td>75</td></tr>
</table>

### 2. 饰面玻璃

1）彩色玻璃

彩色玻璃又称颜色玻璃，是通过化学热分解法，真空溅射法，溶胶、凝胶法及涂塑法等工艺在玻璃表面形成彩色膜层的玻璃，分透明、不透明和半透明(乳浊)3种。

透明和半透明彩色玻璃常用于建筑内外墙、隔断、门窗及对光线有特殊要求的部位等。不透明彩色玻璃主要用于建筑内外墙面的装饰，可拼成不同的图案，表面光洁、明亮或漫射无光，具有独特的装饰效果，如图12.11所示。

2）花纹玻璃

花纹玻璃按加工方法可分为压花玻璃、喷花玻璃和刻花玻璃3种。

压花玻璃又称滚花玻璃，用压延法生产的平板玻璃，在玻璃硬化前经过刻有花纹的滚筒，使玻璃单面或两面压有花纹图案。由于花纹凸凹不平，使光线散射失去透视性，降低光透射比(光透射比为60%～70%)，同时，其花纹图案多样，具有良好的装饰效果，如图12.12所示。

图 12.11　彩色玻璃

图 12.12　花纹玻璃

喷花玻璃则是在平板玻璃表面贴上花纹图案，抹以护面层，并经喷砂处理而成。

刻花玻璃是由平板玻璃经涂漆、雕刻、围蜡、酸蚀、研磨等工序制作而成，色彩更丰富，可实现不同风格的装饰效果。

花纹玻璃常用于办公室、会议室、浴室以及公共场所的门窗和各种室内隔断。

3）钢化玻璃

钢化玻璃是安全玻璃的一种，其生产工艺有两种。一种是将玻璃加热到接近玻璃软化温度(600～650℃)后迅速冷却的物理方法，又称淬火法。另一种是将待处理的玻璃浸入钾盐溶液中，使玻璃表面的钠离子扩散到溶液中，而溶液中的钾离子则填充进玻璃表面钠离子的位置，这种方法即化学法，又称离子交换法。

钢化玻璃具有弹性好、抗冲击强度高(是普通平板玻璃的4～5倍)、抗弯强度高(是普通平板玻璃的3倍左右)、热稳定性好以及光洁、透明等特点。在遇超强冲击破坏时，碎片呈分散细小颗粒状，呈钝角无尖锐棱角，不致伤人。

钢化玻璃能以薄代厚，减轻建筑物的重量，延长玻璃的使用寿命，满足现代建筑结构轻体、高强的要求，适用于建筑门窗、幕墙、船舶车辆、仪器仪表、家具、装饰等。

4）夹层玻璃

夹层玻璃是以两片或两片以上的普通平板、磨光、浮法、钢化、吸热或其他玻璃作为原片，中间夹以透明塑料衬片，经热压粘合而成。夹层玻璃的衬片多用聚乙烯醇缩丁醛等塑料胶片。如图12.13所示，当玻璃受剧烈震动或撞击时，由于衬片的粘合作用，玻璃仅呈现裂纹，而不落碎片。

夹层玻璃具有防弹、防震、防爆性能。适用于有特殊安全要求的门窗、隔墙、工业厂房的天窗和某些水下工程。

5）吸热玻璃

吸热玻璃是既能吸收大量红外辐射能，又能保持良好透光率的平板玻璃。其生产方法分为本体着色法和表面喷吐法两种。吸热玻璃除常用的茶色、灰色、蓝色外，还有绿色、古铜色、青铜色、金色、粉红色等，因而除具有良好的吸热功能外还具有良好的装饰性。它广泛应用于现代建筑物的门窗和外墙，以及用作车、船的挡风玻璃等，起到采光、隔热、防眩等作用。

6）热反射玻璃

热反射玻璃又叫镀膜玻璃，分复合和普通透明两种，具有良好的遮光性和隔热性能。由于这种玻璃表面涂敷金属或金属氧化物薄膜，有的透光率是45%～65%(对于可见光)，有的甚至在20%～80%之间变动，透光率低，可以达到遮光及降低室内温度的目的。但这种玻璃和普通玻璃一样是透明的，如图12.14所示。

7）玻璃砖

玻璃砖是块状玻璃的统称，主要包括玻璃空心砖、玻璃马赛克和泡沫玻璃砖。其中，玻璃空心砖一般是由两块压铸成凹形的玻璃经熔接或胶接成整块的空心砖。砖面可为光滑平面，也可在内、外压铸多种花纹。砖内腔可为空气，也可填充玻璃棉等。玻璃空心砖绝热、隔声、光线柔和优美，可用来砌筑透光墙壁、隔断、门厅、通道等，如图 12.15 所示。

图 12.13 夹层玻璃

图 12.14 热反射玻璃

图 12.15 玻璃砖

## 12.2.3 建筑陶瓷

凡以粘土、长石、石英为基本原料，经配料、制坯、干燥、焙烧而制得的成品，统称为陶瓷制品。建筑陶瓷是指用于建筑物室内、外装饰用的较高级的烧土制品。陶瓷可分为陶器、炻器和瓷器 3 种。

陶器吸水率较大，一般为 9%～22%，断面粗糙无光，不透明，敲击声粗哑，有挂釉和不挂釉之分。陶器可分为粗陶和精陶两种，工程中用的釉面砖及部分外墙砖属于精陶。

瓷器质地致密，基本上不吸水，有一定的透明性，通常都上釉。

炻器是介于陶器和瓷器之间的一类产品(又称半瓷)，材质较密实，吸水率小，一般为 4%～10%。炻器按坯体的细密性、均匀性，分为粗、细两类。建筑上所用的地面砖及部分外墙砖为炻质制品。

### 1. 内墙釉面砖

内墙釉面砖又称内墙砖、釉面砖、瓷砖、瓷片，是用一次烧成工艺制成，是适用于建筑物室内装饰的薄型精陶瓷品。它由多孔坯体和表面釉层两部分组成。表面釉层花色很多，除白色釉面砖外，还有彩色、图案、浮雕、斑点釉面砖等。常用的规格有 300mm×200mm×(4～5)mm，200mm×200mm×(4～5)mm。釉面内墙砖色泽柔和典雅，朴实大方，主要用于厨房、卫生间、实验室、医院等室内墙面、台面等。釉面砖为多孔的精陶制品，长期在空气中吸湿会产生湿胀现象，使釉面产生开裂。如用于室外，处于冻融循环交替作用下，易产生釉面剥落等现象，所以釉面砖以用于室内为主，如图 12.16 所示。

图 12.16 内墙印花砖

### 2. 外墙面砖

外墙面砖系采用陶土经压制成型后，经 1 100℃左右的高温焙烧而成，多属陶质和炻质，分有釉和无釉两种。

外墙面砖的坯体质地密实，釉质耐磨，具有高强、坚固耐用、耐磨、耐蚀、防火、防水、抗冻、易清洗、装饰效果好等特点。挂釉外墙面砖的吸水率小于8%，无釉外墙面砖的吸水率小于15%。

图 12.17 外墙面砖

外墙面砖通常分为彩釉砖、墙面砖(无釉)、立体彩釉砖、线砖。常用规格有195mm×45mm×5mm、95mm×45mm×5mm、152mm×75mm×10mm、200mm×100mm×10mm等。

外墙面砖适用于建筑物外墙饰面，如图12.17所示。

## ▶▶案例 12-2

北京某工地一工程外墙采用面砖为南方某知名品牌，规格尺寸符合外观质量标准，秋季施工时墙面找平层及面砖粘结层采用32.5级普通水泥、砂浆配合比及粘结层厚度都严格进行控制，面砖粘贴横平竖直，色泽一致，质量被评为优良。经过一冬，于次年春天发现个别面砖脱落，经仔细观察发现面砖普遍龟裂，而且墙面面砖色泽也起了一些变化。

【问题】

(1) 造成面砖龟裂脱落的主要原因是什么?

(2) 如何杜绝类似事故的发生?

【分析】

一般造成墙面面砖脱落的原因很多，如基层不洁净、粘结不牢固，水泥凝结时间和安定性能不好，面砖未经浸水晾干，面砖养护不好，勾缝不顺直密实等等。施工单位对面砖外观曾作过认真的检查，调查当事人，复习施工记录，未发现异常现象。后来决定对面砖性能进行鉴定，当对面砖吸水率进行测定，发现面砖的吸水率竟达到8%，超过国家允许的标准。由于面砖吸水率大，砖吸水后在冷冬季节因砖内水分受冻膨胀，砖体被胀裂，反复受冻严重时造成脱落。应严格按照国家标准，按地区分类选择符合吸水率要求的面砖，同时满足冻融循环的次数要求。

### 3. 彩色釉面墙地砖

彩色釉面墙地砖与釉面砖原料基本相同，但生产工艺为二次烧成，即高温素烧、低温釉烧，其质地为炻质。其特点是强度较高、耐磨、耐蚀、抗冻、易清洗、施工方便、吸水率小，品种有红缸砖、各种地砖、瓷质砖、劈离砖等。

常用的地砖规格有300mm×300mm、400mm×400mm、450mm×450mm、500mm×1 500mm，600mm×600mm等，厚约6～8mm。主要用于外墙铺贴，有时也用于铺地。其质量标准与釉面内墙砖相比，增加了抗冻性、耐磨性和抗化学腐蚀性等指标。

### 4. 陶瓷锦砖

陶瓷锦砖俗称马赛克，是由各种颜色、多种几何形状的小块瓷片(长边一般不大于50mm)铺贴在牛皮纸上形成色彩丰富、图案繁多的装饰砖，故又称纸皮砖。每张约30cm$^2$，每40张为一箱。

陶瓷锦砖的尺寸一般为18.5mm×18.5mm、39.0mm×39.0mm、39.0mm×18.5mm及边长为25mm的六角形等，厚度一般为5mm，可配成各种颜色，其基本形状有正方形、长方形、六角形等。

陶瓷饰砖根据外观质量分为优等品、合格品两个等级。

陶瓷锦砖质地坚实、色泽图案多样、吸水率小、耐酸、耐碱、耐磨、耐水、耐压、耐冲击、易清洗、防滑。陶瓷饰砖适用于作为浴室、厕所的地面饰面，如图 12.18 所示。

5. 琉璃制品

琉璃制品是用难熔粘土为主要原料制成坯泥，制坯成型后经干燥、素烧，施琉璃彩釉、釉烧制成，属精陶质制品。颜色有金、黄、绿、蓝、青等。品种分为三类，瓦类(板瓦、滴水瓦、筒瓦、沟头)、脊类、饰件类(吻、博古、兽)，如图 12.19、图 12.20 所示。

图 12.18　马赛克

图 12.19　琉璃制品 1

图 12.20　琉璃制品 2

琉璃制品的特点是质细致密、表面光滑、不易沾污、坚实耐久、色彩绚丽、造型古朴，富有我国传统的民族特色，主要用于具有民族风格的房屋以及建筑园林中的亭、台、楼、阁。

### 12.2.4　建筑涂料

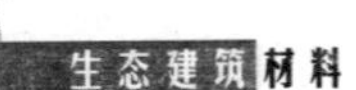

**知识链接**

9 月 11 日由中国涂料工业协会举办的 2010 中国建筑涂料发展高峰论坛在上海召开，与会嘉宾一致认为，继 2009 年我国涂料行业以 755 万吨产量跃居世界涂料生产和消费第一大国，建筑涂料更以占涂料总产量 34%而称雄世界，我国建筑涂料行业已融入世界建筑涂料体系，建筑涂料今后发展将走向行业高端。除了在低碳环保的前提下，保持与国际建筑涂料行业的同步发展，决定我国建筑涂料发展方向的另一个因素就是国家经济的发展与宏观政策的导向作用更加明显。

建筑涂料是指涂敷于物体表面，能与物体粘结在一起，并能形成连续性涂膜，从而对物体起到装饰、保护作用或使物体具有某种特殊功能的材料。

涂料的组成可分为基料、颜料与填料、溶剂和助剂。

涂料按组成成分和使用功能的不同，可分为油漆涂料和建筑涂料两大类。按化学成分分为无机涂料和有机涂料，其中有机涂料又分为水溶性涂料、溶剂型涂料和乳胶漆 3 种。

涂料由成膜物质、辅助成膜物质及散粒材料等组成。

常用建筑涂料主要组成、性质和应用见表 12-4。

表 12-4 常用建筑涂料

| 品种 | 主要成分 | 主要性质 | 主要应用 |
|---|---|---|---|
| 聚乙烯醇水玻璃内墙涂料 | 聚乙烯醇、水玻璃等 | 无毒、无味、耐燃、价格低廉，但耐水擦洗性差 | 广泛应用与住宅及一般公用建筑的内墙面、顶棚等 |
| 聚醋酸乙烯乳液涂料 | 醋酸乙烯-丙烯酸酯乳液等 | 无毒、涂膜细腻、色彩艳丽、装饰效果良好、价格适中，但耐水性、耐候性差 | 住宅、一般建筑的内墙与顶棚等 |
| 醋酸乙烯—丙烯酸酯有光乳液涂料 | 醋酸乙烯-丙烯酸酯乳液等 | 耐水性、耐候性及耐碱性较好，且有光泽，属于中高档内墙涂料 | 住宅、办公室、会议室等的内墙、顶棚 |
| 多彩涂料 | 两种以上的合成树脂等 | 色彩丰富、图案多样、生动活泼，且有良好的耐水性、耐油性、耐刷洗性，对基层适应性强，属于高等内墙涂料 | 住宅、宾馆、饭店、商店、办公室、会议室等的内墙、顶棚 |
| 苯乙烯-丙烯酸酯乳液涂料 | 苯乙烯-丙烯酸酯乳液等 | 具有良好的耐水性、耐候性，且外观细腻、色彩艳丽，属于中高档涂料 | 办公楼、宾馆、商店等的外墙面 |
| 丙烯酸酯系外墙涂料 | 丙烯酸酯等 | 具有良好的耐水性、耐候性和耐高低温性，色彩多样，属于中高档涂料 | 办公楼、宾馆、商店等的外墙面 |
| 聚氨酯系外墙涂料 | 聚氨酯树脂等 | 具有优良的耐水性、耐候性和耐高低温性及一定的弹性和抗伸缩疲劳性，涂膜呈瓷质感，耐污性好，属于高档涂料 | 宾馆、办公楼、商店等的外墙面 |
| 合成树脂乳液砂壁状涂料 | 合成树脂乳液、彩色细骨料等 | 属于粗面厚质涂料，涂层具有丰富的色彩和质感，保色性和耐久性高，属于中高档涂料 | 宾馆、办公楼、商店等的外墙面 |

**特别提示**

乳胶胶粘剂在装饰装修中广泛用于木器工程和墙面处理方面，特别是封闭在墙面的乳胶中的甲醛很难清除。

## 12.3 其他建筑装饰材料

### 12.3.1 壁纸

壁纸又称墙布，它是现代建筑装饰材料中应用比较广泛的一种饰面材料。其发展相当迅速，品种越来越多，如塑料壁纸、植物纤维壁纸、玻璃纤维壁纸、静电植绒壁纸、石英

图 12.21 壁纸

壁纸、尼龙丝壁纸等，如图 12.21 所示。常用的塑料壁纸主要有两大类。

1. 纸基涂塑壁纸

纸基涂塑壁纸是以原纸为基层，以高分子乳液涂布面层，经印花、压纹等工序制作而成，可分为普通壁纸、发泡壁纸和特种壁纸三大类。

1）普通壁纸

以 80g/m$^2$ 的木浆纸为基材，涂以 100g/m$^2$ 左右的糊状聚氯乙烯(PVC)，经印花、压花而成。其种类有印花涂塑壁纸、复塑壁纸、压花壁纸、浅(或深)浮雕壁纸、双层压纹壁纸、木纹壁纸等，表面有仿锦缎、布纹及印花 3 种花纹。这种壁纸表面有花纹，质感、弹性感较好，且耐光、耐老化，颜色稳定，耐水擦洗，便于维护，花色品种多，适用面广，价廉。目前普通壁纸已广泛用于住宅、公共建筑的内装饰。

2）发泡壁纸

又称浮雕壁纸，是以 100g/m$^2$ 的纸作基材，涂布 300～400g/m$^2$ 掺有发泡剂的聚氯乙烯(PVC)糊状料，印花后，再经加热发泡而成。发泡壁纸有高发泡印花、中发泡印花、低发泡印花压花等品种。

3）特种壁纸

即有特殊功能的壁纸，如防火壁纸、耐腐蚀壁纸、耐水壁纸、抗静电壁纸、吸声壁纸、防污壁纸、图景画壁纸等，适用于特殊需要的地方。

2. 聚氯乙烯（PVC）壁纸

聚氯乙烯塑料壁纸是以纸为基层，以聚氯乙烯塑料薄膜为面层，经过复合、印花、压花等工序而制成的一种贴墙材料。

这种壁纸具有一定的伸缩性和抗裂强度，基层存在的裂缝对表面无影响，可制成各种图案及丰富多彩的凹凸花纹，富有质感和艺术感，装饰效果较好，易于粘贴，陈旧后易于更换，表面不吸水，可用湿布擦洗，适用于建筑物内墙饰面。

聚氯乙烯胶面壁纸在生产加工过程中由于原材料、工艺配方等原因，而可能残留铅、钡、氯乙烯、甲醛等有毒物质，因此为保障消费者身体健康，国家颁布实施了《室内装饰装修材料壁纸中有害物质限量》等 10 项室内装饰装修材料有害物质限量强制性国家标准，见表 12-5。

表 12-5 壁纸中有害物质限量值

| 有害物质 | 限量值(mg/kg) |
|---|---|
| 钡 | ≤1000 |
| 镉 | ≤25 |
| 铬 | ≤60 |
| 铅 | ≤90 |
| 砷 | ≤8 |

续表

| 有 害 物 质 | 限量值(mg/kg) |
| --- | --- |
| 汞 | ≤20 |
| 硒 | ≤165 |
| 锑 | ≤20 |
| 氯乙烯单体 | ≤1.0 |
| 甲醛 | ≤120 |

**知识链接**

根据国家强制性标准，关闭门窗1h后，每$1m^3$室内空气中，甲醛释放量不得大于0.08mg；如达到0.1～2.0mg，50%的正常人能闻到臭气；达到2.0～5.0mg，眼睛、气管将受到强烈刺激，出现打喷嚏、咳嗽等症状；达到10mg以上，呼吸困难；达到50mg以上，会引发肺炎等危重疾病，甚至导致死亡。

**特别提示**

国家目前尚未正式发布关于E0级别的国家标准，目前所谓的E0标准多数为行业内的约定俗成。

E0是指小于等于0.5mg/L的甲醛释放量。

E1是指小于等于9.0mg/L的甲醛释放量。

E2是指小于等于30.0mg/L的甲醛释放量。

### 12.3.2 织物类装饰材料

织物类装饰材料具有触感柔软、舒适的性能，主要用于建筑物室内装饰。目前工程中较常用的装饰织物主要有地毯、壁挂、窗帘等。这些织物在美观、质地、色彩、弹性等方面的优点可使室内获得其他装饰材料所不能达到的特色效果。

织物的制作可分为纺织、编织、簇绒、无纺等不同的工艺。根据装饰织物的材质不同，可分为羊毛类、棉纱类、化纤类、塑料类、混纺类等。由于织物的纤维不同、织造方式和处理工艺不同，所生产的质感效果也不同，因而给人们的美感也大不相同。

### 12.3.3 室内配套设施

在现代装饰工程中，除了装饰材料外，还需要一些相应的室内配套设施。如厨房设备、卫生洁具、装饰灯具和空气调节设备等。

1. 厨房设备

厨房设备是现代宾馆、饭店和居民住宅建筑中不可缺少的室内配套设施，而排油烟机又是现代厨房必不可少的设备之一。

2. 卫生洁具

卫生洁具已由过去传统的陶瓷、铸铁搪瓷制品和一般的金属配件，发展到目前国内外相继推出的玻璃钢、人造大理石(玛瑙)、塑料、不锈钢等新材料制品。卫生洁具主要有大便器、小便器、洗面器、浴缸和五金配件，如图 12.22 所示。

3. 装饰灯具

装饰灯具与普通灯具有所不同，除了有照明要求之外，还要在装潢中起到装饰点缀作用。因此，装饰灯具的造价也往往比普通灯具高得多。装饰灯具按使用的场所不同可分为室内装饰灯具与室外装饰灯具。室内灯具有吊灯、吸顶灯、壁灯、落地灯、台灯、室内功能灯等。室外灯具分为路灯、园林灯、庭院灯、探照灯、广告灯、建筑亮化照明等，如图 12.23所示。

图 12.22 卫生洁具

图 12.23 装饰灯具

4. 空调器

空气调节设备即空调器，它的作用是使人们在任何自然条件下，通过人工的方法，将室内空气的温度、湿度、洁净度以及气流速度控制在指定的范围之内，以达到人体舒适或工业生产的要求。

随着能源的紧张和环境保护的要求提高，人类必须选择节能和环保的空调器。节能型的除湿蒸发冷却空调系统，以其较高的 COP 值得到广泛应用。

### 12.3.4 铝合金装饰板

铝合金装饰板有铝合金花纹板、波纹板、压型板、冲孔平板、塑铝板、浅花纹板等。

(1) 铝合金花纹板系采用防锈铝合金用特制花纹轧辊轧制而成。它具有花纹美观大方、不易磨损、防滑性好、防腐性好、便于冲洗等特点，适用于墙面或楼梯踏板等处。

(2) 铝合金压型板系选用纯铝(L5)、铝合金(LF2)为原料，经辊压冷加工而成的各种波形的板材，具有质量轻、外形美观、耐久、耐腐蚀、防火、防潮、安装容易、施工进度快等特点，表面经处理可得到各种色彩。主要适用于建筑屋面和墙面。

(3) 塑铝板系采用聚氯乙烯为芯材，正反两表面是用铝合金薄板粘压所制成的一种饰面板材，厚度有 3mm、4mm、6mm、8mm 等。该板材表面铝板经阳极氧化和着色处理，色泽鲜艳，由于采用了复合结构，所以兼有金属和塑料的优点。其重量轻，坚固耐久，具有较好的抗冲击性和抗凹陷性，可自由弯曲，有较强的耐候性，易施工加工，易维修保养。大量应用于建筑物内外墙装饰、柱面装饰。

(4) 冲孔平板系用各种铝合金平板经机械冲孔而成。它具有防腐性能好，光洁度高，有一定的强度，易于机械加工，有良好的防震、防水、防火性能，消音效果好，轻便美观，经久耐用等特点。

### 12.3.5 莱特板(FC板)

莱特板是采用水泥和天然纤维混合经加工所得的一种装饰饰面板材，产品有隔墙用平板及吊顶用吸音板。

莱特板具有强度高、抗冲击力强、轻质、坚固、耐用、防火、阻燃、隔音、隔热、防腐、防潮、防冻、表面易装饰、施工简便、可切割可钉、价格低等特点，它适用于各类建筑物的吊顶饰面及内墙饰面。

## 12.4 建筑装饰材料与生态环境

环保型装饰材料是人们高等重视生态环境保护提出的概念，即对生态环境不造成危害、对人类健康不产生负面影响的材料。环保型装饰材料大致可归纳出以下5个方面的基本特征。

(1) 其产品生产所用的原材料可能少用天然资源，大量使用废物渣、废液、垃圾等废弃物。

(2) 其产品在配制或生产过程中，不使用甲醛、卤化物溶剂或芳香族碳氢化合物；产品中不含有汞及其化合物，不含有铅、镉及其化合物的颜料和添加剂。

(3) 其产品采用低能耗的制造工艺和不污染环境的生产技术。

(4) 其产品设计是以改善生活环境、提高生活质量为目的，即产品不仅不危害人体健康，而且还应具有多功能化，如抗菌、隔热、防火、调温、消声、抗静电等，有益于人体健康。

(5) 其产品可循环利用或回收再生利用，无污染环境的废弃物。

## 项目小结

建筑装饰材料按装饰部位的不同分为外墙装饰材料、内墙装饰材料、地面装饰材料、吊顶装饰材料、室内装饰用品及配套设备等。建筑装饰材料是建筑装饰工程的物质基础，建筑装饰既美化了建筑物，又保护了建筑物。建筑装饰材料的选用原则是装饰效果好、耐久、经济。

本项目从材料使用角度将有关装饰材料归入装饰用面砖、板材、卷材及建筑玻璃四大类。分别介绍了各类材料的主要品种、制作方法、装饰效果及应用范围。由于装饰材料发展快，品种繁多，产品良莠不齐，而价格比较昂贵，故在选择使用时，还应进行市场调查和仔细了解所用产品的质量、性能、规格，避免伪劣低质产品影响装饰质量和浪费资金。

## 复习思考题

一、 填空题

1. 岩石按其地质形成原因可分为____________、____________和____________。

2. 花岗岩的主要化学成分是____________，大理石的主要化学成分是____________。

3. 涂料按组成成分和使用功能的不同，可分为____________和____________两大类；按化学成分分为____________和____________；其中有机涂料又分为____________、____________和____________三种。

4. 陶瓷锦砖俗称____________，是由各种颜色、多种几何形状的小块瓷片（长边一般不大于 50mm）铺贴在牛皮纸上形成色彩丰富、图案繁多的装饰砖，故又称____________。每张约 $30cm^2$，每____________张为一箱。

二、 简答题

1. 建筑装饰材料按使用部位分为哪几类？

2. 对装饰材料有哪些要求？在选用装饰材料时应注意些什么？

3. 建筑工程中常用的石材有哪些？简述各自在工程中的主要作用。

4. 饰面陶瓷砖有哪几种？其性能、特点和用途各如何？

5. 建筑玻璃主要有哪些品种？

# 项目 13

# 生态建筑材料试验

## 教学目标

生态建筑材料试验是评定建筑材料等级、了解建筑材料性能的重要手段。通过本章的学习，使学生了解检测材料性能所依据的标准规范、原理、试验步骤和试验结果的处理方法。重点掌握以下几点：

（1）了解水泥试验的依据，掌握水泥试验的原理、目的、试验步骤、试验数据处理等。

（2）了解混凝土试验依据，掌握混凝土坍落度试验的原理和基本步骤，掌握混凝土强度等级评定的方法，掌握混凝土配合比设计的基本步骤。

（3）掌握砂浆和易性的测定方法和强度等级的评定。

（4）掌握钢筋取样的一般规定，了解钢筋拉伸原理和操作步骤。

## 教学要求

| 知识要点 | 能力要求 | 相关知识 |
| --- | --- | --- |
| 材料的基本性能；<br>水泥试验；<br>混凝土试验；<br>砂浆试验；<br>砖试验；<br>钢筋试验；<br>防水材料试验 | 能正确说出各种试验所需要的仪器设备名称和规格型号；<br>能在实验指导老师的指导之下，正确取样，独立操作试验；<br>独立记录试验的相关数据，对所获取的数据进行正确分析、归纳和总结，写出完整的试验报告 | 各种仪器设备安全使用制度；<br>与试验相关的国家、行业颁布的规范标准；<br>数据处理分析知识 |

建筑材料试验是土建类专业重要的实践性学习环节，其学习目的有三。一是熟悉建筑材料的技术要求，能够对常用建筑材料进行质量(品质)检验和评定。二是通过具体材料的性能测试，进一步了解材料的基本性状，验证和丰富建筑材料的理论知识。三是培养学生的基本试验技能和严谨的科学态度，提高分析问题和解决问题的能力。

材料的质量指标和试验结果是有条件的、相对的，是与取样、测试和数据处理密切相关的。在进行建筑材料试验的整个过程中，材料的取样、试验操作及数据处理，都应严格按照国家(或部颁)现行的有关标准和规范进行，以保证试样的代表性，试验条件稳定一致，以及测试技术和计算结果的正确性。

试验数据和计算结果都有一定的精度要求，对精度范围以外的数字。应按照《数值修约规则》(GB/T 8170－2008)进行修约。简单概括为“四舍六入五考虑，五后非零应进一，五后皆零视奇偶，五前为偶应舍去，五前为奇则进一。”

## 试验一　建筑材料基本性质试验

### 1. 密度试验

密度是材料在密实状态下单位体积的质量。以烧结普通砖为试样，进行密度测定。

1) 主要仪器

(1) 李氏瓶。形状与尺寸如图 13.1 所示。

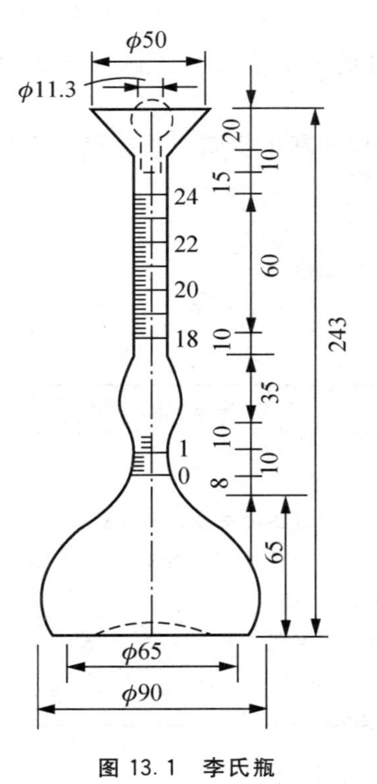


图 13.1　李氏瓶

(2) 物理天平(称量 1 000g，感量 0.01g)。烘箱、筛子(孔径 0.20mm)、温度计等。

2) 试验步骤

(1) 将试样破碎、磨细后，全部通过 0.2mm 孔筛，再放入烘箱中，在不超过 110℃的温度下，烘至恒重，取出后置干燥器中冷却至室温备用。

(2) 将无水煤油注入李氏瓶至凸颈下 0～1mL 刻度线范围内。用滤纸将瓶颈内液面上部内壁吸附的煤油仔细擦净。

(3) 将注有煤油的李氏瓶放入恒温水槽内，使刻度线以下部分浸入水中，水温控制在(20±0.5)℃，恒温 30min 后读出液面的初体积 $V_1$(以弯液面下部切线为准)，精确到 0.05mL。

(4) 从恒温水槽中取出李氏瓶、擦干外表面、放于物理天平上，称得初始质量 $m_1$。

(5) 用小匙将物料徐徐装入李氏瓶中，下料速度不得超过瓶内液体浸没物料的速度，以免阻塞。如有阻塞，应将瓶微倾且摇动，使物料下沉后再继续添加，直至液面上升接近 20mL 的刻度时为止。

(6) 排除瓶中气泡。以左手指捏住瓶颈上部，右手指托着瓶底，左右摆动或转动，使其中气泡上浮，每 3～5s 观察一次，直至无气泡上升为止。同时将瓶倾斜并缓缓转动，以便使瓶内煤油将粘附在瓶颈内壁上的物料洗入煤油中。

(7) 将瓶置于天平上称出加入物料后的最终质量 $m_2$，再将瓶放入恒温水槽中，在相同水温下恒温 30min，读出第二次体积读数 $V_2$。

3) 结果计算

(1) 按下式计算试样密度 $\rho$(精确至 0.01g/cm³)：

$$\rho=\frac{m_2-m_1}{V_2-V_1}(\mathrm{g/cm^3})$$

(2) 以两次试验结果的平均值作为密度的测定结果。两次试验结果的差值不得大于 0.02g/cm³，否则应重新取样进行试验。

### 2. 表观密度试验

表观密度又称体积密度，是指材料包含自身孔隙在内的单位体积的质量。以烧结普通砖为试件，进行表观密度测定。

1) 主要仪器

案秤(称量 6kg，感量 50g)、直尺(精度为 1mm)、烘箱。当试件较小时，应选用精度为 0.1mm 的游标卡尺和感量为 0.1g 的天平进行试验。

2) 试验步骤

(1) 将每组 5 块试件放入(105±5)℃的烘箱中烘至恒重，取出冷却至室温称重 $m$(g)。

(2) 用直尺量出各试件的尺寸，并计算出其体积 $V$(cm³)。对于六面体试件，量尺寸时，长、宽、高各方向上须测量三处，取其平均值得 $a$、$b$、$c$，则

$$V_0=a\cdot b\cdot c(\mathrm{cm^3})$$

3) 结果计算

(1) 材料的表观观密度 $\rho_0$ 按下式计算：

$$\rho_0=\frac{m}{V_0}\times 1\,000(\mathrm{kg/m^3})$$

(2) 表现密度以下 5 次试验结果的平均值表示，计算精确至 10kg/m³。

### 3. 孔隙率计算

将已测得的密度与表面密度代入下式，可算出材料的孔隙率 $P_0$(精确至 0.01%。)

$$P_0=\frac{\rho-\rho_0}{\rho}\times 100(\%)$$

### 4. 吸水率试验

1) 主要仪器设备

天平、游标卡尺、烘箱等。

2) 试验步骤

(1) 取有代表性试件(如石材)、每组 3 块，将试件置于烘箱中，以不超过 110℃的温度，烘干至质量不变为止，然后再以感量为 0.1g 的天平称其质量 $m_0$(g)。

(2) 将试件放在金属盆或玻璃盆中，在盆底可放些垫条如玻璃(杆)使试件底面与盆底不至紧贴，使水能够自由进入试件内。

(3) 加水至试件高度的 1/3 处，过 24h 后再加水至高度的 2/3 处；再过 24h 加满水，并再放置 24h。这样逐次加水能使试件孔隙中的空气逐渐逸出。

(4) 取出一块试件，抹去表面水分，称其质量 $m_1$(g)，用排水法测出试件的体积 $V_0$ ($cm^3$)。为检查试件吸水是否饱和，可将试件再浸入水中至高度的 3/4，24h 后重新称量，两次质量之差不超过 1%。

(5) 用以上同样方法分别测出另两块试件的质量和体积。

(6) 按下列公式计算吸水率 $W$：

$$质量吸水率\ W_m=\frac{m_1-m_0}{m_0}\times 100(\%)$$

$$体积吸水率\ W_V=\frac{m_1-m_0}{V_0}\cdot\frac{1}{\rho_W}\times 100(\%)$$

(7) 取 3 个试样的吸水率计算其平均值(精确至 0.01%)。

5. 抗压强度与软化系数试验

1) 主要仪器设备

(1) 压力试验机(图 13.2)，最大荷载不小于试件破坏荷载的 1.25 倍，误差不大于 ±2%。

(2) 钢直尺或游标尺。

2) 试验步骤

(1) 选取有代表性的试件，如石材，干燥状态与吸水饱和状态各一组，各面需加工平整且受压面须平行。

(2) 根据精度要求选择量具，测量试件尺寸，计算其受压面积 $A$($mm^2$)。

(3) 了解压力试验机的工作原理与操作方法。根据最大荷载选择量程，调节零点，将试件放于带有球座的压力试验机承压板中央，以规定的速度进行加荷，直至试件破坏。记录最大荷载 $P$(N)。

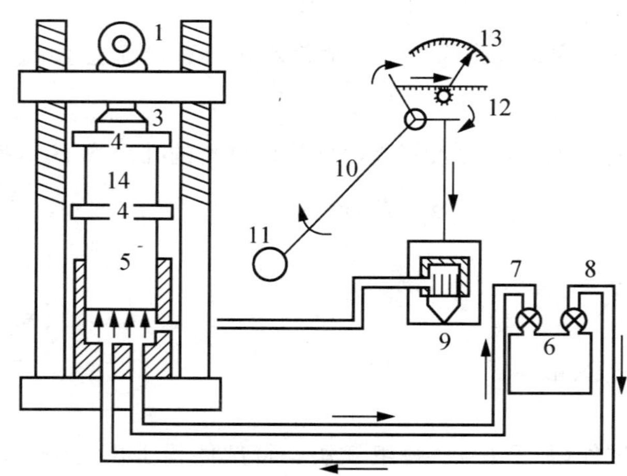


图 13.2 压力机液压传动工作原理示意

1—马达；2—栋梁；3—球座；4—承压板；5—活塞；6—油泵；7—回油阀；8—送油阀；9—测力计；10—摆杆；11—摆锤；12—推杆；13—度盘；14—试件

3）结果计算

(1) 按下式计算材料的抗压强度 $f_c$：

$$f_c=\frac{P}{A}(\text{MPa})$$

(2) 取3块试件的平均值作为材料的平均抗压强度(精确至0.1MPa)。

(3) 按下式计算材料的软化系数 $K$(精确到0.01)：

$$K=\frac{f_{cw}}{f_{co}}$$

式中：$f_{co}$——材料干燥状态的平均抗压强度；

$f_{cw}$——吸水饱和状态的平均抗压强度。

## 试验二　烧结普通砖试验

根据《烧结普通砖》(GB 5101—2003)标准规定，烧结普通砖检验项目分出厂检验(包括尺寸偏差、外观质量(品质)和强度等级)和型式检验(包括出厂检验项目、抗风化性能、石灰爆裂和泛霜)两种。本试验主要做出厂检验项目。

### 1. 取样方法

烧结普通砖以3.5～15万块为一批检验，不足3.5万块也按一批计。采用随机抽样法取样，外观质量检验的砖样在每一批检验的产品堆垛中抽取，数量为50块；尺寸偏差检验的砖样从外观质量检验后的样品中抽取，数量为20块，其他项目的砖样从外观质量和尺寸偏差检验后的样品中抽取。抽样数量为强度等级10块；泛霜、石灰爆裂、冻融及吸水率与饱和系数各5块。当只进行单项检验时，可直接从检验批中随机抽取。

### 2. 抗压强度试验

1）主要仪器设备

压力试验机(300～500kN)。锯砖机或切砖器、钢直尺等。

2）试验步骤

(1) 试件制备。将砖样切断或锯成两个半截砖，断开的半截砖边长不得小于100mm，否则，应另取备用砖样补足。将已切断的半截砖放入净水中浸10～20min后取出，并以断口相反方向叠放，两者中间用32.5级水泥调制成稠度适宜的水泥净浆粘结，其厚度不超过5mm，上下两表面用厚度不超过3mm的同种水泥浆抹平，制成的试件上下两个面需相互平行，并垂直于侧面(图13.3)。

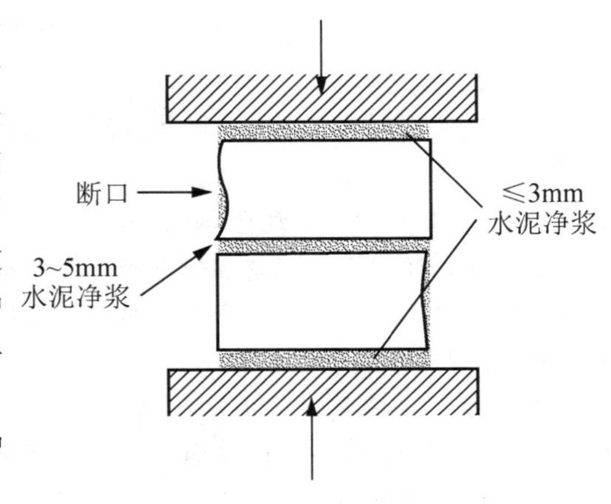


图13.3　砖的抗压强度试验

(2) 制成的试件置于不通风的室内养护3d，室温不低于10℃。

(3) 测量每个试件连接面长($a$)、宽($b$)尺寸各两个，精确至 1mm，取其平均值计算受力面积。

(4) 将试件平放在压力试验机加压板中央，以(5±0.5)kN/s 的速度均匀加荷，直至试件破坏，记录破坏荷载 $P$(N)。

3) 结果计算

烧结普通砖抗压强度试验结果按下列公式计算(精确至 0.1MPa)：

单块砖样抗压强度测定值 $f_{ci}=\dfrac{P}{a \cdot b}$(MPa)

10 块样抗压强度平均值 $\bar{f}=\dfrac{1}{10}\sum_{i=1}^{10} f_{ci}$

砖抗压强度标准值 $f_k=\bar{f}-1.8S$(MPa)

强度变异系数 $\delta=\dfrac{S}{\bar{f}}$

$$S=\sqrt{\frac{1}{9}\sum_{i=1}^{10}(f_{ci}-\bar{f})^2}\ (\mathrm{MPa})$$

3. 尺寸偏差与外观质量检验

1) 主要仪器

砖用卡尺(图 13.4)，分度值为 0.5mm。钢直尺，分度值为 1mm。

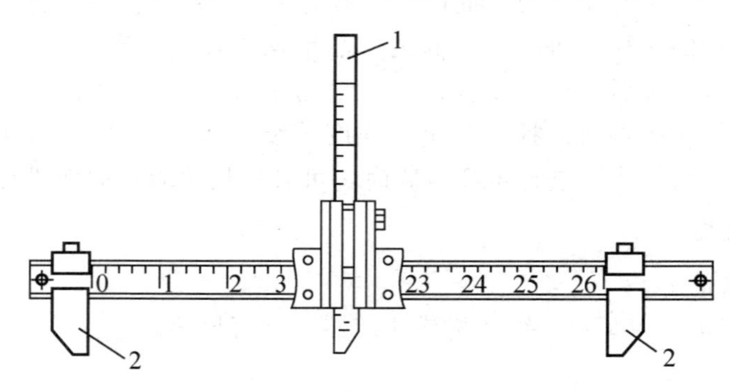


图 13.4 砖用卡尺

2) 尺寸偏差检验

(1) 检验样品数为 20 块，其方法按 GB/T 2542—2003 进行，用砖用卡尺测量砖的长度、宽度和高度。长、宽、高均应在砖的各相应面中间处测量，每一方向以两个测量尺寸的算术平均值表示，精确至 0.1mm。

(2) 计算样本平均偏差和样本极差。样本平均偏差是 20 块砖样规格尺寸的算术平均值减去其公称尺寸的差值；样本极差是抽检的 20 块砖样中最大测定值与最小测定值之差值。

3) 外观质量检验

检验按《砌墙砖试验方法》(GB/T 2542—2003)进行，烧结普通的外观质量检验取砖样 50 块，其检验内容包括缺损、裂纹、弯曲、杂质凸出高度、两条面高度差以及着色等。

(1) 缺损检验。

缺棱掉角在砖上造成的破损程度，以破损部分对长、宽、高 3 个棱边的投影尺寸来度量，称为破损尺寸，用钢直尺进行测量。缺棱掉角的3个破损尺寸不得同时大于15mm（优等品）或30mm（合格品）。

(2) 裂纹检验。

裂纹分为长度方向、宽度方向和水平方向3种，以被测方向的投影长度表示。如果裂纹从一个面延伸至其他面上时，则累计其延伸的投影长度。用钢直尺测量，精确至1mm。裂纹以在3个方向上分别测得的最长裂纹作为测量结果。规定大面上宽度方向及其延伸至条面的长度不大于70mm（优等品）或110mm（合格品）；大面上长度方向及其延伸至顶面的长度或条顶面上水平裂纹的长度不大于100mm（优等品）或150mm（合格品）。

(3) 弯曲检验。

弯曲分别在大面和条面上测量，将砖用卡尺的两支脚沿边两端放置，择其弯曲最大处将垂直尺推至砖面，测出弯曲值，规定弯曲不大于2mm（优等品）或5mm（合格品）。

(4) 杂质凸出高度检验。

杂质在砖面上造成的凸出高度，以杂质距砖面的最大距离表示。测量时将砖用卡尺的两支脚置于凸出两边的砖平面上，以垂直尺测量出杂质凸出高度。规定砖的杂质凸出高度不大于2mm（优等品）或5mm（合格品）。

(5) 两条面高度差检验。

将砖用卡尺在两个条面中间处分别测量两个尺寸，求其差值。规定两条面高度差不大于2mm（优等品）或5mm（合格品）。

(6) 颜色检验。

抽砖样20块，条面朝上随机分两排并列，在自然光下距离砖面2m处目测外露的条顶面。规定优等品砖颜色应基本一致，而合格品无要求。

#### 4. 结果评定

根据《烧结普通砖》（GB/T 5101—1998）判定规则，尺寸偏差符合上述试验要求者，判尺寸偏差为优等品或合格品；强度等级符合规定，判为强度等级合格，否则判不合格，或者根据其抗压强度的平均值与标准值 $f_k$（$\delta \leqslant 0.21$ 时）或最小值 $f_{min}$（$\delta > 0.21$ 时）确定其相应的强度等级。

外观质量抽样方案与判定，抽取的50块样，检查出不合格品数 $d_1 \leqslant 7$ 时，外观质量合格；$d_1 \geqslant 11$ 时，外观质量不合格；若 $d_1 > 7$ 且 $d_1 < 11$ 时，需复检。再抽50块砖，检查出不合格品数为 $d_2$，若 $(d_1 + d_2) \leqslant 18$，外观质量合格；若 $(d_1 + d_2) \geqslant 19$ 时，外观质量判为不合格。

## 试验三　水泥试验

依据《水泥细度检验方法分析法》（GB/T 1345—2005）或《水泥胶砂强度检验方法（ISO法）》（GB/T 17671—1999）进行水泥物理性能和胶砂强度试验。水泥的试验结果必须满足《通用硅酸盐水泥》（GB 175—2007）或《水泥标准稠度用水量、凝结时间、安定性检验方法》（GB/T 1346—2001）中规定的质量指标。

1. 水泥试验的一般规定

(1) 取样方法，以同一水泥厂、同品种、同强度等级、同期到达的水泥进行取样和编号。一般以不超过 500t 为一个取样单位，取样应具有代表性、可连续性，可连续取，也可在 20 个以上不同部位抽取等量的样品，总量不少于 12kg。

(2) 取得的试样应充分拌匀，分成两份，其中一份密封保存 3 个月。试验前，将水泥通过 0.9mm 的方孔筛，并记录筛余百分率及筛余物情况。

(3) 试验用水必须是洁净的淡水。

(4) 试验室温度应为(20±2)℃，相对湿度应不低于 50%；养护箱温度为(20±1)℃，相对湿度应不低于 90%；养护池水温为(20±1)℃。

(5) 水泥试样、标准砂、拌合水及仪器用具的温度应与试验室温度相同。

2. 水泥细度检验

水泥细度检验分水筛法和负压筛法两种，如对两种方法检验结果有争议时，以负压筛法为准。硅酸盐水泥细度用比表面积表示。

1) 水筛法

(1) 主要仪器设备。

①水筛及筛座，水筛采用边长为 0.080mm 的方孔铜丝筛网制成，筛内径 125mm，高 80mm。

② 喷头，直径 55mm，面上均匀分布 90 个孔，孔径 0.5～0.7mm。头安装高度离筛网 35～75mm 为宜。

③ 天平(称量为 100g，感量为 0.05g)、烘箱等。

(2) 试验步骤。

① 称取已通过 0.9mm 方孔筛的试样 50g，倒入水筛内，立即用洁净的自来水冲至大部分细粉通过，再将筛子置于筛座上，用水压力为 0.03～0.07MPa 的喷头连续冲洗 3min。

② 将筛余物冲到筛的一边，用少量的水将其全部冲移至蒸发皿内，沉淀后将水倒出。

③ 将蒸发皿在烘箱中烘至恒重，称量试样的筛余量，精确至 0.1g。

(3) 结果计算。

将筛余量的质量乘以 2 即得筛余百分数，并以一次试验结果为检验结果。

2) 负压筛法

(1) 主要仪器设备。

① 负压筛。同样采用边长 0.080mm 的方孔铜丝筛网制成，并附有透明的筛盖，筛盖与筛口应有良好的密封性。

② 负压筛析仪。由筛座、负压源及收尘器组成。

(2) 试验步骤。

① 检查负压筛析仪系统，调压至 4 000～6 000Pa 范围内。

② 称取过筛的水泥试样 25g，置于洁净的负压筛中，盖上筛盖并放在筛座上。

③ 启动并连续筛析 2min，在此期间如有试样粘附于筛盖，可轻轻敲击使试样落下。

④ 筛毕取下，用天平称量筛余物的质量(g)，精确至0.1g。

(3) 结果计算。

以筛余量的质量克数乘以4，即得筛余百分数，并以一次检验所得结果作为鉴定结果。

3) 水泥比表面积测定

水泥比表面积测定原理是以一定量的空气，透过具有一定空隙率和一定厚度的压实粉层时所受阻力不同而进行测定的。并采用已知比表面积的标准物料对仪器进行校正。

(1) 主要仪器。

电动勃氏秀气比表面仪，分析天平(精确至0.01g)等。

(2) 试验步骤。

① 首先用已知密度、比表面积等参数的标准粉对仪器进行校正，用水银排代法测粉料层的体积，同时须进行漏气检查。

② 根据所测试样的密度和试料层体积等计算出试样量，称取烘干备用的水泥试样，制备粉料层。

③ 进行秀气试验，开动抽气泵，使比表面仪压力计中液面上升到一定高度，关闭旋塞和气泵，记录压力计中液面由指定高度下降至一定距离时的时间，同时记录试验温度。

(3) 结果计算。

当试验时温差≤3℃，且试样与标准粉具有相同的孔隙率时，水泥比表面积 $S$ 可按下式计算(精确至10cm²/g)：

$$S=\frac{S_s\rho_s\sqrt{T}}{\rho\sqrt{T}}(\mathrm{cm^2/g})$$

式中：$\rho$、$\rho_s$——分别为水泥与标准粉的密度，$\mathrm{g/cm^3}$；

$T$、$T_s$——分别为水泥试样与标准粉在透气试验中测得的时间，s；

$S_s$——标准粉的比表面积，$\mathrm{cm^2/g}$。

水泥比表面积应由二次试验结果的平均值确定，如两次试验结果差2%以上，应重新试验，并将结果换算成 $\mathrm{m^2/kg}$ 为单位。

### 3. 水泥标准稠度用水量测定

水泥标准稠度用水量可用调整水量和固定水量两种方法中的任一种测定，如有争议以调整水量法为准。其试验目的是为测定水泥凝结时间和安定性试验提供标准稠度用水量。

1) 主要仪器设备

(1) 水泥净浆搅拌机。由主机、搅拌机和搅拌锅组成，搅拌叶片以双转双速转动。

(2) 标准稠度测定仪。包括试锥与锥模(图13.5和图13.6)。滑动部分(滑竿、指针及试锥)的总质量为(300±2)g。

(3) 天平、铲子、小刀、量筒等。

2) 试验步骤

(1) 拌和时称取水泥试样500g，拌和用水量采用调整水量法时按经验找水，当采用固定水量法时，量水142.5mL。

(2) 用湿布将搅拌锅和搅拌叶片擦湿，将称好的水泥倒入锅内，将搅拌锅固定在搅拌机的锅座上，升至搅拌位置。

(3) 启动搅拌机进行搅拌，徐徐加入拌合水，慢拌120s，停15s，再快拌120s后自动停机。

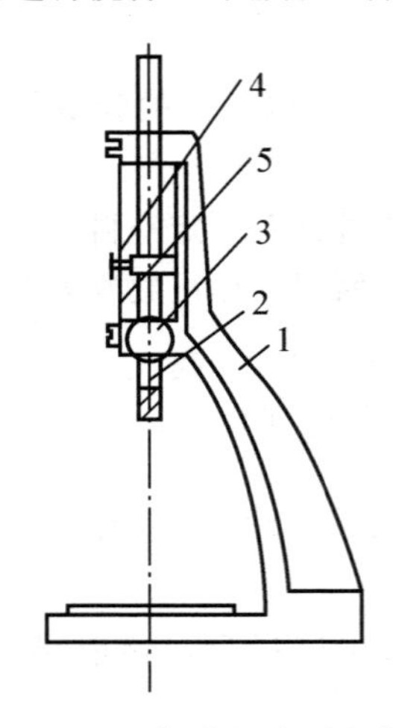


图 13.5　标准稠度测定仪

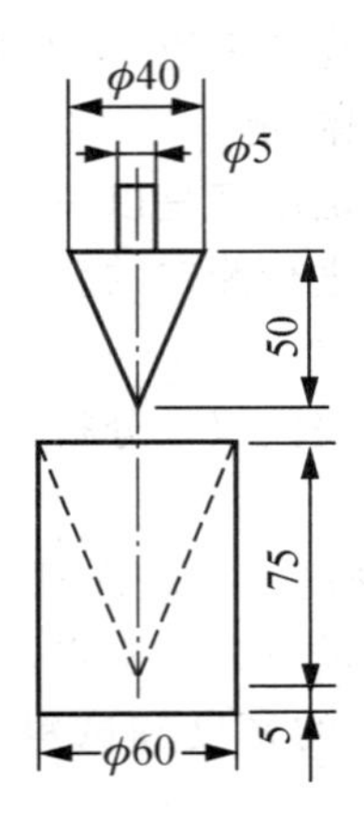


图 13.6　试锥和锥模

(4) 搅拌完毕后，立即将净浆一次装入锥模内，用小刀插捣并用手将其振动数次，使气泡排出并刮平，再放到试锥下面的固定位置上。将试锥降至净浆表面，拧紧螺丝，指针调至零点，然后突然放松螺丝，让试锥自由沉入浆体中，到试锥停止下沉时，记录下沉深度。

3) 试验结果

(1) 用调整水量法时，试锥下沉深度 $S$ 为(28±2)mm 范围内的净浆作为标准稠度用水量，若 $S$ 不在此范围内，应再减少或增加水量，直至测出的 $S$ 为(28±2)mm 为止。此时的用水量即为标准稠度用水量 $P$(%)。以拌合水量占水泥用量的百分比表示。

(2) 用固定水量法测定时，可从稠度仪标尺上直接读出标准稠度用水量，也可根据测定的试锥下沉深度 $S$(mm)，按下式计算出标准稠度用水量 $P$(%)：

$$P=33.4-0.185S$$

用固定用水量测出的标准稠度用水量，必要时可用调整水量法进行复验。当试锥下沉深度小于13mm时，应改用调整水量法测定。

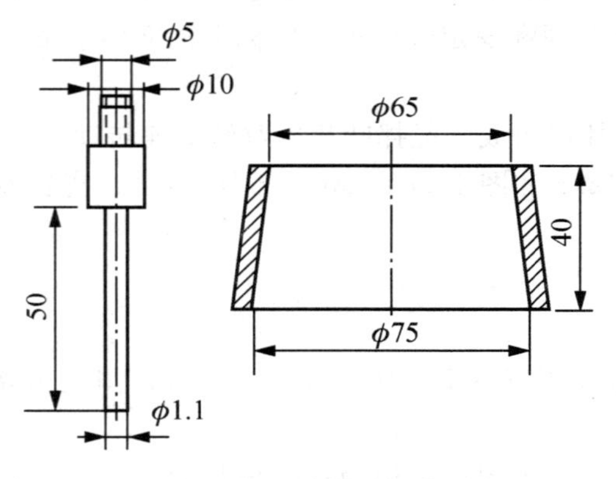


图 13.7　试针及圆模

4. 水泥净浆凝结时间测定

1) 主要仪器

(1) 凝结时间测定仪同标准稠度测定仪，但试锥换成试针，锥模换成圆模(图13.7)。

(2) 其他仪器设备同标准稠度测定。

2) 试验步骤

(1) 称取水泥试样500g，按标准稠度用水量制备标准稠度的水泥净浆，并立即一次装入圆模，用手振动数次后刮平，然后放入标准养护箱内，同时记录开始加水的时刻。

（2）初凝时刻测定。先调整测定仪。使试针接触圆模底面，将指针调至标尺最下面的刻度作为零点。测定时从养护箱中取出试件放到试针下，调至试针正好与浆体表面接触，拧紧螺丝再突然放松，让300g重的试针自由插入浆体中，到试针停止下沉时记录指针刻度数。

为防止撞弯试针，在最初测定时，应轻扶试针滑竿，使之徐徐下降。但当测定初凝时刻时，仍须以自由下沉时记录指针刻度数。

（3）时刻测定。每次将试针调至浆体表面，同时将指针调至标尺最上面的刻度线作为零点。同样突然放松，试针自由插入浆体中，观察指针读数。

（4）水起30min后进行第一次测定，以后每隔一定时间测一次；临近初凝时，每隔5min测一次，临近终凝时每隔15min测一次，到达初凝和终凝时应立即重复测一次。每次测定不得让试针落入原孔内，每次测定后，均须将圆模放回养护箱内，并将试针擦净，圆模试件不得振动。

3）试验结果

（1）自加水时刻起，至试针插入净浆中距底板2～3mm时所经过的时间为初凝时间；至试针插入净浆中不超过1～0.5mm时所经过的时间为终凝时间。

（2）初凝时间与终凝时间均用h－min(小时-分)表示。

5. 水泥安定性试验

用沸煮法鉴定游离氧化钙对水泥安定性的影响。安定性试验分试饼法和雷氏法两种，有争议时以雷氏法为准。

1）主要仪器设备

（1）沸煮箱。有效容积为410mm×240mm×310mm，分为内高篦板及加热器两种。能在(30±5)min内将一定量的水由20℃升至沸腾，并保持恒沸3h。

（2）雷氏夹。铜质材料制成，形状如图13.8所示，当用300g砝码校正时，两根针的针尖距离增加应在(17.5±2.5)mm范围内，如图13.9所示。

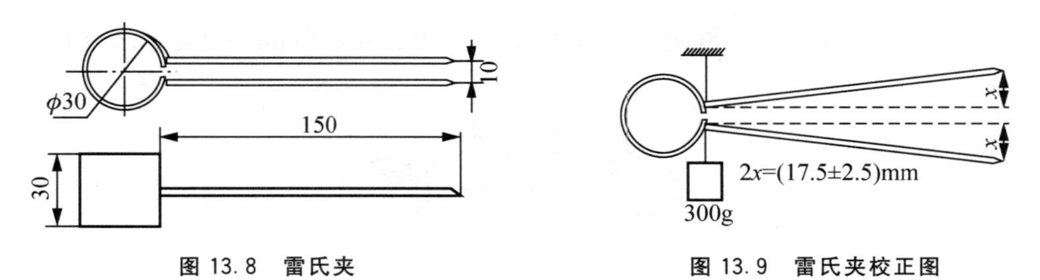


图13.8 雷氏夹　　图13.9 雷氏夹校正图

（3）雷氏夹膨胀测定仪。标尺最小刻度为1mm。

（4）净浆搅拌机、天平、标准养护箱、小刀等。

2）试验步骤

（1）试饼法。

① 将制备好的标准稠度的水泥净浆取出约150g，分成两等份，使之呈球形，放在已涂油的玻璃板上，用手轻振玻璃板使水泥浆摊开，并用小刀由边缘向中央抹动，做成直径70～80mm、中心厚约10mm、边缘渐薄、表面光滑的试饼，放入标准养护箱内标养(24±2)h。

② 除去玻璃板并编号，先检查试饼，在无缺陷的情况下放于沸煮的篦板上，调好水位与水温，接通电源，在(30±5)min内加热至沸并恒沸3h±5min。

③ 沸煮结束后放掉热水，冷却至室温，用目测未发现裂纹，用直尺检查平面无弯曲现象时为安定性合格，反之为不合格。当两个试饼判别结果有矛盾时，也判为不合格。

(2) 雷氏法。

① 每个雷氏夹应配备质量为75～80g玻璃板两块，一垫一盖，每组成型两个试件，先将雷氏夹与玻璃板表面涂一薄层机油。

② 将制备好的标准稠度的水泥浆装雷氏夹圆模，并轻扶雷氏夹，用小刀插捣15次左右后抹平，并盖上涂油的玻璃板。随即将成型好的试模移至标养箱内，养护(24±2)h。

③ 除去玻璃板，测量雷氏夹指针尖端间的距离($A$)，精确至0.5mm，接着将试件放在沸煮箱内水中篦板上，针尖朝上，与试饼法相同的方法沸煮。

④ 取出煮沸后冷却至室温的试件，用膨胀值测定仪测量试件雷氏夹指针两针尖之间的距离($C$)，计算膨胀值($C$—$A$)，取两个试件膨胀值的算术平均值，若不大于5mm，则判定该水泥安定合格。若两块膨胀值相差超过4mm时，应用同种水泥重做试验。

6. 水泥胶砂强度试验

1) 主要仪器设备

(1) 行星式胶砂搅拌机(JC/T 681—2005)，由胶砂搅拌锅和搅拌叶片相应的机构组成，搅拌叶片呈扇形，工作时搅拌叶片既绕自身轴线自转又沿搅拌锅周边公转，并且具有高低两种速度，自转低速时为(140±5)r/min，高速时为(285±10)r/min；公转低速时为(62±5)r/min；高速时为(125±10)r/min。叶片与锅底、锅壁的工作间隙为(3±1)mm。

(2) 胶砂试件成型振实台(ISO679)。由可以跳动的台盘和使其跳动的凸轮等组成，振实台振幅(15±0.3)mm，振动频率60次/(60±2)s。

(3) 胶砂振动台。可作为实台的代用设备，其振幅为(0.75±0.02)mm。频率为2 800～3 000次/min。台面装有卡具。

(4) 试模。可装拆的三联模，模内腔尺寸为40mm×40mm×160mm，如图13.10所示。

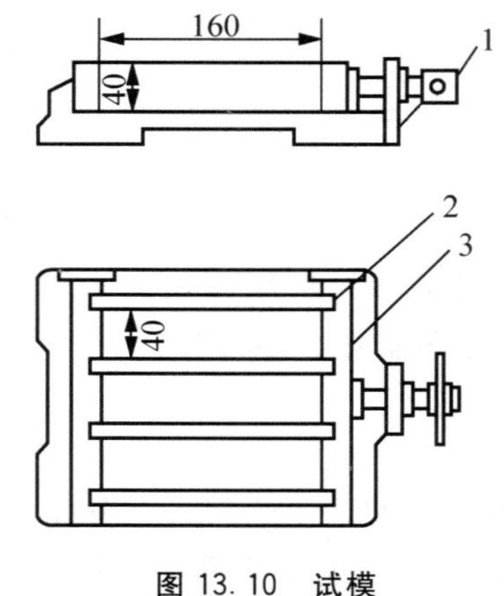


图13.10 试模

1—隔板；2—端板；3—底座

(5) 下料漏斗。下料口宽为4～5mm；两个播料器和一个刮平直尺。

(6) 水泥电动抗折试验机。游铊移动速度为5cm/min。

(7) 压力试验机与抗压夹具。压力机最大荷载以200～300kN为宜，误差不大于±1%，并有按(2.4±0.5)kN/s速率加荷功能，抗压夹具由硬钢制成，加压板受压面积为40mm×40mm，加压面必须磨平。

2) 胶砂制备与试件成型

(1) 将试模擦净、模板四周与底座的接触面上应涂黄油、紧密装配、防止漏浆。内壁均匀刷一薄层机油。

(2) 标准砂应符合《水泥胶砂强度检验方法(ISO法)》(GB/T 17671—1999)的质量要求。试验采用灰砂比为1∶3，水灰比0.50。

(3) 每成型3条试件需称量水泥450g、标准砂1 350g、水225mL。

(4) 胶砂搅拌。用水泥胶砂搅拌机进行，先把水加入锅内，再加入水泥，把锅放在固定器上，上升至固定位置然后立即开动机器，低速搅拌30s后，在第二个30s开始的同时均匀地将砂加入(一般是先粗后细)，再高速搅拌30s后，停拌90s，在第一个15s内用一胶皮刮具将叶片和锅壁上的胶砂刮入锅中间，在调整下继续搅拌60s。各个搅拌阶段，时间误差应在±1s以内。

(5) 试件在振实台成型时，将空试模和套模固定在振实台上，用勺子直接从搅拌锅内将胶砂分两层装模。装第一层时，每个槽里约放入300g胶砂，并用小播料器播平，接着振动60次，再装入第二层胶砂，用小播料器播平，再振动60s。移走套模，从振实台上取下试模，用一金属尺近似90°的角度架在试模模顶的一端，沿试模长度方向以横向锯锯割动作慢慢向另一端移动，一次将超过试模部分的胶砂刮去，并用同一直尺以近乎水平的情况下将试件表面抹平。

3) 试件养护

(1) 将成型好的试件连模放入标准养护箱(室)内养护，在温度为(20±1)℃、相对湿度不低于90%的长期保持下养护20～24h之间脱模(对于龄期为24h的应在破型试验前20min内脱模)。

(2) 将试件从养护箱(室)中取出，用墨笔编号，编号时应将每只模中3条试件编在两龄期内，同时编上成型与测试日期。然后脱膜，脱膜时应防止损伤试件。硬化较慢的水泥允许24h以后脱模，但须记录脱模时间。

(3) 试件脱模后立即水平或竖直放入水槽中养护，养护水温为(20±1)℃，水平放置时刮平面应朝上，试件之间留有间隙，水面至少高出试件5mm。最初用自来水装满水池，并随时加水以保持恒定水位，不允许在养护期间全部换水。

4) 水泥抗折强度试验

(1) 各龄期的试件，必须在规定的时间(20±15)min、(48±30)min、(72±45)min、7d±2h、28d±8h内进行强度测试，于试验前15min从水中取出3条试件。

(2) 测试前须先擦去试件表面的水分和砂粒，清除夹具上圆柱表面粘着的杂物，然后将试件安放到抗折夹具内，应使试件侧面与圆柱接触。

(3) 调节抗折仪零点与平衡，开动电机以(50±10)N/s速度加荷，直至试件折断，记录抗折破坏荷载$F$(N)。

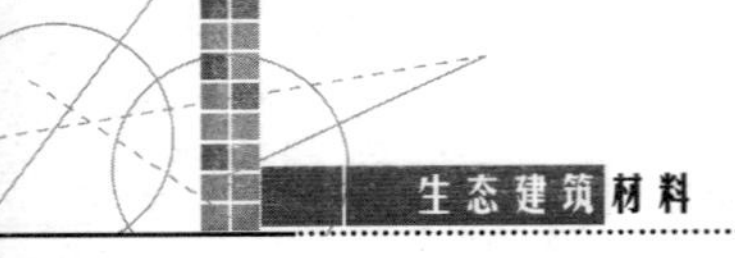


(4) 按下式计算抗折强度 $f_f$(精确至 0.1MPa)：

$$f_f=\frac{3F_fL}{2bh^2}$$

式中：$L$——抗折支撑圆柱中心距，$L=100$mm；

$b$、$h$——分别为试件的宽度和高度，均为 40mm。

(5) 抗折强度结果取 3 块试件的平均值。当 3 块试件中有一块超过平均值的±10%时，应予剔除，取其余两块的平均值作为抗折强度试验结果。

5) 水泥抗压强度试验

(1) 抗折试验后的 6 个断块试件应保持潮湿的状态，并立即进行抗压试验，抗压试验须用抗压夹具进行。清除试件受压面与加压板的砂粒杂物，以试件侧面作受压面，并将夹具置于压力机承压板中央。

(2) 开动试验机，以(2.4±0.2)kN/s 的速度进行加荷，直至试件破坏。记录最大抗压破坏荷载 $F_c$(N)。

(3) 按下式计算抗压强度 $f_c$(精确至 0.1MPa)：

$$f_c=\frac{F_c}{A}$$

式中：$A$——试件的受压面积，即 40mm×40mm=1600mm$^2$。

(4) 6 个抗压强度试验结果中，有一个超过 6 个算术平均值的±10%时，剔除最大超过值，以其余 5 个的算术平均值作为抗压强度试验结果，如 5 个测定值中再有超过它们平均数±10%时，则此组结果作废。

7. 水泥试验结果测定

1) 水泥的物理性能评定

《通用硅酸盐水泥》(GB175—2007)规定：硅酸盐水泥初凝时间不小于 45 min，终凝时间不大于 390 min。普通水泥初凝时间不小于 45 min，终凝时间不大于 600 min。

2) 水泥强度等级评定

按照 GB 175—2007 规定的强度指标，各类型、各强度等级水泥的各龄期强度不得低于标准规定值。由此根据试验结果评定出所试验水泥的强度等级。

## 试验四　普通混凝土用砂、石试验

根据《建筑用砂》(GB/T 14684—2001)和《建筑用卵石、碎石》(GB/T 14685—2001)对混凝土用砂、石进行试验，评定其质量，并为混凝土配合比设计提供原材料参数。

1. 取样方法与检验规则

1) 砂、石的取样

同一品种、同一规格的砂(或石子)，年产量为 $10\times10^5$t 以上者，500t 为一批；年产量为 $10\times10^5$t 以下者，300t 为一批；不足 500t(或 300t)也作为一批。取样部位应不少于 8 处，其总试样量应多于试验用量的一倍。在皮带运输机上抽样时，可在通往料仓或料堆的皮带运输机的整个宽度上，在一定的时间间隔内抽取，在料堆抽样时，可从料堆自上而下、不同方向均匀选取 9 点抽取试样。

2）四分法缩取试样

将取回的砂(或石子)试样拌匀后摊成厚度约 20mm 的圆饼(砂)或圆锥体(石子)，在其上划十字线，分成大致相等的四份，除去其对角线的两份按同样的方法再持续进行，直至缩分后的材料量略多于试验所需的数量为止。

3）检验规则

砂石检验项目主要有颗粒级配、表观密度、堆积密度与空隙率、泥含量及粘土块含量、砂的云母含量与石子的针片状颗粒含量等。经检验后，其结果符合标准规定的优等品、一等品、合格品相应的技术指标的，可判为相应等级，若其中有一项不符合，则应再次从同一批样品中抽样并对该项进行复验，复验仍不符合该等级技术指标，则该项目的实测等级即为产品的等级。

2. 砂的筛分析试验

1）主要仪器设备

(1) 砂筛。孔径为 0.160mm、0.315mm、0.630mm、1.25mm 的方孔筛和孔径为 2.50mm、5.00mm、10.0mm 的圆孔筛，并附有筛底和筛盖。

(2) 物理天平(称量 1kg，感量 1g)、烘箱、浅盘、毛刷等。

(3) 摇筛机。电动振动筛、振幅(0.5±0.1)mm、频率(50±3)Hz。

2）试验步骤

(1) 试样先用孔径为 10.0mm 筛筛除大于 10mm 的颗粒(算出其筛余百分率)，然后用四分法缩分至每份不少于 550g 的试样两份，放在烘箱中于(105±5)℃烘至恒重，冷却至室温待用。

(2) 准确称取试样 500g。将筛子按筛孔由大到小叠合起来，附上筛底。将砂条倒入最上层(孔径为 5mm)筛中。

(3) 将整套砂筛置于摇筛机上并固紧，摇筛 10min；也可用手筛，但时间不少于 10min。

(4) 将整套筛自摇筛机上取下，逐个在清洁的浅盘中进行手筛，筛至每分钟通过量小于试样总量的 0.1%为止。通过的砂粒并入下一号筛中，并和下一号筛中的试样一起过筛，按此顺序进行，直至各号筛全部筛完为止。

(5) 称取各号筛上的筛余量。试样在各号筛上的筛余量不得超过 200g，超过时应将该筛余试样分成两份，再进行筛分，并以两次筛余量之和作为该号筛的筛余量。

3）结果计算与评定

(1) 计算分计筛余百分率。各号筛上筛余量除以试样总质量(精确至 0.1%)。

(2) 计算累计筛余百分率。每号筛径大于和等于该筛孔径的各筛上的分计筛余百分率之和(精确至 0.1%)，并绘制砂的筛分曲线。

(3) 根据各筛的累计筛余百分率，按照标准规定的级配区范围，评定该砂试样的颗粒级配是否合格。

(4) 按下式计算砂的细度模数 $M_x$(精确至 0.1)：

$$M_x=\frac{(A_2+A_3+A_4+A_5+A_6)-5A_1}{100-A_1}$$

式中：$A_1$、$A_2 \cdots A_6$——分别为 5.00mm、2.50mm、…、0.160mm 孔筛上的累计筛余百分率。

(5) 取两次试验测定值的算术平均值作为试验结果。筛分后如果每号筛余量与底盘上的筛余量之和，同原试样量相差超过1%时，须重做试验。

(6) 砂按细度模数($M_x$)分为粗、中、细和特细4种规格，由所测细度模数按规定评定该砂样的粗细程度。

3. 砂的表观密度测定

1) 主要仪器

天平(称量1 000g，感量1g)、容量瓶(500mL)、烘箱、干燥器、料勺、烧杯、温度计等。

2) 试验步骤

(1) 称取烘干试样300g($m_0$)，装入盛有半瓶冷开水的容量瓶中，摇动容量瓶，使试样充分搅动以排除气泡。塞紧瓶塞，静置24h。

(2) 打开瓶塞，用滴管添水使水面与瓶颈500mL刻线平齐。塞紧瓶塞，擦干瓶外水分，称其质量$m_1$(g)。

(3) 倒出瓶中的水和试样，清洗瓶内处，再装入与上项水温相差不超过2℃的冷开水至瓶颈500mL刻度线。塞紧瓶塞，擦干瓶外水分，称其质量$m_2$(g)。

3) 结果计算

(1) 按下式计算砂的表观密度(精确至0.01g/cm³)：

$$\rho_0=\frac{m_0}{m_0+m_2-m_1}\times\rho_w$$

式中：$\rho_w$——水的密度，取1g/cm³。

(2) 砂的表观密度以两次试验结果的算术平均值作为测定值，如两次结果之差大于0.02g/cm³时，应重新取样进行试验。

4. 砂的堆积密度与空隙率测定

1) 主要仪器

(1) 案秤(称量5kg，感量5g)、烘箱、漏斗或料勺、直尺、浅盘等。

(2) 容量筒。金属圆柱形，容积1L，内径108mm，净高109mm，筒壁厚2mm。

2) 试验步骤

(1) 将经过缩分烘干后的砂试样用5mm孔径的筛子过筛，然后分成大致相等的两份，每份约1.5L。

(2) 先称容量筒质量$m_1$(kg)，将容量筒置于浅盘内的下料斗下面，使下料斗正对中心，下料斗口距筒口50mm(图13.11)。

(3) 用料勺将试样装入下料斗，并徐徐落入容量筒中直至试样装满并超出筒口为止。用直尺沿筒口中心线向两个相反方向将筒上部多余的砂样刮去，称出容量筒连同砂样的总质量$m_2$(kg)。

(4) 容量筒容积校正。以(20±5)℃的饮用水装满容量筒，用玻璃板沿筒口滑移，使其紧贴水面盖往容量筒，擦干筒外壁水分，然后称质量 $m_2$(kg)，倒出水并称出擦干后的容量筒和玻璃板总质量 $m_1$(kg)，按下式计算其容积 $V_0'$(L)：

$$V_0' = m_2 - m_1$$

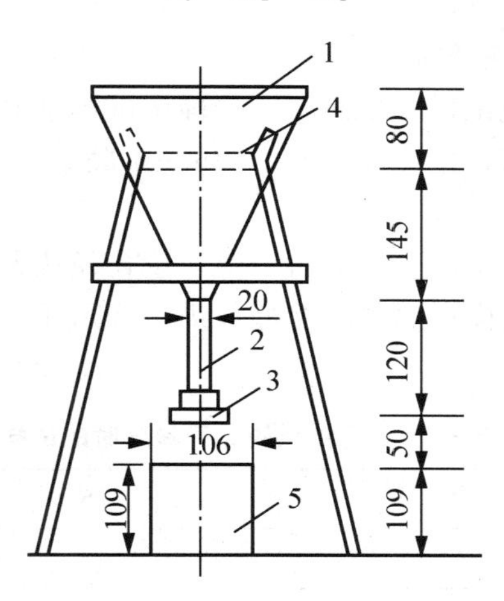


**图 13.11　砂堆税密度试验装置**

1—漏斗；2—$\phi$20 管子；3—活动门；4—筛子；5—容量筒

3）结果计算与评定

(1) 砂的堆积密度 $\rho_0'$按下式计算(精确至 10kg/cm³)：

$$\rho_0 = \frac{m_2 - m_1}{V_0'} \times 1\ 000 (\text{kg/cm}^3)$$

(2) 砂的空隙率 $P_0'$按下式计算(精确至 1%)：

$$P_0 = (1 - \frac{\rho_0}{\rho_0 \times 1000}) \times 100(\%)$$

(3) 取两次试验的算术平均值作为试验结果，并评定该试样的表观密度、堆积密度与空隙率是否满足标准规定值。

### 5. 砂的含水率测定

1）主要仪器设备

天平(称量 1kg，感量 1g)、烘箱、浅盘等。

2）试验步骤

(1) 取缩分后的试样一份约 500g，装入已称质量为 $m_1$浅盘中，称出试样连同浅盘的总质量 $m_2$(g)。然后摊开试样置于温度为(105±5)℃的烘箱中烘至恒重。

(2) 称量烘干后的砂试样与浅盘的总质量 $m_3$(g)。

3）结果计算

(1) 按下式计算砂的含水率 $W$(精确至 0.1%)：

$$W = \frac{m_2 - m_3}{m_3 - m_1} \times 100(\%)$$

(2) 以两次试验结果的算术平均值作为测定结果。通常也可采用炒干法代替烘干法测定砂的含水率。

### 6. 石子筛分析试验

1）主要仪器设备

（1）石子套筛。孔径为 2.50、5.00、10.0、16.0、20.0、25.0、31.5、40.0、50.0、63.0、80.0(mm)，并附有筛底和筛盖。

（2）天平及案秤。称量随试样质量而定，精确至试样重的 0.1%。

（3）摇筛机，电动振动筛，振幅(0.5±0.1)mm，频率(50±3)Hz。

2）试验步骤

（1）按试样粒级要求选取不同孔径的石子筛，按孔径从大到小叠合，并附上筛底。

（2）按表 13-1 规定的试样量称取经缩分并烘干或风干的石子试样一份，倒入最上层筛中并加盖，然后进行筛分。

表 13-1　不同粒径的石子筛分时的试样量

| 石子最大粒径/mm | 10 | 16 | 20 | 25 | 31.5 | 40 | 63 | 80 |
|---|---|---|---|---|---|---|---|---|
| 每份试样量/kg | 2 | 4 | 4 | 10 | 10 | 15 | 20 | 30 |

（3）将套筛置于摇筛机紧固并筛分，摇筛 10min，取下套筛，按孔径大小顺序逐个再用手筛，筛至每分钟通过小于试样总量的 1%为止。通过的颗粒并入下一号筛中，并和下一号筛中的试样一起过筛，如此顺序进行，直至各号筛全部筛完为止。

（4）称取各筛筛余的质量，精确至试样总质量的 0.1%。

3）结果计算与评定

（1）计算石子分计筛余百分率和累计筛余百分率，方法同砂筛分析。

（2）根据各筛的累计筛余百分率，按照标准规定的组配范围，评定该石子的颗粒级配是否合格。

（3）根据公称粒级确定石子的最大粒径。

### 7. 石子的表观密度试验（简易方法）

1）主要仪器

天平(称量 5kg，感量 1g)、广口瓶(1 000mL，磨口，并带玻璃片)、试验筛(孔径为 5mm)、烘干箱、毛巾、刷子等。

2）试验步骤

（1）将石子试样筛去 5mm 以下颗粒，用四分法缩分至不少于 2kg，然后洗净后分成两份备用。

（2）取石子试样一份，浸水饱和后装入广口瓶中，装试样时广口瓶应倾斜放置。注入饮用水，用玻璃片覆盖瓶口，以上下左右摇晃、排尽气泡。

（3）气泡排尽后，再向瓶中注水饮用水至水面凸出瓶口边缘，然后用玻璃盖板沿瓶口紧贴水面迅速滑移并盖好，擦干瓶外水分，称出试样、水、瓶和玻璃盖板的总质量 $m_1$(g)。

（4）将瓶中的试样倒入浅盘中，放在(105±5)℃的烘箱中烘至恒重，取出后放在带盖的容器中冷却至室温，再称其质量 $m_0$(g)。

（5）将瓶洗净注入饮用水，用玻璃板贴紧瓶口滑行盖好，擦干瓶外水分后称量 $m_2$(g)。

3）结果计算

（1）按下式计算出石子的表观密度 $\rho_0$（精确至 0.01g/cm³）：

$$\rho_0=\frac{m_0}{m_0+m_2-m_1}\times\rho_w(\text{g/cm}^3)$$

（2）以两次试验结果的算术平均值作为测定值，两次结果之差应小于 0.02g/cm³，否则应重新取样进行试验。

8. 石子堆积密度与空隙率试验

1）主要仪器设备

（1）台称（称量 50kg，感量 50g）、烘箱、平口铁锹等。

（2）容量筒。容积为 10L（$d_{max}\leqslant$25mm）或 20L（$d_{max}$为 31.5mm 或 40.0mm）或 30L（$d_{max}$为 63.0mm 或 80.0mm）。

2）试验步骤

（1）用四分法缩取石子试样，视不同最大粒径称取 40kg 或 120kg 试样摊在清洁的地面上风干或烘干，拌匀后备用。

（2）取试样一份，用平口铁锹铲起石子试样，使之自由落入容量筒内。此时锹口距筒口的距离应为 50mm 左右。装满容量筒后除去高出筒口表面的颗粒，并以合适的颗粒填入凹陷部分，使表面凸起部分和凹陷部分的体积大致相等，称出试样与容量筒的总质量 $m_2$（kg）。

（3）称出容量筒质量 $m_1$（g）。

（4）容量筒容积校正。将容量筒装满（20±5）℃的饮用水，称水与筒的总质量 $m_2$（kg），则容量筒容积：

$$V_0=(m_2'-m_1)/\rho_w(\text{L})$$

3）结果计算与评定

（1）按下式计算出石子的堆积密度 $\rho_0'$（精确至 10kg/m³）：

$$\rho_0'=\frac{m_2-m_1}{V_0}\times 1\,000(\text{kg/m}^3)$$

（2）按下式计算石子的空隙率 $P_0'$（精确至 1%）：

$$P_0'=(1-\frac{\rho_0'}{\rho_0}\times 1\,000)\times 100(\%)$$

（3）取两次试验的算术平均值作为试验结果，并评定该石子试样的表观密度、堆积密度与空隙率是否满足标准规定值。

## 试验五　普通混凝土配合比试验

1. 混凝土试验拌和方法

1）一般规定

（1）拌制混凝土的原材料应符合技术要求，并与实际施工材料相同，在拌和前，材料的温度应与室温相同，宜保持在（20±5）℃，水泥如有结块，应用 64 孔/cm² 筛过筛后方可使用。

(2) 配料时以质量计，称量精度要求砂、石为±0.5%，水、水泥及外加剂为±0.3%。

(3) 砂、石骨料质量以干燥状态为基准。

2) 主要仪器设备

(1) 混凝土搅拌机。容量50～100L，转速18～22r/min。

(2) 台秤。称量50kg，感量50g。

(3) 其他用具，量筒(500mL、100mL)、天平、拌铲与拌板等。

3) 拌和步骤

(1) 人工拌和。

① 按所定配合比称取各材料用量。

② 将拌板和拌铲用湿布润湿后，把称好的砂倒在铁拌板上，然后加水泥，用铲自拌板一端翻拌至另一端，如此重复，颜色均匀，再加入石子翻拌混合均匀。

③ 将干混合料堆成堆，在中间作一凹槽，将已称量好的水倒一半左右在凹槽中，仔细翻拌，注意勿使水流出。然后再加入剩余的水，继续翻拌，其间每翻拌一次，用拌铲在拌和物上铲切一次，直至拌和均匀为止。

④ 拌和时力求动作敏捷，拌和时间自加水时算起，应符合标准规定，拌合物体积为30L时拌4～5min，30～50L时拌5～9min，51～75L时拌9～12min。

(2) 机械搅拌。

① 按给定的配合比称取各材料用量。

② 用按配合比称量的水泥、砂、水及少量石子在搅拌机中预拌一次，使水泥砂浆部分粘附搅拌机的内壁及叶片上，并刮去多余砂浆，以避免影响正式搅拌时的配合比。

③ 依次向搅拌机内加入石子、砂和水泥，开动搅拌机干拌均匀后，再将水徐徐加入，输部加料时间不超过2min，加完水后再继续搅拌2min。

④ 将拌合物自搅拌机卸出，倾倒在铁板上，再经人工拌和2～3次，即可做拌合物的各项性能试验或成型试件。从开始加水起，全部操作必须在30min内完成。

### 2. 混凝土拌合物稠度试验

该试验分坍落度法和维勃稠度法两种，前者适用于坍落度值不小于10mm的塑性和流动性混凝土拌合物的稠度测定，后者适用于维勃稠度在5～30s之间的干硬性混凝土拌合物的稠度测定。要求骨料最大料径均不得大于40mm。

1) 坍落度测定

(1) 主要仪器设备。

① 坍落度筒。截头圆锥形，由薄钢板或其他金属板制成，形状和尺寸如图13.12所示。

② 捣棒(端部应磨圆)。装料漏斗、小铁铲、钢直尺、镘刀等。

(2) 试验步骤。

① 首先用湿布润湿坍落度筒及其他用具，将坍落度筒置于铁板上，漏斗置于坍落度筒顶部并用双脚踩紧踏板。

② 用铁铲将拌好的混凝土拌合料分三层装入筒内，每层高度约为筒高的1/3。每层用

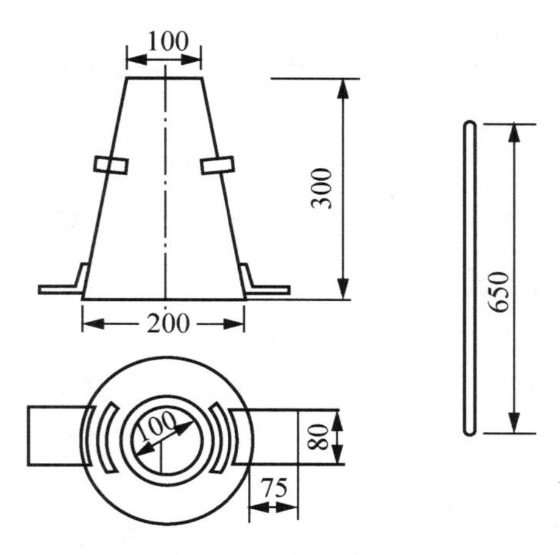


图 13.12 坍落度筒及捣棒

捣棒沿螺旋方向由边缘向中心插捣 25 次。插捣底层时应贯穿整个深度，插捣其他两层时捣棒应插至下一层的表面。

③ 插捣完毕后，除去漏斗，用镘刀括去多余拌合物并抹平，清除筒四周拌合物，在5～10s内垂直平稳地提起坍落度筒。随即量测筒高与坍落后的混凝土试体最高点之间的高度差，即为混凝土拌合物的坍落度值。

④ 从开始装料坍落度筒提起整个过程应在 150s 内完成。当坍落度筒提起后，混凝土试体发生崩坍或一边剪坏现象，则应重新取样测定坍落度，如第二次仍出现在这种现象，则表示该拌合物和易性不好。

⑤ 在测定坍落度过程中，应注意观察粘聚性与保水性。

(3) 试验结果。

① 稠度。以坍落度表示，单位 mm，精确至 5mm。

② 粘聚性。以捣棒轻敲混凝土锥体侧面，如锥体逐渐下沉，表示粘聚性良好；如锥体倒坍、崩裂或离析，表示粘聚性不好。

③ 保水性。提起坍落度筒后如底部有较多稀浆析出，骨料外露，表示保水性不好；如无稀浆或少量稀浆析出，表示保水性良好。

2) 维勃稠度测定

(1) 主要仪器设备。

① 维勃稠度仪。其振动频率为(50±3)Hz，装有空容器时台面振幅应为(0.5±0.1)mm。

② 秒表，其他仪器同坍落度试验。

(2) 试验步骤。

① 将维勃稠度仪放置在坚实水平的基面上。用湿布将容器、坍落度筒、喂料斗内壁及其他用具擦湿。就位后将测杆、喂料斗和容器调整在同一轴线上，然后拧紧固定螺丝。

② 将混凝土拌合料经喂料斗分三层装入坍落度筒，装捣实方法同坍落度试验。

③ 将喂料斗转离，垂直平稳地提起坍落度筒，应注意不使混凝土试体产生横向扭动。

④ 将圆盘转到混凝土试体上方，放松测杆螺丝，降下透明圆盘，使其轻轻接触到混

凝土试体顶面，拧紧定位螺丝。

⑤ 开启振动台，同时用钞表计时，当振动至透明圆盘的底面被水泥布满的瞬间关闭振动台，并停表计时。

(3) 试验结果。

由钞表读出的时间(s)即为该混凝土拌合物的维勃稠度值。

### 3. 混凝土拌合物表观密度试验

1) 主要仪器设备

(1) 容量筒。对于最大粒径不大于 40mm 的骨料，容量筒为 5L；当粒径大于 40mm 时，容量筒内径与高均应大于骨料最大粒径 4 倍。

(2) 台秤。称量 50kg，感量 50g。

(3) 振动台。频率为(3 000±200)次/min，空载振幅为(0.5±0.1)mm。

2) 试验步骤

(1) 润湿容量筒。称其质量 $m_1$(kg)，精确至 50g。

(2) 将配制好的混凝土拌合料装入容量筒并使其密实。当拌合料坍落度不大于 70mm 时，可用振动台振实，大于 70mm 用捣棒捣实。

(3) 用振动台振实时，将拌合料一次装满，振动时随时准备添料，振到表面出现水泥浆，没有气泡向上冒为止。用捣棒捣实时，混凝土分两层装入，每层插捣 25 次(对 5L 容量筒)，每一层插捣完后可把捣棒垫在筒底，用双手扶筒左右交替颠击 154 次，使拌合料布满插孔。

(4) 用镘刀将多余料浆刮去并抹平，擦净筒外壁，称出拌合料与筒的总质量 $m_2$(kg)。

3) 结果计算

按下式计算混凝土拌合物的表观密度 $\rho_{oc测}$(精确至 10kg/m³)：

$$\rho_{oc}=\frac{m_2-m_1}{V_0}\times 1000(10\text{kg/m}^3)$$

式中：$V_0$——容量筒体积，L，可按试验四中的方法校正。

### 4. 混凝土配合比的试配与确定

1) 混凝土配合比试配

(1) 按混凝土计算配合比确定各材料用量 $C_0$、$S_0$、$G_0$ 及 $W_0$ 等进行称量，然后进行拌和及稠度试验，以检定拌合物的性能。

(2) 和易性调整。若配制的混凝土拌合物坍落度(或维勃稠度)不能满足要求，或粘聚性和保水性不好时，应进行和易性调整。

当坍落度过小时，须在 $W/C$ 不变的前提下分次掺入备用的 5%或 10%的水泥浆，至符合要求为止；当坍落度过大时，可保持砂率不变，酌情增加砂和石子；当粘聚性、保水性不好时，可适当改变砂率。调整中应尽快拌和均匀后重做稠度试验，直到符合要求为止，从而得出检验混凝土用的基准配合比。

(3) 以混凝土基准配合比中的基准确 $W/C$ 和基准 $W/C\pm0.05$，配制三组不同的配合比，其用水量不变，砂率可增加或减少 1%。制备好拌合物，应先检验混凝土的稠度、粘聚性、保水性及拌合物的表面密度，然后每种配合比制作一组(3 块)试件，标养 28d 试压。

2）混凝土配合比设计值的确定

（1）根据试验所得到的不同 $W/C$ 的混凝土强度，用作图或计算求出与配制强度相对应的灰水比值，并初步求出每立方米混凝土的材料用量。

用水量($W$)，取基准配合比中的用水量值，并根据制作强度试件时测得的坍落度(或维勃稠度)值，加以适当调整。

水泥用量($C$)，取用水量乘以经试验定出的、为达到配制强度所必需的 $C/W$。

粗、细骨料用量($G$ 与 $S$)，取基准配合比中粗、细骨料用量，并作适当调整。

（2）配合比表观密度校正。混凝土计算表观密度为 $\rho_{co计}=W+C+S+G$，实测表观密度为 $\rho_{oc}$，则校正系数为

$$\delta=\rho_{oc}/\rho_{co计}$$

当表观密度的实测值与计算值之差不超过计算值的2%时，不必校正，则上述确定的配合比即为配合比的设计值。当二者差值超过2%时，则须将配合比中每项材料用量均乘以校正系数 $\delta$，即为最终写出的混凝土配合比设计值。

## 试验六　建筑砂浆试验

根据JGJ 70—1990标准，建筑砂浆试验包括稠度、表观密度、分层度、凝结时间、抗压强度、静压弹性模量、抗冻性及收缩等试验，本试验主要做稠度、分层度和抗压强度试验。

### 1. 砂浆拌合物取样及试样拌和

（1）建筑砂浆试验用料应根据不同要求，可从同一盘搅拌或同一车运送的砂浆中取出。试验室取样时，可以从拌和的砂浆中取出，所取试样数量应多于试验用料的1～2倍。

（2）试验室拌制砂浆进行试验时，试验材料应与现场用料一致，并提前运入室内，使砂风干；拌和时，室温应为(20±0.5)℃；水泥若有结块应充分混合均匀，并通过孔径为0.9mm的筛。砂应采用孔径为5mm的筛过筛。材料称量精度要求水泥、外加剂等为±0.5%，砂、石灰膏等为±1%。

（3）砂浆的拌和

在建筑工程中，大量应混合砂浆，其试样拌和方法为按计算配合比，采用风干砂，配备5L砂浆用的水泥和砂，以质量配合比计。先将称好的水泥和砂倒入拌锅中干拌均匀(约拌1.5min)，然后用拌铲在中间作一凹槽，将称好的石灰膏倒入凹槽中，并倒入适量的水，将石灰膏调稀，然后再与水泥和砂共同拌和，继续逐次加水搅拌，直至拌合物色泽一致、和易性凭经验观察大约符合要求时，即可进行稠度试验，一般需拌和5min。

### 2. 砂浆稠度试验

1）主要仪器设备

（1）砂浆稠度测定仪。如图13.13所示，标准圆锥体和杆总质量为300g，圆锥体高度为145mm，底部直径为75mm，圆锥筒高180mm，底口直径150mm。

（2）拌合锅、拌铲、捣棒、量筒、秒表等。

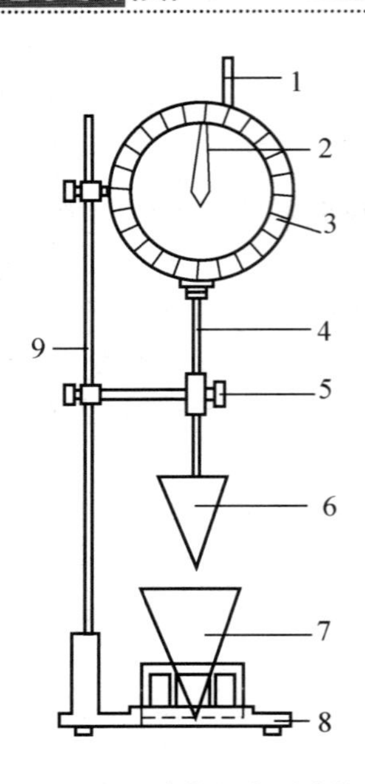


**图 13.13　砂浆稠度测试仪**

1—齿条测杆；2—指针；3—刻度盘；4—滑竿；5—固定螺丝；6—圆锥体；7—圆锥筒；8—底座；9—支架

2）试验步骤

（1）将拌和好的砂浆立即做稠度试验，一次装入圆锥筒内，装至距离口约 10mm，用捣棒插捣 25 次，并将容器轻轻敲击 5～6 次。

（2）将盛有砂浆的圆锥筒移至砂浆稠度测定仪底座上，放松固定螺丝并放下圆锥体，对准容器的中心，并使锥尖正好接触到砂浆表面时拧紧固定螺丝，将指针调至刻度盘零点，然后突然放松固定螺丝，使圆锥体自由沉入砂浆中，并同时按下秒表，经 10s 后读出下沉的深度，即为砂浆稠度值(精确至 1mm)。

（3）圆锥筒内的砂浆，只允许测定一次稠度，重复测定时应重新取样测之。如测定的稠度值不符合要求，可酌情加水或石灰膏，经重新拌和后再测，直至稠度满足要求为止。但自拌和加水时算起，不得超过 30min。

3）结果计算

取两次测定结果的平均值作为该砂浆的稠度值(精确至 1mm)，如两次测定值之差大于 20mm，应重新配料测定。

### 3. 砂浆分层度试验

1）主要仪器设备

砂浆分层度仪，为圆筒形，其内径为 150mm，上节(无底)高 200mm，下节(带底)净高 100mm，用金属制成。其他需用仪器同砂浆稠度试验。

2）试验步骤

（1）将拌和好的砂浆，立即分两层装入分层度仪中，每层用捣棒插捣 25 次，最后抹平，移至稠度仪上，测定其稠度 $K_1$。

（2）静置 30min 后，除去上节 200mm 砂浆，将剩下的 100mm 砂浆重新拌和后测定其稠度 $K_2$。

（3）两次测定的稠度值之差($K_1—K_2$)，即为砂浆的分层度值(精确至 1mm)。

3）结果计算

取两次测定试值的平均值，作为所测砂浆的分层度值。两次测试值之差若大于 20mm，应重做试验。

### 4. 砂浆抗压强度试验

1）主要仪器设备

（1）试模。有底或无底的立方体金属模，内壁边长为 70.7mm，每组两个三联模。

（2）压力机(50～100kN)、捣棒(直径 10mm，长 310mm)、镘刀等。

2）试验步骤

(1) 用于多孔基面的砂浆，采用无底试模，下垫砖块，砖面上铺一层湿纸，允许砂浆中部水分被砖面吸收；用于较密实基面的砂浆，应采用带底的试模，以便不使水分流失。

(2) 采用无底试模时，将试模内壁涂一薄层机油，置于铺有湿纸的砖上(砖含水率不大于20%，而吸水率不小于10%)。一次装满砂浆，并使其高出模口，用捣棒插捣25次，静置约15～30min后，用刮刀刮去多余的砂浆，并抹平。

(3) 采用带底试模时，砂浆应分两层装入，每层厚约4 cm，并用捣棒将每层插捣12次，面层捣完后，在试模相邻两个侧面，用腻子刮刀沿模内壁插捣6次，然后抹平。

(4) 试件成型后，经(24±2)h室温养护后即可编号脱模，并按下列规定进行继续养护。

① 在空气中硬化的砂浆(如混合砂浆)，养护温度为(20±3)℃，相对湿度为60%～80%。

② 在潮湿环境中硬化的砂浆(如水泥砂浆与微沫砂浆)，养护温度为(20±3)℃，相对湿度在90%以上。

③ 养护期间，试件放置彼此间隔不小于10mm。

(5) 试件于养护28d后测定其抗压强度，试验前，擦干净试决表面，测量试件尺寸(精确至1mm)并计算受压面积$A$。

(6) 以试件的侧面作为受压面，将试件置于压力机下承压板的中心位置，开动压力机进行加荷，加荷速度为0.5～1.5kN/s(强度高于5MPa时取高限，反之取低限)，直于破坏，记录破坏荷载。

3）结果计算

(1) 按下式计算试件的抗压强度$f_{m,cu}$(精确至0.1MPa)：

$$f_{m,cu}=\frac{P}{A}$$

(2) 以6个试件测值的算术平均值作为该组试件的抗压强度值，精确至0.1MPa。当6个试件的最大值或最小值与平均值之差超过20%时，以中间4个试件的平均值作为该组件的抗压强度值。

### 5. 砂浆试验结果评定

(1) 根据试验结果确定砂浆的稠度与保水性。

(2) 根据标准养护28d的砂浆试件抗压强度平均值来评定砂浆的强度等级，要求试配强度应不低于设计强度的115%。

## 试验七　建筑钢筋试验

依据《金属材料室温拉伸试验方法》(GB/T 228—2002)、《钢筋混凝土用钢》(GB/T 1499—2008)标准，对钢筋进行拉伸与冷弯试验，并测试经冷拉和时效处理后钢筋的力学性能。

1. 钢筋取样与验收规则

(1) 钢筋混凝土用热轧钢筋，同一截面尺寸和同一炉罐号组成的钢筋应分批检查和验收，每批质量不大于60t。

(2) 钢筋应有出厂证明书或试验报告单。验收时应抽样检验，其检验项目主要有拉伸试验与冷弯试验两项；钢筋在使用中如有脆断、焊接性能不良或机械性能显著不正常时，尚应进行化学成分分析；验收时还包括尺寸、表面及质量偏差等检验。

(3) 钢筋拉伸与冷弯试验用的试样不允许进行车削加工；试验应在(20±3)℃的温度下进行，否则应在报告中注明。

(4) 验收取样时，自每批钢筋中任取两根截取拉伸试样，任取两根截取冷弯试样。在拉伸试验的两试件中，若其中有1根试件的屈服点、抗拉强度和伸长率3个指标中有1个达不到标准中的规定值，或冷弯试验的两根试件中有1根不符合标准要求，则在同一批中再抽取双倍数量的试样进行该不合格项目的复验，复验结果中只要有1个指标不合格，则该试验项目判为不合格，整批不得交货。

2. 钢筋拉伸试验

1) 主要仪器设备

(1) 材料拉力试验机。其示值误差不大于1%。试验时所用荷载的范围应在最大荷载的20%～80%范围内。

(2) 钢筋划线机、游标卡尺(精度为0.1mm)、天平等。

2) 试验步骤

(1) 钢筋试样不经车削加工，其长度要求如图13.14所示。

(2) 在试样 $l_0$ 范围内，按10等分划线(或打点)、分格、定标距。测量标距长度 $l_0$(精确至0.1mm)。

(3) 测量试件长闪称量。

(4) 不经车削试件按质量法计算截面面积 $A_0$($\mathrm{mm^2}$)：

$$A_0=\frac{m}{7.85L}(\mathrm{mm^2})$$

式中：$m$——试件质量，g；

$L$——试件长度，cm；

7.85——钢材密度，$\mathrm{g/cm^3}$。

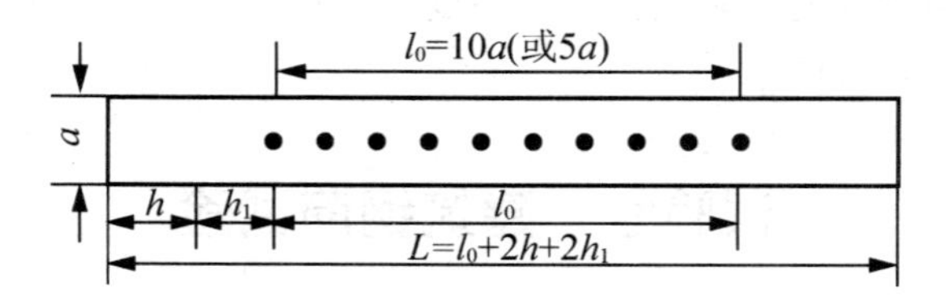


图 13.14 不经车削的试件

$a$—计算直径；$l_0$—标距长度；$h_1$—取(0.5～1)$a$；$h$—夹具长度

根据标准GB 13013—91和GB 1499—91规定，计算钢筋强度用截面面积采用公称横截面面积，故计算出钢筋受力面积后，应据此取靠近的公称受力面积 $A$(保留 4 位有效数字)。

(5) 将试件上端固定在试验机上夹具内、调整试验机零点、装好描绘器、纸、笔等，再用下夹具固定试件下端。

(6) 开动试验机进行拉伸，拉伸速度为屈服前应力增加速度，是 10MPa/s；屈服后试验机活动夹头在荷载下移动速度不大于 $0.5l_c$/min(不经车削试件 $l_c=l_0+2h_1$)，直至试件拉断。

(7) 拉伸中，描绘器自动绘出荷载—变形曲线，由刻度盘指针及荷载变形曲线读出屈服荷载 $P_s$(指针停止转动或第一次回转时的最小荷载 $P_b$(N)与最大极限荷载)。

(8) 测量拉伸后的标距长度 $l_1$。将已拉断的试件在断裂处对齐，尽量使其轴线位于一条直线上。如断裂处到邻近标距端点的距离大于 $l_0/3$ 时，可用卡尺直接量出 $l_1$。如断裂处到邻近标距端点的距离小于或等于 $l_0/3$ 时，可按下述移位法确定 $l_1$。在长段上自断点起，取等于短段格数得 $B$ 点，再取等于长段所余格数(偶数如图 13.15a)之半得 $C$ 点；或者取所余格数(奇数如图 13.15b 所示)减 1 与加 1 之半得 $C$ 与 $C_1$ 点。则移位后 $l_1$ 的分别为 $AB+2BC$ 或 $AB+BC+BC_1$。如用直接测所得的伸长率能达到标准值，则可不采用移位法。

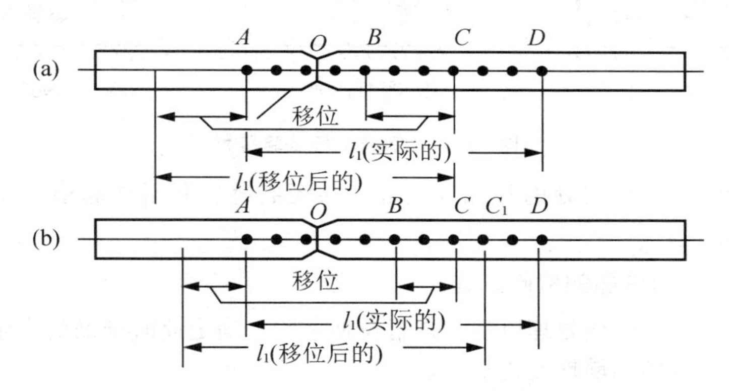


图 13.15　用移位法计算标距

3) 结果计算

(1) 屈服强度 $\sigma_s$(精确至 5MPa)：

$$\sigma_s=P_s/A(\text{MPa})$$

(2) 极限抗拉强度 $\sigma_b$(精确至 5MPa)：

$$\sigma_b=P_b/A(\text{MPa})$$

(3) 断后伸长率 $\delta$(精确至 1%)

$$\delta_{10}(\text{或}\ \delta_5)=\frac{l_1-l_0}{l_0}\times100(\%)$$

式中：$\delta_{10}$，$\delta_5$——分别表示 $l_0=10a$、$l_0=5a$ 时的断后伸长率。

如拉断处位于标距之外，则断后伸长率无效，应重作试验。

测试值的修约方法。当修约精确至尾数 1 时，按前述四舍六入五单双方法修约；当修约精确至尾数为 5 时，按二五进位法修约(即精确至 5 时，≤2.5 时尾数取 0；>2.5 且<7.5时尾数取 5；≥7.5 时尾数取 0 并向左进 1)。

3. 钢筋冷弯试验

1）主要仪器设备

全能试验机是具有一定弯心直径的一组冷弯压头。

2）试验步骤

(1) 试件长 $L=(5a+150)$mm，$a$ 为试件直径。

(2) 按图 13.16(a)调整两支辊间的距离为 $x$，使 $x=d+2.5a$。

(3) 选择弯心直径 $d$，对Ⅰ级钢筋 $d=a$，对Ⅱ、Ⅲ级钢筋 $d=3a$($a=8\sim25$mm)或 $4a$($a=28\sim40$mm)，对Ⅳ级钢筋 $d=5a$($a=10\sim25$mm)或 $6a$($a=28\sim30$mm)。

(4) 将试件按图 13.16(a)装置好后，平稳地加荷，在荷载作用下，钢筋绕着冷弯压头，弯曲到要求的角度(Ⅰ、Ⅱ级钢筋为 180℃，Ⅲ、Ⅳ级钢筋为 90℃)，如图 13.16(b)和 13.16(c)所示。

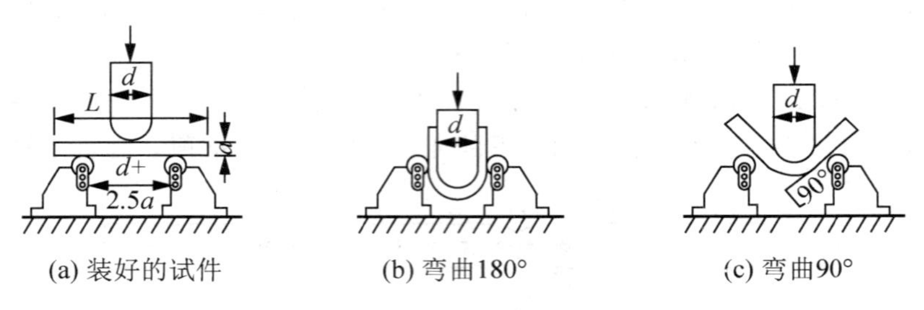


(a) 装好的试件 (b) 弯曲180° (c) 弯曲90°

图 13.16 钢筋冷弯试验装置

(5) 取下试件检查弯曲处的外缘及侧面，如无裂缝、断裂或起层，即判为冷弯试验合格。

4. 钢筋冷拉、时效后的拉伸试验

钢筋经过冷加工、时效处理以后，进行拉伸试验，确定此时钢筋的力学性能，并与未经冷加工及时效处理的钢筋性能进行比较。

1）试件制备

按标准方法取样，取两根长钢筋，各截取 3 段，制备与钢筋拉力试验相同的试件 6 根并分组编号。编号时应在两根长钢筋中各取 1 根试件编为 1 组，共 3 组试件。

2）试验步骤

(1) 第 1 组试件用作拉伸试验，并绘制荷载-变形曲线，方法同钢筋拉伸试验。以两根试件试验结果的算术平均值计算钢筋的屈服点 $\sigma_s$、抗拉强度 $\sigma_b$ 和伸长率 $\delta$。

(2) 将第 2 组试件进行拉伸至伸长率达 10%(约为高出上屈服点 3kN)时，以拉伸时的同样速度进行卸荷，使指针回至零，随即又以相同速度再行拉伸，直至断裂为止。并绘制荷载-变形曲线。第 2 次拉伸后以两根试件试验结果的算术平均值计算冷拉后钢筋的屈服点 $\sigma_{sL}$、抗拉强度 $\sigma_{bL}$ 和伸长度 $\delta_L$。

(3) 将第 3 组试件进行拉伸至伸长率达 10%时，卸荷并取下试件，置于烘箱中加热 110℃恒温 4h，或置于电炉中加热 250℃恒温 1h，冷却后再做拉伸试验，并同样绘制荷载—变形曲线。这次拉伸试验后所得性能指标(取两根试件算术平均值)即为冷拉时效后钢筋的屈服点 $\sigma'_{sL}$、抗拉强度 $\sigma'_{bL}$ 和伸长率 $\delta'_L$。

3）结果计算

（1）比较冷拉后与未经冷拉的两组钢筋的应力-应变曲线，计算冷拉后钢筋的屈服点、抗拉强度及伸长率的变化率：

$$B_s=\frac{\sigma_{sL}-\sigma_s}{\sigma_s}\times100(\%)$$

$$B_b=\frac{\sigma_{bL}-\sigma_b}{\sigma_b}\times100(\%)$$

$$B_\delta=\frac{\delta_L-\delta}{\delta}\times100(\%)$$

（2）比较冷拉时效后与未冷拉的两组钢筋的应力-应变曲线，计算冷拉时效处理后，钢筋屈服点、抗拉强度及伸长率的变化率：

$$B_{sL}=\frac{\sigma_{sL}-\sigma_s}{\sigma_s}\times100(\%)$$

$$B_{bL}=\frac{\sigma_{bL}-\sigma_b}{\sigma_b}\times100(\%)$$

$$B_{\delta L}=\frac{\delta_L-\delta}{\delta}\times100(\%)$$

5. 试验结果评定

（1）根据拉伸与冷弯试验结果按标准规定评定钢筋的级别。

（2）比较一般拉伸与冷拉或冷拉时效后钢筋的力学性能变化，并绘制相应的应力-应变曲线。

## 试验八　木材试验

1. 木材试验的一般规定

1）取样

试样的制作必须按《木材物理力学试验方法》(GB/T 1928—2009)的规定进行。

2）试样制作

试样毛坯达到当地平衡含水率时，方可制作试件。试样各面均应平整，其中一对相对面必须是正确的弦切面；试样尺寸的允许误差，长度为±0.5mm，宽或厚度为±0.5mm，试样上不允许有任何缺陷，并必须清楚地写上编号。

3）主要仪器设备

（1）木材全能试验机。承载力为20～50kN。

（2）天平(感量0.001g)、秤量瓶、烘箱等。

（3）测量工具。钢直角尺、量角卡规(角度为106°32′)、钢尺、游标卡尺。

2. 木材含水量测定

木材含水率测定按标准《木材含水率测定方法》(GB/T 1931—2009)进行试验。

1）试验步骤

（1）试样截取后(试样尺寸为20mm×20mm×20mm)，应立即称量，准确至0.001g。

(2) 将试样放入温度为(103±2)℃的烘箱中烘10h后，自烘箱中任意取出2～3个试样进行第一次试称，以后每隔2h试称一次，最后两次质量差不超过0.002g时，即为恒重。

(3) 将试样自烘箱中取出放入玻璃干燥器内的称量瓶中，并盖好瓶盖。试样冷却到室温后，即从称量瓶中取出称量。

2）结果计算

试样的含水率$W$(%)按下式计算(准确至0.1%)：

$$W=\frac{m_0-m_1}{m_1}\times 100\%$$

式中：$m_0$，$m_1$——分别为试样烘干前后的质量，g。

3. 木材顺纹抗拉强度试验

木材顺纹抗拉强度测定按《木材顺纹抗拉强度试验方法》(GB/T 1938—2009)进行。

1）试件制备

试件按图13.17所示的形状和尺寸制作。纹理必须通直，年轮层应垂直于试样有效部分(指中部60mm长的一段)的宽面，有效部分与两端夹持部分之间的过渡弧应平滑，并与试样中心线相对称，有效部分宽、厚尺寸允许误差不超过±0.5mm，并在全长上相差不得大于0.1mm。软材树种的试样，须在两端被夹持部分附以90mm×14mm×8mm的硬木夹垫，用胶合剂或木螺钉固定在试样上。

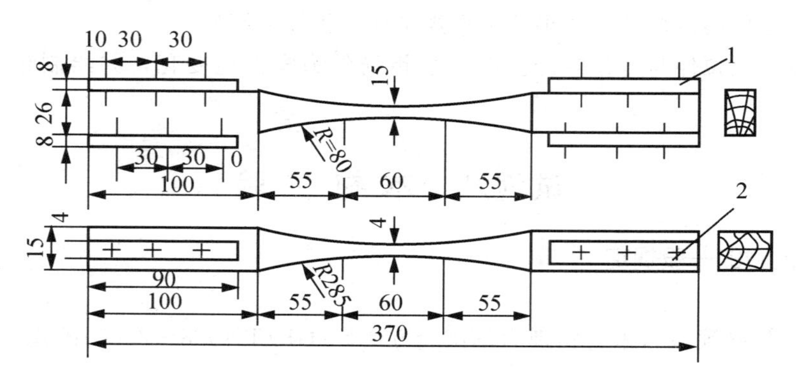


**图13.17 顺纹抗拉试件形状和尺寸**

1—木夹垫；2—木螺钉

2）试验步骤

(1) 在试件有效部分中央，用卡尺测量厚度和宽度(精确至0.1mm)。

(2) 将试样两端夹紧在试验机的钳口中，使两端靠近弧形部分露出20～25mm，先夹上端，调试验机零点，再夹下端。

(3) 以每分钟(12±20%)kN的速度均匀加荷，直到试件拉断为止，记录破坏荷载$P$(N)。若试样拉断处不在有效部分，试验结果作废。

(4) 阔叶树试验后，应立即在有效部分截取30mm一段，测定其含水率。

3）结果计算

含水率为$W$%的木材顺纹抗拉强度$\sigma_{tW}$按下式计算(精确至0.1MPa)：

$$\sigma_{tW} = \frac{P}{a \cdot b}$$

### 4. 木材顺纹抗压强度试验

木材顺纹抗压强度测定按《木材顺纹抗压强度试验方法》(GB/T 1935—2009)进行。

1）试件制备

试件尺寸为 20mm×20mm×30mm，其长轴与木材纹理相平行，并垂直于受压面。

2）试验步骤

(1) 用卡尺测量试件受力面的长度 $a$ 及宽度 $b$(精确至 0.1mm)。

(2) 将试件立放在试验机承压板的中心位置，以每分钟(40±20%)kN 的速度均匀加荷，直至试样破坏，试验机指针明显退回时为止。记录破坏荷载 $P$(N)。

(3) 试验后立即将整个试样进行含水率测定。

3）结果计算

含水率为 $W$%的木材顺纹抗压强度 $\sigma_{cW}$，按下式计算(精确至 0.1MPa)：

$$\sigma_{cW} = \frac{P}{a \cdot b}$$

### 5. 木材抗弯强度试验

木材抗弯强度测定按《木材抗弯弹性模量测定方法》(GB/T 1936.2—2009)进行。

1）试件制备

试件尺寸为 20mm×20mm×300mm，其长轴方向与木材纹理相平行。

2）试验步骤

(1) 木材只做弦向抗弯试验。在试件长度的中央，用卡尺沿径向测量宽度，沿弦向测量高度(精确至 0.1mm)。

(2) 将试件放于试验机抗弯支座上，其跨距为 240mm，试件上放上抗弯压头使试件三等分受力。抗弯支座和压头与试样两径面间必须分别加垫 30mm×20mm×5mm 的钢垫片(图 13.18)。

(3) 以每分钟(5±20%)kN 的速度均匀加荷，直到试样破坏为止，记录破坏荷载 $P$(N)，并立即从靠近试样破坏处，锯取长约 30mm 的木块一段，随即测定其含水率。

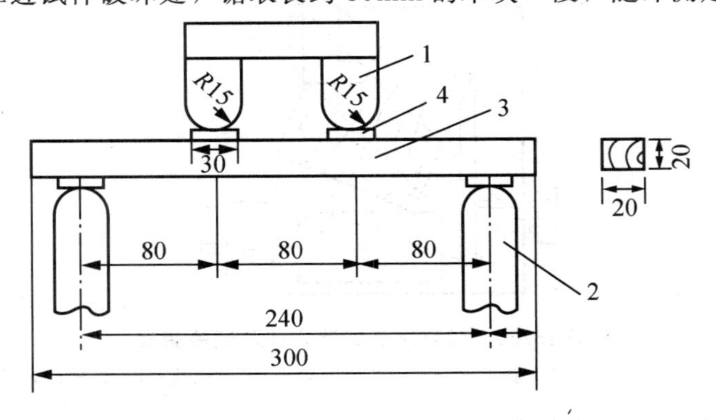


**图 13.18 抗弯强度试验装置**

1—试验机压头；2—试验机支座；3—试样；4—钢垫片

3）结果计算

试样含水率为$W\%$的抗弯强度$\sigma_{fw}$按下式计算(精确至0.1MPa)：

$$\sigma_{fw}=\frac{PL}{bh^2}(\mathrm{MPa})$$

式中：$L$——支座间跨距，mm；

$b$、$h$——试样的宽和高，mm。

6. 木材顺纹抗剪强度试验

木材顺纹抗剪强度测定按《木材顺纹抗剪强度试验方法》(GB/T 1937—2009)进行。

1）试件制备

制作抗剪试件时，应使受剪面为正确的弦面或径面，试件形状如图13.19所示，试样尺寸误差不超过±0.5mm，试样缺角部分的角度，须用特制的角度为106°42′的角规进行检查。

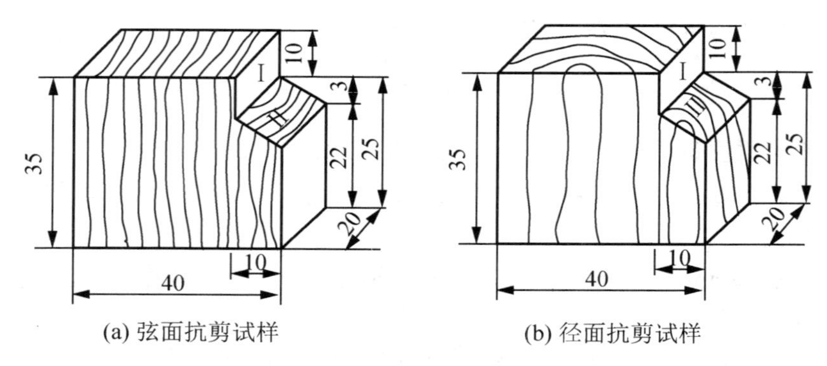


(a) 弦面抗剪试样　　(b) 径面抗剪试样

图13.19　抗剪试样的形状和尺寸

2）试验步骤

(1) 用卡尺测量试件受剪面的宽度和高度(精确至0.1mm)。

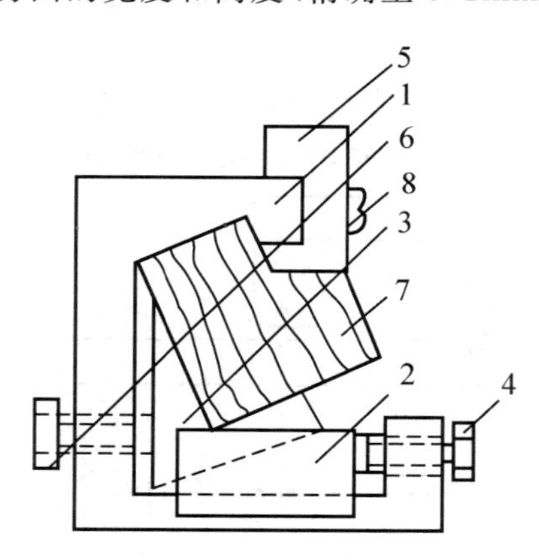


图13.20　顺纹抗剪试验附件及试验装置

1—附件主体；2—楔块；3—斜L形垫块；4，6—螺杆；5—压块；7—试样；8—圆头螺钉

(2) 将试件装入木材抗剪夹具的斜L形垫块3上(图13.20)，调整螺杆4和6，使试样

顶面和缺角Ⅰ面上部贴紧夹具上部凹角的相邻两侧面，至试样不动为止。再将压块5置于试样斜面Ⅱ上，并使其侧面紧靠附件的主体。

(3) 将装好试件的抗剪夹具置于试验上，使压块5的中心对准试验机上压头的中心，以1～3mm/min的速度均匀加荷，直至试样破坏为止，记录破坏荷载$P$(N)。

(4) 将试件破坏后的小块部分，立即进行含水率测定。

3) 结果计算

含水率为$W$%试件的顺纹抗剪强度$\sigma_{sW}$按下式计算(精确到0.1MPa)：

$$\sigma_{sW}=\frac{P\cos\theta}{b\cdot h}$$

式中：$\theta$——加荷方向与顺纹方向之间的夹角(16°42′)，$\cos\theta=0.9578$。

### 7. 木材标准含水率强度换算

含水率对木材强度的影响很大，将试验时试件含水率$W$%的强度换算成标准含水率($W=15\%$)的强度$\sigma_{15}$方能相互比较。其换算式为

$$\sigma_{15}=\sigma_W=\left[1+\alpha(W-15)\right]$$

式中：$W$——试验时试件含水率(%)，可标准方法测出，也可按试验时环境的温度和相对湿度，由木材平衡含水率图查出；

$\alpha$——含水率修正系数，$\alpha$值按木材的受力性质与树种选取。

### 8. 木材试验结果评定

由试验结果确定木材在标准含水率下的平均抗拉、抗压、抗弯与抗剪强度，并由此比较其拉、压、弯强度的大小关系。

## 试验九　防水材料试验

本试验按《沥青软化点测定法(环球法)》(GB/T 4507—2010)、《沥青延度测定法》(GB/T 4508—2010)和《沥青针入度测定法》(GB/T 4509—2010)标准，测定石油沥青的软化点、延度及针入度等技术性质，以评定其牌号与类别。

### 1. 取样方法

同一批出厂，并且类别、牌号相同的沥青，从桶(或袋、箱)中取样，应在样品表面以下及距容器内壁至少5cm处采取。当沥青为可敲碎的块体，则用干净的工具将其打碎后取样；当沥青为半固体，则用干净的工具切割取样。取样数量为1～1.5kg。

### 2. 针入度测定

1) 主要仪器设备

(1) 针入度计(图13.21)。

(2) 标准针。由经硬化回火的不锈钢制成，洛氏硬度为54～60。针与箍的组件质量应为(2.5±0.05)g，连杆、针与砝码共重(100±0.05)g。

(3) 恒温水浴、试样皿、温度计、秒表等。

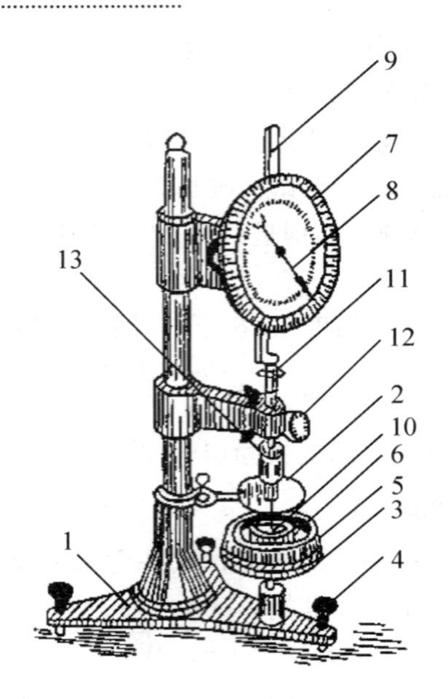


**图 13.21 针入度计**

1—底座；2—小镜；3—圆形平台；4—调平螺丝；5—保温皿；6—试样；7—刻度盘；
8—指针；9—活杆；10—标准针；11—连杆；12—按钮；13—砝码

2）试验步骤

(1) 试样制备。将沥青加热至120～180℃，且不超过软化点以上90℃温度下脱水，加热不超过30min，用筛过滤，注入盛皿内，注入深度应比预计针入度大10mm，置于15～30℃的空气中冷却1～2h。然后将盛样皿移入规定温度的恒温水浴中，恒温1～2h。浴中水面应高出试样表面25mm以上。

(2) 调节针入度计使之水平，检查指针、连杆和轨道以确认无水和其他杂物，无明显摩擦，装好标准针、放好砝码。

(3) 从恒温水浴中取出试样皿，放入水温为(25±0.1)℃的平底保温皿中，试样表面以上的水层高度应不小于10mm。将平底保温皿置于针入度计的平台上。

(4) 慢慢放下针连杆，使针尖刚好与试样表面接触时固定。拉下活杆，使之与针连杆顶端相接触，调节指针或刻度盘使指针指零。然后用手紧压按钮，同时启动秒表，使标准针自由下落穿入沥青试样，经5s后，停止按钮，使指针停止下沉。

(5) 再拉下活杆使之与标准针连杆顶端接触。这时刻度盘指针所指的读数与初始值之差，即为试样的针入度。

(6) 同一试样重复测定至少3次，每次测定前都应检查并调节保温皿内水湿使其保持在(25±0.1)℃，每次测定后都应将标准针取下，用浸有溶剂(甲苯或松花油等)的布或棉花擦净，再用干布或棉花擦干。各测点之间及测点与试样皿内壁的距离不应小于10mm。

3）结果评定

取3次针入度测定值的平均值作为该试样的针入度(1/10mm)，结果取整数值，3次针入度测定值相差不应大于表13-2中数值。

表 13-2 石油沥青针入度测定值的最大允许差值

| 针 入 度 | 0～49 | 50～149 | 150～249 | 250～350 |
|---|---|---|---|---|
| 最大差值(0.1mm) | 2 | 4 | 6 | 8 |

3. 延度测定

1）主要仪器设备

(1) 延度仪。由长方形水槽和传动装置组成，由丝杆带动滑板以每分钟(50±5)mm的速度拉伸试样，滑板上的指针在标尺上显示移动距离(图13.22)。

(2)“8”字模。由两个端模和两个侧模组成(见图23)。

(3) 其他仪器同针入度试验。

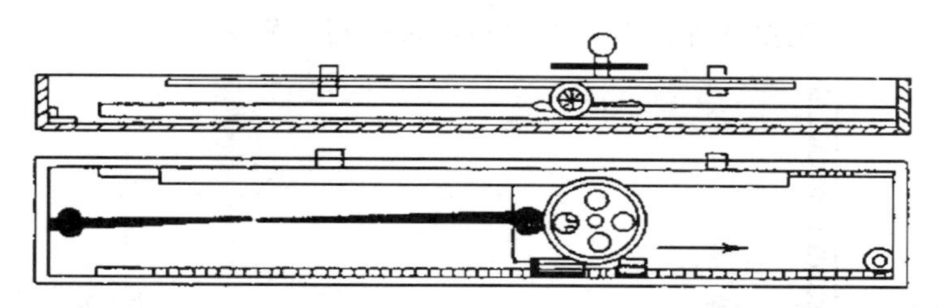

图 13.22 延度测定仪

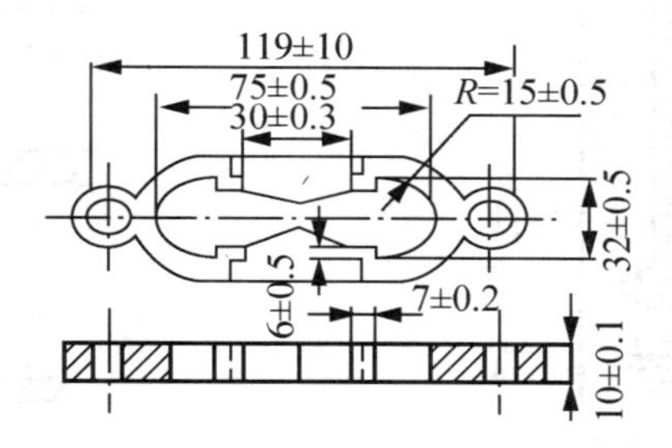


图 13.23 延度“8”字试模

2）试验步骤

(1) 制备试样。将隔离剂(甘油：滑石粉＝2：1)均匀地涂于金属(或玻璃)底板和两侧模的内侧面(端模勿涂)，将模具组装在底板上。将加热熔化并脱水的沥青经过滤后，以细流状缓慢自试模一端至另一端注入，经往返几次而注满，并略高出试模。然后在15～30℃环境中冷却30min后，放入(25±0.1)℃的水浴中，保持30min再取出，用热刀将高出模具的沥青刮去，试样表面应平整光滑，最后移入(25±0.1)℃水浴中恒温1～1.5h。

(2) 检查延度仪滑板移动速度是否符合要求，调节水槽中水位(水面高于试样表面不小于25mm)及水温为(25±0.5)℃。

(3) 从恒温水浴中取出试样，去掉底板与侧模，将其两端模孔分别套在水槽内滑板及横端板的金属小柱上，再检查水温，并保持在(25±0.5)℃。

(4) 将滑板指针对零，开动延度仪，观察沥青拉伸情况。测定时，若发现沥青细丝浮于水面或沉入槽底时，则应分别向水中加乙醇或食盐水，以调整水的密度与试样密度相近，然后再继续进行测定。

(5) 当试件拉断时，立即读出指针所指标尺上的读数，即为试样的延度，以 cm 表示。

3) 试验结果

取平行测定的 3 个试件延度的平均值作为该试样的延度值。若 3 个测定值与其平均值之差不都在其平均值的 5%以内，但其中两个较高值在平均值的 5%以内，则弃去最低值，取两个较高值的算术平均值作为测定结果。

4. 软化点测定

1) 主要仪器设备

(1) 软化点测定仪(环与球法)，包括 800mL 烧杯、测定架、试样环、套环、钢球、温度计等(图 13.24)。

(2) 电炉或其他可调温的加热器、金属板或玻璃板、筛等。

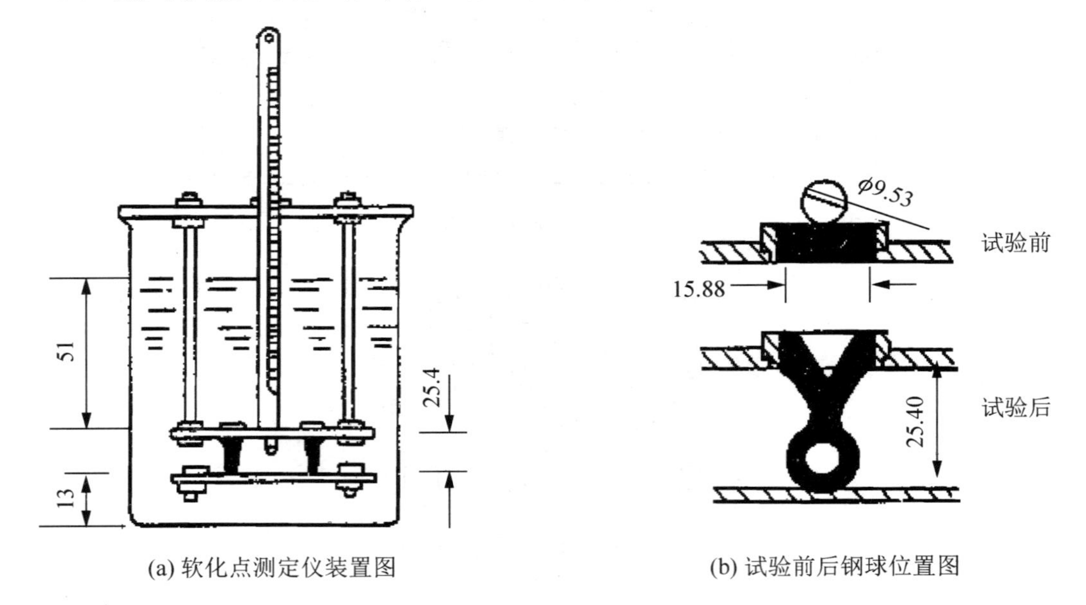


(a) 软化点测定仪装置图

(b) 试验前后钢球位置图

**图 13.24 软化点测定仪**

2) 试验步骤

(1) 试样制备。将黄铜环置于涂有隔离剂的金属板或玻璃板上，将已加热熔化、脱水且过滤后的沥青试样注入黄铜环内至略高出环面上(若估计软化点在 100℃以上时，应将黄铜环与金属板预热至 80～100℃)。将试样在 15～30℃的空气中冷却 30min 后，用热刀刮去高出环面的沥青，使与环面齐平。

(2) 烧杯内注入新煮沸并冷却至约 5℃的蒸馏水(估计软化点不高于 80℃的试样)或注入预热至 32℃的甘油(估计软化点高于 80℃的试样)，使液面略低于连接杆上的深度标记。

(3) 将装有试样的铜环置于环架上层板的圆孔中，放上套环，把整个环架放入烧杯内，调整液面至深度标记，环架上任何部分均不得有气泡。将温度计由上层板中心孔垂直插入，使水银球与铜球环下面齐平，恒温 15min。水温保持(5±0.5)℃，甘油温度保持(32±1)℃。

(4) 将烧杯移至放有石棉网的电炉上，然后将钢球放在试样上(须使环的平面在全部加热时间内完全处于水平状态)，立即加热，使烧杯内水或甘油温度在3min后保持每分钟上升(5±0.5)℃，否则重做。

(5) 观察试样受热软化情况，当其软化下坠至与环架下层板面接触(即25.4mm)时，记下此时的温度，即为试样的软化点(精确至0.5℃)。

3) 试验结果

取平行测定的两个试样软化点的算术平均值作为测定结果。两个软化点测定值相差不应超过表13-3中数值。

**表13-3　石油沥青软化点测定值的最大允许误差值**

| 软化点/℃ | <80 | 80～100 | 100～140 |
| --- | --- | --- | --- |
| 最大允许误差/mm | 1 | 2 | 3 |

5. 试验结果评定

(1) 石油沥青按针入度来划分其版号，而每个版号还应保证相应的延度和软化点。若后者某个指标不满足要求，应予以注明。

(2) 石油沥青按其版号，可分为道路石油沥青、建筑石油沥青、防水防潮石油沥青和普通石油沥青。由上述试验结果，按照标准规定的各技术要求的指标可确定该石油沥青的牌号与类别。

## 项目小结

建筑材料的质量与建筑物的坚固、耐用、适用息息相关。所以，工程所用的材料质量与性能必须按国家标准规定方法和要求，通过试验鉴定。因此，建筑材料试验也就成为建筑材料课程的重要组成部分。学习建筑材料试验有以下目的：

(1) 熟悉、验证、巩固所学的理论知识；

(2) 了解试验所用的仪器、设备的性能，掌握试验方法；

(3) 进行科学研究的基本训练，培养发现问题和解决问题的能力。

随着科技与生产的不断进步发展，建筑材料及其试验方法也在随时改进完善。所以，要注意各种建材新标准的实施与修订的动态，以便适时补充更新教学内容。

# 参考文献


[1] 高琼英．建筑材料[M]. 3版．武汉：武汉理工大学出版社，2006.

[2] 施惠生．土木工程材料[M]. 北京：中国电力出版社，2008.

[3] 刘祥顺．建筑材料[M]. 2版．北京：中国建筑工业出版社，2007.

[4] 黄家骏．建筑材料与检测技术[M]. 2版．武汉：武汉理工大学出版社，2006.

[5] 王松成．建筑材料[M]. 北京：科学出版社，2008.

[6] 建材局标准化所编，建筑材料标准汇编[G]. 北京：中国标准出版社，2000.

[7] 赵志曼．土木工程材料[M]. 北京：机械工业出版社，2008.

[8] 湖南大学等．土木工程材料[M]. 北京：中国建筑工业出版社，2002.

[9] 黄家骏．建筑材料与检测技术[M]. 2版．武汉：武汉理工大学出版社，2006.

[10] 姜继圣．新型墙体材料实用手册[M]. 北京：化学工业出版社，2006.

[11] 林祖宏．建筑材料[M]. 北京：北京大学出版社，2008.

[12] 梅杨，等．建筑材料与检测[M]. 北京：北京大学出版社，2010.

# 北京大学出版社高职高专土建系列规划教材

| 序号 | 书名 | 书号 | 编著者 | 定价 | 出版时间 | 印次 | 配套情况 | |
|---|---|---|---|---|---|---|---|---|
| | | | 基础课程 | | | | | |
| 1 | 工程建设法律与制度 | 978-7-301-14158-8 | 唐茂华 | 26.00 | 2011.7 | 5 | ppt/pdf | |
| 2 | 建设工程法规 | 978-7-301-16731-1 | 高玉兰 | 30.00 | 2011.9 | 7 | ppt/pdf/答案 | ★ |
| 3 | 建筑工程法规实务 | 978-7-301-19321-1 | 杨陈慧等 | 43.00 | 2011.8 | 1 | ppt/pdf | ★ |
| 4 | 建筑法规 | 978-7-301-19371-6 | 董伟等 | 39.00 | 2011.8 | 1 | ppt/pdf | ★ |
| 5 | AutoCAD 建筑制图教程 | 978-7-301-14468-8 | 郭　慧 | 32.00 | 2011.9 | 10 | ppt/pdf/素材 | ★ |
| 6 | AutoCAD 建筑绘图教程 | 978-7-301-19234-4 | 唐英敏等 | 41.00 | 2011.7 | 1 | ppt/pdf | ★ |
| 7 | 建筑工程专业英语 | 978-7-301-15376-5 | 吴承霞 | 20.00 | 2011.6 | 4 | ppt/pdf | ★ |
| 8 | 建筑工程制图与识图 | 978-7-301-15443-4 | 白丽红 | 25.00 | 2011.8 | 5 | ppt/pdf/答案 | ★ |
| 9 | 建筑制图习题集 | 978-7-301-15404-5 | 白丽红 | 25.00 | 2011.8 | 5 | pdf | |
| 10 | 建筑制图 | 978-7-301-15405-2 | 高丽荣 | 21.00 | 2011.9 | 4 | ppt/pdf | ★ |
| 11 | 建筑制图习题集 | 978-7-301-15586-8 | 高丽荣 | 21.00 | 2011.8 | 3 | pdf | |
| 12 | 建筑工程制图 | 978-7-301-12337-9 | 肖明和 | 36.00 | 2011.7 | 3 | ppt/pdf/答案 | |
| 13 | 建筑制图与识图 | 978-7-301-18806-4 | 曹雪梅等 | 24.00 | 2011.9 | 2 | ppt/pdf | ★ |
| 14 | 建筑制图与识图习题册 | 978-7-301-18652-7 | 曹雪梅等 | 30.00 | 2011.9 | 2 | pdf | ★ |
| 15 | 建筑构造与识图 | 978-7-301-14465-7 | 郑贵超等 | 45.00 | 2011.9 | 8 | ppt/pdf | ★ |
| 16 | 建筑工程应用文写作 | 978-7-301-18962-7 | 赵立等 | 40.00 | 2011.6 | 1 | ppt/pdf | ★ |
| | | | 施工类 | | | | | |
| 17 | 建筑工程测量 | 978-7-301-16727-4 | 赵景利 | 30.00 | 2011.9 | 4 | ppt/pdf /答案 | ★ |
| 18 | 建筑工程测量 | 978-7-301-15542-4 | 张敬伟 | 30.00 | 2011.7 | 6 | ppt/pdf /答案 | ★ |
| 19 | 建筑工程测量实验与实习指导 | 978-7-301-15548-6 | 张敬伟 | 20.00 | 2011.9 | 6 | pdf/答案 | |
| 20 | 建筑工程测量 | 978-7-301-13578-5 | 王金玲等 | 26.00 | 2011.8 | 3 | Pdf | |
| 21 | 建筑工程测量实训 | 978-7-301-19329-7 | 杨凤华 | 27.00 | 2011.8 | 1 | pdf | ★ |
| 22 | 建筑工程测量（含实验指导） | 978-7-301-19364-8 | 石　东等 | 43.00 | 2011.10 | 1 | ppt/pdf | |
| 23 | 建筑施工技术 | 978-7-301-12336-2 | 朱永祥等 | 38.00 | 2011.8 | 6 | ppt/pdf | |
| 24 | 建筑施工技术 | 978-7-301-16726-7 | 叶　雯等 | 44.00 | 2011.7 | 2 | ppt/pdf /素材 | ★ |
| 25 | 建筑施工技术 | 978-7-301-19499-7 | 董伟等 | 42.00 | 2011.9 | 1 | ppt/pdf | ★ |
| 26 | 建筑工程施工技术 | 978-7-301-14464-0 | 钟汉华等 | 35.00 | 2011.8 | 5 | ppt/pdf | ★ |
| 27 | 建筑施工技术实训 | 978-7-301-14477-0 | 周晓龙 | 21.00 | 2011.8 | 4 | pdf | ★ |
| 28 | 建筑力学 | 978-7-301-13584-6 | 石立安 | 35.00 | 2011.1 | 4 | ppt/pdf | ★ |
| 29 | 土木工程实用力学 | 978-7-301-15598-1 | 马景善 | 30.00 | 2011.6 | 2 | pdf | ★ |
| 30 | 土木工程力学 | 978-7-301-16864-6 | 吴明军 | 38.00 | 2010.4 | 1 | ppt/pdf | ★ |
| 31 | PKPM 软件的应用 | 978-7-301-15215-7 | 王　娜 | 27.00 | 2010.8 | 2 | pdf | ★ |
| 32 | 建筑结构 | 978-7-301-17086-1 | 徐锡权 | 62.00 | 2011.8 | 2 | ppt/pdf /答案 | ★ |
| 33 | 建筑结构 | 978-7-301-19171-2 | 唐春平等 | 41.00 | 2011.7 | 1 | ppt/pdf | |
| 34 | 建筑力学与结构 | 978-7-301-15658-2 | 吴承霞 | 40.00 | 2011.8 | 6 | ppt/pdf | ★ |
| 35 | 建筑材料 | 978-7-301-13576-1 | 林祖宏 | 28.00 | 2011.8 | 7 | ppt/pdf | ★ |
| 36 | 建筑材料与检测 | 978-7-301-16728-1 | 梅　杨等 | 26.00 | 2011.9 | 5 | pdf | ★ |
| 37 | 建筑材料检测试验指导 | 978-7-301-16729-8 | 王美芬等 | 18.00 | 2011.1 | 2 | pdf | |
| 38 | 建筑材料与检测 | 978-7-301-19261-0 | 王　辉 | 35.00 | 2011.8 | 1 | ppt/pdf | ★ |
| 39 | 生态建筑材料 | 978-7-301-19588-8 | 陈剑峰等 | 38.00 | 2011.10 | 1 | ppt/pdf | |
| 40 | 建设工程监理概论 | 978-7-301-14283-7 | 徐锡权等 | 32.00 | 2011.8 | 5 | ppt/pdf /答案 | ★ |
| 41 | 建设工程监理 | 978-7-301-15017-7 | 斯　庆 | 26.00 | 2011.7 | 3 | ppt/pdf /答案 | ★ |
| 42 | 建设工程监理概论 | 978-7-301-15518-9 | 曾庆军等 | 24.00 | 2011.6 | 3 | pdf | |
| 43 | 工程建设监理案例分析教程 | 978-7-301-18984-9 | 刘志麟等 | 38.00 | 2011.7 | 1 | ppt/pdf | ★ |
| 44 | 地基与基础 | 978-7-301-14471-8 | 肖明和 | 39.00 | 2011.8 | 6 | ppt/pdf | ★ |
| 45 | 地基与基础 | 978-7-301-16130-2 | 孙平平等 | 26.00 | 2010.10 | 1 | pdf | |
| 46 | 建筑工程质量事故分析 | 978-7-301-16905-6 | 郑文新 | 25.00 | 2011.1 | 2 | ppt/pdf | ★ |
| 47 | 建筑工程施工组织设计 | 978-7-301-18512-4 | 李源清 | 26.00 | 2011.2 | 1 | ppt/pdf | ★ |
| 48 | 建筑工程施工组织实训 | 978-7-301-18961-0 | 李源清 | 40.00 | 2011.6 | 1 | pdf | ★ |
| | | | 工程管理类 | | | | | |
| 49 | 建筑工程经济 | 978-7-301-15449-6 | 杨庆丰等 | 24.00 | 2011.8 | 7 | ppt/pdf | ★ |
| 50 | 施工企业会计 | 978-7-301-15614-8 | 辛艳红等 | 26.00 | 2011.7 | 3 | ppt/pdf | ★ |

| 序号 | 书名 | 书号 | 编著者 | 定价 | 出版时间 | 印次 | 配套情况 | |
|---|---|---|---|---|---|---|---|---|
| 51 | 建筑工程项目管理 | 978-7-301-12335-5 | 范红岩等 | 30.00 | 2011.6 | 6 | ppt/pdf | ★ |
| 52 | 建设工程项目管理 | 978-7-301-16730-4 | 王　辉 | 32.00 | 2011.6 | 2 | ppt/pdf | ★ |
| 53 | 建设工程项目管理 | 978-7-301-19335-8 | 冯松山等 | 38.00 | 2011.8 | 1 | pdf | |
| 54 | 建设工程招投标与合同管理 | 978-7-301-13581-5 | 宋春岩等 | 30.00 | 2011.6 | 9 | ppt/pdf/答案/试题/教案 | ★ |
| 55 | 工程项目招投标与合同管理 | 978-7-301-15549-3 | 李洪军等 | 30.00 | 2011.8 | 4 | ppt | ★ |
| 56 | 工程项目招投标与合同管理 | 978-7-301-16732-8 | 杨庆丰 | 28.00 | 2011.7 | 3 | ppt | ★ |
| 57 | 工程招投标与合同管理实务 | 978-7-301-19035-7 | 杨甲奇等 | 48.00 | 2011.8 | 1 | pdf | ★ |
| 58 | 工程招投标与合同管理实务 | 978-7-301-19290-0 | 郑文新等 | 43.00 | 2011.8 | 1 | pdf | ★ |
| 59 | 建筑施工组织与管理 | 978-7-301-15359-8 | 翟丽旻等 | 32.00 | 2011.1 | 5 | ppt/pdf | ★ |
| 60 | 建筑工程安全管理 | 978-7-301-19455-3 | 宋　健等 | 36.00 | 2011.9 | 1 | ppt/pdf | |
| 61 | 建筑工程质量与安全管理 | 978-7-301-16070-1 | 周连起 | 35.00 | 2011.1 | 2 | pdf | |
| 62 | 工程造价控制 | 978-7-301-14466-4 | 斯　庆 | 26.00 | 2011.8 | 6 | ppt/pdf | ★ |
| 63 | 工程造价控制与管理 | 978-7-301-19366-2 | 胡新萍等 | 30.00 | 2011.9 | 1 | ppt/pdf | |
| 64 | 建筑工程造价管理 | 978-7-301-15517-2 | 李茂英等 | 24.00 | 2011.6 | 3 | pdf | |
| 65 | 建筑工程计量与计价 | 978-7-301-15406-9 | 肖明和等 | 39.00 | 2011.8 | 6 | ppt/pdf | ★ |
| 66 | 建筑工程计量与计价实训 | 978-7-301-15516-5 | 肖明和等 | 20.00 | 2011.7 | 4 | pdf | |
| 67 | 建筑工程计量与计价——透过案例学造价 | 978-7-301-16071-8 | 张　强 | 50.00 | 2011.8 | 2 | ppt/pdf | ★ |
| 68 | 安装工程计量与计价 | 978-7-301-15652-0 | 冯　钢等 | 38.00 | 2011.2 | 4 | ppt/pdf | ★ |
| 69 | 安装工程计量与计价实训 | 978-7-301-19336-5 | 景巧玲等 | 36.00 | 2011.9 | 1 | pdf/素材 | ★ |
| 70 | 建筑与装饰装修工程工程量清单 | 978-7-301-17331-2 | 翟丽旻等 | 25.00 | 2011.5 | 2 | pdf | |
| 71 | 建筑工程清单编制 | 978-7-301-19387-7 | 叶晓容 | 24.00 | 2011.8 | 1 | ppt/pdf | ★ |
| | **建筑装饰类** | | | | | | | |
| 72 | 中外建筑史 | 978-7-301-15606-3 | 袁新华 | 30.00 | 2011.5 | 5 | ppt/pdf | ★ |
| 73 | 建筑室内空间历程 | 978-7-301-19338-9 | 张伟孝 | 53.00 | 2011.8 | 1 | pdf | ★ |
| 74 | 室内设计基础 | 978-7-301-15613-1 | 李书青 | 32.00 | 2011.1 | 2 | pdf | |
| 75 | 建筑装饰构造 | 978-7-301-15687-2 | 赵志文等 | 27.00 | 2011.9 | 3 | ppt/pdf | ★ |
| 76 | 建筑装饰材料 | 978-7-301-15136-5 | 高军林 | 25.00 | 2011.7 | 2 | ppt/pdf | |
| 77 | 建筑装饰施工技术 | 978-7-301-15439-7 | 王　军等 | 30.00 | 2011.7 | 3 | ppt/pdf | ★ |
| 78 | 装饰材料与施工 | 978-7-301-15677-3 | 宋志春等 | 30.00 | 2010.8 | 2 | ppt/pdf | ★ |
| 79 | 设计构成 | 978-7-301-15504-2 | 戴碧锋 | 30.00 | 2009.7 | 1 | pdf | |
| 80 | 基础色彩 | 978-7-301-16072-5 | 张　军 | 42.00 | 2011.9 | 2 | pdf | ★ |
| 81 | 建筑素描表现与创意 | 978-7-301-15541-7 | 于修国 | 25.00 | 2011.1 | 2 | pdf | ★ |
| 82 | 3ds Max 室内设计表现方法 | 978-7-301-17762-4 | 徐海军 | 32.00 | 2010.9 | 1 | pdf | |
| 83 | 3ds Max2011 室内设计案例教程(第2版) | 978-7-301-15693-3 | 伍福军等 | 39.00 | 2011.9 | 1 | ppt/pdf | |
| 84 | Photoshop 效果图后期制作 | 978-7-301-16073-2 | 脱忠伟等 | 52.00 | 2011.1 | 1 | 素材/pdf | ★ |
| | 建筑表现技法 | 978-7-301-19216-0 | 张　峰 | 32.00 | 2011.7 | 1 | ppt/pdf | |
| | **房地产与物业类** | | | | | | | |
| 85 | 房地产开发与经营 | 978-7-301-14467-1 | 张建中等 | 30.00 | 2011.1 | 3 | ppt/pdf | ★ |
| 86 | 房地产估价 | 978-7-301-15817-3 | 黄　晔等 | 30.00 | 2011.8 | 3 | ppt/pdf | ★ |
| 87 | 房地产估价理论与实务 | 978-7-301-19327-3 | 褚菁晶 | 35.00 | 2011.8 | 1 | ppt/pdf | ★ |
| 88 | 物业管理理论与实务 | 978-7-301-19354-9 | 裴艳慧 | 52.00 | 2011.9 | 1 | pdf | ★ |
| | **市政路桥类** | | | | | | | |
| 89 | 市政工程计量与计价 | 978-7-301-14915-7 | 王云江 | 38.00 | 2010.8 | 2 | pdf | |
| 90 | 市政桥梁工程 | 978-7-301-16688-8 | 刘　江等 | 42.00 | 2010.7 | 1 | ppt/pdf | |
| 91 | 路基路面工程 | 978-7-301-19299-3 | 偶昌宝等 | 34.00 | 2011.8 | 1 | ppt/pdf/素材 | |
| 92 | 道路工程技术 | 978-7-301-19363-1 | 刘　雨等 | 33.00 | 2011.9 | 1 | ppt/pdf | |
| | **建筑设备类** | | | | | | | |
| 93 | 建筑设备基础知识与识图 | 978-7-301-16716-8 | 靳慧征 | 34.00 | 2011.7 | 5 | ppt/pdf | ★ |
| 94 | 建筑设备识图与施工工艺 | 978-7-301-19377-8 | 周业梅 | 38.00 | 2011.8 | 1 | ppt/pdf | ★ |
| 95 | 建筑施工机械 | 978-7-301-19365-5 | 吴志强 | 30.00 | 2011.10 | 1 | pdf/ppt | ★ |

请登录 www.pup6.cn 免费下载本系列教材的电子书(PDF 版)、电子课件和相关教学资源。
欢迎免费索取样书，并欢迎到北京大学出版社来出版您的大作，可在 www.pup6.cn 在线申请样书和进行选题登记，也可下载相关表格填写后发到我们的邮箱，我们将及时与您取得联系并做好全方位的服务。
联系方式：010-62750667，yangxinglu@126.com，linzhangbo@126.com，欢迎来电来信咨询。